Peter Subke

Fahrzeugdiagnose

Peter Subke

Fahrzeugdiagnose

Grundlagen, Bussysteme, Protokolle, Anwendungen

VDE VERLAG GMBH

ICS 43.040.10; 43.060.50

Autor und Verlag haben alle Texte mit großer Sorgfalt erarbeitet. Dennoch können Fehler nicht ausgeschlossen werden. Deshalb übernehmen weder der Autor noch der Verlag irgendwelche Garantien für die in diesem Buch gegebenen Informationen. In keinem Fall haften Autor oder Verlag für irgendwelche direkten oder indirekten Schäden, die aus der Auswertung dieser Informationen folgen.

 Die Wiedergabe von Gebrauchsnamen, Handelsnamen, Warenbeschreibungen etc. berechtigt auch ohne besondere Kennzeichnung nicht zu der Annahme, dass solche Namen im Sinne der Markenschutz-Gesetzgebung als frei zu betrachten wären und von jedermann benutzt werden dürfen. Aus der Veröffentlichung kann nicht geschlossen werden, dass die beschriebenen Lösungen frei von gewerblichen Schutzrechten (z. B. Patente, Gebrauchsmuster) sind. Eine Haftung des Verlags für die Richtigkeit und Brauchbarkeit der veröffentlichten Programme, Schaltungen und sonstigen Anordnungen oder Anleitungen sowie für die Richtigkeit des technischen Inhalts des Werks ist ausgeschlossen. Die gesetzlichen und behördlichen Vorschriften sowie die technischen Regeln (z. B. das VDE-Vorschriftenwerk) in ihren jeweils geltenden Fassungen sind unbedingt zu beachten.

Bibliografische Information der Deutschen Nationalbibliothek
Die Deutsche Nationalbibliothek verzeichnet diese Publikation in der Deutschen Nationalbibliografie; detaillierte bibliografische Daten sind im Internet über https://portal.dnb.de abrufbar.

ISBN 978-3-8007-5481-6 (Buch)
ISBN 978-3-8007-5482-3 (E-Book)

Satz: Text- und Software-Service Manuela Treindl, Fürth
Druck: Beltz Grafische Betriebe GmbH, Bad Langensalza
Printed in Germany 2024-03

Geleitwort

ISO (International Standardization Organization) und SAE (Society of Automotive Engineers) haben viele Normen und Spezifikationen zum Thema Diagnose von Straßenfahrzeugen und mobilen Arbeitsmaschinen auf dem Feld sowie auf der Baustelle entwickelt. Dieses Buch führt durch den Dschungel dieser Publikationen.

Peter Subke versteht es, den Leser durch das Dickicht der manchmal schwer verständlichen Thematik zu lotsen. Diese Schwierigkeiten liegen oft weniger an der Komplexität als an den nicht immer konsistent verwendeten Begriffen sowie den unterschiedlichen Betrachtungsebenen in den Normen, Spezifikationen und gesetzlichen Vorschriften. Teilweise sind diese Dokumente zu unterschiedlichen Zeiten und von verschiedenen Personen beidseits des Atlantiks entwickelt worden. Diagnose-Experten aus Fernost waren selbstverständlich auch dabei.

Erschwerend kommt hinzu, dass die meisten Normen und Spezifikationen auf andere Dokumente verweisen. Das heißt, man muss viele Schriftstücke parallel lesen und kann dabei leicht den Überblick verlieren. Mit diesem Buch hilft Peter Subke dem Diagnose-Interessierten den Weg und die Orientierung im Urwald nicht zu verlieren. Dazu bedient er sich manchmal der Machete und kämpft den Weg frei zum tieferen Verständnis der Materie.

Hilfreich sind dabei die allgemeinen Einführungen zu den verschiedenen Kommunikationssystemen – von CAN über LIN und Flexray bis zu Automotive-Ethernet. Diese Hintergrundinformationen helfen vor allem den Neulingen sich zurechtzufinden. Ebenso wichtig sind die Informationen über die gesetzlichen Regelungen in Europa und Übersee.

Das Buch ist auf dem neuesten Stand der Standardisierung und den gesetzlichen Regelungen. Selbstverständlich wird an den Normen und Spezifikationen weitergearbeitet. ISO und SAE werden die formalen, editorischen und inhaltlichen Mängel ihrer Dokumente beseitigen. Dies wird der Autor in der nächsten Version dann wieder berücksichtigen. Es ist auch damit zu rechnen, dass das Thema Cybersecurity noch längst nicht abgeschlossen ist – vielleicht wird dies auch niemals der Fall sein. Insbesondere die Nutzfahrzeuge auf und abseits der Straßen haben hier noch Nachholbedarf, was die Standardisierung von Cybersecurity betrifft.

Mit dem in diesem Buch zusammengetragenen Fakten und den zur Verfügung gestellten Erläuterungen lichtet sich der Urwald. Selbst ich, mit knapp 30 Jahren Erfahrungen in der Normung, habe neue Blickwinkel entdeckt. Die Fragen am Ende der Kapitel sind eine gute Möglichkeit, zu prüfen, ob man das Gelesene verstanden hat. Falls nicht, sollte man zurückblättern. Was ich manchmal gemacht habe.

Holger Zeltwanger

CiA (CAN in Automation e. V.) Managing Director
Mitarbeiter in mehreren ISO- und SAE-Gremien
Obmann der ISO-Arbeitskreise 3 und 4 im Unterkomitee 31 des Technischen Komitees 22

Vorwort

Kommunikation ist alles. Ohne Kommunikation ist alles nichts.

Das übergeordnete Thema dieses Buchs ist „Kommunikation". Schon 1925 erkannte der Literaturnobelpreisträger *George Bernard Shaw*: „Das größte Problem der Kommunikation besteht darin, dass man glaubt, sie habe stattgefunden ..."

Beispiel?

Sie sagt: „Jemand sollte mal den Müll runterbringen."

Er sagt: „Stimmt!" ... und schaltet den Fernseher ein. Es ist Samstagabend und Zeit für die Sportschau.

Sprache lebt. Die 28. Auflage des Dudens[1] enthält rund 148 000 Stichwörter. 3 000 davon sind in den letzten drei Jahren dazugekommen. Das vorliegende Buch richtet sich an diejenigen, die mehr über das Vokabular, die Begriffe und die Technologie der Diagnosekommunikation mit Fahrzeugen und mobilen Maschinen erfahren möchten.

Regelmäßig entstehen neue Abkürzungen und Vokabeln, vor allem im Zusammenhang mit neuen Technologien, aber auch durch Marketingabteilungen und Werbefachleute, die neue Produkte mit neuen Namen belegen und sich als Marke (®) schützen lassen.

Die Automobilindustrie hat die Lektion gelernt, dass Wettbewerb auf der Ebene von Bits und Bytes, Bussystemen, Datenkommunikation und Diagnoseprotokollen technisch Unsinn ist und sich ökonomisch nicht rechnet. Fahrzeughersteller und Zulieferer haben erkannt, dass Standardisierung der beste Weg ist, dieses Problem zu lösen. Der Inhalt dieses Buchs

[1] Die Deutsche Rechtschreibung, Band 1, 28. Auflage 2020, Dudenverlag Berlin

basiert auf ISO- und SAE-Standards, beispielsweise ISO 11898 (CAN), ISO 14229 (UDS), ISO 15031 (OBD), ISO 27145 (WWH-OBD), ISO 13400 (DoIP), ISO 22900 (MVCI), ISO 22901 (ODX), ISO 13209 (OTX), SAE J1979, SAE J1939, SAE J1962, SAE J2534 und TMC RP1210.

ISO- und SAE-Standards beschreiben eine Technologie und werden von Experten verfasst, d. h. sie sind nicht für die Ausbildung gedacht. Deshalb gibt dieses Buch die wesentlichen Inhalte des Quellenmaterials in vereinfachter und verständlicher Weise wieder. *Albert Einstein* sagte: „Alles sollte so einfach wie möglich gemacht werden, aber nicht einfacher."

Da die Technologie definitiv nicht trivial ist und die präzise Spezifikation tausende Seiten in englischer Sprache füllt, kann eine zusammenfassende Darstellung wie die in diesem Buch nur auf Kosten der Präzision und Korrektheit gehen. Ich kann nur die schwarz-weißen Aspekte abdecken. Wenn der Leser mehr über die „Grautöne" erfahren möchte, muss er sich die entsprechenden Normen kaufen und mit ihnen beschäftigen.

Mit der Veröffentlichung des Fachbuchs *Datenkommunikation im Automobil* im Jahr 2006 haben Christoph Marscholik und ich die Technik der Datenkommunikation erstmals zusammengefasst. Die englische Version mit dem Titel *Road Vehicles – Diagnostic Communication* erschien 2008, gefolgt von lizenzierten Nachdrucken für Indien, Nepal, Sri Lanka, Bangladesch und Pakistan ein Jahr später. Die zweite Auflage der deutschen Version folgte im Jahr 2011. Acht Jahre später (2019) erschien das englischsprachige Fachbuch „Diagnostic Communication with Road Vehicles and Non-Road Mobile Machinery" unter der Federführung der amerikanischen SAE International (früher bekannt als Society of Automotive Engineers). Dieses Buch mit dem Titel „Fahrzeugdiagnose" ist mehr als eine Übersetzung des SAE-Buchs ins Deutsche. Diese deutsche Ausgabe ist weitgehend „entamerikanisiert". So haben ISO-Standards ein höheres Gewicht als SAE Recommended Practices und Kapitel über Technologien, die ausschließlich in den USA relevant sind (z. B. TMC RP1210, SAE J1850) wurden gestrichen oder gekürzt. Darüber hinaus wurden Abschnitte über CAN XL, SAE J1979-2 (OBD on UDS) und SAE J1979-3 (ZEV on UDS) hinzugefügt.

Ich bin mir bewusst, dass es Diagnoseexperten gibt, denen es nicht gefällt, dass ich mich auf die Beschreibung standardisierter Technologien beschränke und die ebenfalls im Einsatz befindlichen proprietären Lösungen weglasse. Das hat seinen Grund. Ingenieure müssen erfinderisch sein, aber sie sollten das Rad nicht immer wieder neu erfinden. Sie sollten wiederverwenden, was von anderen bereits entwickelt, getestet, verbessert, freigegeben und schließlich standardisiert wurde. Ja, auf den ersten Blick können maßgeschneiderte Lösungen besser sein als die standardisierten. Das hängt vom jeweiligen Anwendungsfall ab und bedarf einer bewussten Entscheidung.

Kapitel über GMLAN, Ford MDX, Daimler CBF oder die Beschreibung proprietärer Diagnosetechnologien und Servicetester (z. B. DAG XENTRY, Porsche PIWIS, BMW ISTA oder VW ODIS) wird der Leser vergeblich suchen.

Ein (Vor-) Wort zum Thema Gendern

Ich gebe mir allergrößte Mühe, komplizierte Sachverhalte so einfach wie möglich darzustellen. Dabei lege ich – manchmal auf Kosten der Präzision – Wert auf Lesbarkeit und Verständlichkeit meiner Darstellungen.

SpezialistInnen wie Ärzte/Ärztinnen, Juristen/Juristinnen oder IngenieurInnen können durch die Verwendung fachspezifischer Vokabeln auf sehr effiziente Weise miteinander kommunizieren. Die im Grundgesetz Artikel 3 Absatz 2 verankerte sprachliche Gleichbehandlung von Männern und Frauen führt zu Formulierungen wie

- (Service-)Techniker/-innen
- Ingenieur/-innen
- Entwickler/-innen

Zwar würde die sogenannte Binnenmajuskel (das ist das große „I" in Ingenieur*I*nnen) die Lesbarkeit erhöhen, doch wird diese Schreibweise von der Gesellschaft für deutsche Sprache e. V. nicht empfohlen und hier deshalb auch nicht verwendet.[2]

Stattdessen habe ich versucht, den Text, wo immer es ging, genderneutral zu formulieren und die Gendermarkierung zu umgehen. Dabei half mir die Regel, dass es im Plural keine geschlechtsspezifischen Unterschiede gibt: Der Ingenieur/die Ingenieurin werden zu den Ingenieuren.

Intended Audience

Dieses Buch ist nicht für Experten geschrieben, die ohnehin alles besser wissen als ich.

Es soll den Studierenden an Berufsbildenden Schulen, Fachhochschulen und Hochschulen helfen, einen Einstieg in die spannende Welt der Fahrzeugdiagnose-Technologie zu erhalten. Um den Charakter eines Lehrbuchs zu unterstützen, gibt es am Ende jedes Kapitels ein paar Übungsfragen.

Dieses Buch soll aber auch dem technisch orientierten Management helfen, das eine Übersicht über die Fachbegriffe benötigt und eine Antwort auf die Frage: „Worum geht es hier eigentlich?"

Denglish: Das Problem mit der Übersetzung von Fachbegriffen

Wissen Sie, was ein Mutterbrett ist? Oder ein Meuchelpuffer? Das sind Beispiele für Fehlversuche, englische (Mutterbrett = motherboard) oder französische (Meuchelpuffer = Pistole) Begriffe ins Deutsche zu übersetzen ...

So „edel" der Erhalt der deutschen Muttersprache auch sein mag, in technischen Dokumenten und Fachbüchern müssen wir damit leben, dass englische Fachbegriffe und Abkürzungen nicht ins Deutsche übersetzt werden.

CAN = Controller Area Network oder LIN = Local Interconnect Network werden nicht übersetzt. SAE Recommended Practices wird nicht in SAE empfohlene Praktiken oder Verfahrensweisen übersetzt. Das gilt auch für alle standardisierten Diagnosedienst-Anfragen, z. B. „read data by identifier" und deren Parameter.

Lesbarkeit und Verständlichkeit

Obwohl der Inhalt dieses Buchs weitgehend auf SAE Recommended Practices, SAE Technical Papers und ISO-Standards basiert, gibt es keine kopierten Passagen (übrigens auch nicht im englischen Original). Ich halte es für problematisch (oder schlampig ...), wenn

[2] https://gfds.de/standpunkt-der-gfds-zu-einer-geschlechtergerechten-sprache/

AutorInnen einer Spezifikation mit der Terminologie nicht konsistent umgehen. Zum Beispiel sind Begriffe wie Bitrate, Baudrate und Datenrate nicht dasselbe. Fachwörter müssen einmal eingeführt und spezifiziert und dann korrekt wiederverwendet werden. Das ist leider nicht immer der Fall und rührt sicherlich daher, dass mehrere AutorInnen an mehreren Teilen und Versionen von ISO-Spezifikationen und SAE Recommended Practices arbeiten. Darüber hinaus neigen die AutorInnen von SAE Technical Papers aus aller Welt dazu, in ihrem Vokabular kreativ zu sein.

Ich verwende die international standardisierten Begriffe (oft ohne Übersetzung), Akronyme und Abkürzungen.

Aus Gründen der Genauigkeit enthalten die Tabellen, in denen der Inhalt von ISO-Normen und SAE Recommended Practices aufgeführt ist, die aktuellen Veröffentlichungsdaten. Da die Normen von Zeit zu Zeit überarbeitet werden, kann es vorkommen, dass eine neue Version veröffentlicht wird, bevor dieses Buch aktualisiert wird.

Abkürzungen wie ECU (Steuergerät), TST (Tester), ECM (Motorsteuergerät), TCM (Getriebesteuergerät), DLC (Data Link Connector) oder VCI (Vehicle Communication Interface) werden, wo immer sinnvoll, nur in den Abbildungen verwendet.

Das Problem mit den Zahlen ...

In diesem Buch kommen verschiedene Zahlensysteme vor. Da es unterschiedliche Schreibweisen (Notation) für Dezimal-, Hexadezimal- und Binärzahlen gibt, ist eine gemeinsame Regel für die Codierung der Zahlen erforderlich. Tabelle 0.1 zeigt die in diesem Buch verwendete Schreibweise für Zahlen.

Tabelle 0.1 Notation von dezimalen, hexadezimalen und binären Zahlen

Dezimal	Hexadezimal	Binär
10	0x10	10_2
255	0xFF	$1111\ 1111_2$

Das binäre Prefix

1 Kilogramm sind eintausend Gramm. 1 Kilometer sind eintausend Meter, oder: 1 kg = 1000 g und 1 km = 1000 m. Das „k“ ist kleingeschrieben und steht für „1000“.

Aber Achtung: 1 KByte (mit großem „K“) ist nicht 1000 Byte, sondern 1024. 1 MW sind 1000 Watt, 1 MByte ist aber nicht 1000 KByte, sondern 1024. Daraus folgt, dass 1 MByte nicht 1000000 Byte, sondern 1048576 Byte ist.

Um dieses Problem zu lösen, definiert die IEC 60027-2 binäre Präfixe, wie „kibi“ (Ki) für 1024 und „mebi“ (Mi) für 1048576.

Obwohl es nicht der IEC entspricht, verwende ich KByte und MByte. In der Kombination mit „Bit“ oder „Byte“ steht das große Suffix „K“ immer für 1024 und das „M“ für 1024K, d. h. 1024 · 1024.

Inhaltsverzeichnis

1 Einführung

1.1 Kraftfahrzeuge

Kraftwagen und Kraftfahrzeuge sind Fahrzeuge mit einem Antriebsmotor. Bild 1.1 zeigt eine vereinfachte Übersicht, in der wir zwischen Personenkraftwagen (PKW), Nutzfahrzeugen (Lastkraftwagen (LKW) und Busse), Sport- und Freizeitfahrzeugen und fahrenden Arbeitsmaschinen (FAM) unterscheiden.

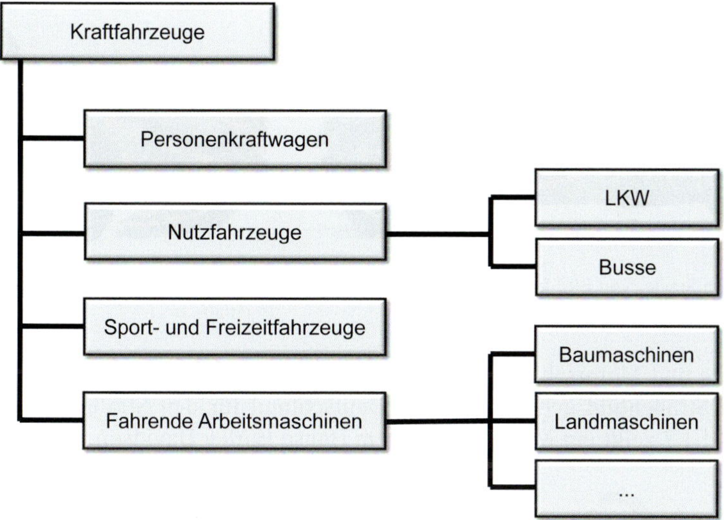

Bild 1.1 Fahrzeugkategorien

Personenkraftwagen (Bild 1.2) dienen der individuellen (privaten) Beförderung von Personen, Busse dem gewerblichen Transport von Personen, und Lastkraftwagen (Bild 1.3) dem gewerblichen Transport von Gütern.

Sport- und Freizeitfahrzeuge, z. B. Wohnmobile und Motorräder, dienen in erster Linie der Freizeitgestaltung. In Nordamerika findet man zudem drei- oder vierrädrige Roadster, wie den CanAm Spyder von BRP[3] (Bild 1.4) oder den Slingshot von Polaris[4] (Bild 1.5).

Während der Spyder zur Kategorie der Motorräder gehört und deshalb mit Schutzhelm gefahren werden muss, gehört der Slingshot zur Kategorie der Personenkraftwagen, für die Sicherheitsgurte und Nackenstützen vorgeschrieben sind.

---

3 Bombardier Recreational Products Inc., Valcourt CANADA

4 Polaris Industries Ltd., Medina (MN) USA

Bild 1.2 Personenkraftwagen (© Softing)

Bild 1.3 Lastkraftwagen (© Softing)

Bild 1.4 CanAm Spyder von BRP Inc. (© Bombardier Recreational Products Inc., CANADA)

Bild 1.5 Slingshot von Polaris (© Polaris Inc.)

Schneemobile und Motorschlitten (Bild 1.6), die u. a. in Kanada und Alaska vor allem im Winter zum Straßenbild gehören, sind in Deutschland für den Straßenverkehr nicht zugelassen. Bild 1.7 zeigt ein Motorrad aus dem Hause Harley Davidson.

Bild 1.6 Motorschlitten Ski-Doo SCANDIC von BRP (© Bombardier Recreational Products Inc., CANADA)

Bild 1.7 Harley Davidson MY 2022 FXFBS „FatBob" 114 mit 1 868 ccm Hubraum (© Peter Subke)

In Entwicklungsländern, etwa Thailand, Kambodscha oder Indien, werden Motorräder und Trikes, auch bekannt als Tuk-Tuk (Bild 1.8), zum individuellen und kommerziellen Transport von Personen und Gütern genutzt.

Bild 1.8 Tuk-Tuk (© Juergen Martin, Neuss)

Bei den fahrenden Arbeitsmaschinen (FAM) können wir grob zwischen Bau-, Land- und Forstmaschinen unterscheiden. Zu den bekanntesten Vertretern der Landmaschinen gehören Traktoren (Bild 1.9) und Mähdrescher, während Mobilkrane (Bild 1.10) und Bagger den Baumaschinen zugeordnet werden. Selbstfahrende Arbeitsmaschinen (sFAM) besitzen einen Antriebsmotor und müssen nicht von einem Traktor gezogen oder auf einem Transporter zur Arbeitsstelle gebracht werden.

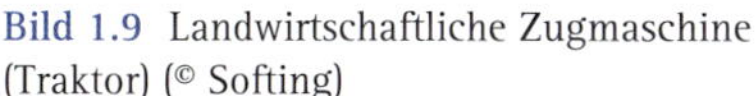

Bild 1.9 Landwirtschaftliche Zugmaschine (Traktor) (© Softing)

Bild 1.10 Mobilkran Liebherr LTM 1070 (© Liebherr)

In den USA werden fahrende Arbeitsmaschinen als Off-Highway Equipment oder Non-Road Mobile Machinery (NRMM) bezeichnet. So wird schon durch die Bezeichnung deutlich, dass diese Fahrzeuge auf öffentlichen Straßen nicht bewegt werden dürfen.

In Deutschland regelt die Fahrzeug-Zulassungsverordnung (ZVO), welche Fahrzeuge zum Straßenverkehr zugelassen werden.

Arbeitsmaschinen sind für die Verrichtung von Arbeit im Gelände (Acker, Baustelle, Wald) ausgelegt. *Selbstfahrende* Arbeitsmaschinen sind in der Regel mit Dieselmotoren ausgerüstet, die sowohl den Antrieb als auch das elektrohydraulische System zum Verrichten von Arbeit mit Leistung versorgen. Selbstfahrende Arbeitsmaschinen sind vom Zulassungsverfahren ausgenommen, was bedeutet, dass sie zwar mobil sind, aber auf öffentlichen Straßen nicht bewegt werden dürfen. Fahrzeugkrane und landwirtschaftliche Traktoren hingegen sind zulassungsfähig. Fahrzeugkrane verwenden Dieselmotoren zum Heben von Lasten auf der Baustelle, aber auch, um von einem Einsatzort zum anderen zu fahren. Fahrzeugkrane können in aller Regel nicht gleichzeitig fahren und heben, da der Motor entweder mit dem Fahrwerk oder dem hydraulischen System verbunden ist. Es gibt allerdings auch Krane mit zwei Motoren, von denen jeder für den spezifischen Aufgabenbereich (Fahren und Arbeiten) optimiert ist.

Landwirtschaftliche Zugmaschinen (Traktoren) werden mit (nicht selbstfahrenden) Arbeitsmaschinen verbunden und ziehen diese über das Feld, wobei die Leistung des Motors über einen Nebenabtrieb (Zapfwelle oder PTO = Power Take Off) übertragen und parallel zum Fahrantrieb zum Antrieb des mechanischen oder hydraulischen Systems der Arbeitsmaschine verwendet wird.

Neben dem Antrieb von Fahrzeugen und Arbeitsmaschinen werden Dieselmotoren in mobilen oder stationären Generatoren als Notstromaggregate in öffentlichen Gebäuden, Krankenhäusern und auf Baustellen eingesetzt (Bild 1.11).

Bild 1.11 Stationärer Stromgenerator mit Dieselmotor (© Cummins Inc.)

1.2 Die Geschichte der Automobilelektronik

Die Geschichte des Automobils beginnt in den 1830er-Jahren mit der Entwicklung von elektromotorischen Antrieben. In den USA patentierte *Thomas Davenport* 1837 einen batteriebetriebenen Gleichstrom-Elektromotor, und in Europa erhielt *Werner von Siemens* 1866 das Patent auf seine Dynamomaschine, die mechanische Energie in elektrische Energie umwandelt.

In den frühen 1900er-Jahren gab es allein in New York etwa 1 000 elektrisch angetriebene Taxis. Aufgrund technischer Probleme (hauptsächlich mit den Batterien) und aufgrund der viel zu geringen Reichweite, konnten sich elektrisch angetriebene Fahrzeuge gegen Fahrzeuge mit Verbrennungsmotoren dann aber doch nicht durchsetzen.

Der Siegeszug der „Verbrenner“ begann, als *Carl Friedrich Benz* beim deutschen Kaiserlichen Patentamt in Berlin sein Patent zum „Motorwagen Nr. 1“ anmeldete. Das Patent mit der Nummer DRP 37435 beschrieb ein „Fahrzeug mit Gasmotorenbetrieb“ und wurde am 29. Januar 1886 erteilt. Der erste Benz, der in den Verkauf kam, war der Motorwagen Nummer 3 (Bild 1.12) mit 1,5 PS und einer Höchstgeschwindigkeit von 16 km/h. Mit so einem Fahrzeug fuhr *Bertha Benz* 1888 mit ihren Söhnen von Mannheim in das 110 km entfernte Pforzheim und schrieb damit Automobilgeschichte.

Bild 1.12 Benz Patent-Motorwagen Nummer 3 (© Zenodot Verlagsgesellschaft mbH)

1903 gründete *Henry Ford* in den USA die Ford Motor Company (FMC) und begann mit dem Bau seines ersten Fahrzeugs, dem Model A. Fünf Jahre später begann die Ford Motor Company mit der Massenproduktion des legendären Model T und stellte 1913 das erste Fließband vor. Bis 1927 wurden in den USA 15 Millionen Ford Model T gebaut.

Bis in die 1960er-Jahre bestand das elektrische System in Kraftahrzeugen aus elektrischen Komponenten wie Kabeln, Steckern, Schaltern, Lampen, Zündspulen und Zündkerzen

(Bild 1.13). Die Einführung von Abgasgrenzwerten führte schließlich zur Entwicklung elektronischer Motorsteuerungen. Mit den bis dahin üblichen mechanischen und hydraulischen Komponenten waren die Grenzwerte nicht erreichbar.

Bild 1.13 Elektrisches System eines Fahrzeugs aus den 1960er-Jahren (© Peter Subke)

Die erste 1967 von Bosch vorgestellte elektronische Motorsteuerung hieß D-Jetronic (Bild 1.14) und bestand noch aus analogen, diskreten Bauelementen. Der Einbau von elektronischen Komponenten, wie Halbleitern und integrierten Schaltkreisen, begann erst in den 1970er-Jahren.

Bild 1.14 Steuergerät einer D-Jetronic von 1969 für Sechszylinder-Motoren (© R. Dietrich Kuhlgatz)[5]

[5] https://www.bosch.com/de/stories/50-jahre-bosch-benzineinspritzung-jetronic/

Mit der ebenfalls von Bosch 1979 erstmalig in einem BMW 732i verbauten Motronic[6] begann der Einsatz von Steuergeräten mit Mikrocontrollern und Software (Firmware) in Kraftfahrzeugen.

Zur Verbesserung der Lesbarkeit, verwenden wir im Text den generischen Begriff Steuergerät. In den Grafiken verwenden wir die englischen Abkürzungen, z. B. ECU (Electronic Control Unit), ECM (Engine Control Module) für Motorsteuergeräte oder TCM (Transmission Control Module) für Getriebesteuergeräte.

Im Vergleich zu mechanischen oder hydraulischen Kontrollsystemen bieten elektronische Systeme Überwachungs- und Diagnosefunktionen.

Die ersten elektronischen Steuergeräte in Arbeitsmaschinen dienten der Überwachung von Drücken, Durchflussraten und Temperaturen im hydraulischen System. In Fahrzeugkranen sorgen elektronische Lastmomentbegrenzer (LMB) dafür, dass der Kran beim Heben von Lasten nicht umkippt.

Gesetzliche Vorgaben zur Überwachung der Abgas-Emissionen von Verbrennungsmotoren führten schließlich zur Einführung sogenannter OBD-Systeme (On-Board-Diagnose) (Abschnitt 1.5) für Fahrzeuge mit Straßenzulassung.

Anfangs wurde jedem Steuergerät ein Satz an Funktionen zugeordnet (wer macht was).

Anfang der 1980er-Jahre begannen Fahrzeughersteller und Zulieferer mit der Entwicklung von Technologien zur Verbindung von Steuergeräten zu elektrisch/elektronischen (E/E-) Systemen und Netzwerken.

In vernetzten E/E-Systemen können Funktionen auf mehrere Steuergeräte verteilt werden (Bild 1.15). Ein Beispiel für ein System mit verteilten Funktionen ist das OBD-System, dessen Funktionskatalog im Laufe der Jahre immer wieder erweitert wurde und in Zukunft auch die Überwachung von Sicherheitsfunktionen umfassen wird.

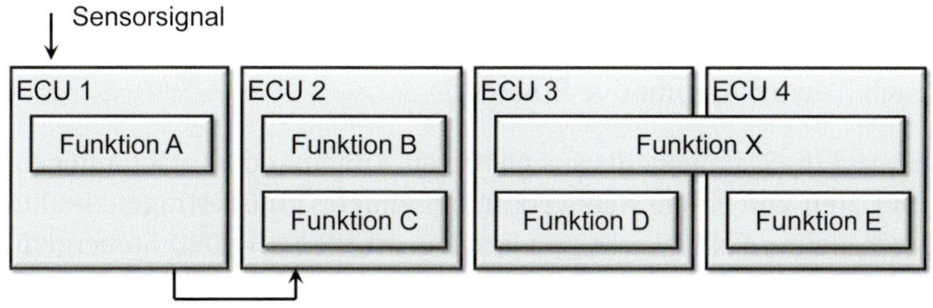

Bild 1.15 Verteilte Funktionen

Oft werden Sensorsignale von mehr als einer Funktion benötigt. Bild 1.15 veranschaulicht, dass ein Sensorsignal (z. B. eine Temperatur) von Steuergerät ECU 1 für die Funktion A erfasst wird und an Steuergerät ECU 2 für die Funktion C übermittelt werden kann. So lassen sich Sensoren und Schalter einsparen. Wenn es im gesamten Netzwerk jeweils nur einen

[6] Motronic ist eine eingetragene Marke der Robert Bosch GmbH.

gültigen (validen) Wert für jede physikalische Größe gibt, sprechen wir von systemweiter Datenkonsistenz. Dann gibt es z. B. nur einen richtigen Wert für die aktuelle Fahrzeuggeschwindigkeit, und es gibt nur eine richtige Antwort auf die Frage, ob der Rückwärtsgang eingelegt ist oder nicht. Diese einfache Information wird nämlich nicht nur vom Getriebe- und Motorsteuergerät verwendet, sondern auch zur Aktivierung der Umluft-Funktion der Klimaanlage, damit beim Rückwärtsfahren keine Abgase in den Fahrzeuginnenraum gelangen, zum Drehen des rechten Außenspiegels, damit der Fahrer den Bordstein sehen kann und zum Einschalten der Rückfahrleuchte, der Rückfahrkamera und der Abstandsmessung im hinteren Stoßfänger.

Die eingesparte Redundanz hat aber auch Nachteile, vor allem wenn Überwachungs- und Diagnosefunktionen nicht bemerken, dass der Wert falsch ist. Das kann fatale Auswirkungen auf mehrere Funktionen haben und ist besonders in sicherheitsrelevanten Anwendungen auszuschließen. Deshalb gewinnen Überwachungs- und Diagnosefunktionen vor allem in sicherheitsrelevanten und autonomen Systemen an Bedeutung.

Da keines der industriellen Netzwerke (Feldbussysteme), wie INTERBUS oder PROFIBUS, zur Verwendung in Fahrzeugen geeignet war, entwickelten Fahrzeughersteller und Zulieferer ihre eigenen, proprietären Fahrzeugnetzwerke zur Verbindung von Steuergeräten. Abhängig von der Anwendung, den Kosten, der Sicherheitsrelevanz und anderen Parametern, wurden im Laufe der Jahre eine Vielzahl unterschiedlicher Fahrzeugnetzwerke entwickelt. Beispiele sind:

- ISO 9141 (K-Line)
- SAE J1850
- SAE J1708
- Controller Area Network (CAN)
- Local Interconnect Network (LIN)
- FlexRay
- Media Oriented Systems Transport (MOST)
- SAE J1939
- ISOBUS
- BoadR-Reach (2-wire Automotive Ethernet)

So kam es auch zu E/E-Systemen, die aus mehreren, voneinander unabhängigen Netzwerken bestanden. Um Daten von einem Netzwerk in ein anderes zu übertragen, und um komplexe Funktionen über mehrere Netzwerke zu verteilen, wurden ab 1990 Steuergeräte mit Gateway-Funktionen entwickelt.

Gateways verbinden (unterschiedliche) Netzwerke miteinander.

Hauptsächlich aus Kostengründen werden neue Technologien und Anwendungen zuerst in Personenkraftwagen der Luxusklasse eingeführt. Deshalb hat die Anzahl von Steuergeräten in solchen Fahrzeugen heute dreistellige Werte erreicht. Tausende von Kabeln mit einer

Gesamtlänge von mehreren Kilometern und einem Gewicht von mehr als 100 kg verbinden hunderte elektronische Komponenten (Steuergeräte, Sensoren, Aktuatoren) und übertragen tausende von elektrischen Signalen – pro Sekunde.

Trotz der großen Anzahl technischer Möglichkeiten muss die Sicherheit der Passagiere die höchste Priorität haben. Ein Fahrer oder Maschinenbediener der von hunderten von Anzeigen, Signalen, Schaltern und Ansagen, wie sie z. B. im Space Shuttle nötig sind (Bild 1.16), überfordert wird, stellt ein Sicherheitsrisiko für sich und alle anderen Verkehrsteilnehmer dar. Elektronische Systeme in Fahrzeugen und mobilen Maschinen müssen jederzeit beherrschbar sein, die Sicherheit und den Komfort erhöhen, sowie Kraftstoffverbrauch und Emissionen senken.

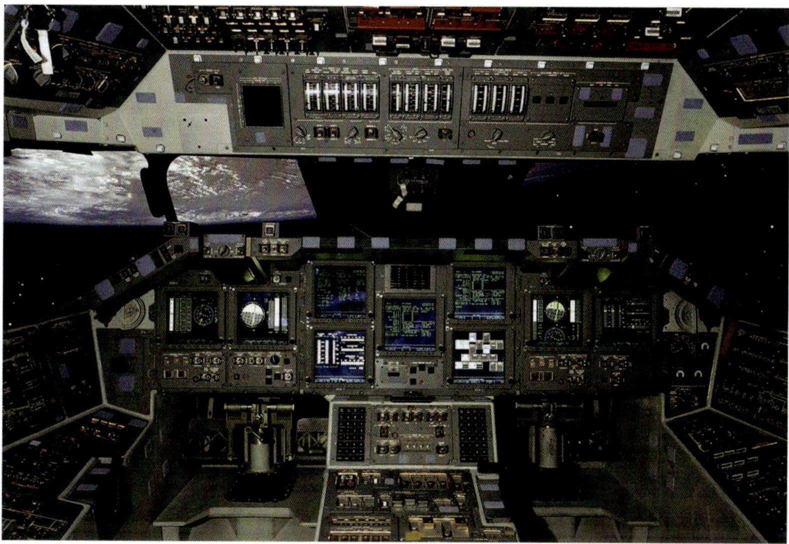

Bild 1.16 Steuerungssystem des Space Shuttles (© https://space-images.com)

Tabelle 1.1 fasst einige wichtige Daten der Geschichte der Automobilelektronik zusammen und stellt sie in den Kontext wichtiger industrieller Entwicklungen.

Tabelle 1.1 Die Geschichte der Automobilelektronik

1837	Patent für einen batteriebetriebenen Gleichstrom-Elektromotor (*Thomas Davenport*)
1866	Patent für einen Dynamo, der mechanische Energie in elektrische Energie umwandelt (*Werner von Siemens*)
1886	Patent für den Motorwagen Nummer 1 mit Verbrennungsmotor und elektrischer Zündung (*Carl Friedrich Benz*)
1888	*Bertha Benz* fährt mit einem Motorwagen Nummer 3 von Mannheim nach Pforzheim. Getankt wird Ligroin aus der Apotheke.
1900	Porsche baut ein E-Fahrzeug mit vier elektrischen Radnabenmotoren
1903	Patent für die elektrische Zündung (*Charles Kettering*)
1905	Gründung der Society of Automotive Engineers (SAE), heute SAE International

Tabelle 1.1 (*Fortsetzung*) Die Geschichte der Automobilelektronik

1908	Start der Serienproduktion des Ford Model T am Fließband
1922	Erstes Autoradio (im Ford Model T)
1926	Erster elektrischer Scheibenwischer (BOSCH)
1947	Gründung der Internationalen Organisation für Normung (ISO)
1952	Das World Forum for Harmonization of Vehicle Regulations (UNECE WP.29) wird gegründet.
1967	Gründung der US-Behörde California Air Resources Board (CARB) zur Einführung von Abgasgrenzwerten
1968	Der US-Bundesstaat Kalifornien führt Gesetze ein, um die Abgase von Verbrennungsmotoren in Fahrzeugen zu reduzieren und zu überwachen.
1969	Präsentation des ersten elektronischen ABS durch die Firma ITT auf der Internationalen Automobil-Ausstellung (IAA)
1970	Einsatz elektronischer Komponenten in Kraftfahrzeugen
1971	Intel stellt den ersten in Serie produzierten Mikroprozessor vor (4004).
1971	Gründung der US-Behörde Federal Environmental Protection Agency (EPA)
1972	Volkswagen macht Werbung damit, dass der Käfer an einen Diagnosecomputer angeschlossen werden kann. In 30 Minuten werden 88 Prüfungen durchgeführt und protokolliert.
1976	*Robert Metcalfe* veröffentlicht sein Papier mit dem Titel „Ethernet: Distributed Packet Switching for Local Computer Networks“
1978	Einsatz elektronischer Steuergeräte mit Mikrocontrollern, z. B. ABS, in Fahrzeugen
1980	General Motors führt mit ALDL (Assembly Line Diagnostic Link) ein proprietäres Diagnosesystem ein.
1985	Erste Ausgabe des LAN Standards IEEE 802.3 (Ethernet)
1986	Bosch stellt das Controller Area Network (CAN) vor.
1989	*Tim Berners-Lee* erfindet HTML und begründet das WWW.
1991	Die US-Umweltschutzbehörde California Air Resources Board (CARB) verpflichtet Fahrzeughersteller gesetzlich zur Einführung einer On-Board Diagnose (OBD I). Erster Serieneinsatz von CAN in einer Mercedes-Benz S-Klasse
1992	Gründung der CAN-Nutzerorganisation „CAN in Automation“ (CiA)
1994	Die CAN-Spezifikation wird internationaler Standard (ISO 11898).
1995	ESP geht in Serie (Mercedes-Benz S-Klasse, Baureihe 104).
1996	Die US-Umweltschutzbehörde California Air Resources Board (CARB) verpflichtet Fahrzeughersteller gesetzlich zur Einführung von OBD II.
1998	Einführung von LIN (Local Interconnect Network)
1998	Gründung der Association for Standardisation of Automation and Measuring Systems (ASAM) e. V. in Deustchland
2001	European OBD (EOBD) wird in Europa für alle Personenkraftwagen mit Benzinmotoren gesetzlich vorgeschrieben.
2004	European OBD (EOBD) wird in Europa für alle Personenkraftwagen mit Dieselmotoren gesetzlich vorgeschrieben.
2006	Erster Serieneinsatz von FlexRay in einem BMW
2007	Apple stellt das erste iPhone vor.
2008	Für die Kommunikation zwischen dem OBD-System eines Fahrzeugs und einem externen OBD-Scantool sind SAE J1850 und K-Line nicht mehr zugelassen – nur noch CAN.

Tabelle 1.1 (*Fortsetzung*) Die Geschichte der Automobilelektronik

2012	ISO/PAS 27145 = World-Wide Harmonized On-Board Diagnostics (WWH-OBD) communication requirements wird als „publicly available"-Spezifikation veröffentlicht und soll als weltweit harmonisierter Standard dienen.
2013	ISO 14229-5: UDS on IP
2014	EURO VI (Abgasnorm für schwere Nutzfahrzeuge) wird in Europa gesetzlich vorgeschrieben.
2015	Erster fahrerloser LKW auf einer US-Bundesstraße Erste publizierte Hackerattacken auf Fahrzeuge Neues CAN-Protokoll: CAN FD
2017	Megatrend: untereinander und mit der Umwelt vernetzte, elektrisch angetriebene und automatisiert/autonom fahrende Fahrzeuge und Maschinen
2021	Weltpremiere des Daimler EQS (S-Klasse mit Elektroantrieb) Neues CAN-Protokoll: CAN XL
2021	SAE J1979-2 (OBDonUDS) ersetzt SAE J1979 für Fahrzeuge mit Verbrennungsmotoren.
2022	SAE J1979-3 (ZEVonUDS) ersetzt SAE J1979 für Zero Emission Vehicles (ZEV).
2022	Das EU-Parlament beschließt, dass ab 2035 Neuwagen mit Verbrennungsmotoren nicht mehr zugelassen werden.

Ohne digitale E/E-Systeme sind viele Funktionen in heutigen Fahrzeugen und mobilen Maschinen nicht möglich. Mit der steigenden Komplexität werden die Entwickler vor immer neue Herausforderungen gestellt. Mit dem Einsatz vernetzter digitaler E/E-Systeme stieg nämlich auch das Interesse krimineller Hacker, nicht nur um den Kilometerstand des elektronischen Tachos zurückzudrehen. Neue Funktionen wie schlüsselloser Zugang, Multimedia, V-to-X-Kommunikation und automatisiertes Fahren sind angreifbar und müssen auch im Hinblick auf Cybersicherheit konzipiert (Security-by-Design), entwickelt und kontinuierlich optimiert werden.

1.3 Standardisierung

1.3.1 Die Vorteile der Standardisierung

Zu Beginn der Elektrifizierung und Digitalisierung von Fahrzeugen und mobilen Maschinen wurde viel Geld und Zeit in die Entwicklung proprietärer und nicht kompatibler Technologien investiert. Im Laufe der Jahre wurden die besten Technologien kontinuierlich weiterentwickelt, getestet, verbessert und schließlich standardisiert.

Ingenieure müssen kreativ sein, aber sie sollten das Rad nicht immer wieder neu erfinden.

Durch den Einsatz von Standards werden Fehler vermieden, Kosten reduziert und die Qualität verbessert.

Ein bislang kaum gelöstes Problem besteht darin, dass es mehrere, untereinander im Wettbewerb stehende Standardisierungs-Organisationen (Tabelle 1.2) gibt, allen voran die ISO und SAE International. Während die ISO den Anspruch erhebt, *internationale* Standards zu veröffentlichen, ist SAE International mit den als „Recommended Practices" bezeichneten Standards eher für den nordamerikanischen Markt aktiv. So kommt es vor, dass vergleichbare

Problemlösungen in nicht kompatiblen Standards spezifiziert werden. Bild 1.17 verdeutlicht dieses Problem auf sehr ironische, aber leider zutreffende Weise.

Tabelle 1.2 Standardisierungs-Organisationen

ISO	International Organization for Standardization	http://www.iso.org
SAE International	Gegründet als Society of Automotive Engineers	https://www.sae.org
AUTOSAR	Automotive Open System Architecture	https://www.autosar.org
ASAM	Association for Standardization of Automation and Measurement Systems	https://www.asam.net
ATA TMC	Technology and Maintenance Council of the American Trucking Association	http://www.trucking.org/Technology_Council.aspx
IEEE	Institute of Electrical and Electronics Engineers	http://ieee.org
IEC	International Electrotechnical Commission	http://www.iec.ch
CEN	European Committee for Standardization	https://www.cen.ch
DIN	Deutsches Institut für Normung	http://www.din.de
ANSI	American National Standards Institute is the U.S. participating member body to ISO	http.//www.ansi.org
NIST	National Institute of Standards and Technology USA	https://www.nist.gov
CiA	CAN in Automation e. V.	https://www.can-cia.org

Bild 1.17 Das Problem mit den Standards: Es gibt zu viele.
(Bildquelle: https://xkcd.com/927/)

1.3.2 ISO

ISO ist die Abkürzung für die International Organization for Standardization (Internationale Organisation für Normung). Dabei handelt es sich um ein weltweites Netzwerk von Normungsorganisationen, z. B. dem U.S. National Standards Institute (ANSI) und dem Deutschen Institut für Normung (DIN). ISO arbeitet eng mit der International Electronical Commission (IEC) zusammen und besteht aktuell aus mehr als 240 technischen Komitees

(TC = Technical Committee), sowie zahlreichen Subkomitees (SC = Sub Committee) und Arbeitsgruppen, die alle vom Sekretariat im schweizerischen Genf koordiniert werden. ISO ist eine nicht regierungsgebundene Non-Profit-Organisation, die ihre Aufwendungen durch den Verkauf von Standards, z. B. über den ISO Store[7] oder den Beuth-Verlag[8], finanziert.

Das technische Komitee ISO/TC 22 erstellt Standards für Straßenfahrzeuge, ISO/TC 23 für mobile Arbeitsmaschinen, namentlich Traktoren, sowie landwirtschaftliche und forstwirtschaftliche Arbeitsmaschinen.

Bild 1.18 Logo der Internationalen Organisation für Normung (© ISO)

Jedes technische Komitee besteht aus verschiedenen Subkomitees (SC), die an ausgewählten Themen arbeiten, beispielsweise elektrische und elektronische Komponenten (ISO/TC 22/SC 32), Datenkommunikation (ISO/TC 22/SC 31), Fahrzeugen mit Elektroantrieb (ISO/TC 22/SC 37) oder Kommunikation in Landmaschinen (ISO/TC 23/SC19/WG 5). Bevor eine Spezifikation zu einem internationalen Standard wird, wird sie in verschiedenen Entwürfen veröffentlicht, über die die Mitglieder der Komitees abstimmen. Tabelle 1.3 fasst die Phasen (Stages) eines ISO-Standardisierungs-Prozesses zusammen.

Tabelle 1.3 Phasen eines ISO Standards

Code	Phase (Stages)	Veröffentlichung als	Kommentar
00	Preliminary	NWIP	New Work Item Proposal (vorläufiger Vorschlag)
10	Proposal	WIP	Work Item Proposal (Vorschlag)
20	Preparatory	WD	Working Draft (Vorbereitung)
30	Committee	CD	Committee Draft
40	Enquiry	DIS	Draft International Standard
50	Approval	FDIS	Final Draft International Standard
60	Publication	ISO	International Standard
90	Review		ISO-Standards werden alle 5 Jahre überprüft.
95	Withdrawal		Stilllegung

7 https://www.iso.org/store.html

8 http://www.beuth.de/en]

1.3.3 SAE International

SAE International wurde 1905 als Society of Automobile Engineers, also als eine Vereinigung von Ingenieuren der Automobilbranche gegründet. *Henry Ford*, Gründer der Ford Motor Company, war einer der Gründungsmitglieder.

Bild 1.19 Logo von SAE International (© SAE International)

Heute ist SAE International eine weltweit operierende Organisation mit mehr als 138 000 WissenschaftlerInnen, IngenieurInnen und technischen ExpertInnen aus den Bereichen Automotive, Aviation (Luft- und Raumfahrt) und Nutzfahrzeugen. Eines der wichtigsten Ziele der Organisation ist Fortbildung. SAE entwickelt Standards, die als *Recommended Practices* bezeichnet werden, veröffentlicht technische Fachartikel, Aufsätze, Bücher und Magazine und organisiert Veranstaltungen. Mehr als 700 technische Komitees mit 14 000 IngenieurInnen sind aktiv an der Entwicklung der SAE Recommended Practices beteiligt.

SAE Recommended Practices für Kraftfahrzeuge werden in der Regel durch den Buchstaben „J" vor einer vierstelligen Zahl gekennzeichnet. Beispiele sind SAE J1979, das die US-Version des OBD-Systems beschreibt oder SAE J1939, das aus einem Satz an Standards zum Einsatz des CAN in Nutzfahrzeugen besteht.

Beispiele für SAE-Veranstaltungen sind der SAE World Congress (WCX) in Detroit, die SAE On-Board Diagnostics Symposien in den USA und Europa, und der Commercial Vehicle Engineering Congress (COMVEC) in Chicago. Alle SAE-Publikationen sind erhältlich unter https://www.sae.org.

1.3.4 ASAM

ASAM ist die Abkürzung von Association for Standardization of Automation and Measuring Systems. ASAM wurde 1998 von deutschen Automobilherstellern gegründet und ist ein eingetragener Verein (e. V.) mit Hauptsitz in der Nähe von München.

Bild 1.20 Logo des ASAM e. V.

Mehr als 350 Mitgliedsfirmen und Organisationen aus den Bereichen Fahrzeughersteller, Zulieferer und Universitäten entwickeln und pflegen gemeinsam Standards für die Automobil-Industrie. Etliche ASAM-Spezifikationen sind im Laufe der Jahre in ISO-Standards überführt worden. Tabelle 1.4 zeigt Beispiele, die im Zusammenhang mit der Fahrzeugdiagnose eine Rolle spielen.

Tabelle 1.4 Beispiele für ASAM-AE-Standards und die ISO-Äquivalente

ASAM-Standard	Abkürzung	ISO-Standard	Inhalt
ASAM MCD-2D	ODX	ISO 22900-2	Open Diagnostic Data Exchange
ASAM MCD-3D	D-Server API	ISO 22900-3	Diagnostic Server Application Programming Interface
ASAM OTX	OTX	ISO 13209	Open Test Sequence Exchange Format

1.3.5 TMC

Das Technology and Maintenance Council (TMC) der American Trucking Association (ATA) entwickelt Recommended Engineering and Maintenance Practices und beschäftigt sich ausschließlich mit Lastkraftwagen. Der wichtigste TMC-Standard ist der TMC RP1210 (Abschnitt 7.3.3.4).

1.3.6 AUTOSAR

AUTOSAR ist die Abkürzung für AUTomotive Open System ARchitecture. Die Organisation wurde 2003 gegründet, um eine offene und standardisierte Software-Architektur für Steuergeräte zu entwickeln und zu etablieren. Für weitere Informationen über die AUTOSAR-Software siehe https://www.autosar.org.

1.3.7 CAN in Automation (CiA)

CAN in Automation (CiA) wurde 1992 gegründet und ist ein Industriekonsortium, das Hersteller und Anwender von CAN-Produkten unterstützt. Der eingetragene Verein entwickelt auch Spezifikationen, z. B. CANopen oder CAN XL.

1.4 Gesetzgebung

1.4.1 Europäische Richtlinien und Verordnungen

Die Europäische Union (EU) ist ein politischer und wirtschaftlicher Zusammenschluss von 27 Staaten. Bild 1.21 zeigt die Flagge der EU.

Bild 1.21 Flagge der Europäischen Union (© Council of Europe)

Das Europaparlament (EP) und der Rat der Europäischen Union bestimmen über Richtlinien (Directives) und Verordnungen (Regulations). Die Europäische Kommission (EC) ist das Exekutivorgan der EU. Richtlinien und Verordnungen nehmen direkten oder indirekten Einfluss auf die Rechtsprechung der Mitgliedsstaaten der EU. Während Richtlinien als Leitfaden oder Empfehlung verstanden werden können, sind EU-Verordnungen rechtlich bindend umzusetzen und können in allen EU-Mitgliedsstaaten gerichtlich durchgesetzt werden.

EU-Richtlinien sind öffentlich verfügbar unter https://eur-lex.europa.eu.

Im Kontext der Fahrzeugdiagnose sind die EU-Richtlinien zur Spezifikation der Fahrzeugklassen (Tabelle 1.5) und die Richtlinien und Verordnungen zur europäischen Version der OBD-Gesetzgebungen (EOBD) von Bedeutung.

Tabelle 1.5 Beispiele für EG-Fahrzeugklassen

Klasse	Spezifikation
M	Kraftfahrzeuge mit mindestens vier Rädern zur Beförderung von Personen, z. B. PKW und Busse. Unterklassen sind M1, M2 und M3.
N	Kraftfahrzeuge mit mindestens vier Rädern zur Beförderung von Gütern, z. B. Lastkraftwagen. Unterklassen sind N1, N2 und N3.
L	Leichte Kraftfahrzeuge mit zwei, drei oder vier Rädern, z. B. Motorräder oder Quads Beispiele: L1e-A: Pedelec L2e-P: dreirädriges Moped für die Personenbeförderung L3e-A3: Motorrad (Kraftrad) mit mehr als 35 kW Leistung L4e-A3: Motorradgespann mit mehr als 35 kW Leistung
S	Nicht selbstfahrende (gezogene) Arbeitsmaschinen für die Land- und Forstwirtschaft
T	Zugmaschinen für die Land- und Forstwirtschaft, z. B. Traktoren
O	Anhänger, Unterklassen O1 bis O4 nach zulässiger Gesamtmasse

1.4.2 Cal-EPA und California Code of Regulations (CCR)

Das State of California Air Resources Board (ARB, *früher* CARB) wurde 1967 gegründet. Kalifornien ist der einzige US-Staat mit einer eigenen Regulierungsbehörde für Umweltschutz, da diese schon vor der Verabschiedung des U.S. Federal Clean Air Act (FCAA) Ende 1970 und der Gründung der U.S. Federal Environmental Protection Agency (EPA) ein Jahr später, existierte. Heute ist die ARB ein Teil der kalifornischen Umweltschutzbehörde Cal-EPA. ARB-Verordnungen sind gesetzlich bindend. Sie werden als CCR (California Code of Regulations) veröffentlicht. Die anderen Bundesstaaten können entweder die ARB-Verordnungen oder die staatlichen (federal) übernehmen, dürfen aber keine eigenen erlassen. Die wichtigsten Verordnungen im Zusammenhang mit der Fahrzeugdiagnose sind die Artikel 1968 und 1971 des CCR Title 13.

Das kalifornische Air Resources Board teilt Fahrzeugklassen nach sogenannten Emissions-Faktoren (EMFAC = EMission FACtor) ein. Das EMFAC-Handbuch enthält die Spezifikation von Fahrzeugklassen, z. B. „LDA“ für PKW, „T7“ für Schwerlaster und „SUBS“ für Schulbusse. Im Vergleich zur europäischen Einteilung der Fahrzeugklassen ist die EMFAC-Tabelle sehr viel detaillierter.

1.4.3 U.S. EPA und Federal Code of Regulations (CFR)

Die amerikanische Umweltschutzbehörde Environmental Protection Agency (EPA) wurde 1971 vom US-Kongress (President *Richard Nixon*) gegründet. Der Federal Clean Air Act (FCAA) ist ein US-Bundesgesetz zur Kontrolle der Luftverschmutzung auf nationaler Ebene. Er wurde 1990 überarbeitet und erweitert. Unter dem FCAA setzt die EPA Gesetze zur Reduzierung der Luftverschmutzung durch Motoren in Straßenfahrzeugen, mobilen und stationären Maschinen durch. Dazu beschäftigt das *EPA Office of Criminal Enforcement* Spezialisten und Bundesagenten, die Umweltvergehen aufdecken und untersuchen. Wenn eine Verletzung von Umweltgesetzen festgestellt wird, unternimmt die EPA zivil- oder strafrechtliche Schritte gegen den Verursacher (siehe Infobox: Notice of Violation am Ende dieses Abschnitts).

US-Bundesrichtlinien werden als „Code of Federal Regulations (CFR)" veröffentlicht.[9]

Die EPA klassifiziert Fahrzeuge nach Gesamtgewicht (GVWR = Gross Vehicle Weight). Ein Heavy-Duty Vehicle (HDV) ist ein Fahrzeug mit einem GVWR von über 8 500 lbs.[10]

Unterhalb dieses Werts werden Fahrzeuge als Medium-Duty Vehicles (MDV) oder Light-Duty Vehicles (LDV) klassifiziert.

INFOBOX: Notice of Violation des Office of Criminal Enforcement der EPA

Hintergrund: Das „*Clean Diesel Trucks and Buses Program*" der EPA führte zum Einsatz moderner Abgasreinigungs- und Kontrollsysteme in Lastkraftwagen und Bussen. Um die gesetzlich vorgeschriebenen Emissionsgrenzwerte einzuhalten, wurden die Dieselmotoren mit Rußfiltern (DPF = Diesel Particulate Filter), Abgas-Rückführsystemen (EGR = Exhaust Gas Recirculation) und/oder SCR-Katalysatoren (SCR = Selective Catalytic Reduction) ausgestattet. Die Hauptfunktion des SCR ist die Reduzierung von unsichtbaren aber schädlichen Stickoxiden (NO_x) durch die Injektion von DEF (Diesel Exhaust Fluid)[11] in den Katalysator des Abgasreinigungssystems.

Der United States Federal Clean Air Act (FCAA) verbietet den Einsatz von Abschalteinrichtungen (sogenannte Defeat Devices), die das Abgasreinigungssystem ganz oder teilweise umgehen oder abschalten.[12]

1998 verhängten das Department of Justice (DOJ) und die EPA eine Strafe in Höhe von *einer Milliarde Dollar* gegen sieben Hersteller von Dieselmotoren wegen der illegalen Verwendung von Defeat Devices. Durch die Installation spezieller Software war es möglich, die vorgeschrieben Emissions-Grenzwerte einzuhalten, solange der Motor unter Testbedingungen lief. Im normalen Straßenbetrieb wurden die Grenzwerte signifikant überschritten.

9 https://www.ecfr.gov

10 1 lbs = 0,454 kg

11 Das DEF mit der Bezeichnung Adblue® ist eine eingetragene Marke des Verband der Automobilindustrie (VDA).

12 United States Codes, Title 42, Chapter 85, Section (§) 7522 (a)(3)(B)

17 Jahre später (Ende 2015) verhängte die EPA eine weitere Notice of Violation (NOV) wegen der Verletzung des Clean Air Act, diesmal über einen deutschen Fahrzeughersteller, der ein software-basiertes Defeat Device in Personenkraftwagen mit Dieselmotoren eingebaut hatte. Die Software war in der Lage zu unterscheiden, ob der Wagen unter realen Straßenbedingungen lief, oder ob er einem Abgastest auf einem Rollenprüfstand unterzogen wurde und konnte das Abgasreinigungssystemen entsprechend anpassen. In diesem Fall wurde der Ausstoß von NO_x um das bis zu 40-Fache des zugelassenen Grenzwerts überschritten. Der Preis für das Vergehen: Über 20 Milliarden Dollar Strafe und ein massiver Verlust an Reputation für die gesamte deutsche Automobilindustrie.

1.4.4 United Nations (UN) und Global Technical Regulations (GTR)

UNECE ist die Abkürzung für United Nations Economic Commission for Europe. Die UNECE (Bild 1.22) ist eine von fünf regionalen Kommissionen unter administrativer Führung der Vereinten Nationen (UN). Sie wurde gegründet, um die ökonomische Kooperation zwischen Mitgliedsländern aus Europa, Zentralasien und Nordamerika zu unterstützen. The World Forum for Harmonization of Vehicle Regulations (WP.29) ist eine Unterorganisation der UNECE. Sie erarbeitet Vorschriften zur Fahrzugsicherheit und zur Energieeffizienz, zum Diebstahlschutz und zum Schutz der Umwelt. Und sie schafft die rechtlichen Rahmenbedingungen für Automotive Cybersecurity, Remote-Updates und automatisiertes Fahren.

Bild 1.22 Logo der UNECE (© UNECE)

Unter Federführung der Europäischen Union, Japan und der USA wurde 1998 das UNECE Global Agreement verabschiedet. Die Vereinbarung etabliert einen Prozess, mit dem Länder globale, sogenannte UN Global Technical Regulations (GTR) entwickeln können. Im Zusammenhang mit der Fahrzeugdiagnose ist die UN GTR No. 5 = Requirements for emission-related OBD systems von Bedeutung (Abschnitt 1.5.5).

1.4.5 National Highway Traffic Safety Administration (NHTSA)

Die National Highway Traffic Safety Administration (NHTSA)[13] ist Teil des U.S. Department of Transportation. Aufgabe der NHTSA ist es, Leben zu schützen, Verletzungen zu verhindern und ökonomische Schäden durch Unfälle zu vermeiden. Dies geschieht durch Verkehrserziehung, Forschung, und durch die Entwickelung von Sicherheitsstandards. Wie die EPA hat auch die NHTSA Polizeibefugnisse.

[13] https://www.nhtsa.gov/about-nhtsa/nhtsas-core-values

Die Abkürzung „NHTSA“ wird von den Amerikanern scherzhaft wie „Nizza“ ausgesprochen.

Im Zusammenhang mit Fahrzeugdiagnose ist die Rolle der NHTSA bei der Entwicklung des SAE-Standards J3138 zur Sicherheit des OBD-Systems von Bedeutung.

1.5 Gesetzlich vorgeschriebene (legislated) OBD

1.5.1 Einleitung

1968 verabschiedete der US-Bundesstaat Kalifornien Verordnungen zur Reduzierung von Abgasen besonders in den Millionenstädten Los Angeles und San Francisco. Zwei Jahre später verabschiedete der US-Kongress unter Präsident *Richard M. Nixon* den Federal Clean Air Act (FCAA) und gründete die Environmental Protection Agency (EPA). 1996 erließ das California Air Resources Board erste Richtlinien für die „On-Board-Diagnose“ (OBD), eine Technologie zur Überwachung von Motoren und abgasrelevanter Komponenten auf Einhaltung vorgegebener Grenzwerte. Die klassische On-Board-Diagnose ist hauptsächlich eine Funktion des Motorsteuergeräts und überwacht kontinuierlich die abgasrelevanten Komponenten des Fahrzeugs.

OBD-Systeme wurden stufenweise für alle Fahrzeuge mit Typzulassung in den USA gesetzlich vorgeschrieben. Im Jahr 2001 machte dann auch die europäische Union das OBD-System zur Pflicht. Das inoffiziell als EOBD (European OBD) bezeichnete System der Europäer ist aber weitestgehend mit dem amerikanischen OBD-System identisch.

Fortan wird die Zulassung zum Straßenverkehr nur gewährt, wenn die festgelegten Höchstwerte für Kohlenmonoxid (CO), Stickoxid (NO_x), Kohlenwasserstoffen (HC) und Feinstaub (PM) im Abgas nicht überschritten werden.

Fahrzeuge mit OBD-System besitzen eine gelbe Motormanagement-Kontrollleuchte (MIL = Malfunction Indicator Light), mit der das OBD-System dem Fahrer einen Fehler im Abgasreinigungssystem anzeigen kann. Bild 1.23 zeigt das bekannte Symbol der MIL nach ISO 2575 Symbol F.01.

Bild 1.23 ISO 2575 F.01 Malfunction Indicator Light (MIL) (© ISO 2575 Figure F.01)

Neben der MIL müssen Fahrzeuge mit OBD-Systemen mit einem Diagnosestecker ausgerüstet werden. Dieser Stecker wird auch als „OBD II Port“, DLC (Diagnostic Link Connector) oder OBD-Stecker (Abschnitt 7.2) bezeichnet und dient dem Anschluss von speziellen Testgeräten, sogenannten OBD-Scantools.

Da mit der Abkürzung *OBD* immer die gesetzlich vorgeschriebene (legislated) On-Board-Diagnose gemeint ist, verzichten wir im Folgenden auf die Adjektive *legislated* oder *gesetzlich vorgeschrieben.*

1.5.2 Europäische OBD-Richtlinien und Verordnungen

1.5.2.1 Euro 5, 6 und 7

Die Verordnung (EU) 2017/1151 der Kommission vom 1. Juni 2017 ergänzt die Verordnung (EG) 715/2007 des Europäischen Parlaments und des Rates vom 20. Juni 2007, die die Typgenehmigung von Kraftfahrzeugen der Klassen M1, M2, N1 und N2 „hinsichtlich der Emissionen von leichten Personenkraftwagen und Nutzfahrzeugen (Euro 5 und Euro 6) und über den Zugang zu Reparatur- und Wartungsinformationen für Fahrzeuge" regelt.

Artikel 13 der Verordnung 2017/1151 regelt den Zugang zu Informationen über OBD-Systeme sowie zu Reparatur- und Wartungsinformationen. Gemeint sind alle Informationen, die für die Inspektion, Diagnose, Wartung und Reparatur eines Fahrzeugs erforderlich sind.

Artikel 13 Absatz 8 verpflichtet die Fahrzeughersteller, „interessierten Kreisen" (sic) Informationen zur Verfügung zu stellen, auf deren Grundlage generische Diagnosegeräte entwickelt werden können: „Falls die Hersteller in ihren Vertragswerkstätten Diagnose- und Prüfgeräte gemäß ISO 22900 „Modular Vehicle Communication Interface (MVCI)" und ISO 22901 „Open Diagnostic Data Exchange (ODX)" verwenden, werden die ODX-Dateien (...) unabhängigen Marktteilnehmern über die Website des Herstellers zur Verfügung gestellt."

Die hier gesetzlich vorgeschriebene Diagnose-Technologie wird in Kapitel 6 (ODX und OTX) und Kapitel 7 (Diagnosesysteme) detailliert behandelt.

Ab 2025 gilt in Europa Euro 7 mit reduzierten Werten für Stickoxide (NO_X). Sowohl Diesel- als auch Benzinmotoren dürfen den Stickstoffgrenzwert von 60 mg/km nicht übersteigen. Fahrzeuge müssen ihre Emissionen mit Sensoren und einem On-Board-Measurement-(OBM)-System permanent im realen Verkehr überwachen. Zudem gibt es Grenzwerte für die Feinstaubemission (Partikel und Mikroplastik von Bremsen und Reifen). Dadurch will die EU-Kommission erstmalig auch Elektrofahrzeuge in die Kontrollen aufnehmen.

1.5.2.2 Euro VI und UN GTR No. 5 für schwere Nutzfahrzeuge

Die für Europa geltenden gesetzlichen Regelungen zur On-Board-Diagnose für schwere Nutzfahrzeuge können bestenfalls als verwirrend bezeichnet werden. Die Verordnung (EG) Nr. 595/2009 regelt die Typgenehmigung von Kraftfahrzeugen und Motoren hinsichtlich der Emissionen von schweren Nutzfahrzeugen (Euro VI). Die EU-Verordnung 582/2011 vom 25. Mai 2011 regelt die Durchführung: Artikel 4 schreibt rechtswirksam vor, dass alle Motorensysteme und Fahrzeuge der Klassen M1, M2, N1 und N2 mit einem Gesamtgewicht über 2610 kg und der Klassen M3 und N3 mit einem OBD-System ausgestattet werden müssen. Anhang X der Verordnung 582/2011 beschreibt die technischen Details des OBD-Systems und verweist auf „Anhang 9B der UN/ECE-Regelung Nr. 49".

Die UN/ECE-Regelung Nr. 49 beinhaltet Regelungen hinsichtlich der Emissionen von Selbstzündungsmotoren. Anhang 9A beinhaltet funktionale Aspekte des OBD-Systems, z. B. zur Aktivierung der MIL oder Speicherung von Fehlercodes.

Anhang 9B basiert auf der UN GTR No. 5 und beinhaltet technische Details des OBD-Systems und Regelungen zu Prüfverfahren. Die UN GTR No. 5 (Tabelle 1.6) beinhaltet die technischen Anforderungen für OBD-Systeme schwerer Nutzfahrzeuge und deren Motoren und steht nebst Erweiterungen (Appendix) und Korrekturen (Corrigendum) auf der Homepage der UNECE zum Download bereit.[14]

Tabelle 1.6 United Nations Global Technical Regulation (UN GTR) No. 5

UN GTR No. 5	ECE/TRANS/180/Add.5
Appendix to UN GTR No. 5	ECE/TRANS/180/Add.5/Appendix 1
Corrigendum 1 to UN GTR No. 5	ECE/TRANS/180/Add.5/Corr.1
Amendment 1	ECE/TRANS/180/Add.5/Amend.1
Appendix 1 to Amendment 1	ECE/TRANS/180/Add.5/Amend.1/Appendix 1

ECE-TRANS-180a5am1app1e.pdf
ECE-TRANS-180a5am1e.pdf
ECE-TRANS-180a5app1e.pdf
ECE-TRANS-180a5c1e.pdf
ECE-TRANS-180a5e.pdf

Im Rahmen der EURO VI-Gesetzgebung für schwere Nutzfahrzeuge und ihren Motoren ist für die Kommunikation des OBD-Systems mit externen Testern entweder SAE J1939-73 oder ISO 27145 mit ISO 15765-4 (CAN) bzw. mit ISO 13400 (TCP/IP) zugelassen (Tabelle 1.7).

Tabelle 1.7 OBD Kommunikationsprotokolle in der EURO VI-Gesetzgebung

Referenz	Inhalt	siehe
SAE J1939-73	Heavy-Duty OBD	Abschnitt 3.6 und Abschnitt 4.5
ISO 27145	World-Wide Harmonized OBD	Abschnitt 4.6
ISO 15765-4	Diagnostics over CAN (DoCAN)	Abschnitt 5.2
ISO 13400	Diagnostics Over IP (DoIP)	Abschnitt 5.5

1.5.2.3 Euro STAGE V für mobile Maschinen

Seit 1997 hat die Europäische Union etliche Richtlinien zur Regelung der Abgasemissionen von mobilen Maschinen erlassen. Zahlreiche Erweiterungen und Anhänge führten zu einem verwirrenden Chaos, und das Fehlen einer für alle verbindlichen EU-Verordnung resultierte in 28 nationalen Versionen. Obwohl alle EU-Mitgliedsländer die Installation von Abgas-Kontrollsystemen auf mobilen Maschinen vorschreiben, gibt es keine Vorschrift, diese Systeme per OBD zu überwachen.

[14] https://unece.org/transport/standards/transport/vehicle-regulations-wp29/global-technical-regulations-gtrs

Dies gilt auch für die Verordnung (EU) 2016/1628 über die „Anforderungen in Bezug auf die Emissionsgrenzwerte für gasförmige Schadstoffe und luftverunreinigende Partikel und die Typgenehmigung für Verbrennungsmotoren für nicht für den Straßenverkehr bestimmte mobile Maschinen und Geräte“, die 2019 in Kraft trat.

1.5.3 California CCR Title 13 Section 1968 and 1971

Die ARB-Verordnungen CCR Title 13 Section 1968 und 1971 beinhalten die OBD-Regelungen für alle Kraftfahrzeuge vom Personenkraftwagen bis zum schweren Nutzfahrzeug und deren Motoren. Obwohl diese Verordnungen eigentlich nur für Typzulassungen in Kalifornien gelten, haben die meisten anderen US-Bundesstaaten diese Regelungen übernommen. Tabelle 1.8 listet die vier Teile und ihre Inhalte unübersetzt im englischen Original auf.

Tabelle 1.8 Sections 1968 and 1971 of CCR Title 13

Section	Titel/Inhalt
1968.2	Malfunction and Diagnostic System Requirements for 2004 and Subsequent Model-Year Passenger Cars, Light-Duty Trucks, and Medium-Duty Vehicles and Engines (OBD II)
1968.5	Enforcement of Malfunction and Diagnostic System Requirements for 2004 and Subsequent Model-Year Passenger Cars, Light-Duty Trucks, and Medium-Duty Vehicles and Engines
1971.1	On-Board Diagnostic System Requirements for 2010 and Subsequent Model-Year Heavy-Duty Engines (HD OBD)
1971.5	Enforcement of Malfunction and Diagnostic System Requirements for 2010 and Subsequent Model-Year Heavy-Duty Engines

Funktional sind die für Typzulassungen in Europa und in den USA vorgeschriebenen OBD-Systeme vergleichbar. Abschnitt 1968.2 (d) beschreibt die Anforderungen an die OBD sinngemäß wie folgt:

„Wenn eine Fehlfunktion auftritt, soll das OBD-System die Fehlfunktion erkennen, einen Fehlercode im Speicher des On-Board-Computers speichern und die MIL einschalten. Das OBD-System muss mit einem standardisierten Steckverbinder ausgestattet sein, um Zugriff auf die gespeicherten Fehlercodes zu ermöglichen.“

Abschnitt 1971 des CCR Title 13 beschreibt die Anforderungen an die OBD für schwere (heavy-duty) Motoren sinngemäß wie folgt: „Das OBD-System soll das Abgassystem des Motors während der gesamten Laufzeit überwachen, Fehlfunktionen finden, die MIL einschalten, den Fahrzeugführer über festgestellte Fehlfunktionen informieren und Fehlercodes abspeichern, die geeignet sind, Fehlfunktionen und fehlerhafte Komponenten zu identifizieren.“

1.5.4 U.S. EPA Title 40 CFR

OBD-Vorschriften der amerikanischen Umweltschutzbehörde EPA sind in Title 40 CFR 86.1806-05 zu finden.[15]

[15] CFR Title 40 > Chapter I > Subchapter C > Part 68 > Subpart S > section 86.1806-05

Demnach ist der Einsatz von ISO 15765-4 (Diagnostic communication over CAN) für PKW und leichte Nutzfahrzeuge ab dem Modelljahr 2008 vorgeschrieben.[16] CFR 86.010-18 enthält die OBD-Vorschriften für Motoren in schweren Nutzfahrzeugen. Hier ist zusätzlich zum oben genannten ISO 15765 auch der Einsatz von SAE J1939 erlaubt.[17]

1.5.5 United Nations UN GTR No. 5

Die UN Global Technical Regulation No. 5 (ECE/TRANS/180/Add.5) enthält technische Anforderungen an OBD-Systeme für schwere (heavy-duty) Kraftfahrzeuge und Motoren. Grundsätzlich definiert die UN GTR No. 5 dabei die Funktionen eines OBD-Systems und schließt die Überwachung von Systemen mit Sicherheitsfunktion nicht aus:

„The current gtr only establishes requirements for emission-related OBD systems. Requirements addressing safety-related OBD systems may be added at a later date in accordance with future decisions of WP.29."

1.6 Elektronische Steuergeräte und E/E-Systeme

1.6.1 Einleitung

Die Entwicklung eines technischen Systems beginnt immer mit der Beschreibung seiner Funktionen. Diese funktionalen Beschreibungen beinhalten die Prozesse, die zwischen Eingangs- und Ausgangssignalen gesteuert und/oder geregelt werden sollen. Abhängig von der Komplexität einer Funktion erfolgt die technische Umsetzung durch mechanische, hydraulische und elektronische Komponenten oder durch eine hybride Mischung, z. B. bei elektro-hydraulischen Bremsen eines PKW oder dem elektro-hydraulischen LMB-System eines mobilen Krans.

Heute ist der Einsatz elektronischer Steuergeräte in Kraftfahrzeugen und mobilen Maschinen Stand der Technik. Bild 1.24 zeigt die grundsätzliche Funktion eines Steuergeräts. Es arbeitet nach dem IPO-Prinzip (Input-Processing-Output). Sensoren liefern Eingangssignale, die vom Mikrocontroller in Ausgangssignale zur Ansteuerung von Aktuatoren umgewandelt werden. Die Funktionen (Sequenzen, Abläufe, Algorithmen, Routinen) sind in der Firmware gespeichert und werden vom Mikrocontroller sequenziell abgearbeitet.

Das E/E-System eines Fahrzeugs oder einer mobilen Maschine besteht aus mindestens einem Steuergerät, Sensoren (auch Schaltern) und Aktuatoren (z. B. Ventile oder elektrische Motoren, aber auch Lampen). Komplexe E/E-Systeme bestehen aus mehreren Steuergeräten, die zu einem Netzwerk miteinander verbunden sind.

[16] Für weitere Informationen über ISO 1565-4: siehe Abschnitt 4.2.2.

[17] Für weitere Informationen über SAE J1939 im Zusammenhang mit OBD: siehe Abschnitt 4.5 (HD-OBD).

Obwohl die Steuergeräte in Bild 1.26 bis Bild 1.28 unterschiedliche Funktionen haben, sehen sie sich sehr ähnlich. Tatsächlich gibt es Steuergeräte in allen erdenklichen Formen und Größen. Gerade beim Einsatz in Personenkraftwagen mit hohen Produktionsstückzahlen ist die individuelle Anpassung der Elektronik an vorgegebene Bauräume erforderlich.

Ein Beispiel zeigt Bild 1.29. Hinter dem Audi-Logo im Lenkrad verbirgt sich das Airbag-Steuergerät. Links und rechts vom Airbag befinden sich die Steuerelemente des Multifunktions-Lenkrads und im Hintergrund ist das virtuelle Cockpit zu sehen. Heute ersetzen hochauflösende, mehrfarbige Displays die früher verwendeten, analogen Anzeigeinstrumente. Den mechanischen Tacho und Kilometerzähler mit Tachowelle gibt es nur noch in Oldtimern.

Bild 1.29 Steuergeräte eines Audi A5, Modelljahr 2020 (© Subke)

Bild 1.30 zeigt das Steuergerät, das in diesem Buch als generische grafische Substitution für alle Steuergeräte verwendet wird.

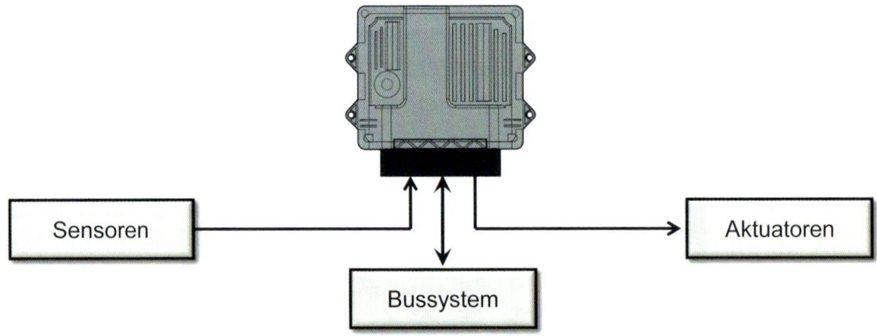

Bild 1.30 Generische grafische Substitution eines Steuergeräts (© Softing AG)

1.6.3 Blockschaltbild

Bild 1.31 zeigt ein vereinfachtes Steuergeräte-Blockschaltbild. Die Eingangsschaltungen der Hardware bestehen aus digitalen Eingängen (DIN) und analogen Eingängen mit einem Analog-Digital-Converter (ADC). Die Ausgangsschaltungen bestehen aus digitalen Ausgängen (DOUT) und einem Digital-Analog-Converter (DAC) für analoge Ausgangssignale. Außerdem zeigt Bild 1.31 einen CAN-Controller und einen CAN-Transceiver als Schnittstelle für die Datenkommunikation mit anderen Steuergeräten.

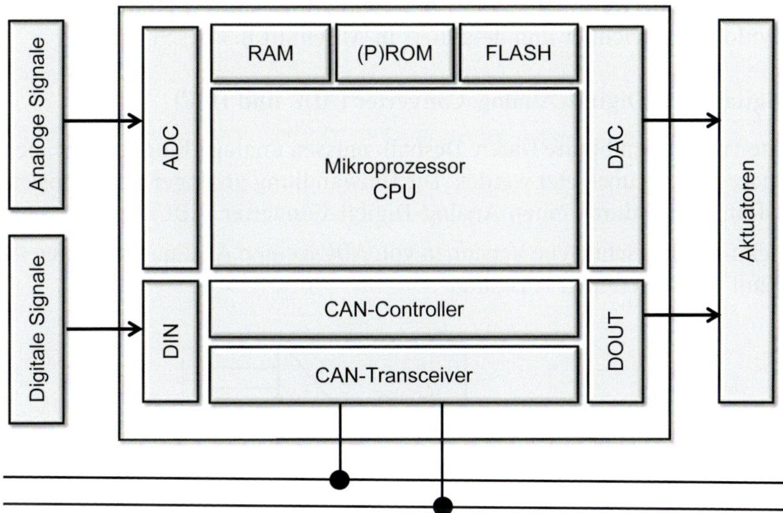

Bild 1.31 Blockschaltbild eines Steuergeräts

Der Mikrocontroller enthält einen Mikroprozessorkern (CPU = Central Processing Unit) und die Speichermodule RAM, (P)ROM und FLASH.

Die Eingangssignale werden von analogen oder digitalen Sensoren oder auch von einfachen Ein-/Aus-Schaltern erzeugt. Ausgangssignale treiben Aktuatoren, z. B. die Benzinpumpe, die Einspritzanlage, die Ventile des Bremssystems oder die Servomotoren von Spiegeln, Scheinwerfern und den Klappen der Klimaanlage. Bei mobilen Maschinen steuern Ausgangssignale auch die Komponenten des elektro-hydraulischen Systems (z. B. hydraulische Pumpen und Ventile).

Speicher (RAM, (P)ROM und FLASH)

RAM ist die Abkürzung für Random Access Memory. RAM ist ein flüchtiger Speicher, bei dem die gespeicherten Informationen verloren gehen, wenn die Stromversorgung abgeschaltet wird. Er dient als zentraler Arbeitsspeicher für die CPU.

ROM ist die Abkürzung für Read Only Memory. Im Gegensatz zum RAM ist ROM ein nichtflüchtiger Speicher, der von der CPU nur gelesen werden kann. Dazu muss das ROM vorher programmiert werden. Es gibt verschiedene Arten von programmierbaren ROMs:

- Programmierbare ROM (PROM),
- Elektronisch Programmierbare ROM (EPROM),
- Elektronisch Löschbare Programmierbare ROM (EEPROM) und
- Flash Memory (FLASH).

Das ROM enthält die Hardwaretreiber, den Bootloader, die Applikationen (ausführbaren Maschinencode) und Konfigurationsdateien.

Flash Memory ist ein nicht-flüchtiger Speicher, der mehrfach elektrisch programmiert und gelöscht werden kann. Der Prozess der Programmierung von Flash Memory wird auch als „Flash Download" bezeichnet und detailliert in Abschnitt 8.3 beschrieben.

Analog-Digital- und Digital-Analog-Converter (ADC und DAC)

Steuergeräte verarbeiten binäre Daten. Deshalb müssen analoge Eingangssignale in gleichwertige binäre Signale übersetzt werden. Die Umwandlung analoger physikalischer Signale in digitale Daten wird durch einen Analog-Digital-Converter (ADC) durchgeführt.

Bild 1.32 zeigt zwei verschiedene Versionen von ADCs: einen ADC mit parallelen Ausgängen und einen mit einem seriellen Ausgang.

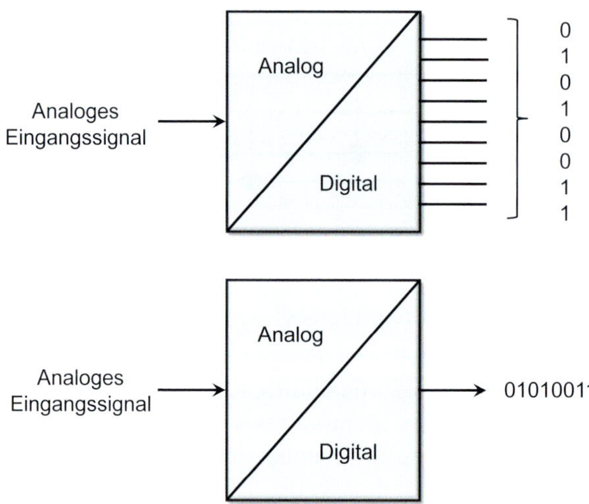

Bild 1.32 Parallele und serielle Analog-zu-Digital-Converter

DAC-Ausgänge werden verwendet, um analoge Aktuatoren anzusteuern, die nicht über digitale PWM-Signale gesteuert werden. Das können Motoren, Pumpen oder Ventile, aber auch Lampen sein.

1.6.4 Bordnetzspannung

Steuergeräte, Sensoren und Aktuatoren sind elektrische Verbraucher. Elektrische Energie wird in Joule gemessen (gebräuchlicher ist kWh) und durch einen Generator erzeugt, der mit dem Antriebsmotor verbunden ist. Dieser Generator wurde früher als Lichtmaschine bezeichnet, weil er hauptsächlich für die elektrische Versorgung der Scheinwerfer verwendet wurde. Der Generator wandelt mechanische Energie in elektrische Energie um. Die Verbraucher werden mit dieser Energie versorgt und die Batterie wird geladen, so dass immer genügend Energie für den nächsten Start des Motors verfügbar ist.

Funktional ist die Batterie ein „Akkumulator“.

Da die E/E-Systeme zunehmend komplexer werden, steigt die zu ihrer Versorgung benötigte elektrische Leistung. Um die Forderung nach mehr elektrischer Leistung erfüllen zu können, wurde in den 1950er-Jahren die Nennspannung von 6 V DC auf 12 V DC verdoppelt.

Ausgelöst durch die Einführung der Start-/Stopp-Automatik, die den Motor automatisch aus- und wieder einschaltet, wenn der Antrieb nicht zum Fahren gebraucht wird, wurde eine zusätzliche Stromversorgung eingebaut. Fahrzeuge mit Start-/Stopp-Automatik haben zwei Batterien (eine für die Verbraucher, die andere als Starterbatterie) und ein intelligentes Energiemanagement.

Schwere Nutzfahrzeuge sind normalerweise mit zwei 12-Volt-Batterien ausgestattet, die in Reihe geschaltet werden können, um den Anlasser zu versorgen.

Zudem wurde 2016 ein 48-Volt-System eingeführt, um beispielsweise den elektrischen Turbolader oder die Komponenten aktiver Fahrwerke zu versorgen. 48-Volt-Systeme werden auch als zweite Energiequelle in Fahrzeugen mit Hybridantrieb verwendet.

Moderne Elektrofahrzeuge sind mit Hochvolt-Lithium-Ionen-Batterien mit Nennspannungen im oberen dreistelligen Bereich (z. B. 800 V DC beim Porsche Taycan) ausgestattet.

1.6.5 Elektromagnetische Verträglichkeit (EMV)

Neben der fehlerfreien Umsetzung der spezifizierten Funktionen müssen Steuergeräte heute eine Reihe von (automobil-spezifischen) Sonderanforderungen erfüllen. Eine ist die elektromagnetische Verträglichkeit, die festlegt, dass keine Komponente eines Fahrzeugs durch äußere elektromagnetische Störungen beeinflusst werden darf, und keine Komponente eines Fahrzeugs seine Umwelt durch das Aussenden von elektromagnetischen Störungen beeinflussen darf.

1.6.6 Steuergeräte-Software

Software ist ein Sammelbegriff für Programme und Daten. Das Programm ist im nichtflüchtigen Speicher des Steuergeräts gespeichert und wird mit dem Einschalten der Versorgungsspannung gestartet.

Steuergeräte-Software wird auch als „embedded“ (eingebettet) Software oder als Firmware bezeichnet.

Softwareprogrammierer legen fest, was das Steuergerät nach dem Einschalten tun soll, z. B. wie Eingangssignale verarbeitet werden sollen. Es handelt sich also um eine Form der Datenverarbeitung.

Die Entwicklung von Firmware für Steuergeräte unterscheidet sich grundlegend von der Software-Entwicklung für einen Windows-basierten PC. Steuergeräte haben keine Gigabytes an RAM und keine Terabyte-SSDs. Speicherplatz ist rar und teuer. Steuergeräte haben auch keine Multicore-Prozessoren[19] oder Grafikkarten mit eigenem Prozessor und Arbeitsspeicher. Sie haben auch keine Ventilatoren oder gar Wasserkühlung (wie manche Gamer-PCs), müssen aber trotzdem bei +80 °C (und −40 °C) Umgebungstemperatur zuverlässig arbeiten. Je nach Einsatzgebiet, z. B. im Motorraum, kann die Betriebstemperatur weit über 100 °C liegen.

Steuergeräte-Software ist nicht Inhalt dieses Buchs.

1.6.7 Selbsttest und Diagnose

Nach dem Einschalten der Versorgungsspannung führt das Steuergerät einen als Power-On-Self-Test (POST) bezeichneten Selbsttest durch. Dann wird die Anwendung (Applikation) gestartet. Ein wichtiger Teil der Applikation ist die Überwachung der Ein- und Ausgänge auf Kurzschluss und Leerlauf, Prüfung der Eingangssignale auf Plausibilität, Laufzeitkontrollen von Programmteilen u. v. m.

Diagnosefunktionen gehören zur funktionalen Beschreibung jedes Steuergeräts und jedes E/E-Systems. Es ist wichtig, dass der Softwareentwickler nicht nur die spezifizierten (gewollten) Funktionen implementiert, sondern ebenso das Verhalten des Systems bei Fehlern:

- Wie verhält sich das System, wenn das Eingangssignal des analogen Öltemperatursensors fälschlich anzeigt, dass die Öltemperatur bei 1 000 °C liegt?
- Wie reagiert das Fahrzeug, wenn es angeblich mit 320 km/h im Rückwärtsgang unterwegs ist?

---

[19] Ausnahme: HPC, siehe Kapitel 9

Es besteht aus zwei Informationseinheiten, die als Binärzeichen (Bit = binary digit) bezeichnet werden und mit den dezimalen Zahlen 0 und 1 dargestellt werden können.

Mit einem Bit können zwei verschiedene Zustände (0 und 1) dargestellt und daher zwei verschiedenen Informationen codiert werden, z. B. 0 = die Lampe ist aus und 1 = die Lampe ist an oder 0 = der Rückwärtsgang ist nicht eingelegt und 1 = der Rückwärtsgang ist eingelegt. Handelt es sich bei der „0" und der „1" um binary digits, werden sie mit einer tiefgestellten „2" gekennzeichnet: 0_2 und 1_2.

Mit zwei Bit können die vier verschiedenen Zustände 00_2, 01_2, 10_2 und 11_2 dargestellt werden. Reihen wir mehrere Bit hintereinander, so ergibt sich eine binäre Zahlenfolge, z. B. 1011001110_2. Tabelle 2.2 zeigt die Kombination von zwei Bit und beispielhaft eine dazu gehörende codierte Information.

Tabelle 2.2 Mit zwei Bit können vier verschiedene Informationen codiert werden.

Blaue Flagge	Rote Flagge	Binär	Beschreibung	Information
Unten	Unten	00_2	Beide Flaggen sind unten.	Königin und König sind beide nicht im Palast.
Unten	Oben	01_2	Die blaue Flagge ist unten, und die rote Flagge ist oben.	Die Königin ist nicht im Palast, der König ist im Palast.
Oben	Unten	10_2	Die blaue Flagge ist oben, und die rote Flagge ist unten.	Die Königin ist im Palast, der König nicht.
Oben	Oben	11_2	Beide Flaggen sind oben.	Königin und König sind im Palast.

Das Beispiel in Tabelle 2.2 beinhaltet die Position von zwei Flaggen (blau und rot). Jede der beiden Flaggen kann entweder gehisst (oben) oder nicht gehisst (unten) sein. Dabei steht die binäre 0 für die Information, dass die Flagge unten (nicht gehisst) ist und die binäre 1 für die Information, dass die Flagge oben (gehisst) ist. Mit zwei Bit lassen sich die vier möglichen Positionen von beiden Flaggen darstellen.

Mit einem Bit können zwei Zustände codiert werden, mit zwei Bit vier, und mit vier Bit bereits 16. Je mehr Bit eine Binärzahl hat, desto mehr Informationen können codiert werden. Die mathematische Beziehung lautet:

$$\text{Anzahl der Informationen} = 2^{\text{Anzahl der Bit}}$$

Tabelle 2.3 zeigt die Anzahl codierbarer Informationen (x) im binären Zahlensystem in Abhängigkeit von der Anzahl der Bit (b).

Eine binäre Zahlenfolge aus vier Bit (0000_2 bis 1111_2) wird als Nibble bezeichnet, 8 Bit als Byte (z. B. 10101011_2), und 2 Byte als Word. Eine Sequenz von Bytes ist ein binärer String. Tabelle 2.3 zeigt das *exponentielle Wachstum* von x.

Tabelle 2.3 Anzahl codierbarer Informationen (x) im binären Zahlensystem (b = Anzahl der Bit)

Bit (b)	$x = 2^b$
1	2
2	4
4	16
8	256
11	2048
16	65536
29	536870912
32	4294967296

2.3.3 Das hexadezimale Zahlensystem

Das hexadezimale Zahlensystem besteht aus den 16 Symbolen 0, 1, 2, 3, 4, 5, 6, 7, 8, 9, A, B, C, D, E und F. Die Zahlen 0 bis 9 entsprechen denen des dezimalen Zahlensystems und die Buchstaben A bis E den dezimalen Zahlen 10 bis 15. Tabelle 2.4 zeigt den Zusammenhang zwischen dezimalen und hexadezimalen Zahlen.

Tabelle 2.4 Umrechnung dezimaler (DEZ) in hexadezimale (HEX) Zahlen

DEZ	0	1	2	3	4	5	6	7	8	9	10	11	12	13	14	15
HEX	0	1	2	3	4	5	6	7	8	9	A	B	C	D	E	F

Um das dezimale und hexadezimale Zahlensystem auseinanderzuhalten, werden vor allem hexadezimale Zahlen gekennzeichnet, z. B. $FF, FF_{16} oder 0xFF. Manchmal findet man eine tiefgestellte 10 (z. B. 123_{10}) oder eine tiefgestellte 2 (z. B. 1011_2) zur Kennzeichnung dezimaler oder binärer Zahlen. Falls keines dieser Kennzeichen verwendet wird, so handelt es sich bei der angegebenen Zahl um eine Dezimalzahl.

Wir verwenden zur Kennzeichnung hexadezimaler Zahlen den Zusatz „0x", z. B. 0x5, 0x2F oder 0x12A34F.

Es gibt eine direkte mathematische Beziehung zwischen binären und hexadezimalen Zahlen, d. h. jede binäre Zahl kann unmittelbar in eine hexadezimale Zahl umgerechnet werden. Jede hexadezimale Zahl aus dem Wertebereich {0x0,0xF} steht für 4 Bit, also einem Nibble. Demzufolge kann ein Byte mit zwei hexadezimalen Zahlen aus dem Wertebereich {0x00, 0xFF} dargestellt werden, z. B. $0000\ 0000_2$ = 0x00 oder $1111\ 1111_2$ = 0xFF.

2.3.4 Umrechnung von Zahlensystemen

Die Umrechnung zwischen dezimalen, hexadezimalen und binären Zahlen kann durch mathematische Methoden oder mit Hilfe von Tabellen erfolgen.

Alle drei Zahlensysteme sind so genannte Stellenwertsysteme (polyadisch), bei denen die Position eines Zeichens dessen Wert bestimmt. Bei dezimalen Zahlen mit x Stellen hat die Ziffer ganz links den Wert 10^{x-1}. Bei einer dreistelligen Dezimalzahl hat die Zahl ganz links den Stellenwert $10^2 = 100$, die Zahl in der Mitte den Stellenwert $10^1 = 10$ und die Zahl ganz rechts für den Stellenwert $10^0 = 1$. *Beispiel:* Der Wert der dezimalen 235 ergibt sich aus $2 \cdot 100 + 3 \cdot 10 + 5 \cdot 1$.

Bei einer hexadezimalen Zahl mit x Stellen hat die Ziffer ganz links den Wert 16^{x-1}.

Bei einer vierstelligen hexadezimalen Zahl hat die Ziffer ganz links den Stellenwert $16^3 = 4096$, die nächste rechts daneben den Stellenwert 256, dann 16 und schließlich 1.

Ist die „235" eine hexadezimale Zahl, also 0x235, so ergibt sich ihr dezimaler Wert aus $2 \cdot 256 + 3 \cdot 16 + 5 \cdot 1 = 565$. Nach demselben Schema ergibt die Umrechnung von 0xFF die dezimale $15 \cdot 16 + 15 \cdot 1 = 240 + 15 = 255$, wobei 0xF durch die dezimale „15" ersetzt wurde. 0xFFFF = 65 535.

Auch das binäre Zahlensystem ist polyadisch, d. h. die Wertigkeit eines Bits ergibt sich aus seiner Position. Anders als beim dezimalen oder hexadezimalen Zahlensystem können die Bit mit der höchsten Wertigkeit (MSB = Most Significant Bit) und der niedrigsten Wertigkeit (LSB = Least Significant Bit) links oder rechts stehen.

Die eindeutige Festlegung der Reihenfolge ist wichtig bei der Umrechnung binärer Zahlen in dezimale oder hexadezimale Zahlen, aber auch bei der seriellen Datenübertragung: Welches Bit wird als Erstes gesendet und empfangen: das MSB oder das LSB?

Das LSB hat immer den Stellenwert $2^0 = 1$, das nächste Bit $2^1 = 2$, dann 4, 8, 16, ... usw.

Das MSB einer x-stelligen Binärzahl hat den Stellenwert 2^{x-1}. Das MSB einer 8-stelligen Binärzahl hat den Stellenwert 128. Das bedeutet, dass die 8-stellige Binärzahl $1111\ 1111_2$ = 0xFF = 128 + 64 + 32 + 16 + 8 + 4 + 2 + 1 = 255 verschiedene Werte annehmen kann.

Bei der Darstellung einer 8-stelligen Binärzahl (= 1 Byte) werden die Bit gemäß Ihrer Wertigkeit von 0 (entspricht $2^0 = 1$) bis 7 (entspricht $2^7 = 128$) durchnummeriert.

Wenn nicht anders angegeben, verwenden wir ausschließlich die mit LSB_0 bezeichnete Darstellung (Tabelle 2.5): das MSB (Bit 7) mit der Wertigkeit 128 steht links und das LSB (Bit 0) mit der Wertigkeit 1 steht rechts.

Tabelle 2.5 Bit-Reihenfolge LSB_0

Bit	7	6	5	4	3	2	1	0
Wertigkeit	128	64	32	16	8	4	2	1
LSB_0	MSB							LSB

Zur Umrechnung einer Dezimalzahl in eine Binärzahl wird die Dezimalzahl durch 2 dividiert, dann der Rest wieder durch zwei, und so weiter. Jede Division ergibt entweder einen Rest von 1 (bei ungerader Dezimal) oder sie geht auf (Rest = 0) bei gerader Dezimalzahl. Tabelle 2.6 zeigt ein Beispiel, bei dem sich aus den Divisionsresten die binäre Zahl ergibt, und zwar mit dem LSB links und dem MSB rechts (MSB_0).

Tabelle 2.6 Beispiel für die Umrechnung der Dezimalzahl 133 in eine Binärzahl

Dezimal	133	66	33	16	8	4	2	1
/2 =	66	33	16	8	4	2	1	0
Rest (MSB_0)	1	0	1	0	0	0	0	1
Spiegelung (LSB_0)	1	0	0	0	0	1	0	1

Das Ergebnis ist 133_{10} = $1000\ 0101_2$ = 0x85.

Tabelle 2.7 zeigt die sechzehn hexadezimalen Zahlen und ihre binären Äquivalente.

Tabelle 2.7 Hexadezimale Zahlen und ihre binären Äquivalente

HEX	BIN	HEX	BIN
0	0000	8	1000
1	0001	9	1001
2	0010	A	1010
3	0011	B	1011
4	0100	C	1100
5	0101	D	1101
6	0110	E	1110
7	0111	F	1111

2.3.5 Codieren und decodieren

Wie lautet die Antwort auf die Frage „nach dem Leben, dem Universum und dem ganzen Rest“? Der Supercomputer in *Douglas Adams*' Roman „Per Anhalter durch die Galaxis“ weiß die Antwort: 42. Dumm nur, dass mit dieser Antwort niemand etwas anfangen kann.

Eine Binärzahl, z. B. 101010_2 kann in die dezimale 42 oder die hexadezimale 0x2A umgerechnet werden. Aber, was bedeutet die 42? Welche Information ist darin enthalten?

Tabelle 2.8 erläutert an einem Beispiel, dass eine Binär- oder Hexzahl unterschiedlich codierte Informationen beinhalten kann.

Tabelle 2.8 Codierte Informationen

Binärzahl	Hexzahl	Information A	Information B	Information C
0000	0x00	0	0 V	0 V
0001	0x01	1	10 V	8 V
0010	0x02	2	20 V	18 V
0011	0x03	3	30 V	28 V

Information A in Tabelle 2.8 ergibt sich aus der Umrechnung der Hexzahl in eine Dezimalzahl und der Information, dass es sich dabei um einen Multiplikator (0, 1, 2, 3) handelt. Information B entsteht durch Multiplikation der Information A mit der Konstanten 10 V.

Information C entsteht durch Subtraktion der Konstanten 2 V von Information B und der Regel, dass C nicht negativ sein kann. Häufig lässt sich die Decodierung binärer Zahlen in sinnvolle Informationen durch mathematische Gleichungen mit Variablen und Konstanten beschreiben.

Physikalische Größen müssen stets mit der dazu gehörenden Einheit angegeben werden, um eindeutig zu sein. Allein die Information, dass es sich bei 42 um eine Geschwindigkeit handelt, genügt nicht. Es kann 42 km/h, 42 mph oder 42 m/s sein.

Allerdings lassen sich auch Einheiten umrechnen. So ist z. B. Grad Celsius = (x Grad Fahrenheit - 32)/1,8, d. h. 50 °F = 10 °C.

2.4 ASCII-Code

ASCII ist die Abkürzung von *American Standard Code for Information Interchange*, d. h. es handelt sich um einen standardisierten Code zum Austausch von Informationen. Der ASCII-Code wurde 1963 von der American Standards Association eingeführt und danach mehrfach modifiziert. Der ASCII-Code beinhaltet die druckbaren Zeichen des lateinischen Alphabets und die arabischen Ziffern des Dezimalzahlensystems, sowie nicht druckbare Steuerzeichen. ASCII-Tabellen dienen der Übersetzung von Binärzahlen in Buchstaben, Zahlen und Sonderzeichen.

Heute ist der ASCII-Code in ISO/IEC 8859 standardisiert.

Der Wertebereich des US-ASCII-Codes (Tabelle 2.9) besteht aus 128 Zeichen, die sich mit 7 Bit binär darstellen lassen.

Tabelle 2.9 Wertebereich des US-ASCII-Codes

Binärzahl	Hexzahl	Dezimalzahl
0000 0000 ... 0111 1111	0x00 ... 0xF7	0 ... 128

Bild 2.1 zeigt die Werte des US-ASCII Codes zwischen 0x20 (SP) und 0xFF (DEL). Die Codes zwischen 0x00 und 0x1F sind nicht druckbare Steuerzeichen und hier nicht abgebildet. Neben den ebenfalls nicht druckbaren Steuerzeichen (SP und DEL) enthält der Code 95 druckbare Zeichen: Buchstaben (A–Z, a–z), Ziffern (0–9), Satzzeichen (z. B. ! und ?) und Symbole (z. B. $ und @).

Mit Hilfe dieser Tabelle kann man Buchstaben, Ziffern und Symbole hexadezimal und damit auch binär darstellen. Um den Hex-Wert eines ASCII-Zeichens zu ermitteln, sucht man dieses Zeichen in der ASCII-Tabelle und ermittelt zuerst die Zeilennummer. Der Buchstabe S befindet sich in Zeile 5. Dann sucht man die dazu gehörende Spaltennummer. Hier ist das die 3. Die Kombination aus 5 und 3 ist das hexadezimale Äquivalent 0x53 des Buchstaben S. Der Buchstabe O hat das hexadezimale Äquivalent 0x4F. Damit ließe sich z. B.

das internationale Notrufsignal im Morsecode (...---...) im ASCII-Code (SOS), hexadezimal (0x534F53) oder binär (101001110100111101010011) darstellen.

	...0	**...1**	**...2**	**...3**	**...4**	**...5**	**...6**	**...7**	**...8**	**...9**	**...A**	**...B**	**...C**	**...D**	**...E**	**...F**
2...	SP	!	"	#	$	%	&	´	(	)	*	+	,	-	.	/
3...	0	1	2	3	4	5	6	7	8	9	:	;	<	=	>	?
4...	@	A	B	C	D	E	F	G	H	I	J	K	L	M	N	O
5...	P	Q	R	S	T	U	V	W	X	Y	Z	[	\	]	^	_
6...	`	a	b	c	d	e	f	g	h	i	j	k	l	m	n	o
7...	p	q	r	s	t	u	v	w	x	y	z	{	|	}	~	DEL

Bild 2.1 US-ASCII-Code

Tippt man auf einer PC-Tastatur das Wort „Euro", also nacheinander die Buchstaben E, u, r und o, so entspricht dies im ASCII-Code der hexadezimalen Zeichenfolge 0x45, 0x75, 0x72, 0x6F und wird in den binären Maschinencode 0100 0101 0111 0101 0111 0010 0110 1111 umgewandelt (Tabelle 2.10).

Tabelle 2.10 „Euro" in hexadezimaler und binärer Notation

ASCII	Hex	Binär
E	0x45	0100 0101
u	0x75	0111 0101
r	0x72	0111 0010
o	0x6F	0110 1111

Um Zeichen darstellen zu können, die nicht im US-ASCII-Zeichensatz enthalten sind, gibt es heute eine Vielzahl an Zeichensätzen, mit denen sich auch Sonderzeichen und Symbole binär darstellen lassen. Heute hat der als UTF-8 bezeichnete Unicode den ASCII-Code ersetzt, weil sich damit sehr viel mehr Zeichen, nämlich 256, darstellen lassen.

Auf vielen PC-Tastaturen befindet sich neben dem „E" das Zeichen für den Euro (€), das durch gleichzeitiges Drücken der Tasten [ALT] und „E" erzeugt werden kann.

Etliche Sonderzeichen lassen sich durch Drücken der [ALT] Taste und einer mehrstelligen Zahl auf dem Ziffernblock der Tastatur erzeugen, z. B. das ¾ durch [ALT] + 0190 oder das Copyright-Symbol © durch [ALT] + 0169. Weitere Beispiele für Sonderzeichen sind Ω durch [ALT] + 937 und µ durch [ALT] + 230.

2.5 UNICODE

Der *Universal Coded Character Set* (UCS) ist in der ISO/IEC 10646:2014 international standardisiert. Die Standardisierung wird getrieben durch das Unicode Consortium[20].

Das Ziel der Standardisierung besteht darin, jedem sinnvollen Zeichen und Symbol aller Sprachen dieser Welt einen binären Code zuzuordnen. Dazu gehören auch sogenannte „tote" Sprachen, wie z. B. Runen, aber auch Musikzeichen, die Blindenschrift Braille und Emojis, nicht jedoch Logos oder Schaltzeichen elektrischer Schalpläne.

Die am weitesten verbreiteten Unicodes sind UTF-8, UTF-16 und UTF-32. Beim 1 bis 4 Byte umfassenden UTF-8 (8-bit UCS Transformation Format) wird für jedes Zeichen ein Byte verwendet. UTF-8 codiert aktuell 1 112 064 Zeichen und ist der am meisten verwendete Zeichensatz im Internet[21].

Die ersten 128 Zeichen (0x00 bis 0x7F) von UTF-8 sind mit dem US-ASCII-Zeichensatz identisch.

Seit 2019 verwendet auch Microsoft Windows UTF-8. Die Schriftarten Wingdings, Webdings, Segoe UI Symbol und Segoe UI Emoji enthalten zahlreiche Unicode-Symbole (Tabelle 2.11).

Tabelle 2.11 Beispiele für UNICODE-Symbole

Wingdings			
Webdings			
Segoe UI Emoji			

2.6 On-Board-Kommunikation alias In-Vehicle-Communication

Analoge Messwerte (z. B. die aktuelle Fahrzeuggeschwindigkeit oder der Druck im hydraulischen System einer mobilen Maschine) werden von Sensoren erfasst, die an Steuergeräte angeschlossen sind. Das Steuergerät digitalisiert den Messwert (mit einem ADC) und erzeugt so das digitale Äquivalent des Messwerts. Ist der Wert plausibel und innerhalb eines vorgegebenen Wertebereichs, wird er weiterverarbeitet.

Viele Informationen in einem E/E-System werden von mehr als einem Steuergerät als Eingangssignale benötigt. Falls ein Steuergerät einen Messwert kennt und dieser auch von einem anderen Steuergerät benötigt wird, kann das digitale Äquivalent des Messwerts per Maschine-Maschine-Kommunikation innerhalb des Fahrzeugs, d. h. *on-board* oder *in-vehicle* übermittelt werden.

[20] https://home.unicode.org

[21] https://unicode-table.com/de/

Diese Art der Kommunikation bezeichnen wir als On-Board-Kommunikation.

Dazu werden die Steuergeräte miteinander verbunden. Bild 2.2 zeigt zwei Steuergeräte A und B, die über vier parallele Datenleitungen (I/O-Ports) miteinander verbunden sind. Die Datenleitungen sind zu einem Kabelbaum zusammengefasst.

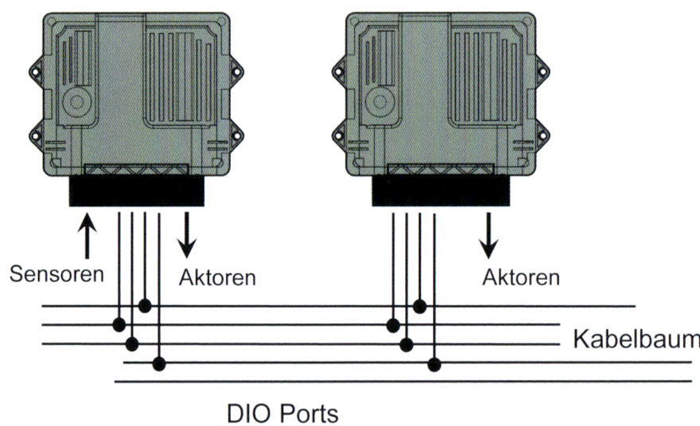

Bild 2.2 On-Board-Kommunikation über digitale I/O-Ports

Angenommen, Steuergerät A steuert die Klimaanlage und ist mit einem Sensor verbunden, der die Außentemperatur misst. Die analogen Signale des Sensors werden einmal pro Sekunde erfasst und vom ADC des Steuergeräts A in eine Binärzahl mit der Auflösung 4 Bit umgerechnet. Damit sind 16 unterschiedliche Temperaturwerte darstellbar.

Steuergerät B ist mit dem Armaturenbrett verbunden und benötigt die Außentemperatur zur Anzeige für den Fahrer. Der von Steuergerät A digitalisierte Wert der Außentemperatur kann einmal pro Sekunde an die Temperaturanzeige übermittelt und von dieser angezeigt werden.

In diesem Beispiel benötigen wir vier Leitungen zur Übermittlung 16 verschiedener Temperaturwerte von Steuergerät A nach Steuergerät B.

Den Austausch von Daten zwischen Steuergeräten, die in einem Fahrzeug oder einer mobilen Maschine verbaut sind, bezeichnen wir als On-Board-Kommunikation[22].

Das Beispiel macht deutlich, dass vier Bit nicht ausreichen, um die Außentemperatur, die zwischen −40 °C und +50 °C liegen kann, genügend detailliert darzustellen. Bei 256 verschiedenen Werten steigt die Anzahl der Kabel im Kabelbaum zwischen den Steuergeräten bereits auf acht, bei 512 verschiedenen Werten auf neun usw.

Bild 2.3 zeigt zwei Steuergeräte, die über ein serielles Bussystem miteinander verbunden sind. Im Gegensatz zur Verbindung über digitale I/O-Ports mit paralleler Datenübertragung werden die einzelnen Bit bei einem Bussystem zeitsequenziell (nacheinander), d. h. seriell übertragen. Bild 2.4 verdeutlicht noch einmal den Unterschied zwischen paralleler und serieller Datenübertragung.

---

[22] Im Englischen wird auch der Begriff „normal communication" verwendet.

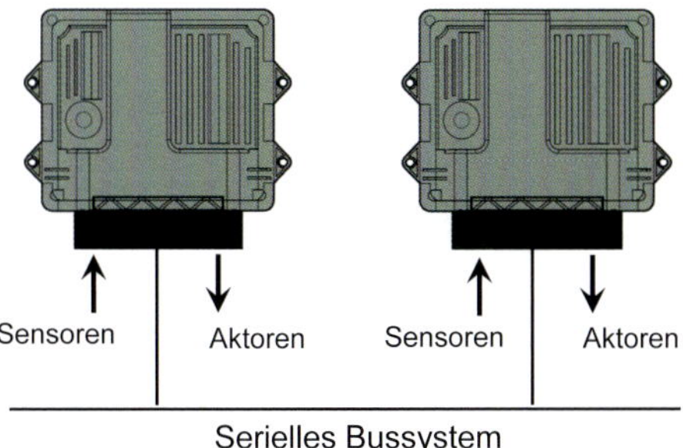

Bild 2.3 On-Board-Kommunikation über ein serielles Bussystem

Durch den Einsatz von On-Board-Kommunikation kann die Anzahl der Sensoren und bei serieller Datenübertragung die Anzahl der Leitungen zwischen den Steuergeräten signifikant reduziert werden. Ein weiterer Vorteil ist die Verbesserung der Datenintegrität, da die Daten nur einmal erfasst und verifiziert werden müssen. Besonders wenn die Informationen sicherheitstechnisch relevant sind, darf es keine inkonsistenten Daten geben.

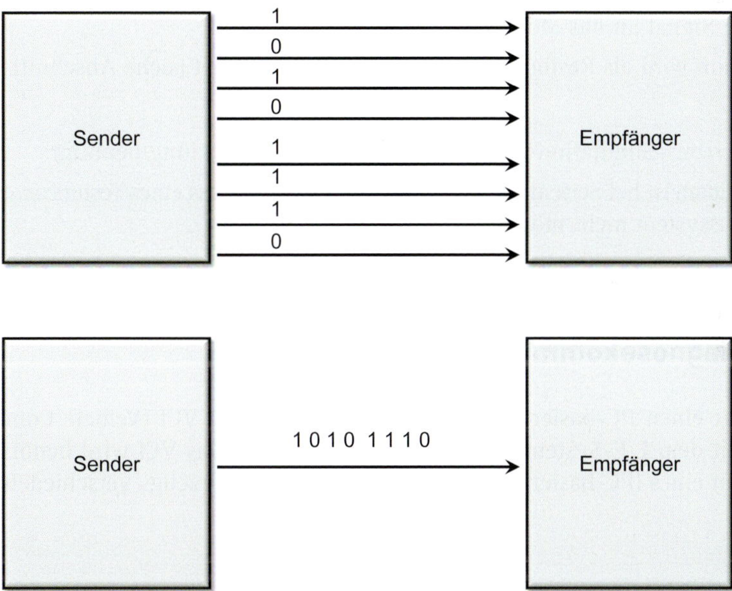

Bild 2.4 Parallele und serielle Datenübertragung

Bild 2.5 zeigt einen an das serielle Bussystem angeschlossenen Tester (TST). Mit diesem stark vereinfacht dargestellten Kommunikationssystem kann die On-Board-Kommunikation aufgezeichnet, abgespeichert und analysiert werden. Zudem ist es möglich, mit dem Tester an der Kommunikation teilzunehmen, indem er Nachrichten sendet, die nicht von einem Steuergerät des E/E-Systems stammen.

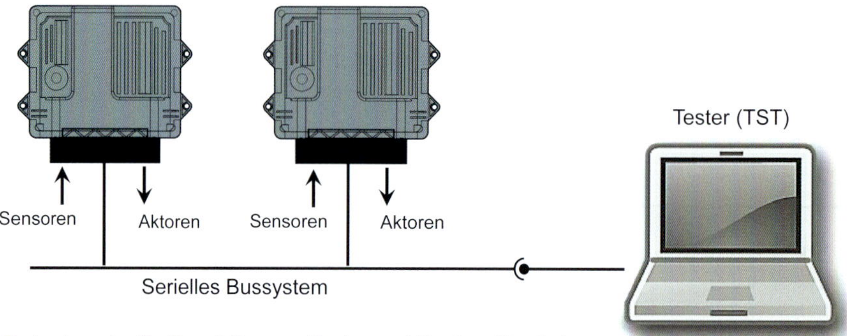

Bild 2.5 Analyse der On-Board-Kommunikation und Restbus-Simulation

Beispiel: Ein Motorsteuergerät braucht für seine Funktion die Information, welcher Gang eingelegt ist. Diese Information kommt vom Getriebesteuergerät. Wenn das Getriebe und sein Steuergerät in der Motorenentwicklung nicht verfügbar ist, z. B. weil es sich ebenfalls noch in der Entwicklung befindet, kann der Entwickler des Motorsteuergeräts sein Steuergerät nicht in Betrieb nehmen und nicht testen, weil das Eingangssignal über den eingelegten Gang fehlt. Um dieses Problem zu lösen, kann der Entwickler den Tester dazu verwenden, das fehlende Signal an das Motorsteuergerät zu senden.

Diese Funktion wird als Restbus-Simulation (RBS) bezeichnet (siehe Abschnitt 3.5.4).

Restbus-Simulation wird nur während der Entwicklung benötigt.

Zudem ist bei Serienfahrzeugen der direkte Anschluss eines Testers an das serielle Bussystem nicht möglich.

2.7 Diagnosekommunikation

Bild 2.6 zeigt einen PC-basierten Tester (TST), der über ein VCI (Vehicle Communication Interface) mit dem E/E-System eines PKW verbunden ist. Das VCI wird benötigt, weil die Schnittstellen eines (PC-basierten) Testers und die eines Fahrzeugs verschieden sind.

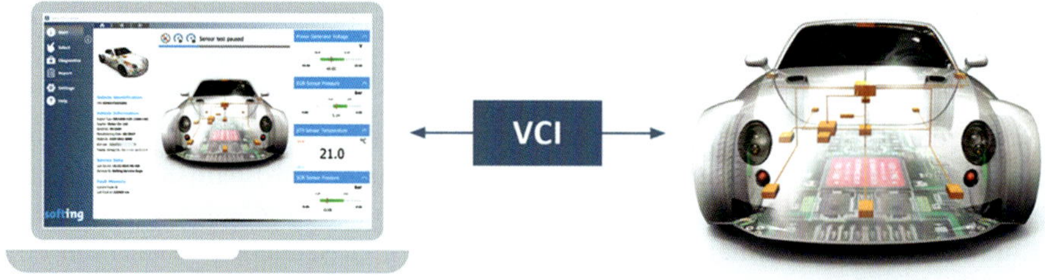

Bild 2.6 Verbindung eines Testers mit einem Fahrzeug

Steuergeräte überwachen ihre eigene Funktion und die Umwelt, in die sie eingebettet sind und führen auch im Fehlerfall programmierte Algorithmen aus. Dazu gehört auch das Abspeichern von Fehlercodes (DTC = Diagnostic Trouble Codes). Zum Auslesen eines Fehlercodes muss der Tester das Steuergerät gezielt danach fragen. Dazu sendet der Tester eine Diagnosedienst-Anfrage (diagnostic service request) ans Fahrzeug und dieses antwortet mit einer Diagnosedienst-Antwort (diagnostic sevice response).

Diese Art der Kommunikation bezeichnen wir als Diagnosekommunikation.

Bei der Diagnosekommunikation agiert der Tester als Client und das Fahrzeug als Server.

Die deutschen Begriffe *Diagnosedienst-Anforderung* und *Diagnosedienst-Antwort* sind „schön", sinnvoll und inhaltlich selbsterklärend. Wenn möglich, werden sie im Folgenden als Alternativen zu den englischen Äquivalenten *Diagnostic Service Request* und *Diagnostic Service Response* verwendet.

Mit dem Aufbau in Bild 2.6 kann der Tester nicht nur DTCs lesen, sondern auch Daten, die nicht zur On-Board-Kommunikation gehören, z. B. statische Daten wie die VIN oder der Zustand eines Schalters. Darüber hinaus kann er dynamische physikalische Werte (z. B. als Messwertblöcke) auslesen. Der Tester kann Testroutinen starten und deren Ergebnisse abfragen. Zur Königsdisziplin der Diagnosekommunikation gehört das Lesen, Löschen und Neuprogrammieren von Speicherbereichen (Abschnitt 8.3).

Im Bild 2.7 wurde das Fahrzeug durch ein vereinfachtes E/E-System ersetzt. Dieses E/E-System besteht aus dem Motorsteuergerät (ECM = Engine Control Module), dem Getriebesteuergerät (TCM = Transmission Control Module) und dem Gateway-Steuergerät, die über ein fahrzeuginternes serielles Bussystem (IVN = In-Vehicle Network) miteinander verbunden sind. Zum Anschluss des VCIs dient ein Steckverbinder (DLC = Diagnostic Link Connector). In der Service-Werkstatt dient der DLC dem Anschluss eines Diagnose- oder Servicetesters an das Fahrzeug und wird deshalb auch als *Diagnosestecker* bezeichnet.

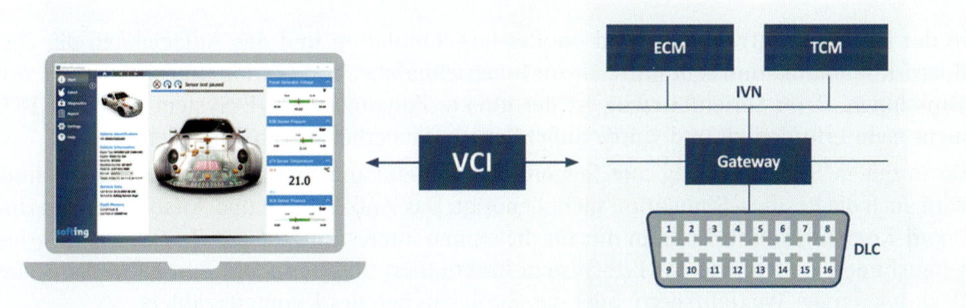

Bild 2.7 Verbindung eines Testers mit einem E/E-System

Der Servicetechniker (Mensch) benutzt den Tester (Maschine) als Client, um eine Anfrage, z. B. „Lese Fehlerspeicher" an das Motorsteuergerät zu schicken, und das Motorsteuergerät antwortet als Server. In diesem Sinne handelt es sich hier um Mensch-Maschine-Kommunikation.

Bild 2.7 macht deutlich, dass die Diagnosekommunikation nicht zwischen dem Tester und einem Fahrzeug stattfindet, sondern zwischen dem Tester und dessen E/E-System. Bei detaillierter zeitlicher Analyse der Abläufe ist auch diese Aussage nicht wirklich richtig: die Diagnosekommunikation findet nämlich stets zwischen dem Tester und genau einem Steuergerät statt (Tabelle 2.12: TST-to-ECU und ECU-to-TST).

Tabelle 2.12 Begriffe der Diagnose-Kommunikation

Englischer Begriff	Deutsche Übersetzung	Sender > Empfänger
Diagnostic service request	Diagnosedienst-Anforderung	TST-to-ECU
Diagnostic service response	Diagnosedienst-Antwort	ECU-to-TST

Diagnosedienst-Anfragen und -Antworten werden in Diagnoseprotokollen spezifiziert. Beispiele für Diagnoseprotokolle sind ISO 14229 (UDS = Unified Diagnostic Services), SAE J1979 (E/E Diagnostic Test Modes) und SAE J1939 (Recommended Practice for a Serial Control Communications Vehicle Network).

Wenn das Steuergerät die Diagnosedienst-Anforderung versteht, d. h., wenn sowohl das Steuergerät als auch der Tester dasselbe Diagnoseprotokoll verstehen, muss das Steuergerät eine positive Antwort an den Tester schicken[23].

Wenn (Diagnose-)Daten angefordert werden, enthält die Antwort die angeforderten Daten. Wenn eine Aktion angefordert wird, enthält die Antwort eine Bestätigung, und das Steuergerät führt die angeforderte Aktion aus (z. B. Leerlaufdrehzahl des Motors auf 1 000/min einstellen). Kann das Steuergerät die Anforderung nicht erfüllen, muss es eine *negative Antwort (negative response)* senden, und im Idealfall eine Begründung für die Ablehnung, z. B. *service not supported*, was so viel bedeutet wie „Sie haben die falsche Frage gestellt."

Es kommt darauf an, die richtigen Fragen zu stellen!

In der Fahrzeug-Entwicklung sind die Restbus-Simulation und das Aufzeichnen der On-Board-Kommunikation sehr hilfreich zur Inbetriebnahme, Verifikation und Validierung von Funktionen. Beim Serienfahrzeug ist der direkte Zugang zum E/E-System über den DLC nicht mehr erforderlich und würde außerdem ein Sicherheitsrisiko darstellen.

Da in einem Serienfahrzeug alle Steuergeräte verbaut und miteinander verbunden sind, wird auch die Restbus-Simulation nicht benötigt. Das Aufzeichnen und Analysieren der On-Board-Kommunikation ist dann nur für diejenigen interessant, die per *Reverse Engineering* herausfinden wollen, wie das E/E-System funktioniert und Böses im Sinn haben, z. B. das Deaktivieren der Wegfahrsperre oder das Zurückdrehen des Kilometerzählers.

[23] Ausnahmen bestätigen die Regel: siehe Abschnitt 4.3.2.1

Aus diesem Grund separieren Steuergeräte mit Gateway-Funktionen die Innenwelt des Fahrzeugs von der Außenwelt. Das Gateway (Bild 2.8) blockiert die direkte Verbindung des Testers mit dem IVN und leitet Diagnosedienst-Anfragen an das adressierte Steuergerät und dessen Antworten zurück zum Tester.

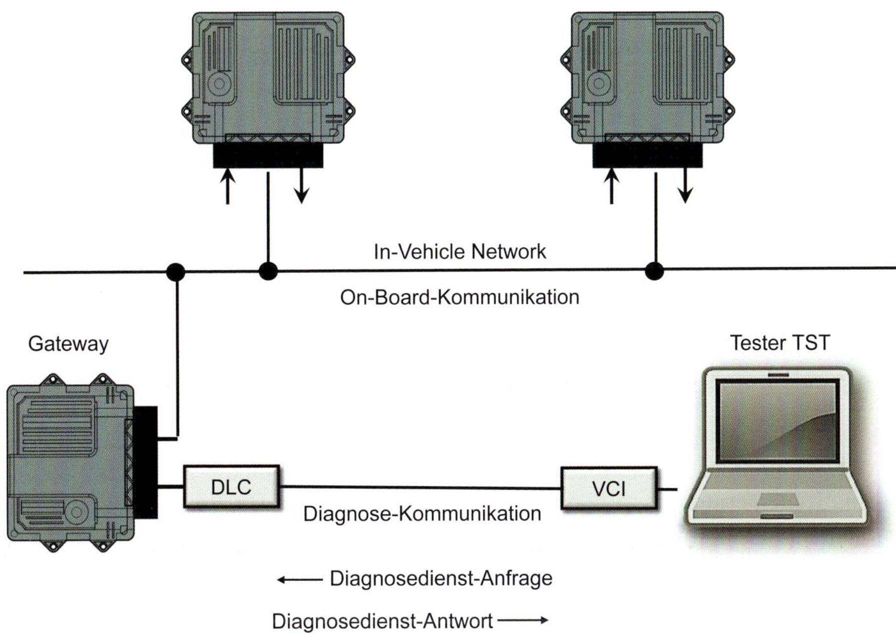

Bild 2.8 Das Gateway separiert das E/E-System und den Tester (TST).

Bild 2.9 zeigt ein patentiertes Diagnosesystem. Es besteht aus dem Fahrzeug (14) mit dem Gateway (16), einem Steuergerät (34) und den an das Steuergerät angeschlossenen Sensoren und Aktoren (12). Das Gateway ist über ein Kabel (20) direkt mit dem Tester (18) verbunden.

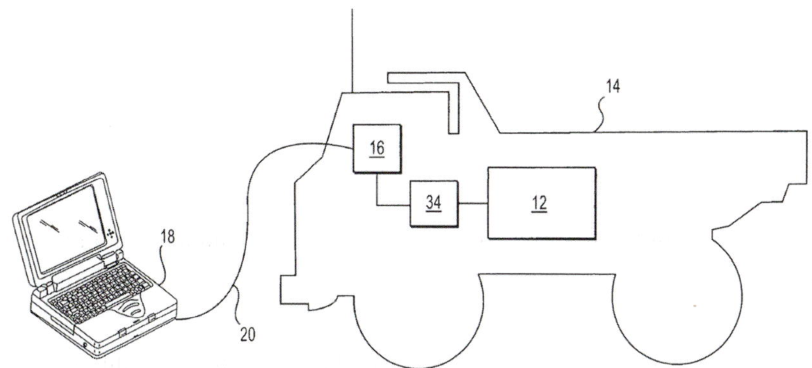

Bild 2.9 Apparatus and method for identifying electrical faults (© US Patent 7.454.298 B2) – Erfinder: *James A. Roal* und *Mark J. Hilbert*, Caterpillar Inc.

Für jede Art der Kommunikation müssen die Kommunikationspartner dieselben Regeln verwenden. Bei der Kommunikation zwischen Menschen sind die Regeln u. a. in der Grammatik einer Sprache festgelegt. So werden z. B. Wörter nur in einer bestimmten Reihenfolge zu grammatikalisch richtigen Sätzen.

Der bekannte Satz des Jedi-Meisters *Joda* aus dem Kinofilm Krieg der Sterne, „in ständiger Bewegung die Zukunft ist …", ist zwar grammatikalisch falsch, wird aber trotzdem verstanden, weil Menschen Fehler in der Kommunikation tolerieren können[24].

Steuergeräte haben diese Toleranz nicht. Anfragen und Anweisungen müssen in Inhalt und Timing präzisen Vorgaben genügen. Diese Vorgaben, die Regeln der Diagnose-Kommunikation mit Steuergeräten, nennen wir *Diagnoseprotokolle*. Die Kommunikation mit Steuergeräten funktioniert nur, wenn sich der Tester und die Steuergeräte an die Regeln desselben Diagnoseprotokolls halten.

Diagnoseprotokolle werden bei der On-Board-Kommunikation (ECU-to-ECU) nicht verwendet.

Tabelle 2.13 fasst die wichtigsten Begriffe der Datenkommunikation noch einmal zusammen. Die On-Board-Kommunikation beschreibt die bidirektionale Datenkommunikation zwischen Steuergeräten des E/E-Systems (ECU-to-ECU). Die On-Board-Diagnose ist eine Überwachungs-Funktion des E/E-Systems, z. B. die als *OBD II* gesetzlich vorgeschriebene Überwachung emissionsrelevanter Komponenten des Antriebstrangs. Off-Board-Kommunikation alias Diagnosekommunikation ist die bidirektionale Datenkommunikation zwischen einem Tester und den Steuergeräten des E/E-Systems (TST-to-ECU und ECU-to-TST). Die Off-Board-Diagnose dient dem Werkstatt-Personal dazu, Fehler zu finden und zu beheben.

Tabelle 2.13 Begriffe der Datenkommunikation

On-Board-Kommunikation	Datenkommunikation zwischen Steuergeräten (ECU-to-ECU)
On-Board-Diagnose	Überwachung von Funktionen im Fahrzeug durch das E/E-System, Eigendiagnose, z. B. Überwachung der abgasrelevanten Komponenten des Antriebs (OBD II)
Off-Board-Kommunikation	Diagnosekommunikation, Datenkommunikation zwischen Tester und E/E-System (TST-to-ECU) nach Regeln eines Diagnoseprotokolls
Off-Board-Diagnose	Identifikation eines Fehlers (in der Werkstatt) mit Hilfe eines Servicetesters

2.8 ISO/OSI-Schichtenmodell

Das *Open Systems Interconnection Basic Reference Model* (ISO/OSI-Model) wurde entwickelt, um den Prozess der Datenkommunikation zu beschreiben und zu modellieren[25].

[24] Das gilt natürlich nicht für Gesetze, Patente, Normen und Baupläne.

[25] ISO/IEC 7498-1:1994 Information technology – Open Systems Interconnection – Basic Reference Model: The Basic Model und ISO/IEC 10731:1994 Information technology – Open Systems Interconnection – Basic Reference Model – Conventions for the definitions of OSI services

Das ISO/OSI-Modell beschreibt die Datenkommunikation auf sieben Schichten, den sogenannten ISO/OSI-Layern. Tabelle 2.14 stellt die englischen und deutschen Bezeichnungen gegenüber.

Tabelle 2.14 Die sieben Schichten des ISO/OSI-Modells

Nr.	Layer	Schicht
7	Application-Layer	Anwendungsschicht
6	Presentation-Layer	Darstellungsschicht
5	Session-Layer	Sitzungsschicht
4	Transport-Layer	Transportschicht
3	Network-Layer	Vermittlungsschicht
2	Data-Link-Layer	Datensicherungsschicht
1	Physical-Layer	Bitübertragungsschicht

Da in den für dieses Buch relevanten ISO-Standards und SAE Recommended Practices durchgehend auf das ISO/OSI-Modell Bezug genommen wird und da diese Quellen ausschließlich in englischer Sprache verfasst sind, verwenden wir die englischen Bezeichnungen.

Die Schichten sind von der untersten (L1, Physical-Layer) nach oben (L7, Application-Layer) durchnummeriert. Jede Schicht besteht aus Instanzen, die klar definierte Funktionen haben und den jeweils darüber liegenden Schichten Services (Dienste) anbieten.

Zur Spezifikation eines Datenkommunikations-Systems müssen nicht alle ISO/OSI-Layer verwendet werden. Für die On-Board-Kommunikation genügen in der Regel Layer 1 und 2. Für die Diagnose-Kommunikation werden zusätzlich L3-, L4- und L7-Protokolle benötigt. Bild 2.10 zeigt ein solches (reduziertes) System für die Diagnose-Kommunikation zwischen einem Tester und einem Steuergerät.

Auf der linken Seite befindet sich der Tester (TST), dessen Applikation die Fahrzeugidentifikationsnummer VIN benötigt (①). Dazu sendet die TST-Applikation die Diagnosedienst-Anforderung „read VIN“ an seinen Application-Layer. Der verarbeitet die Anfrage und gibt sie an den Transport-Layer weiter. So „wandert“ der Befehl durch alle Layer nach unten, bis er auf dem Physical-Layer, z. B. als Spannungssignal auf einem Kabel oder als Lichtsignal auf einer Glasfaser, an das Steuergerät übertragen wird (②).

Das Steuergerät empfängt und verarbeitet die Anforderung (③). Die Steuergeräte-Applikation kennt die VIN und sendet die angefragte Information in einer Diagnosedienst-Antwort an den Tester. Auch auf der Steuergeräteseite wandert die Information Layer für Layer nach unten bis zum gemeinsamen physikalischen Medium (②) und dann auf der TST-Seite wieder nach oben zur Tester-Applikation (④).

Was auf den einzelnen Schichten mit den Daten geschieht und wie die Daten von einer Schicht zur nächsten weitergegeben werden, ist in ISO/OSI-Layer-spezifischen Protokollen festgelegt. Diese Protokolle werden in den folgenden Kapiteln detailliert beschrieben, und zwar die Physical-Layer- und Data-Link-Layer in Kapitel 3 (Bussysteme), Application-Layer in Kapitel 4, sowie Network- und Transport-Layer in Kapitel 5.

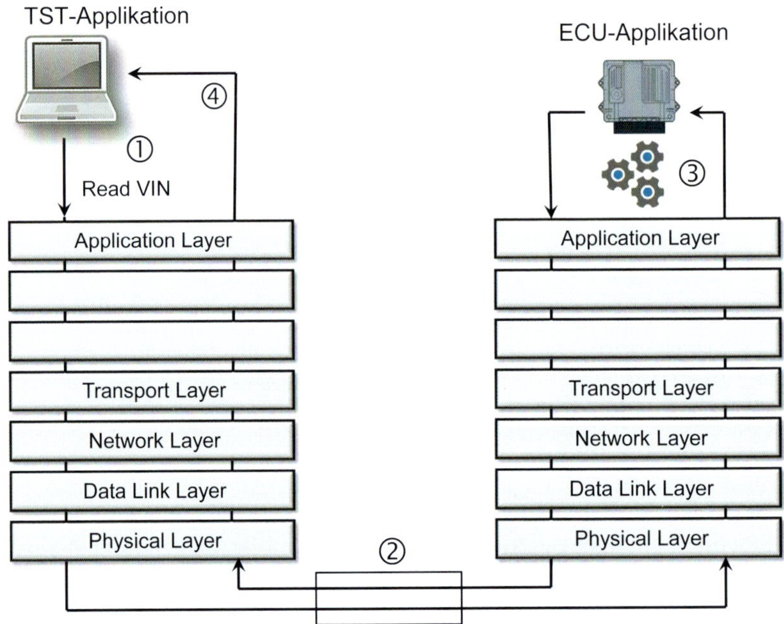

Bild 2.10 Diagnose-Kommunikation im ISO/OSI-Modell. Der Tester fragt das Steuergerät nach der Fahrzeugidentifikationsnummer VIN.

Das Zusammenschalten („stapeln") zueinander kompatibler ISO/OSI-Layer-Protokolle ergibt den sogenannten *Protokoll-Stack*. So entstehen Protokoll-Stacks wie KWP-on-K-Line, OBD-on-CAN oder UDS-on-IP. Ein etwas komplexeres Beispiel für einen Protokoll-Stack ist die Kombination aus HTTP, TCP/IP und Ethernet. Der Stack wird verwendet, um via Internet-Browser auf dem heimischen PC die Homepage eines Servers im Internet aufzurufen. HTTP (Hypertext Transfer Protocol) ist ein Application-Layer-Protokoll auf TCP/UDP (Transport Control Protocol/User Datagram Protocol). TCP/UDP verwendet das Network-Layer-Protokoll IP (Internet Protocol IPv4 oder IPv6). Data-Link-Layer und Physical-Layer können entweder Ethernet oder WLAN sein.

Vor allem in ISO-standardisierten Protokollen werden die einzelnen Schichten sauber voneinander getrennt. Diese Modularität hat den Vorteil, dass man einzelne Layer austauschen kann, ohne die jeweils anderen anpassen zu müssen. So kann man z. B. ein- und dasselbe Application-Layer-Protokoll auf verschiedene Physical-Layer aufsetzen. Dem Tester, der die VIN benötigt, ist es „egal", ob die Information vom Steuergerät über Spannungspegel oder Lichtsignal kommt, d. h. der Physical-Layer ist austauschbar. Das gilt auch in der anderen Richtung, z. B. bei OBD on CAN, KWP on CAN und UDS on CAN.

In einem Protokoll-Stack müssen nicht alle ISO/OSI-Layer verwendet werden. So besteht z. B. die CAN-Spezifikation ISO 11898 für die On-Board-Kommunikation nur aus dem Physical-Layer und dem Data-Link-Layer.

Für Diagnose-Kommunikation unter Verwendung des CAN müssen Protokolle oberhalb des Data-Link-Layers verwendet werden, z. B. ISO 15765.

2.9 Übungsfragen

2-1	Nennen Sie mindestens zwei Beispiele für taktile Rückmeldungen bei der Maschine-Mensch-Kommunikation.
2-2	Welche Information steckt in der Morsecode-Tonfolge „...---...“?
2-3	Nennen Sie die sieben SI-Basisgrößen des Internationalen Einheitensystems.
2-4	Wofür steht die Abkürzung „Bit“?
2-5	Wie viele verschiedene Informationen können mit zwei Bit codiert werden?
2-6	Wie viele verschiedene Informationen können mit x Bit codiert werden?
2-7	Wofür stehen die Abkürzungen LSB und MSB?
2-8	Welchen Stellenwert hat das MSB der Binärzahl 101?
2-9	Welchen Stellenwert hat das LSB in der Binärzahl 11001011101000101111?
2-10	Welchen Stellenwert hat das MSB in der Binärzahl 1010 1010?
2-11	Wie viele verschiedene Werte kann man mit einer x-stelligen Binärzahl darstellen?
2-12	Wie wird ein 4-bit string bezeichnet?
2-13	Wie wird ein 8-bit string bezeichnet?
2-14	Wie wird ein 16-bit string bezeichnet?
2-15	Wie lauten die Dezimalzahlen 10 und 15 in hexadezimaler Notation?
2-16	Konvertiere 0xFF in eine Binärzahl.
2-17	Konvertiere die Dezimalzahl 133 in eine binäre und eine hexadezimale Zahl.
2-18	Was ist der Unterschied zwischen On-Board-Kommunikation und Diagnosekommunikation?
2-19	Wofür steht die Abkürzung OSI?
2-20	Wie lauten die englischen Namen der ISO/OSI Layer 7, 4, 2 und 1?

3 Bussysteme

3.1 Geschichte und Übersicht

Da keiner der industriellen Feldbusse (z. B. Interbus oder Profibus) die speziellen Anforderungen für den Einsatz in Kraftfahrzeugen und mobilen Maschinen erfüllen konnte, entwickelten Fahrzeughersteller und Zulieferer ihre eigenen seriellen Bussysteme für die Datenkommunikation zwischen Steuergeräten und den Anschluss von Test- und Diagnosegeräten an das E/E-System des Fahrzeugs. Beispiele für solche proprietären Bussysteme sind ABUS (Volkswagen), Byteflight (BMW) und VAN (PSA[26] und Renault). Die ersten standardisierten Bussysteme für die Diagnosekommunikation waren SAE J1850 und die in ISO 9141 standardisierte K-Leitung.

Im Jahr 1986 stellten BOSCH und INTEL auf dem SAE International Congress and Exposition (heute SAE World Congress WCX) in Detroit das Automotive Serial *Controller Area Network (CAN)* vor[27]. Der weltweit erste Serieneinsatz des CAN erfolgte 1991 in der Mercedes-Benz S-Klasse. Seitdem wurde CAN kontinuierlich weiterentwickelt und besonderen Anforderungen angepasst. So entstanden neben dem klassischen high-speed CAN (HSC) die Varianten low-speed CAN (LSC) und single-wire CAN (SWC). In den letzten Jahren kamen modifizierte Data-Link-Layer-Versionen (CAN FD und CAN XL) hinzu. Heute ist CAN das am weitesten verbreitete Bussystem in Kraftfahrzeugen.

1998 begannen die Fahrzeughersteller und Zulieferer mit der Entwicklung des *Local Interconnect Network (LIN)* zur Verbindung von Komponenten, Modulen und Subsystemen, die mit einer vergleichsweisen niedrigen Bandbreite auskommen und keine Sicherheitsrelevanz haben (z. B. elektrische Spiegel, Fenster und Sitze, Multifunktionslenkräder oder Klimaanlagen). Heute ist LIN eine kostengünstige Ergänzung zu CAN in Serienfahrzeugen.

Sicherheitsfunktionen in Fahrzeugen und mobilen Maschinen erfordern ein klar spezifiziertes, vorhersagbares Verhalten (Determinismus), eine Eigenschaft, die dem CAN als ereignisgesteuertes Bussystem fehlt[28]. Sicherheitsfunktionen erfordern zeitgesteuerte Architekturen (TTA = Time Triggered Architecture), was schließlich zur Entwicklung von FlexRay führte. FlexRay ist ein zweikanaliges, deterministisches Bussystem; es wurde erstmalig 2006 in einem BMW eingesetzt, hat sich im Serieneinsatz aber nicht durchgesetzt.

Andere Technologien, z. B. das IDB 1394 (auch bekannt als Firewire oder i.LINK) in den USA und MOST (Media Oriented Systems Transport) in Europa, wurden entwickelt und eingesetzt, um die sehr hohen Anforderungen von Multimediafunktionen an die Bandbreite zu erfüllen.

Neue Funktionen, wie die Kommunikation von Fahrzeugen mit anderen Fahrzeugen (V2V = Vehicle-to-Vehicle), mit der Umwelt (V2I = Vehicle-to-Infrastructure) und mit Servern in der Cloud (V2C = Vehicle-to-Cloud), lassen sich mit den bislang verwendeten Technologien nicht realisieren.

---

[26] Heute Stellantis

[27] https://doi.org/10.4271/860391 - Autoren: Uwe Kiencke, Siegfried Dais, Martin Litschel

[28] ISO 11898-4:2004 (Time-triggered communication on CAN) hat sich in der Praxis nicht durchgesetzt.

Nicht nur für ADAS-Funktionen (Advanced Driver Assisted System), sondern vor allem auch für autonome Fahrzeuge und automatisierte mobile Maschinen, müssen die Performance der E/E-Systeme und die Bandbreite der Kommunikationsnetzwerke signifikant gesteigert werden.

Ethernet ist eine international standardisierte und etablierte Netzwerktechnologie für lokale Netzwerke (LAN = Local Area Network) in Büro- und Industrieanwendungen.

IEEE 802.3 spezifiziert die Layer 1 und 2 des ISO/OSI-Modells für Bitraten von bis zu 100 Gbit/s. Basierend auf der IEEE 802.3 begann die Automobilindustrie mit der Entwicklung und dem Einsatz von *Automotive Ethernet* im Fahrzeug.

Die *OPEN Alliance SIG*[29] unterstützte die Entwicklung von BroadR Reach®, einer Ethernet-Variante mit ungeschirmter, verdrillter Zweidrahtleitung, z. B. für die Übertragung von Kamerabildern. OPEN steht für *One-Pair Ether-Net.* Es ist anzunehmen, dass Ethernet die *Low-Voltage Differential Signaling (LVDS)* -Technologie ersetzen wird, die bislang in einigen Fahrzeugen und mobilen Maschinen zur Übertragung von Videosignalen verwendet wird. ISO 21111 basiert auf der Ethernet-Spezifikation ISO/IEC/IEEE 8802-3 und beinhaltet Erweiterungen für den Einsatz von Ethernet in Fahrzeugen.

Darüber hinaus wird Ethernet auch für die Diagnosekommunikation verwendet, insbesondere wenn die gegenüber CAN deutlich höhere Bandbreite, z. B. bei der Programmierung von Steuergeräten, relevant ist. Mit der Veröffentlichung der ISO 13400 wurde die Diagnosekommunikation über das Internet Protocol (DoIP = Diagnostics on IP) auf Ethernet standardisiert.

Im Antriebsstrang mobiler Maschinen ist der Einsatz des CAN-basierten Protokolls SAE J1939 Standard. In Landmaschinen wird der J1939-basierende Application-Layer ISOBUS (ISO 11783) zur Kommunikation zwischen Traktor und Anhänger (Implement) verwendet. Eine Ethernet-basierende Variante (High-Speed ISOBUS) ist in Entwicklung.

3.2 Technische Grundlagen

3.2.1 Physikalische und logische Netzwerktopologien

In der Informationstechnologie werden Komponenten, die zu einem Netzwerk gehören, als Nodes (Knoten) bezeichnet. In der Automobilindustrie sind die Nodes Steuergeräte, VCIs und Tester.

Die Struktur der physikalischen Verbindung von Nodes bezeichnen wir als *physikalische Netzwerktopologie.* Sie beschreibt, *wie* die Nodes miteinander verbunden sind. Die einfachste physikalische Netzwerktopologie ist die Punkt-zu-Punkt-Verbindung[30], bei der zwei Nodes direkt miteinander verbunden sind.

Bild 3.1 ❶ zeigt die Topologie eines klassischen linearen Bussystems, bei dem alle Steuergeräte über Stichleitungen (stubs) mit einer zentralen Busleitung verbunden sind.

[29] https://www.opensig.org

[30] point-to-point

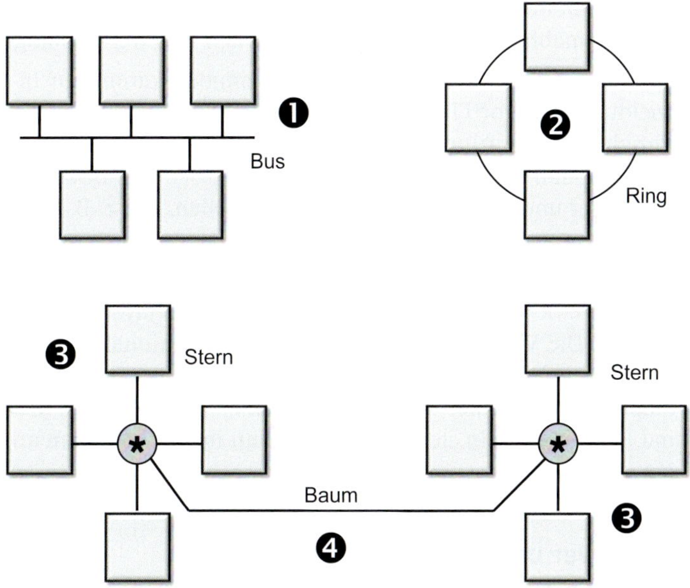

Bild 3.1 Topologie von Fahrzeug-Netzwerken

Der Bus kann physikalisch aus einer einzelnen Eindrahtleitung, aber auch aus einer ungeschirmten, verdrillten Zweidrahtleitung (UTP = Unshielded Twisted Pair) bestehen.

Die Ring-Topologie in Bild 3.1 ❷ ist ein typisches Beispiel für Netzwerke, bei denen das Übertragungsmedium aus Lichtleitern/Glasfaserkabeln (FOC = Fiber-Optic Cable) besteht. Um ein Steuergerät an ein Glasfasernetz anzuschließen, werden Transmitter (FOT = Fiber-Optic Transmitter) verwendet, die digitale elektrische Signale in Lichtimpulse (und umgekehrt) umwandeln. Das für die Datenkommunikation zwischen Multimedia-Komponenten im Fahrzeug entwickelte *Media Oriented Systems Transport* (MOST) besitzt eine Ring-Topologie und ist sowohl für Glasfaser als auch für Kupferkabel spezifiziert.

Bild 3.1 ❸ zeigt ein Netzwerk mit Stern-Topologie. In einem solchen Netzwerk sind die Steuergeräte mit einem zentralen Sternkoppler (✱) verbunden. Sternkoppler können passive oder aktive Komponenten sein.

Innerhalb eines Netzwerks mit Stern-Topologie findet jede Kommunikation nur über den Sternkoppler statt. Falls der Sternkoppler defekt ist, bricht das gesamte Netzwerk zusammen. Das in Bild 3.1 ❹ dargestellte System aus zwei Sternen, die über einen linearen Bus verbunden sind, bezeichnen wir als Baum.

Die Spezifikation der *physikalischen Netzwerktopologie* gehört zur Schicht 1 des ISO/OSI-Modells. Sie beschreibt, *wie* die Nodes miteinander verbunden sind und kann z. B. grafisch mit einem Schaltplan dargestellt werden.

Demgegenüber beschreibt die *logische Netzwerktopologie*, wie die Nodes miteinander kommunizieren, und zwar unabhängig von der physikalischen Netzwerktopologie.

Bei der unidirektionalen Kommunikation findet die Kommunikation nur in eine Richtung statt. Eine Rückmeldung (Antwort) ist nicht vorgesehen. Ein typisches Beispiel für eine unidirektionale Nachrichtenübermittlung ist das Senden von Signalen mit dem Morsecode. Bei der bidirektionalen Kommunikation kommt es zum Austausch von Informationen in beide Richtungen, d. h. Sender und Empfänger tauschen die Rollen, wie z. B. in einem Telefonat oder einem Web-Meeting.

Des Weiteren wird bei logischen Netzwerktopologien zwischen unicast, multicast und broadcast unterschieden. Bei Unicast (1 : 1) kommunizieren zwei Nodes direkt oder über ein Netzwerk miteinander. Die Verbindung kann sowohl unidirektional als auch bidirektional sein. Bei Multicast[31] (1 : *n*) gibt es einen Sender (z. B. Lehrer) und eine festgelegte Gruppe von mehreren Empfängern (Schüler in einer Schulkasse). Bei Broadcast (*n* : *n*) können alle Nodes Sender und Empfänger sein. Jede Nachricht kann immer von allen angeschlossenen Nodes empfangen werden.

3.2.2 Client-Server und Peer-to-Peer

Das Client-Server-Modell beschreibt die Kommunikation zwischen einem Client und einem Server. Vereinfacht ausgedrückt ist der Client ein Kunde, der Daten anfordert und verarbeitet, und der Server ist der Datenlieferant. Das wohl bekannteste Client-Server-Kommunikationssystem ist das Internet. Mit Hilfe eines Webbrowsers (z. B. Edge, Chrome oder Firefox), der als Client agiert, wird ein Request an eine bestimmte Adresse im Netz gesendet. Der Webserver empfängt diesen Request und sendet seine Antwort (z. B. eine Internetseite) zurück an den Client.

Oft werden Client-Server-Systeme mit Master-Slave-Systemen gleichgesetzt. Vor allem in den USA gibt es eine Diskussion über die politische Korrektheit der Begriffe „Master“ und „Slave“. Auch wenn der Client nicht immer mit dem Master und der Server nicht immer mit dem Slave gleichgesetzt werden kann, verwenden wir, wenn möglich, den Begriff Tester (TST) statt Client und Steuergerät (ECU) statt Server.

Beim LIN hat man sich auf Commander und Responder geeinigt.

Bei der On-Board-Kommunikation sind die Steuergeräte über das serielle Bussystem physikalisch miteinander verbunden und können Daten senden bzw. empfangen, ohne dass sie von einem Client angefordert werden. Bei dieser Peer-to-Peer-Kommunikation (P2P) sind alle Steuergeräte (peers) gleichberechtigt und senden Broadcast-Nachrichten.

[31] Das mit *Multicast* verwandte *Anycast* wird hier nicht beschrieben.

Nicht verwechseln:

Point-to-Point ist eine physikalische Netzwerktopologie. Die logische Netzwerktopologie Peer-to-Peer legt fest, wie in einem Netzwerk kommuniziert wird.

Bei der Diagnosekommunikation übernimmt der Tester die Rolle des Clients und das jeweils angesprochene (adressierte) Steuergerät die Rolle des Servers. Der Tester kann zwar mehrere Steuergeräte gleichzeitig ansprechen (multicast), doch müssen deren Antworten nacheinander (unicast), d. h. zeitlich sequenziell an den Tester gesendet werden.

Steuergeräte benötigen für die On-Board-Kommunikation ein funktionales serielles Bussystem. Ein daran angeschlossener Tester verwendet eben dieses Bussystem für die Diagnosekommunikation.

Die Diagnosekommunikation ist auf eine funktionierende On-Board-Kommunikation angewiesen.

3.2.3 Datenrate, Bitrate und Baudrate

Sowohl bei der On-Board- als auch bei der Diagnosekommunikation werden Nachrichten gesendet und empfangen, die binär-codierte Informationen enthalten. Nachrichten bestehen aus dem Datenfeld mit den Nutzdaten (der eigentlichen Nachricht) und aus Feldern, die den Transfer der Daten zwischen den einzelnen Schichten des ISO/OSI-Modells steuern. Auf den Übertragungsmedien (Schicht 1) bestehen die Nachrichten aus Spannungs-, Strom- oder Lichtsignalen, eine ISO/OSI-Schicht höher werden daraus serielle binäre Datenströme. Die Geschwindigkeit, mit der die Bits nacheinander über das Netzwerk gesendet werden, wird in Bit pro Sekunde angegeben (bit/s) und als Bitrate, Datenrate oder Datenübertragungsrate bezeichnet.

Hin und wieder findet man auch die Bezeichnung *Baudrate*. Dabei ist zu beachten, dass die Baudrate eigentlich die Anzahl von „Symbolen pro Sekunde" angibt. Das Gleichsetzen von Bitrate und Baurate ist nur dann richtig, wenn das Symbol nur aus einem Bit besteht.

Wir verwenden ausschließlich den generischen Begriff *Bitrate*.

Die Geschwindigkeit, mit der die Nutzdaten übertragen werden, nennen wir Netto-Bitrate, die Anzahl aller Bits einer Nachricht pro Sekunde Brutto-Bitrate. Der Unterschied zwischen Netto- und Brutto-Bitrate ist abhängig vom verwendeten Protokoll und wird hauptsächlich vom sogenannten Protokoll-Overhead bestimmt.

Bei klassischen CAN beträgt die Brutto-Bitrate bis zu 1 Mbit/s, die Netto-Bitrate aber lediglich 17 KByte/s (136 Kbit/s). Im Vergleich dazu beträgt die Brutto-Bitrate auf einem 100BASE-TX Ethernet 100 Mbit/s und die Netto-Bitrate 6 400 KByte/s (51 200 Kbit/s).

Die für die Datenkommunikation relevante Netto-Bitrate ist bei Ethernet 375-mal höher als beim klassischen CAN.

3.2.4 Determinismus und Latenz

Wenn mehrere Teilnehmer an ein Netzwerk angeschlossen sind, muss die Datenkommunikation geregelt werden: Wer darf senden, wer muss zuhören?

Diese Regeln nennen wir Steuerung des Buszugriffs. Bei der Broadcast-Kommunikation kann jedes Steuergerät jederzeit mit dem Senden einer Nachricht beginnen, da es niemanden gibt, der den Buszugriff steuert. Bei LIN senden nur die Nodes als Responder, die eine an sie gerichtete Anfrage vom Commander empfangen haben. Der LIN-Commander steuert die Kommunikation anhand eines zeitlich festgelegten Ablaufs, der sich periodisch wiederholt.

Als Ergebnis erhalten wir eine vorhersagbare (deterministische) Datenkommunikation. In einem deterministischen System kann genau vorhergesagt werden, wann eine Information, z. B. über die aktuelle Fahrzeuggeschwindigkeit, beim Empfänger zur Weiterverarbeitung eintrifft. Bei der Übertragung von Daten ist auch die Zeit zwischen dem Beginn der Datenübertragung und dem Eintreffen der Daten beim Empfänger von Bedeutung. Diese Zeit wird als Latenzzeit bezeichnet.

3.2.5 Buszugriff und Arbitrierung

In Broadcast-Systemen wie dem CAN haben mehrere Steuergeräte gleichzeitig Zugriff auf den Bus. Das nennen wir Multiple Access (MA). Bevor ein Steuergerät damit beginnt, eine Nachricht zu senden, prüft es, ob der Bus verfügbar ist. Diese Funktion nennen wir Carrier Sense (CS). Falls mehrere Steuergeräte erkennen, dass der Bus frei ist und gleichzeitig mit dem Senden beginnen, kommt es zu einer Kollision. Dieses Problem wird mittels *Arbitrierung* gelöst. Wir unterscheiden zwischen den Arbitrierungsverfahren CSMA/CD (Collision Detection), CSMA/CA (Collision Avoidance) und CSMA/CR (Collision Resolution).

In Commander-Responder-Systemen wie dem LIN wird der Buszugriff durch den Master gesteuert und als Time Division Multiple Access (TDMA) oder Flexible Time Division Multiple Access (FTDMA) bezeichnet. In zeitgesteuerten Netzwerken wird jedem Node ein Zeitfenster zugeteilt, in dem er senden darf. Außerhalb dieses Sendefensters ist er Empfänger. Falls ein Commander die Zeitsteuerung übernimmt, kommt FTDMA zum Einsatz.

Zeitgesteuerte Kommunikationssysteme benötigen keine Arbitrierung.

3.3 SAE J1850, J1708 und J1587

3.3.1 SAE J1850 PWM und VPW

SAE J1850 spezifiziert ein Protokoll, das sowohl für die On-Board-Kommunikation als auch für die Diagnosekommunikation verwendet wird. Das 1994 von der SAE International standardisierte Protokoll wurde hauptsächlich in den USA von Ford und General Motors eingesetzt.

- SAE J1850 PWM (PWM = Pulsweitenmodulation) ist ein zweiadriges Bussystem mit differentiellem Signal und einer Bitrate von 41,6 Kbit/s. J1850 PWM wird auch als FORD SCP (SCP = Standard Corporate Protocol) bezeichnet.
- SAE J1850 VPW (Variable Pulsweitenmodulation) ist ein Eindrahtbus mit einer Brutto-Bitrate von 10,4 Kbit/s. Es wurde hauptsächlich von General Motors, Chrysler, Harley Davidson und Toyota verwendet.

Tabelle 3.1 fasst die wesentlichen Parameter von SAE J1850 zusammen.

Tabelle 3.1 SAE J1850 Parameter

SAE J1850	VPW	PWM
Bitrate	10,4 Kbit/s	41,6 Kbit/s
Signal	Spannung gegen Masse	Differenz-Spannung
Medium	Eindrahtleitung	Zweidrahtleitung

SAE J1850 referenziert andere SAE Recommended Practices, z. B. SAE J2178 und SAE J1979. SAE J2178[32] spezifiziert die Parameter für die On-Board-Kommunikation, z. B. Header-Formate und physikalische Adressen. SAE J1979[33] beschreibt Application-Layer-Services für die Diagnosekommunikation mit dem OBD-System.

Seit dem Jahr 2008 müssen alle Fahrzeuge, die in den USA in den Verkehr gebracht werden, CAN statt SAE J1850 für die Diagnosekommunikation mit dem OBD-System verwenden. Aus diesem Grund hat SAE J1850 weitgehend an Bedeutung verloren.

3.3.2 SAE J1708 und SAE J1587

SAE J1708[34] spezifiziert ein Bussystem mit Zweidrahtleitung und einer Bitrate von 9600 bit/s für die On-Board-Kommunikation in und Diagnosekommunikation mit Nutzfahrzeugen und mobilen Maschinen. Das Format der Nachrichten wird in der SAE J1587[35] spezifiziert.

32 SAE J2178: Class B Data Communication Network Messages

33 SAE J1979: E/E Diagnostic Test Modes

34 SAE J1708: Serial Data Communications between Microcomputer Systems in Heavy-Duty Vehicle Applications

35 SAE J1587: Electronic Data Interchange between Microcomputer Systems in Heavy-Duty Vehicle Applications

Die letzte Version der SAE J1587 stammt vom Januar 2013 und wurde als „stabilized" aus dem 5-Jahres-Revisionsprozess genommen. Ein anderes Protokoll auf dem SAE J1708 Physical Layer ist SAE J1922[36].

SAE J1587 und SAE J1922 wurden durch SAE J1939 ersetzt.

3.4 K-Leitung

ISO 9141 (Tabelle 3.2) wurde erstmalig 1989 publiziert und spezifiziert ein serielles Bussystem mit der Bezeichnung *K-Leitung*. Die K-Leitung wurde (bis auf wenige Ausnahmen) ausschließlich für die Diagnosekommunikation verwendet. 1994 kam die überarbeitete Fassung ISO 9141-2, die vor allem die Anforderungen der kalifornischen Umweltschutzbehörde CARB für Fahrzeuge mit 12-Volt-Bordnetzen berücksichtigte.

Tabelle 3.2 ISO 9141

ISO 9141	Road vehicles – Diagnostic systems
Part 1 (1989)	Requirements for interchange of digital information
Part 2 (1994) Amd 1 (1996)	CARB requirements for interchange of digital information

Der Physical-Layer der K-Leitung wird auch in der ISO 14230-1 (2012)[37] spezifiziert.

Neben der bidirektionalen K-Leitung gibt es eine unidirektionale L-Leitung, die für die Initialisierung der Kommunikation gedacht war. Da die Initialisierung der Kommunikation aber auch über die K-Leitung selbst möglich ist, wird die L-Leitung kaum genutzt.

Der Physical-Layer der K-Leitung besteht aus einer ungeschirmten Eindrahtleitung. Die Spannungspegel hängen von der Batteriespannung ab und dürfen bei 12-Volt-Bordnetzen zwischen 8 V DC und 15 V DC liegen und bei 24-Volt-Bordnetzen zwischen 16 V DC und 32 V DC.

Für die Diagnosekommunikation mit dem OBD-System ist als Bitrate 10,4 Kbit/s gesetzlich vorgeschrieben.

Bild 3.2 zeigt ein vereinfachtes System für die Diagnosekommunikation zwischen einem Tester und einem E/E-System. Das Motorsteuergerät (ECM), das Getriebesteuergerät (TCM) und der Diagnostic Link Connector (DLC) sind über eine K-Leitung miteinandner vebunden. Das VCI ist über den DLC mit der Batteriespannung (UB) verbunden. Die TST-to-VCI-Verbindung ist USB.

[36] SAE J1922: Powertrain Control Interface for Electronic Controls Used in Medium- and Heavy-Duty Diesel On-Highway Vehicle Applications

[37] ISO 14230-1 (2012): Road vehicles – Diagnostic communication over K-Line (DoK-Line) – Physical layer

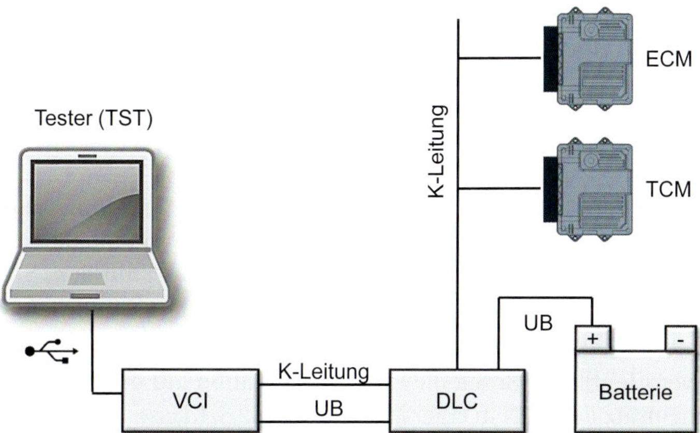

Bild 3.2 System für die Diagnosekommunikation über K-Leitung

Seit dem Jahr 2008 müssen alle Fahrzeuge, die in den USA in den Verkehr gebracht werden, ein CAN-Interface für die Diagnosekommunikation mit dem OBD-System verwenden.

Für *Europa* schreibt die Verordnung Nr. 692/2008 (Anhang 1, Abschnitt 2.5) den Einsatz von ISO 15765 (Diagnostics on Controller Area Network) vor.

3.5 Controller Area Network (CAN)

Dieses Kapitel beschreibt die technischen Eigenschaften des Controller Area Network (CAN). Seit der Veröffentlichung der ersten Spezifikation im Jahr 1986 sind zahlreiche technische Dokumente, Tutorials und Bücher erschienen, die CAN bis ins kleinste Detail beschreiben[38].

Das CAN oder der CAN?

CAN steht für Controller Area Network, so dass es eigentlich *das* CAN heißen müsste. Das CAN kann physikalisch aus einem linearen Bus bestehen, sodass *der* CAN (-Bus) ebenso richtig sein kann.

Wir konzentrieren uns auf die Eigenschaften und Parameter des CAN, die im Zusammenhang mit On-Board- und Diagnosekommunikation wichtig sind.

Viele technische Details des CAN-Protokolls sind „in Silikon gegossen": Hochintegrierte Bausteine (CAN-Controller und CAN-Transceiver) setzen die wesentlichen Funktionen des CAN so um, dass man z. B. Spannungspegel, Timings, Fehlererkennung und sogar die einzelnen Bits der Kontrollfelder nicht mehr im Detail kennen muss.

[38] Empfehlung: Wolfhard Lawrenz und Nils Obermöller (Hrsg.): CAN – Controller Area Network: Grundlagen, Design, Anwendungen, Testtechnik, ISBN 987-38007-3332-3

Wir behandeln nur die Bits der Kontrollfelder, die für die Fahrzeugdiagnose relevant sind, z. B. bei der Analyse eines CAN-Trace in hexadezimaler Notation.

3.5.1 Geschichte und Übersicht

CAN wurde im Februar 1986 vom deutschen Automobilzulieferer Robert Bosch GmbH und dem Chiphersteller Intel als Bussystem für die On-Board-Kommunikation entwickelt und offiziell im Februar 1986 als „Serial Controller Area Network" auf dem SAE International Congress and Exposition (heute: SAE World Congress WCX) in Detroit vorgestellt. Ein Jahr später begann der Chiphersteller Intel mit der Lieferung der ersten CAN-Controller.

Im Jahr 1991 veröffentlichte Bosch die CAN-Spezifikation 2.0 und im selben Jahr erfolgte der erste Serieneinsatz des CAN in einer Mercedes-Benz S-Klasse. 1993 wurde die CAN-Spezifikation als ISO 11898 international standardisiert. Seitdem wurde die ISO 11898 immer wieder überarbeitet, erweitert und modifiziert. Tabelle 3.3 zeigt die derzeit gültigen Teile der ISO 11898.

Tabelle 3.3 ISO 11898

ISO 11898	Road vehicles – Controller area network (CAN)
Part 1	Data link layer and physical signalling
Part 2	High-speed medium access unit
Part 3	Low-speed, fault-tolerant, medium dependent interface
Part 4	Time-triggered communication

ISO 11898-5 (2007) = High-speed medium access unit with low-power mode und ISO 11898-6 (2013) = High-speed medium access unit with selective wake-up functionality wurden 2016 in der ISO 11898-2 zusammengeführt.

Die ISO 11898 spezifiziert das CAN-Protokoll auf ISO/OSI-Layer 1 und 2.

Heute ist CAN eine weltweit anerkannte Technologie für die Datenkommunikation in Fahrzeugen, mobilen Maschinen, Zügen, Schiffen und Flugzeugen, sowie in der Industrieautomatisierung (z. B. Textilmaschinen und Aufzügen) und der Medizintechnik.

Bis 2015 waren die Brutto-Bitrate auf ein Maximum von 1 Mbit/s und die Größe des Datenfelds auf 8 Byte begrenzt. Dann wurde die ISO 11898-1 erneut überarbeitet und um CAN FD erweitert. FD steht für *Flexible Data Rate* und unterstützt sowohl höhere Bitraten als auch größere Datenfelder. Die nächste Evolution, CAN XL, hat ein bis zu 2048 Byte langes, byteweise skalierbares Datenfeld, das mit 10 Mbit/s übertragen wird.

Der Begriff „Message" (Nachricht) ist dem ISO/OSI Application-Layer zugeordnet, „Segment" dem Transport-Layer, „Paket" dem Network-Layer und „Frame" dem Data-Link-Layer.

Mit der Einführung von CAN FD wird zwischen *Classical Frames* und *FD Frames* unterschieden. Seit Dezember 2016 beinhaltet die ISO 11898-2 die Spezifikation von beiden Frametypen. Die Spezifikation des Classical CAN unterscheidet zwischen

- High-Speed CAN (HSC),
- Low-Speed CAN (LSC) und
- Single-Wire CAN (SWC).

Neben der ISO 11898 gibt es weitere CAN-Spezifikationen, z. B. ISO 11519 und SAE J2284.

ISO 11519 (Road vehicles – Low-speed serial data communication) wurde 1994 veröffentlicht[39]. Neben Teil 1, der 2021 revidiert wurde und grundsätzliche Informationen und Definitionen enthält, ist heute nur noch Teil 3 (VAN = Vehicle Area Network) gültig.

SAE J2284 (Tabelle 3.4) spezifiziert den Physical-Layer und teilweise den Data-Link-Layer von High-Speed CAN für Anwendungen mit Bitraten bis zu 500 Kbit/s. Die Teile 4 und 5 der SAE J2284 spezifizieren den „High-speed CAN for Vehicle Applications at 500 kbps with CAN FD Data" mit den Bitraten 2 Mbit/s und 5 Mbit/s. Alle Teile der SAE J2284 wurden zuletzt im November 2016 revidiert.

Tabelle 3.4 SAE J2284: High-Speed CAN

J2248	High-Speed CAN (HSC) for Vehicle Applications at ...
SAE J2284/1:2016-11	... 125 kbps
SAE J2284/2:2016-11	... 250 kbps
SAE J2284/3:2016-11	... 500 kbps
SAE J2284/4:2016-06	... 500 kbps with CAN FD Data at 2 Mbps
SAE J2284/5:2016-09	... 500 kbps with CAN FD Data at 5 Mbps

ISO 16845 (Tabelle 3.5) beschreibt statische und dynamische Testmethoden, um die Konformität einer CAN-Implementierung mit den Spezifikationen zu verifizieren.

Tabelle 3.5 ISO 16845

ISO 16845	Road vehicles – Controller Area Network (CAN) conformance test plan
Part 1 (2016)	Data link layer and physical signalling
Part 2 (2018)	High-speed medium access unit – Conformance test plan

Im Jahr 1992 wurde die internationale Anwender- und Herstellervereinigung CiA (CAN in Automation)[40] gegründet. Ihre Aufgabe bestand ursprünglich in der Verbreitung und Standardisierung des CAN im industriellen Umfeld, z. B. CANopen. Heute sind 700 Unternehmen Mitglied der in Nürnberg ansässigen Organisation. In mehreren Arbeitsgruppen erstellt und veröffentlicht CiA technische Dokumente (z. B. Spezifikationen, Empfehlungen, Guidelines), sowie viermal im Jahr den CiA Newsletter[41]. CiA arbeitet eng mit Standardisierungsorganisationen wie DIN, IEC, ISO und SAE zusammen.

[39] ISO 11519-1 (1994) wurde 2021 zuletzt überprüft und für gültig erklärt.

[40] https://www.can-cia.org

[41] https://can-newsletter.org

Das amerikanische SAE Truck and Bus E/E Committee verwendete die Spezifikation CAN 2.0B zur Entwicklung von *SAE J1939* (Recommended Practice for a Serial Control and Communications Vehicle Network). Heute besteht SAE J1939 aus einem umfangreichen Satz an Spezifikationen für (fast) alle Schichten des ISO/OSI-Modells und wird in Nutzfahrzeugen und mobilen Maschinen eingesetzt, nicht im PKW. Für weitere Informationen zu SAE J1939 siehe Abschnitt 3.6.

ISOBUS (ISO 11783) basiert auf SAE J1939 und wurde speziell für den Einsatz in Land- und Forstmaschinen entwickelt. ISOBUS wird verwendet, um die On-Board-Kommunikation zwischen Steuergeräten in Traktoren und Anbaugeräten sicherzustellen. Der ISOBUS-Standard stellt sicher, dass ein Traktor des Herstellers *X* angekoppelte Arbeitsmaschinen der Hersteller *Y* und *Z* steuern kann. Diese herstellerübergreifende Kompatibilität herzustellen, ist Aufgabe der Agricultural Industry Electronics Foundation (AEF)[42]. Die AEF „verfolgt das Ziel, Kompatibilitätsprobleme und Beschreibungsdifferenzen bei ISOBUS-Produkten unterschiedlicher Marken auf internationaler Ebene zu beseitigen."[43] Dazu hat die AEF den ISOBUS Conformance Test entwickelt, der mit einer Zertifizierung abgeschlossen werden kann.

ISO 11898 spezifiziert die Physical- und Data-Link-Layer des CAN, also nicht die Inhalte der Frames (Nachrichten). Um den CAN dennoch auch als Basis für die Diagnosekommunikation verwenden zu können, wurden Protokolle entwickelt, die auf CAN „aufsetzen". Diese „höheren Protokolle" sind für Schichten oberhalb des Physical- und Data-Link-Layer von CAN definiert. Beispiele sind das GMLAN von General Motors, TP 2.0 von Volkswagen und BMW-Fast von BMW. Heute gibt es international standardisierte Diagnoseprotokolle für den Application-Layer, z. B. ISO 15031 (OBD), ISO 14229 (UDS), ISO 27145 (WWH-OBD), SAE J1979-2 (OBD on UDS) und SAE J1939-73. Zwischen dem Application-Layer und dem CAN Data-Link-Layer finden wir u. a. ISO 15765 (ISO TP) und SAE J1939-21.

Für weiterführende Informationen siehe Kapitel 4 (Application-Layer-Protokolle) und Kapitel 5 (Network- und Transport-Layer-Protokolle).

Beim ersten Serieneinsatz des CAN in Fahrzeugen wurden fünf Steuergeräte miteinander verbunden, heute werden mehr als hundert Steuergeräte in mehreren, mit Gateways verbundenen Bussystemen miteinander vernetzt. Um die Komplexität zu beherrschen, werden funktionale Domänen (Cluster) mit mehreren CAN-Segmenten gebildet, die über Gateways miteinander verbunden sind. Bild 3.3 zeigt dies an einem vereinfachten Beispiel.

Das Netzwerk des E/E-Systems in Bild 3.3 besteht aus einem HSC und einem LSC. Die Anzeigeinstrumente (HEC) und das Motorsteuergerät (ECM) sind am HSC angeschlossen, das Klimasteuergerät (ACC) und die Steuergeräte ECU 1 und ECU 2 am LSC. Die Anzeigeinstrumente erhalten die Daten zur Anzeige der Fahrzeuggeschwindigkeit und Drehzahl des Motors nicht von Sensoren, sondern über den HSC.

Das Klimasteuergerät ACC erhält die Information über die Kühlflüssigkeitstemperatur des Motors vom Motorsteuergerät über das Gateway und die Außentemperatur von Steuergerät ECU 3, an das ein Temperatursensor angeschlossen ist.

[42] https://www.aef-online.org/about-us/about-the-aef.html

[43] Quelle: https://www.aef-online.org/fileadmin/MEDIA/downloads/2020/AEF_Kreuzflyer_dt_01.pdf

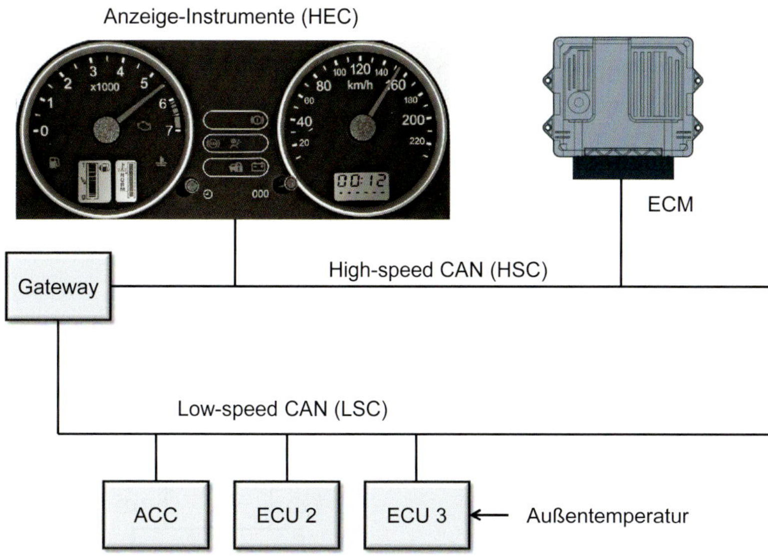

Bild 3.3 E/E-System mit zwei voneinander unabhängigen CAN

3.5.2 Classical CAN

3.5.2.1 High-Speed CAN, Low-Speed CAN und Single-Wire CAN

Der Begriff *Classical CAN* wurde erst 2015 zur Abgrenzung von *CAN FD* eingeführt. Classical CAN unterscheidet zwischen den Varianten High-Speed CAN (HSC) mit einer nominellen, maximalen Brutto-Bitrate von 1 Mbit/s und Low-Speed CAN (LSC) mit bis zu 125 Kbit/s.

In der Praxis werden HSC-Systeme mit 500 Kbit/s betrieben.

Single-Wire CAN (SWC) ist eine Entwicklung von General Motors speziell für die kostenreduzierte Kommunikation zwischen Steuergeräten über eine einzelne Busleitung mit nominell 33,3 Kbit/s. Die Bitrate von SWC kann für die Diagnosekommunikation auf 83,2 Kbit/s erhöht werden. SWC wird im SAE-Standard SAE J2411 spezifiziert.

HSC und LSC bestehen aus ungeschirmten, verdrillten Zweidrahtleitungen (UTP = Unshielded Twisted Pair of Wires) mit Differenzspannungssignalen. Bei SWC genügt eine einzelne Leitung, wobei das Signal aus einer Spannung gegen Masse besteht.

Bei einem Differenzspannungssignal wird die Spannung zwischen zwei Leitern gemessen und nicht zwischen einem Leiter und Masse.

Der wesentliche Unterschied zwischen HSC und LSC ist nicht die Bitrate. Ein HSC kann auch mit 125 Kbit/s betrieben werden.

Der wesentliche Unterschied besteht in den Spannungssignalen und der Busterminierung.

Bild 3.4 zeigt einen High-Speed CAN mit zwei Steuergeräten (ECU1 und ECU2).

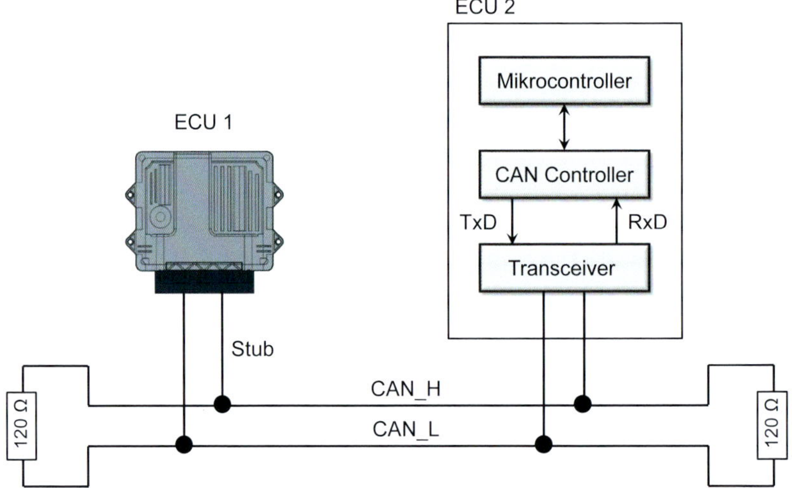

Bild 3.4 High-Speed CAN mit zwei Steuergeräten

Die Adern der ungeschirmten (verdrillten) Zweidrahtleitung werden als *CAN_H* und *CAN_L* bezeichnet, die Verbindung zwischen Steuergerät und CAN-Bus als *Stichleitung (stub)*. Um Reflexionen und Störungen an den Enden der Busleitungen zu verringern, wird der HSC an beiden Enden mit einem 120-Ohm-Widerstand *terminiert*.

Eine häufige Ursache für Probleme bei der Datenkommunikation über High-Speed CAN ist eine falsche oder fehlende Terminierung. Ohne den Terminator werden die Signale an den offenen Enden des Busses reflektiert und führen so zu Störungen der Signalverläufe.

Die zulässige Länge der Zweidrahtleitung und der Stichleitungen hängt u. a. von der Bitrate ab. Bei 1 Mbit/s darf die Leitung zwischen den Abschlusswiderständen bis zu 40 m lang sein, die Stichleitungen bis zu 30 cm.

CAN_H und CAN_L dürfen nicht vertauscht werden!

Das Steuergerät ECU 2 in Bild 3.4 zeigt die wesentlichen Komponenten für die Datenkommunikation: den CAN-Controller und den CAN-Transceiver.

Transceiver ist ein Kunstwort aus Transmitter (Sender) und Receiver (Empfänger).

Der CAN-Transceiver konvertiert die vom CAN-Controller erzeugten CAN-Frames (TxD = Transmit Data) in Differenzspannungssignale, und die vom Bus empfangenen Signale zurück in binäre CAN-Frames (RxD = Receive Data) für den CAN-Controller.

Auch Kabel und Stecker müssen eine Impedanz von 120 Ω haben. Kabel mit einer PVC-Isolierung können vor allem bei niedrigen Temperaturen signifikant von diesem Sollwert abweichen.

Bild 3.5 zeigt einen Low-Speed CAN mit zwei Steuergeräten (ECU 1 und ECU 2). Die Busterminierung erfolgt beim LSC zwischen den Stichleitungen und nicht wie beim HSC an den Busenden. Die Terminierung muss in (oder an) jedem einzelnen Steuergerät erfolgen.

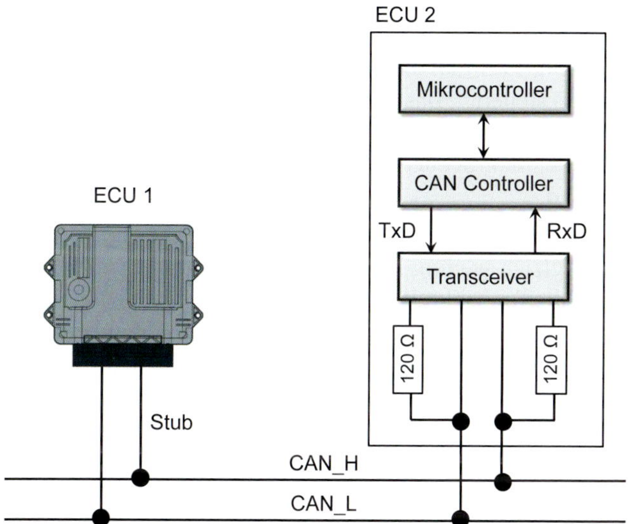

Bild 3.5 Low-Speed CAN mit zwei Steuergeräten

Motorsteuergeräte, z. B. das BOSCH EDC 17, besitzen zwei Steckverbinder mit insgesamt 154 Anschlüssen. Nur zwei davon (CAN_H und CAN_L) dienen der Datenkommunikation. Da die Farben der einzelnen Kabel nicht standardisiert sind, lassen sich die CAN-Bus-Leitungen im Fahrzeugkabelbaum nicht oder nur schwer identifizieren. Das ist bei mobilen Maschinen anders, vor allem, wenn sich die Hersteller an die SAE J1939-11 halten: Dann sind CAN_H gelb und CAN_L grün.

Nicht im Fahrzeug, aber für den Einsatz im Labor und im industriellen Umfeld, hat der CiA die Pinbelegung eines 9-poligen Sub-D-Steckverbinders spezifiziert (Bild 3.6).

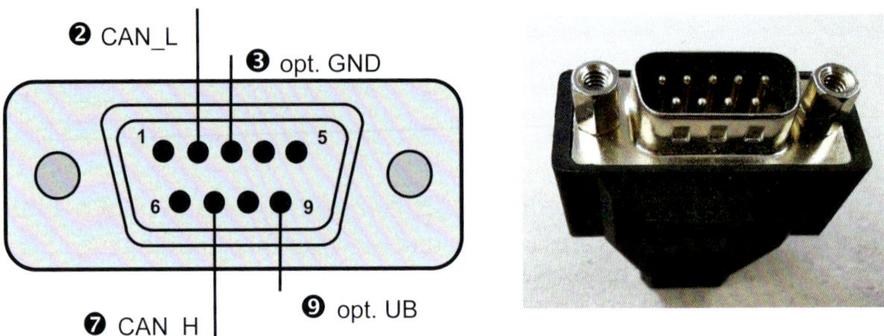

Bild 3.6 D-SUB CAN-Steckverbinder (GND und UB sind optional)

3.5.2.2 CAN-Identifier (CAN-ID)

In der Steuergerätesoftware ist festgelegt,

- welche CAN-Frames das Steuergerät sendet,
- wann ein Steuergerät einen CAN-Frame sendet und
- welche CAN-Frames als Eingangsinformationen von wem benötigt werden.

Steuergeräte am CAN sind zeitlich nicht synchronisiert und es gibt keine zentrale Instanz, die die Kommunikation steuert[44]. Das führt dazu, dass jedes Steuergerät prinzipiell jederzeit einen CAN-Frame senden kann. CAN-Frames werden als Broadcast-Botschaften gesendet: Wie beim Radio gibt es einen Sender und mehrere Empfänger, und der Sender weiß nicht, wer die Empfänger sind.

Am CAN ist keines der Steuergeräte „wichtiger“ als das andere, was aber nicht bedeutet, dass alle *Nachrichten* gleich wichtig sind. So sind z. B. Frames, die die aktuelle Fahrzeuggeschwindigkeit oder die Drehzahl des Motors enthalten, für die Empfänger wichtiger (und müssen häufiger gesendet werden) als Frames mit der Außentemperatur.

Jedes Steuergerät empfängt jeden Frame auf dem Bus – auch den jeweils selbst gesendeten. Der CAN-Controller entscheidet mit Hilfe eine Akzeptanzfilters, ob er einen empfangenen CAN-Frame an den Mikrocontroller weiterleitet oder nicht. In der Regel wird für die Identifikation von Nachrichteninhalten der *CAN-Identifier (CAN-ID)* verwendet.

Die CAN-Spezifikationen unterscheiden zwischen Datenframes und Remoteframes. Ein Datenframe dient dem Transfer von Daten, ein Remoteframe der Anforderung von Daten. Da Remoteframes nur für die On-Board-Kommunikation relevant sind, werden sie hier nicht weiter berücksichtigt.

[44] Deshalb wird CAN auch als Multi-Master System bezeichnet.

Bild 3.7 zeigt den Aufbau eines CAN-Datenframes. Jeder CAN-Datenframe besteht aus einem binären Datenstrom, der nach einem Startbit mit dem CAN-ID beginnt. Nach dem CAN-ID werden ein Feld mit Steuerinformationen (control bits) und dann das CAN-Datenfeld mit den Nutzdaten (payload) gesendet.

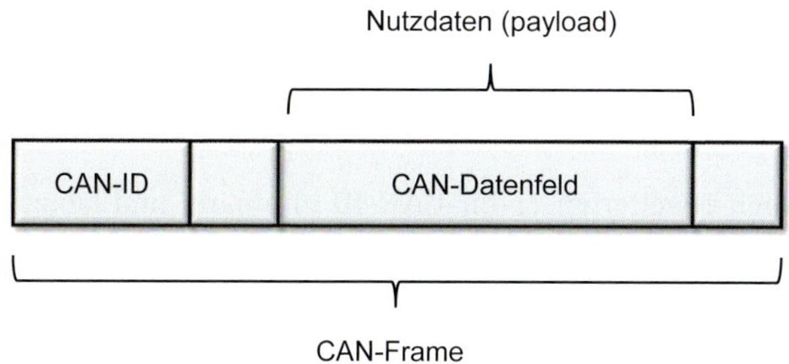

Bild 3.7 Aufbau eines CAN-Datenframe

Das Datenfeld eines Classical-CAN-Datenframes kann bis zu 8 Byte an Daten enthalten.

Die CAN-Spezifikation unterscheidet zwischen Classical Base Frame Format (CBFF) mit 11-bit-CAN-IDs und Classical Extended Frame Format (CEFF) mit 29-bit-CAN-IDs (Tabelle 3.6).

Tabelle 3.6 Base und Extended CAN Frames

CAN-ID	Frame Format (ISO 11898)	Anzahl CAN-IDs
11 bit	Classical Base Frame Format (CBFF)	2048
29 bit	Classical Extended Frame Format (CEFF)	536870912

Tabelle 3.6 verdeutlicht, dass mit CBFF-Frames nur $2^{11} = 2048$ verschiedene Nachrichten erzeugt werden können, während CEFF-Frames über 536 Millionen verschiedene Nachrichten erlauben. Bild 3.8 zeigt den Aufbau von CBFF- und CEFF-Frames.

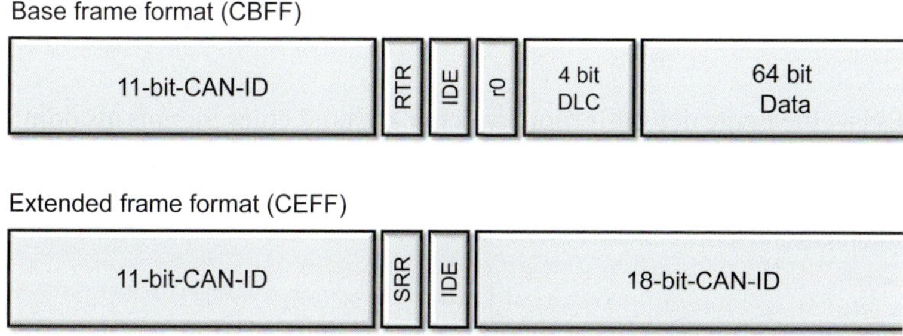

Bild 3.8 Base Frame Format (CBFF) mit 11-bit-CAN-ID und Extended Frame Format (CEFF) mit 29-bit-CAN-ID

Um einen CAN-ID nicht binär, sondern hexadezimal darstellen zu können, werden Gruppen zu je 4 bit (Nibbles) benötigt. Weder der 11-bit-CAN-ID, noch der 29-bit-CAN- ID passen in dieses Schema, sodass wir die CAN-IDs um „führende Nullen“ (MSB) erweitern. Um einen 11-bit-CAN-ID hexadezimal darstellen zu können, fügen wir dem CAN-ID ein Bit als MSB hinzu und erhalten so drei Nibbles, die sich direkt hexadezimal darstellen lassen. Beim 29-bit-CAN-ID brauchen wir für die hexadezimale Darstellung drei zusätzliche Bits (siehe Abschnitt 3.6: SAE J1939).

Die hinzugefügten Bits dienen nur der vereinfachten Darstellung. In einem realen CAN existieren sie nicht, d. h. sie sind nicht Bestandteil eines CAN-Frames.

Tabelle 3.7 zeigt einen erweiterten 11-bit-CAN-ID in binärer und hexadezimaler Notation. Der Wertebereich beginnt bei 0x0000 und endet bei 0x07FF.

Tabelle 3.7 Erweiterter 11-bit-CAN-ID in binärer und hexadezimaler Notation

Byte 2		Byte 1		Hex	Dezimal
0000	0000	0000	0000	0x0000	0
0000	0111	1111	1111	0x07FF	2047

Es ist üblich, das erste Nibble von Byte 2 wegzulassen, so dass zum Beispiel 0x07FF als 0x7FF dargestellt wird. Der Wertebereich zwischen 0x000 und 0x7FF besteht aus 2048 Werten, wobei 0x000 und die CAN-IDs zwischen 0x7F0 (2032) und 0x 7FF (2047) nicht verwendet werden. Daher verbleiben für CBFF-Frames lediglich 2032 verschiedene CAN-IDs.

Das Bit mit der Bezeichnung IDE (IDE = Identifier Extension) im Kontrollfeld nach dem CAN-ID in Bild 3.8 informiert den CAN-Controller, der diesen CAN-Frame empfängt, ob es sich um einen Base-Frame (IDE = 0) oder ein Extended Frame (IDE = 1) handelt. Bei IDE = 1 folgen 18 weitere Bit als Bestandteil des 29-bit-CAN-ID. Das IDE-Bit ermöglicht die „friedliche Koexistenz“ von CBFF und CEFF in *einem* Netzwerksegment.

3.5.2.3 Arbitrierung

Die CAN-Spezifikation unterscheidet zwischen *dominanten* und *rezessiven* Bits.

Es ist eine Frage der Definition, welcher Zustand eines Signals als dominant oder rezessiv bezeichnet wird. Wir verwenden ohne Ausnahme die logische 0 für den dominanten und die logische 1 für den rezessiven Zustand. Eine dominante 0 überschreibt eine rezessive 1.

Da eine dominante 0 eine rezessive 1 überschreibt, ist der CAN-Bus nur dann im rezessiven Zustand, wenn alle CAN-Transceiver den Bus rezessiv halten, d. h. kein CAN-Transceiver ein dominantes Bit sendet.

Bevor ein Steuergerät mit dem Senden eines Datenframes beginnt, prüft es, ob der Bus verfügbar (idle state) ist. Das ist nur der Fall, wenn sich der Bus für eine definierte längere Zeit im rezessiven Zustand befindet. Diesen Prozessschritt (erst hören, dann senden) bezeichnen wir als *Carrier Sense* (CS).

Wenn zwei oder mehr Steuergeräte gleichzeitig mit dem Senden eines Frames beginnen, kommt es zu einer Kollision,. Um die Kollision aufzulösen, wird ein *Arbitrierungsverfahren* verwendet. Arbitrierung ist immer erforderlich, wenn mehr als ein Sender zum selben Zeitpunkt Zugriff auf den Bus hat (MA = Multiple Access). Bei CAN wird das Arbitrierungsverfahren mit der Bezeichnung CSMA/CR (Carrier Sense Multiple Access/Collision Resolution) verwendet.

In der ISO 11898 heißt das Arbitrierungsverfahren *Collision Resolution*, jedoch nicht explizit CSMA/CR. Bei Lawrenz/Obermöller[45] wird das Arbitrierungsverfahren als CSMA/CD + AMP = *Carrier Sense Multiple Access with Collision Detection and Arbitration on Message Priority* bezeichnet.

Jeder CAN-Frame beginnt mit einem dominanten Startbit, das nicht zum CAN-ID gehört. Mit der fallenden Flanke des Startbits beginnt der Sendevorgang und damit die Arbitrierung. CSMA/CR ist ein Verfahren, bei dem die Pegel auf dem Bus von jedem Empfänger (also auch dem Sender) Bit für Bit miteinander verglichen werden. Dabei überschreibt ein dominantes Bit ein rezessives Bit. Tabelle 3.8 zeigt den logischen Zustand auf dem Bus, wenn zwei Steuergeräte gleichzeitig ein Bit senden.

Tabelle 3.8 Logischer Zustand auf dem Bus

ECU 1	ECU 2	Bus
0	0	0
0	1	0
1	0	0
1	1	1

Senden beide Steuergeräte eine log.0 oder eine log.1, so ist der Bus log.0 oder log.1. Sendet ein Steuergerät eine log.1 und das andere eine log.0, so überschreibt die log.0 die log.1.

Senden zwei Steuergeräte gleichzeitig ein Startbit, wird der Bus in den dominanten Zustand geschaltet und gilt damit für alle anderen Steuergeräte als „besetzt“. Danach senden beide Steuergeräte das erste Bit ihres CAN-IDs. Tabelle 3.9 verdeutlicht, wie die Arbitrierung mit dem CAN-ID funktioniert: ECU 2 gewinnt die Arbitrierung und sendet weiter. ECU 1 bricht seinen Sendeversuch ab, schaltet auf „listen only“ und wartet darauf, dass der Bus wieder frei wird.

Tabelle 3.9 Arbitrierung auf dem CAN

	Startbit	Bit 0	Bit 1	Bit 2	Bit 3	Bit 4
ECU 1	0	0	1	0	**1**	0
ECU 2	0	0	1	0	**0**	1
Bus	0	0	1	0	**0**	1

45 Wolfhard Lawrenz u. Nils Obermöller (Hsrg.): CAN – Controller Area Network, 5. Auflage, ISBN 978-3-8007-3332-3, Abschnitt 3.1.3

Das Ergebnis der Arbitrierung kann einfach anhand der hexadezimalen oder dezimalen Darstellung des CAN-ID vorhergesagt werden:
Die Arbitrierung gewinnt der CAN-Frame, dessen CAN-ID den niedrigeren Wert aufweist.

Der CAN-ID bestimmt die Priorität des CAN-Frames.

Das Steuergerät, das die Arbitrierung verliert, beendet seinen Sendeversuch und schaltet auf Empfang. Sobald der Bus wieder frei ist, kann es erneut einen Sendeversuch starten, wenn es nicht erneut von einer anderen CAN-ID mit höherer Priorität ausgebremst wird. Da es keine Zeitsteuerung gibt, ist es nicht möglich vorherzusagen, wann ein CAN-Frame die Empfänger tatsächlich erreicht. Deshalb ist CAN nicht deterministisch.

Es ist die Aufgabe der Systementwickler, dafür zu sorgen, dass auch CAN-Frames mit niedriger Priorität *rechtzeitig* bei den Empfängern ankommen.

In einem Netzwerk mit CBFF und CEFF gewinnen immer die Frames mit 11-bit-CAN-IDs, auch wenn die ersten 11 Bit des 11-bit-CAN-ID und des 29-bit-CAN-ID identisch sind.

Neben der Priorisierung des CAN-Frames dient der CAN-ID der Identifikation des Inhalts im Datenfeld (Payload). In der Entwicklungsphase eines E/E-Systems werden für jeden CAN-Frame der CAN-ID und der Inhalt des Datenfelds in einer Tabelle beschrieben. Es entsteht die sogenannte CAN-Matrix (Abschnitt 3.5.2.4), in der zudem der Sender des Frames (es gibt immer nur einen Sender je CAN-ID) und die Empfänger gelistet werden.

In ein einziges Classical-CAN-Datenfeld passen bis zu 8 Byte an Informationen, wobei durchaus auch Gruppen aus einzelnen Bit, Nibbles oder Wörtern übertragen werden können. Die Aufteilung und Zuteilung ist nicht standardisiert. Die Anzahl der tatsächlich verwendeten Bytes des Datenfelds ist einstellbar und wird durch ein 4-Bit-Nibble mit der Bezeichnung DLC (Data Length Code) spezifiziert. Tabelle 3.10 decodiert den DLC.

Eigentlich lassen sich mit einem 4-bit-DLC 16 Werte darstellen. Da das Datenfeld eines Classical-CAN-Frame nur 8 Byte lang ist, bedeutet jedes DLC mit MSB = 1, dass alle 8 Byte Bestandteil des CAN-Frame sind.

Der DLC legt nur die Länge des Datenfelds fest. Ein DLC = 8 bedeutet nicht, dass alle 8 Byte tatsächlich relevante Informationen beinhalten. Der DLC ist Bestandteil des CAN-Frames und wird nach der Arbitrierung gesendet. Durch den Einsatz des DLC können auch CAN-Frames mit weniger als 8 Byte langen Datenfeldern gesendet werden, d. h. die CAN-Frames sind unterschiedlich lang. Bild 3.9 zeigt die Aufzeichnung (Hex-Dump) der CAN-Frames eines Netzwerksegments, in dem für alle Frames DLC = 8 gilt.

Tabelle 3.10 Data Length Code (DLC) für Classical-CAN-Frames

DLC3	DLC2	DLC1	DLC0	Anzahl der Byte im Datenfeld
0	0	0	0	0
0	0	0	1	1
0	0	1	0	2
0	0	1	1	3
0	1	0	0	4
0	1	0	1	5
0	1	1	0	6
0	1	1	1	7
1	x	x	x	8

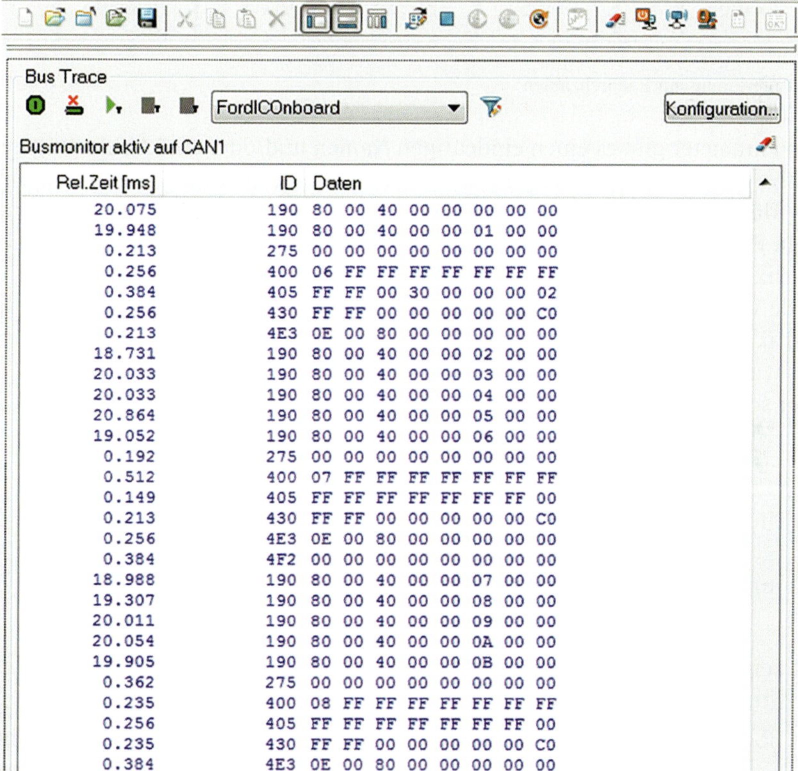

Rel.Zeit [ms]	ID	Daten
20.075	190	80 00 40 00 00 00 00 00
19.948	190	80 00 40 00 00 01 00 00
0.213	275	00 00 00 00 00 00 00 00
0.256	400	06 FF FF FF FF FF FF FF
0.384	405	FF FF 00 30 00 00 00 02
0.256	430	FF FF 00 00 00 00 00 C0
0.213	4E3	0E 00 80 00 00 00 00 00
18.731	190	80 00 40 00 00 02 00 00
20.033	190	80 00 40 00 00 03 00 00
20.033	190	80 00 40 00 00 04 00 00
20.864	190	80 00 40 00 00 05 00 00
19.052	190	80 00 40 00 00 06 00 00
0.192	275	00 00 00 00 00 00 00 00
0.512	400	07 FF FF FF FF FF FF FF
0.149	405	FF FF FF FF FF FF FF 00
0.213	430	FF FF 00 00 00 00 00 C0
0.256	4E3	0E 00 80 00 00 00 00 00
0.384	4F2	00 00 00 00 00 00 00 00
18.988	190	80 00 40 00 00 07 00 00
19.307	190	80 00 40 00 00 08 00 00
20.011	190	80 00 40 00 00 09 00 00
20.054	190	80 00 40 00 00 0A 00 00
19.905	190	80 00 40 00 00 0B 00 00
0.362	275	00 00 00 00 00 00 00 00
0.235	400	08 FF FF FF FF FF FF FF
0.256	405	FF FF FF FF FF FF FF 00
0.235	430	FF FF 00 00 00 00 00 C0
0.384	4E3	0E 00 80 00 00 00 00 00

Bild 3.9 Hex-Dump eines Netzwerk-Segments

Die linke Spalte in Bild 3.9 zeigt den dezimalen Zeitstempel in der Einheit Millisekunden. Die nächste Spalte (ID) zeigt den CAN-ID in hexadezimaler Notation. Dann folgen 8 Byte an Daten. Kontrollbits, wie z. B. das IDE-Bit oder der DLC, sind nicht dargestellt. Um den Inhalt der Datenfelder verstehen zu können, z. B. bei der Fehlersuche oder dem Reverse Engineering, brauchen wir die Information, wie die Daten codiert sind.

3.5.2.4 CAN-Matrix

Bild 3.10 zeigt einen CAN-Frame mit Informationen über die Drehzahl der Räder. Diese Daten können verwendet werden, um das ABS zu steuern, aber auch zur Berechnung der aktuellen Geschwindigkeit des Fahrzeugs und zur Reifendruckkontrolle. Das ABS/ESP-Steuergerät erhält die Information über die aktuellen Drehzahlen der Räder und generiert daraus die Nachricht „WheelSpeeds" mit dem CAN-ID 0x4B0 und dem Datenfeld mit 4 · 2 Byte an Daten. Das Datenfeld beinhaltet die Parameter FrontLeftWheelSpeed (FLWS), FrontRightWheelSpeed (FRWS), RearLeftWheelSpeed (RLWS) und RearRightWheelSpeed (RRWS).

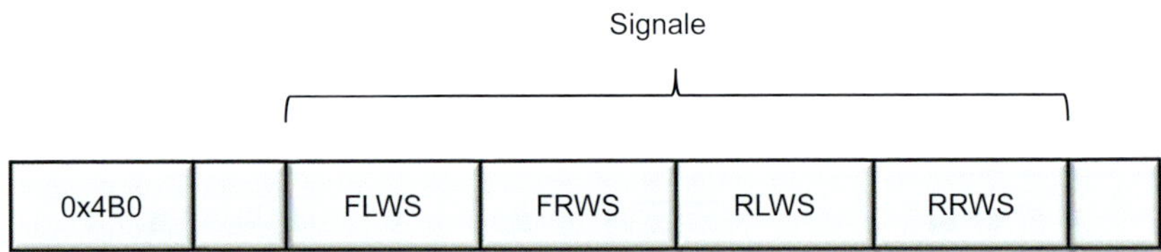

Bild 3.10 CAN-Frame mit Raddrehzahlen

Für jeden Parameter gibt es einen eindeutigen Namen und/oder eine Abkürzung zur Identifikation. Es wird festgelegt, wie lang der Parameter ist (hier z. B. 2 Byte) und an welcher Stelle im Datenfeld er sich befindet. Diese Informationen werden für jeden verwendeten CAN-ID in Form eine Tabelle erstellt und als *CAN-Matrix* bezeichnet. In der Regel wird die CAN-Matrix in maschinenlesbarer Form als *dbc-File* (Data Base CAN) erstellt. Das dbc-Format wurde von der Vector Informatik GmbH[46] entwickelt und gilt als Industriestandard[47] zur Spezifikation von CAN-basierten Netzwerken. Als Softwaretool zur Bearbeitung von dbc-Files wird entweder der *CANdb++ Editor* von Vector Informatik oder der *CAN Database Editor* der schwedischen Firma KVASER AB[48] verwendet. Beide Editoren sind als Freeware im Internet verfügbar.

In der Regel wird die CAN-Matrix vom Fahrzeughersteller erstellt und geheim gehalten. Steuergeräte-Lieferanten erhalten nur die für sie relevanten CAN-IDs und das dazu gehörende Parameter-Mapping.

Bild 3.11 zeigt einen Screenshot eines dbc-Files, das mit dem KVASER *CAN Database Editor* geöffnet wurde.

In einem dbc-File hat jeder CAN-Frame einen eindeutigen CAN-ID und einen eindeutigen Namen. Der blau markierte Bereich in Bild 3.11 oben zeigt einen CAN-Frame mit dem CAN-ID 1072 (0x430), dem Namen Cluster_Information und dem DLC = 7, der vom Steuergerät „HEC" (Hybrid Electronic Cluster) gesendet wird. Der untere Bereich im Bild 3.11 zeigt die Daten der Cluster_Information. Markiert ist der Parameter „Fuel_Level_Percentage", der an der Position 0 des Datenfelds beginnt, eine Länge von 8 bit hat und in Prozent (%) angegeben ist.

46 https://www.vector.com

47 Das dbc-Format ist nicht durch die ISO oder SAE standardisiert.

48 https://www.kvaser.com

Clear Messages

Messages & Signals | All Signals | Node List | Communication Matrix

CAN Messages

	Name	ID Decimal	ame Form	DLC	TX Node	Comment	Attributes
15	WheelSpeeds	1200	Standard	8	ABS_ESP	Periodically transmitted b...	GenMsgCycleTime=14, GenMsgSendType=FixedPeriod
16	Cluster_Information	1072	Standard	7	HEC	Periodic Message transmit...	GenMsgCycleTime=20, GenMsgSendType=FixedPeriod
17	PowertrainDriverInformation	1056	Standard	8	PCM	Periodic message transmit...	GenMsgCycleTime=100, GenMsgSendType=FixedPerio
18	AW_Auto_Trans_Data	1001	Standard	7	TCM		GenMsgCycleTime=10, GenMsgSendType=FixedPeriod
19	Shift_Lever_Position	888	Standard	5	ASM_Shifter		GenMsgCycleTime=20, GenMsgSendType=FixedPeriod
20	ASM_Gear_Position_Flags	880	Standard	8	TCM_TCU		GenMsgCycleTime=20, GenMsgSendType=FixedPeriod
21	ASM_Torque_Data	872	Standard	8	TCM_TCU		GenMsgCycleTime=10, GenMsgSendType=FixedPeriod
22	Engine_Torque_Status	864	Standard	8	PCM		GenMsgCycleTime=10, GenMsgSendType=FixedPeriod
23	TransGearTorqueConvertor	560	Standard	8	PCM	Transmitted by PCM once ...	GenMsgCycleTime=10, GenMsgSendType=FixedPeriod
24	DesiredTqeBrakeCfigFlag	528	Standard	7	ABS_ESP	Periodic message transmit...	GenMsgCycleTime=14, GenMsgSendType=FixedPeriod

Signals of Selected CAN Message

	Name	Type	Byteorder	Mode	Bitpos	Length	Factor	Offset	Minimum	Maximum	Unit	Comment
1	AmbientAirTemp	Unsigned	Motorola	Signal	38	10	0,25	-60	-60	195,5	Degrees ...	Invalid value: NA The outside air ...
2	Parking_Brake_Engaged	Unsigned	Motorola	Signal	53	1	1	0	0	1		Telltale used by ABS/TCS/IVD
3	Fuel_Level_Percentage	Unsigned	Motorola	Signal	0	8	0,392157	0	0	99,61	% Full	Filtered value of fuel level.
4	Fuel_Level_Instantaneous	Unsigned	Motorola	Signal	16	8	1	0	0	254	A/D Cou...	Direct A/D output of fuel sender.
5	Engine_Off_Elapsed_Time	Unsigned	Motorola	Signal	8	8	3	0	0	762	Minutes	Redundant info for CD132
6	Brake_Fluid_Level_Low	Unsigned	Motorola	Signal	54	1	1	0	0	1		Telltale used by ABS/TCS/IVD

Bild 3.11 Ausschnitt eines dbc-Files

Datei Bearbeiten Ansicht Ausführen Extras Hilfe

Bus Trace

FordICOnboard Konfiguration...

Busmonitor aktiv auf CAN1

Rel.Zeit [ms]	ID	Daten
99.928	201	08 84 00 00 17 0C 00 00
99.971	201	08 98 00 00 17 70 00 00
99.929	201	08 AC 00 00 17 D4 00 00
100.035	201	08 C0 00 00 18 38 00 00
100.035	201	08 D4 00 00 18 9C 00 00
100.249	201	08 E8 00 00 19 00 00 00
99.907	201	08 FC 00 00 19 64 00 00
100.077	201	09 10 00 00 19 C8 00 00
99.908	201	09 24 00 00 1A 2C 00 00
99.992	201	09 38 00 00 1A 90 00 00
100.121	201	09 4C 00 00 1A F4 00 00
99.885	201	09 60 00 00 1B 58 00 00
99.950	201	09 74 00 00 1B BC 00 00
100.078	201	09 88 00 00 1C 20 00 00
100.056	201	09 9C 00 00 1C 84 00 00
100.035	201	09 B0 00 00 1C E8 00 00
99.993	201	09 C4 00 00 1D 4C 00 00
100.014	201	09 D8 00 00 1D B0 00 00

Bild 3.12 Hex-Dump des CAN-Frames 0x201

Bild 3.12 zeigt einen weiteren Hex-Dump. Hier wurden alle CAN-Frames, die nicht den CAN-ID 0x201 haben, herausgefiltert. Der Zeitstempel beinhaltet die Information, dass 0x201 periodisch alle 100 ms gesendet wird. Ohne das dbc-File lassen sich kaum weitere Informationen aus dem Hex-Dump extrahieren. Dem dbc-File (nicht abgebildet) kann entnommen werden, dass der CAN-Frame mit dem CAN-ID 0x201 als EngineRPMwHighResROC bezeichnet wird. Das sendende Steuergerät ist das „PCM" (Powertrain Control Module) und es gibt nur einen Empfänger: das Anzeigeinstrument HEC. Bild 3.13 zeigt das Datenfeld des CAN-Frames 0x201.

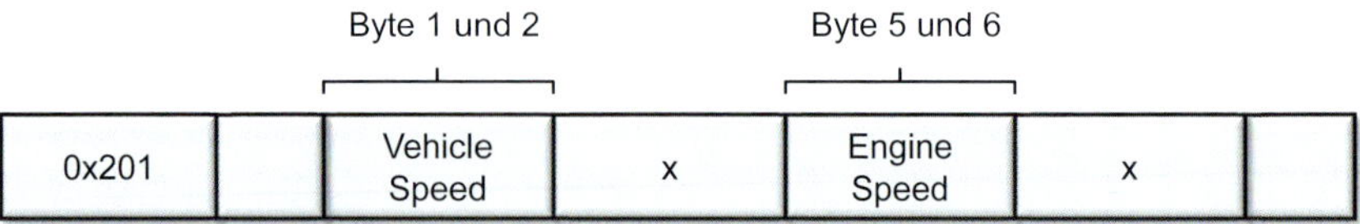

Bild 3.13 CAN-Frame 0x201

Byte 1 und Byte 2 beinhalten den Wert der Fahrzeuggeschwindigkeit in km/h, Byte 5 und 6 die Drehzahl des Motors in 1000 min^{-1}. Das Anzeigeinstrument HEC (Bild 3.14) empfängt und verarbeitet den Frame mit dem CAN-ID 0x201 und zeigt die Drehzahl des Motors und die Fahrzeuggeschwindigkeit an.

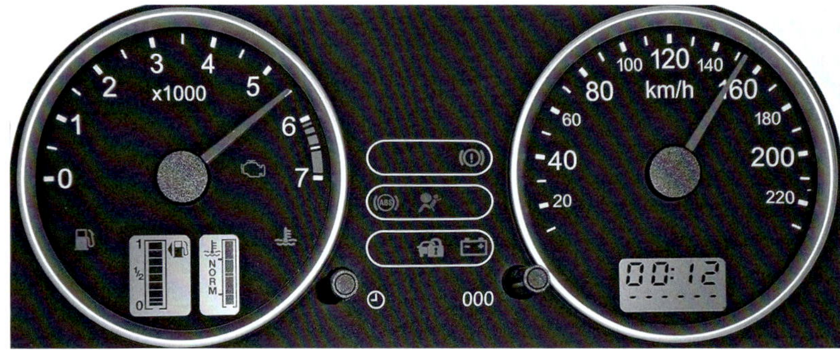

Bild 3.14 Das Anzeigeinstrument „HEC" empfängt den CAN-Frame 0x201 und zeigt den Inhalt des Datenfelds an.

3.5.3 CAN FD und CAN XL

Steuergeräte des Antriebs, z. B. das Motorsteuergerät (ECM = Engine Control Module) oder das Getriebesteuergerät (TCM = Transmission Control Module)[49] kommunizieren über einen High-Speed CAN mit 500 Kbit/s. Für die Diagnosekommunikation, insbesondere zum Programmieren von Steuergeräten in der Produktion, kann die Bitrate vorübergehend auf 1 Mbit/s angehoben werden. Aufgrund der zunehmenden Anzahl an Steuergeräten und der Komplexität der Software (gemessen in Lines of Code) dauern die Flashprozesse zu lange, um in den Produktionstakt integriert werden zu können. Deshalb werden Steuergeräte oft parallel zur Fahrzeugmontage programmiert und dann erst in den Montageprozess eingeschleust. Einige Fahrzeughersteller sind dazu übergegangen, den klassischen High-Speed CAN am DLC durch 4-wire Ethernet (100BASE-TX) zu ersetzen, brauchen aber ein teures Gateway zwischen DLC und dem Rest des E/E-Systems, da 100BASE-TX für die On-Board-Kommunikation nicht geeignet ist (siehe dazu auch Abschnitt 3.11: Automotive Ethernet).

[49] Die Abkürzungen ECM und TCM sind u. a. in der ISO 15031 standardisiert.

Auch wenn ein Fahrzeug mit einem 100BASE-TX Ethernet am DLC ausgestattet ist, besitzt es nach wie vor einen High-Speed CAN am DLC, da dieser vom Gesetzgeber für die Diagnosekommunikation mit dem OBD-System vorgeschrieben ist.

Der klassische CAN war in die Jahre gekommen, bot aber enormes Potenzial zur Verbesserung der Performance. So kam es zur Entwicklung und Einführung von CAN FD (FD = Flexible Data Rate), einem neuen Data-Link-Layer Protokoll mit Bitraten bis zu 5 Mbit/s und 64 Byte im Datenfeld und schließlich CAN XL mit bis zu 10 Mbit/s und 2048 Byte im Datenfeld.

Um CAN FD vom klassischen CAN unterscheiden zu können, wird der klassische CAN als „Classical CAN" bezeichnet. Seit 2015 ist CAN FD in ISO 11898-1 standardisiert. Tabelle 3.11 stellt die wesentlichen Parameter des Classical CAN, CAN FD und CAN XL gegenüber.

Tabelle 3.11 Classical CAN, CAN FD und CAN XL

Parameter	CLASSICAL CAN	CAN FD	CAN XL
Max. nominelle Bitrate	1 Mbit/s	5 Mbit/s	10 Mbit/s
Max. Größe des Datenfelds	8 Byte	64 Byte	2048 Byte

Wie beim Classical CAN mit dem Classical Base Frame Format (CBFF) und dem Classical Extended Frame Format (CEFF) gibt es beim CAN FD die Formate FD Base Frame Format (FBFF) und FD Extended Frame Format (FEFF).

Das Senden eines CAN FD-(XL-)Frames besteht aus drei Phasen: Der Arbitrierungs-Phase, der Datentransfer-Phase und der Acknowledgement-Phase.

In der Arbitrierungs-Phase werden die Parameter des Classical CAN verwendet. In der Datentransfer-Phase kann die Bitrate auch mehr als 1 Mbit/s betragen. Die erreichbare Bitrate hängt von der Netzwerktopologie, den Transceivern und anderen physikalischen Parametern (z. B. Betriebstemperaturbereich) ab und beträgt bis zu 5 Mbit/s.

Bei höheren Datenraten werden SIC-Transceiver (SIC = Signal Improvement Capability) eingesetzt[50]. Sie unterdrücken das Klingeln auf den Netzwerkleitungen.

Die Länge des CAN-FD-Datenfelds wird wie beim Classical CAN mit dem 4-bit-DLC signalisiert, wobei der Wertebereich von 0 bis 16 voll ausgenutzt wird. Tabelle 3.12 zeigt die Zusammenhänge.

CAN XL stellt eine Weiterentwicklung von CAN FD dar und erlaubt Nutzdaten bis zu 2048 pro Frame und Bitraten bis zu 10 Mbit/s in der Datenübertragungsphase. CAN FD und CAN XL konkurrieren im Rahmen der On-Board-Kommunikation mit FlexRay, MOST und Ethernet, nicht jedoch als Schnittstellen für die Diagnosekommunikation.

Auch in Zukunft wird Classical CAN für die Kommunikation zwischen einem Diagnosetester und dem OBD-System im Einsatz bleiben. CAN FD und Ethernet konkurrieren an der Diagnoseschnittstelle für Advanced Diagnostics, vor allem zum Flashen von E/E-Systemen.

[50] CiA-Spezifikation CiA 601-4

Tabelle 3.12 Data Length Code (DLC) für CAN-FD-Frames

DLC3	DLC2	DLC1	DLC0	Anzahl der Byte im Datenfeld
0	0	0	0	0
0	0	0	1	1
0	0	1	0	2
0	0	1	1	3
0	1	0	0	4
0	1	0	1	5
0	1	1	0	6
0	1	1	1	7
1	0	0	0	8
1	0	0	1	12
1	0	1	0	16
1	0	1	1	20
1	1	0	0	24
1	1	0	1	32
1	1	1	0	48
1	1	1	1	64

3.5.4 CAN Restbus-Simulation

Eingangsinformationen für Steuergeräte kommen entweder von angeschlossenen Sensoren oder über das Netzwerk, d. h. von anderen Steuergeräten. Ohne diese Eingangsinformationen können Funktionen nicht in Betrieb genommen und getestet werden. In der Entwicklungsphase kann es vorkommen, dass diese anderen Steuergeräte nicht zur Verfügung stehen, z. B. weil sie auch noch in der Entwicklung sind oder weil sie von anderen Zulieferern kommen.

Um das Problem zu lösen, wird ein externer (PC-basierter) Tester mit einer speziellen Software mit dem CAN des betreffenden Steuergeräts verbunden. Der Tester simuliert die fehlenden Steuergeräte, indem er die fehlenden CAN-Frames sendet. Dieser Prozess wird als CAN Restbus-Simulation bezeichnet. Beim Anzeigeinstrument in Bild 3.14 wurden die Motordrehzahl (links) und die Fahrzeuggeschwindigkeit (rechts) durch Senden eines CAN-Frames mit dem CAN-ID 0x201 und den Daten entsprechend 5 500 min^{-1} und 152 km/h eingestellt. Wie oben beschrieben kommen diese Informationen normalerweise alle 100 ms vom Powertrain Control Module.

3.6 SAE J1939

3.6.1 Übersicht

Schon 1986 begann SAE International[51] mit der Spezifikation von Netzwerken und Protokollen für den Einsatz in Nutzfahrzeugen und mobilen Maschinen. Seit 1994 gibt es mit SAE J1939 einen CAN-basierten Satz an Protokollen für

- Lastkraftwagen und Anhänger (ISO 11992),
- Busse,
- landwirtschaftlichen Traktoren und Anbaugeräte,
- Forstmaschinen,
- Baumaschinen,
- militärische (MilCAN) und maritime (NMEA2000) Anwendungen,
- Flottenmanagementsysteme (FMS),
- stationäre und mobile Generatoren.

J1939 ersetzt SAE J1708 und SAE J1587. Tabelle 3.13 listet die wichtigsten Merkmale und Parameter eines SAE J1939-Netzwerksegments auf.

Tabelle 3.13 Übersicht SAE J1939

Physical Layer	**High-speed CAN über (un)geschirmte verdrillte Zweidrahtleitung (UTP), linearer Bus**
Länge je Segment	max. 40 m
Anzahl der Steuergeräte je Segment	max. 30
Nominelle Bitrate	250 Kbit/s oder 500 Kbit/s
Anzahl der Bytes im Datenfeld	max. 1 785 Bytes[52]
CAN-Frame-Format	CEFF oder FEFF (29-bit-CAN-ID)

SAE J1939-Netzwerke verwenden 29-bit-CAN-IDs. Obwohl technisch nichts dagegenspricht, werden J1939-Protokolle nicht in Personenkraftwagen eingesetzt. CAN-Netzwerke in Personenkraftwagen verwenden in der Regel 11-bit-CAN-IDs, wobei die Zuordnung von CAN-IDs und Daten vom Fahrzeughersteller geheim gehalten wird. Das ist bei J1939 anders. Viele 29-bit-CAN-IDs und die zugeordneten Daten sind standardisiert und öffentlich verfügbar.

Durch die Definition von Steuergeräte-Adressen können J1939-Netzwerke sowohl für die Broadcast-Kommunikation als auch für die direkte Kommunikation zwischen zwei Steuergeräten (Peer-to-Peer) verwendet werden.

[51] SAE Truck and Bus Control and Communications Network Subcommittee of the Truck and Bus Electrical and Electronics Committee

[52] Bei Einsatz eines Transportprotokolls (siehe Abschnitt 5.2 und Abschnitt 5.3)

Wie in Kapitel 1 (Bild 1.15) beschrieben, kann ein Steuergerät mehr als eine Funktion haben. In den J1939-Spezifikationen werden die physikalische Hardware und die Software, d. h. die Funktionen, voneinander getrennt und die Funktionen als *Controller Application* (CA) bezeichnet. Statt der Steuergeräte-Hardware physikalische Adressen zuzuordnen, definiert SAE J1939 Namen und Adressen der (logischen) Controller Applications. Da ein Steuergerät mehr als eine Funktion haben kann, kann es auch mehr als eine (logische CA-)Adresse haben.

In einem ISO-11898-Netzwerk mit Classical-Frames ist die Anzahl der mit einem Frame übertragbaren Daten auf 8 Byte begrenzt. Um mit einem CAN-Frame mehr als 8 Byte zu übertragen, werden die Daten vom Sender segmentiert und nach der Übertragung vom Empfänger assembliert. Das Verfahren der Segmentierung und Assemblierung wird in Transportprotokollen spezifiziert (siehe Abschnitt 5.2 und Abschnitt 5.3).

Das in Abschnitt 5.2 detailliert beschriebene Transportprotokoll ist aber nur für die Diagnosekommunikation und nicht für die On-Board-Kommunikation spezifiziert. Im Gegensatz dazu erlauben J1939-Transportprotokolle (Abschnitt 5.3) den Transfer von bis zu 1785 Bytes mit einem CAN-ID sowohl für die Diagnosekommunikation als auch für die On-Board-Kommunikation.

Tabelle 3.14 SAE J1939 Recommended Practices

SAE J 1939	Recommend Practice for a Serial Control and Communications Vehicle Network – Top Level Document
SAE J1939 DA	Digitaler Anhang, Tabelle mit Parametern (SPN) und Parametergruppen (PGN)
SAE J1939-01	Recommended Practice for Control and Communications Network for On-Highway Equipment
SAE J1939-02	Agricultural and Forestry Off-Road Machinery Control and Communication Network
SAE J1939-03	On-Board Diagnostics Implementation Guide
SAE J1939-05	Marine Stern Drive and Inboard Spark-Ignition Engine On-Board Diagnostics Implementation Guide
SAE J1939-11	Physical Layer, 250 Kbit/s on twisted shielded pair of wires
SAE J1939-13	Off-Board Diagnostic Connector
SAE J1939-14	Physical Layer, 500 Kbit/s on Unshielded Twisted Pair (UTP) of wires
SAE J1939-15	Reduced Physical Layer, 250 Kbit/s on Unshielded Twisted Pair (UTP) of wires
SAE J1939-16	Automatic Baud Rate Detection Process
SAE J1939-17	CAN FD Physical Layer, 500 kbps/2 Mbps
SAE J1939-21	Data Link Layer
SAE J1939-22	CAN FD Data Link Layer
SAE J1939-31	Network Layer
SAE J1939-71	Vehicle Application Layer
SAE J1939-73	Application Layer – Diagnostics
SAE J1939-74	Application – Configurable Messaging
SAE J1939-75	Application Layer – Generator Sets and Industrial
SAE J1939-81	Network Management
SAE J1939-82	Compliance – Truck & Bus
SAE J1939-84	OBD Communications Compliance Test cases for Heavy-Duty Components and Vehicles
SAE J1939-90	OBD Traceability Matrix

Die SAE J1939 Recommended Practices bestehen aus einem *Top-Level-Dokument* mit dem Titel „Recommended Practice for a Serial Control and Communications Vehicle Network", einem Anhang in Form einer Excel-Tabelle (SAE J1939 DA) und diversen sogenannten *Companion Documents* (Tabelle 3.14).

Bild 3.15 zeigt eine Auswahl wichtiger J1939-Spezifikationen und ihre Zuordnung zum ISO/OSI-Modell.

7	Application Layer *	J1939-71 J1939-73	J1939-81 (Network Management)
6	Presentation Layer		
5	Session Layer		
4	Transport Layer	J1939-21	
3	Network Layer	J1939-31	
2	Data Link Layer	J1939-21 / -22	
1	Physical Layer	J1939-13 J1939-14 / -15 / -17	

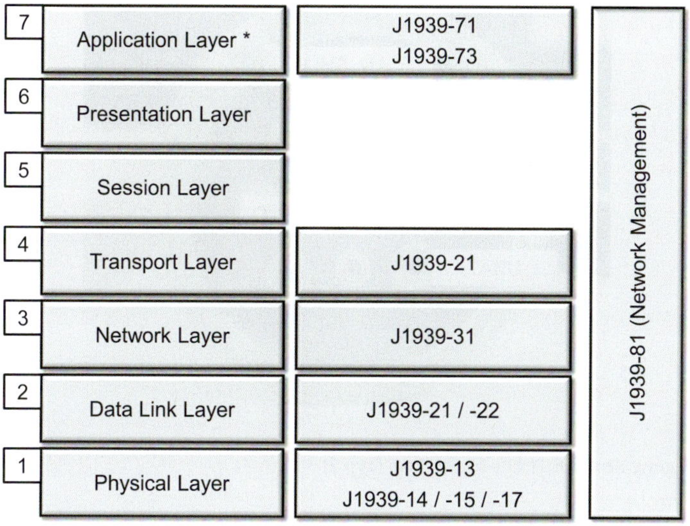

Bild 3.15 SAE-J1939-Spezifikationen und ihre Zuordnung zum ISO/OSI-Modell
* SAE J1939-71 und SAE J1939-73 beschreiben im Wesentlichen Parameter und Parametergruppen. Sie sind eigentlich oberhalb des OSI-Model-Application-Layer anzuordnen.

Die meisten (aber leider nicht alle) J1939-Spezifikationen lassen sich über die erste Ziffer nach dem Bindestrich im Namen des J1939-Dokuments einem ISO/OSI-Layer zuordnen: SAE J1939-*1*3 spezifiziert den Physical-Layer (L1), SAE J1939-*7*3 den Application-Layer (L7). Manche SAE-Spezifikationen decken mehr als einen ISO/OSI-Layer ab. So beinhaltet z. B. SAE J1939-21 nicht nur die Spezifikation des Data-Link-Layer (L2), sondern auch Teile des Transport-Layers sowie des Application-Layers.

Wie Bild 3.15 verdeutlicht, gibt es keine SAE J1939 Session-Layer- und Presentation-Layer-Protokolle.

3.6.2 Physical-Layer (J1939-1x)

Der Physical-Layer von J1939 basiert auf der CAN-Spezifikation 2.0B und kann aus einer geschirmten (SAE J1939-11) oder ungeschirmten (SAE J1939-14 und -15) Zweidrahtleitung bestehen. Als Bitraten sind 250 Kbit/s (J1939-11 und -15) und 500 Kbit/s (J1939-14) zugelassen.

SAE J1939-17 spezifiziert den Physical-Layer für ein CAN-FD-Netzwerk mit der Bitrate 2 Mbit/s. SAE J1939-13 spezifiziert einen Stecker zum Anschluss eines Diagnosetesters an ein Fahrzeug mit J1939-Netzwerk. Bild 3.16 zeigt die Pinbelegung des Steckers (Typ 2, Testerseite) mit den Batteriespannungs-Anschlüssen UBAT und GND zur optionalen Spannungsversorgung des Testers.

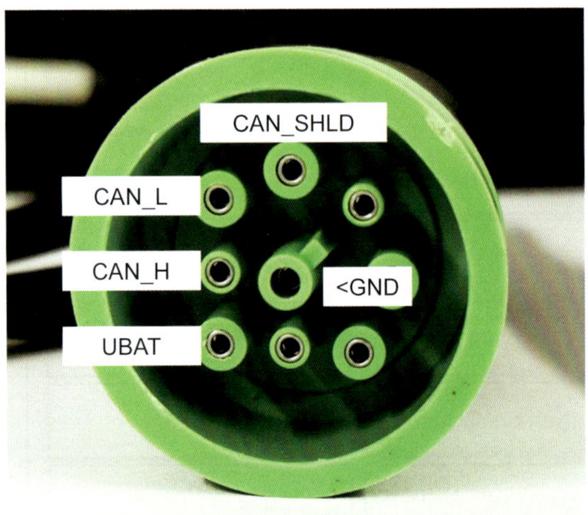

Bild 3.16 Pinbelegung des SAE J1939-13 Steckers (Typ 2)

3.6.3 J1939 CAN-Frame Format

J1939-Frames verwenden 29-bit-CAN-IDs. Bild 3.17 zeigt den Aufbau des J1939-Headers im ISO 11898 Classical Extended Frame Format.

ISO 11898 Extended Frame Format (CEFF)

11-bit-CAN-ID	SRR	IDE	18-bit-CAN-ID

SAE J1939

3 bit Priority	EDP	DP	6 bit PF	SRR	IDE	2 bit PF	8 bit PS	8 bit SA

Bild 3.17 Aufbau des J1939-Headers im ISO 11898 Classical Extended Frame Format

Ein klassischer Extended CAN-Frame beginnt mit dem 11-bit-CAN-ID, den zwei Kontrollbits (SRR und IDE) und der 18-bit-CAN-ID-Erweiterung. Wir interessieren uns hier nicht für die Funktionen der Kontrollbits, sondern betrachten nur den 29-bit-CAN-ID. Mit 29 bit lassen sich 536 870 912 verschiedene Werte darstellen. Zur Vereinfachung der hexadezimalen Darstellung des 29-bit-CAN-IDs fügen wir 3 MSBs mit dem Wert 0 hinzu und erhalten eine binäre Zahl, die aus 32 bit = 8 Nibble = 4 Byte besteht.

Die zusätzlichen 3 bits sind nicht Teil des CAN-Frames. Sie dienen lediglich dazu, binäre 29-bit-CAN-IDs in hexadezimale Werte umzurechnen.

Wie in Tabelle 3.15 dargestellt, liegt der Wertebereich der 29-bit-CAN-IDs zwischen 0x00 00 00 00 und 0x1F FF FF FF.

Tabelle 3.15 29-bit-CAN-ID-Wertebereich in binärer und hexadezimaler Darstellung

Byte 4		Byte 3		Byte 2		Byte 1		Hex
0000	0000	0000	0000	0000	0000	0000	0000	0x 00 00 00 00
0001	1111	1111	1111	1111	1111	1111	1111	0x 1F FF FF FF

3.6.3.1 PGN und SPN

In den J1939-Spezifikationen werden die im CAN-Datenfeld übermittelten Daten als *Parameter* bezeichnet und mit einer *Suspect Parameter Number (SPN)* eindeutig gekennzeichnet, z. B. SPN 110 für die Motortemperatur, SPN 190 für die Drehzahl des Motors oder SPN 237 für die Fahrzeugidentifikationsnummer VIN.

Die o. a. Suspect Parameter Numbers SPN sind im Dezimalzahlensystem angegeben. Sie basieren auf den Parameter IDs (PIDs) der SAE J1587.

Jede SPN wird einer Gruppe zugeordnet, die durch eine 18-bit-*Parameter Group Number (PGN)* gekennzeichnet ist, z. B. PGN 65262 (0xFEEE) für die Motortemperatur oder PGN 65226 (0xFECA) für die Diagnosenachricht DM1.

Bild 3.18 zeigt den Aufbau des 29-bit-CAN-IDs in einem J1939-Netzwerk. Die ersten 3 Bit des CAN-IDs legen die Priorität der Nachricht fest. Das nächste Feld des CAN-IDs beinhaltet die 18 bit lange Parameter Group Number (PGN) und wird gefolgt von der 8-bit-Adresse des Senders. Das ist übrigens auch die logische Adresse der Controller Application (CA) des Absenders.

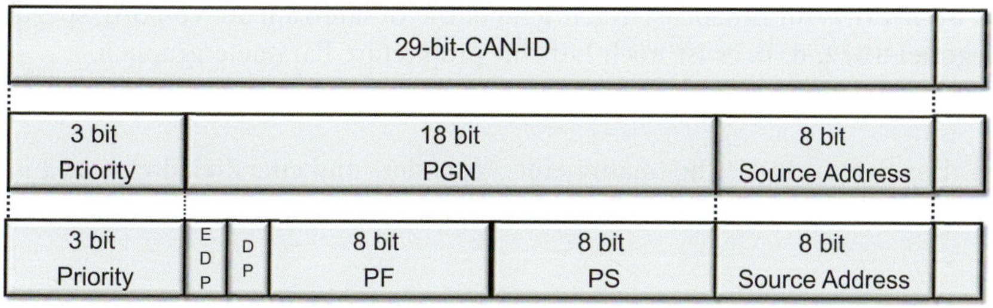

Bild 3.18 Aufbau des 29-bit-CAN-IDs in einem SAE-J1939-Netzwerk

Die Parameter Group Number PGN besteht aus den beiden Kontrollbits EDP (Extended Data Page) und DP (Data Page), sowie den jeweils 1 Byte langen Feldern mit den Bezeichnungen PF und PS. Tabelle 3.16 zeigt die Bedeutung der Kontrollbits und auch, dass in einem J1939-Netzwerk EDP immer 0 ist.

Tabelle 3.16 Extended Data Page (EDP) und Data Page (DP)

EDP	DP	Bedeutung
0	0	PGN Page 0
0	1	PGN Page 1 (NMEA 200)
1	0	Reserved
1	1	ISO 15765-3[53]

In einem J1939-Netzwerk gibt es zwei sogenannte PGN Pages (PGN Page 0 und PGN Page 1), die durch das Kontrollbit DP gesetzt werden.

3.6.3.2 Peer-to-Peer und Broadcasting

PF steht für *PDU Format* und PS für *PDU Specific*. Beide Felder sind 8 bit lang, d. h. ihr Wertebereich geht von 0x00 bis 0xFF (255). Der Inhalt des PS-Felds hängt vom Inhalt des PF-Felds ab. Ist PF ∈ {0x00, 0xEF}, also kleiner als 239, dann beinhaltet PS die Zieladresse (DA = Destination Address) der Nachricht. Ist PF ∈ {0xF0, 0xFF}, also größer als 240, so handelt es sich im PS-Feld um eine Parameter Group Extension (GE).

Tabelle 3.17 fasst die Beziehung zwischen PS und PF noch einmal zusammen.

Tabelle 3.17 Der Inhalt des PS-Felds in Abhängigkeit vom PF-Feld

PF (hex)	PF (dec)	PS	PDU Format	
0x00 – 0xEF	0–239	Destination Address (DA)	PDU 1	Peer-to-Peer
0xF0 – 0xFF	240–255	Group Extension (GE)	PDU 2	Broadcasting

Die Zieladresse ist die Adresse der Controller-Application, für die die Nachricht bestimmt ist. In Kombination mit der Quelladresse (SA) kann so eine Peer-to-Peer- (ECU-to-ECU-) Kommunikation über CAN aufgebaut werden. Die Group Extension wird verwendet, um die Anzahl der verfügbaren Broadcast-Nachrichten zu erhöhen. Es gibt 240 PGNs für Peer-to-Peer und 4096 PGNs für Broadcast-Nachrichten. Die Gesamtzahl der von SAE spezifizierten PGNs liegt bei 8672, d. h. es ist noch Luft für proprietäre Parametergruppen.

Das Format PDU 1 beinhaltet eine Absender- und eine Zieladresse und ist deshalb für die On-Board-Kommunikation zwischen zwei Steuergeräten geeignet.

[53] ISO 15765-3: Road vehicles – Diagnostics on Controller Area Network (CAN) – Teil 3: Implementation of unified diagnostic services (UDS on CAN) wurde 2012 durch die ISO 14229-3 ersetzt.

Frühere Versionen der SAE J1939 bestanden u. a. aus vielen hundert Seiten mit PGN- und SPN-Listen. Heute sind die PGN- und SPN-Definitionen als Excel-Tabelle J1939 DA[54] verfügbar. J1939 DA beinhaltet auch Suspect Parameter und Parametergruppen, die nicht in J1939-Dokumenten spezifiziert sind, sondern in NMEA2000[55], ISO 11783, ISO 11992 und ISO 15765. Tabelle 3.18 und Tabelle 3.19 zeigen einen Ausschnitt der J1939 DA am Beispiel der PGN 65262 (0xFEEE).

Tabelle 3.18 Attribute der PGN 65262

Attribut	Wert
Transmission rate	1 s
Data length	8 Bytes
Multipacket	No
Data page	0
PF	254
PS	238
Default Priority	6

Tabelle 3.19 Datenfeld der PGN 65262 (Engine Temperature 1)

Datenfeld	Inhalt	Beschreibung des Inhalts
Byte 1	SPN 110	Engine Coolant Temperature
Byte 2	SPN 174	Engine Fuel 1 Temperature 1
Byte 3 und 4	SPN 175	Engine Oil Temperature 1
Byte 5 und 6	SPN 176	Engine Turbocharger 1 Oil Temperature
Byte 7	SPN 52	Engine Intercooler Temperature
Byte 8	SPN 1134	Engine Charge Air Cooler Thermostat Opening

Bei den durch SPN spezifizierten Daten wird zwischen dynamischen Messwerten und statischen Werten unterschieden. Die Attribute eines Suspect Parameters werden in einer Tabelle mit der Bezeichnung SLOT (Scaling, Limit, Offset, Transfer Function) gelistet.

In der heute aktuellen J1939 DA wurden die Begriffe Limit und Transfer Function durch Range und Length ersetzt, die Abkürzung SLOT aber beibehalten.

Tabelle 3.20 zeigt die SLOT-Werte am Beispiel des Parameters mit der SPN 110 (Engine Coolant Temperature).

[54] Digital Annex of Serial Control and Communication Heavy Duty Vehicle Network Data

[55] NMEA = National Marine Electronics Association (https://www.nmea.org)

Tabelle 3.20 Attribute der Engine Coolant Temperature (SPN 110)

SLOT	Wert
Length	1 Byte
Resolution	1 °C/bit
Offset	-40 °C
Data Range	-40 °C to 210 °C
Unit	°C
Type	Measured
SLOT Identifier	67
SLOT Name	SAEtp01

3.6.4 SAE J1939 Multipacket-Messages

In den J1939-Spezifikationen werden Payloads, die nicht in ein einzelnes CAN-Datenfeld passen, als *multipacket messages* gesendet. Datenfelder von J1939 Multipacket Messages fassen zwischen 9 Bytes und 1785 Bytes.

Beispiele sind PGN 43008 = Text Display, PGN 55040 = Binary Data Transfer, PGN 64710 = OBD Information und PGN 65226 = Active Diagnostic Trouble Codes.

Die Übertragung von Multipacket-Messages erfolgt mit einem Transportprotokoll. De facto beschreibt das Transportprotokoll, wie Nachrichten, die länger sind als 8 Byte, übertragen werden. Dazu werden die zu sendenden Nachrichten segmentiert und nach der Übertragung im Transport-Layer des Empfängers wieder zusammengesetzt. Damit dabei nichts durcheinandergerät, bekommt jede Nachricht mit segmentiertem Inhalt eine 1 Byte lange Sequenznummer (1–255). Da diese Nummer mit jeder Nachricht übertragen werden muss, schrumpft der Platz im Datenfeld auf 7 Bytes. Insgesamt sind 255 Nachrichten mit je 7 Bytes im Datenfeld, also maximal 7 · 255 Bytes = 1785 Bytes, mit einer Multipacket-Message übertragbar. SAE-J1939-Transportprotokolle werden in Abschnitt 5.3 behandelt.

3.7 AEF und ISOBUS (ISO 11783)

3.7.1 Agricultural Industry Electronics Foundation (AEF)

Die Agricultural Industry Electronics Foundation (AEF) wurde im Oktober 2008 vom Verband Deutscher Maschinen- und Anlagenbauer (VDMA), der amerikanischen Association of Equipment Manufacturers (AEM) und den Landmaschinenherstellern AGCO, CLAAS, CNH, Grimme, John Deere, Kverneland Group und Pöttinger gegründet. Die AEF vertritt heute über 240 Mitglieder. Eine der wesentlichen Aufgaben der AEF ist die Standardisierung des ISOBUS.

3.7.2 ISO 11783

ISO 11783, auch bekannt als ISOBUS, spezifiziert ein CAN-basiertes Netzwerk für die Datenkommunikation zwischen Traktoren und Maschinen in der Land- und Forstwirtschaft. ISO 11783 besteht aus 14 Teilen (Tabelle 3.21) und ist weitgehend mit der SAE J1939 harmonisiert (Tabelle 3.22).

Tabelle 3.21 ISO 11783

ISO 11783	Tractors and machinery for agriculture and forestry – Serial control and communications data network
Part 1 (2007)	General standard for mobile data communication
Part 2 (2012)	Physical layer
Part 3 (2014)	Data link layer
Part 4 (2011)	Network layer
Part 5 (2011)	Network management
Part 6 (2014)	Virtual terminal
Part 7 (2015)	Implement messages application layer
Part 8 (2006)	Power train messages
Part 9 (2012)	Tractor ECU
Part 10 (2015)	Task controller and management information system data interchange
Part 11 (2011)	Mobile data element dictionary
Part 12 (2014)	Diagnostic services
Part 13 (2011)	File server
Part 14 (2013)	Sequence control

Tabelle 3.22 Vergleich der SAE J1939 mit ISOBUS

ISO/OSI-Layer	SAE	ISO
Application Layer	SAE J1939-7x	ISO 11783-6, 9, 10, 12, 13, 14
Network Layer	SAE J1939-81 SAE J1939-31	ISO 11783-5 ISO 11783-4
Data Link Layer	SAE J1939-21	ISO 11783-3, 6 (ETP), FPTP
Physical Layer	SAE J1939-1x	ISO 11783-2

Ein wesentliches Merkmal von ISOBUS besteht in der Plug-and-Play-Technologie, die es erlaubt, einen Traktor an jede beliebige mobile Maschine zu koppeln und diese vom Traktor aus zu steuern. Diese Funktion ist vor allem in der Landwirtschaft essenziell, da dort sehr häufig Traktoren und mobile Maschinen (Implement) nicht vom gleichen Hersteller kommen. Die Steuerung der mobilen Maschinen erfolgt über ein VT (Virtual Terminal) in der Kabine des Traktors (Bild 3.19).

AEF verwaltet und publiziert eine Datenbasis[56] mit Informationen über ISOBUS-kompatible Maschinen und Bauteile.

56 https://www.aef-isobus-database.org

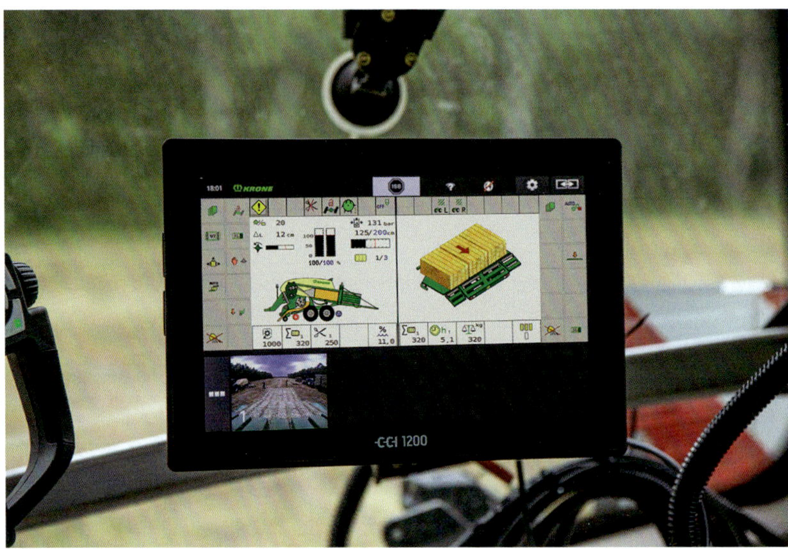

Bild 3.19 Beispiel für ein ISOBUS VT (© Maschinenfabrik B. Krone)

Der Physical-Layer des ISOBUS besteht aus einem linearen High-Speed CAN. Als Kabel wird eine ungeschirmte, verdrillte Vierdrahtleitung (!) verwendet, die an beiden Enden mit einem aktiven TBC (Terminating Bias Circuit) terminiert wird. Neben den beiden CAN-Leitungen CAN_L und CAN_H dienen die beiden anderen Leitungen der Spannungsversorgung der TBCs. Die Bitrate ist 250 Kbit/s, die Anzahl der Steuergeräte ist begrenzt auf 30.

Bild 3.20 ISOBUS-Stecker an einem Traktor (© Subke)

Sobald eine mobile Maschine mechanisch an den Traktor angekoppelt und elektrisch verbunden wird, werden auch deren CAN-Segmente miteinander verbunden. Das Implement wird automatisch erkannt und kann vom Traktorfahrer über das VT gesteuert werden. Der Stecker zwischen Traktor und Implement (Bild 3.20) ist standardisiert und wird als „Implement bus breakaway receptacle“ bezeichnet. Er kann sich sowohl vorne als auch hinten am Traktor befinden.

3.7.3 ISOBUS Data-Link-Layer

Der Data-Link-Layer des ISOBUS basiert auf ISO 11898 und SAE J1939-21. J1939-21 spezifiziert Adressen für Controller Applications. ISO 11783 ersetzt die Controller Applications durch Control Functions.

Das ISO 11783-11 Data Dictionary und die ISO 11783-1 Parameter Group Spezifikationen sind als Microsoft Office Excel-Tabelle im Internet verfügbar[57].

3.7.4 Transportprotokolle

Für den Transfer von ISOBUS-Nachrichten mit bis zu 1785 Byte wird das in SAE J1939-21 spezifizierte Protokoll verwendet. Zusätzlich beinhaltet ISO 11783 die Spezifikation von Transportprotokollen für den Transfer von mehr als 1785 Byte. Dieses sogenannte Extended Transport Protocol (ETP) erlaubt den Peer-to-Peer-Transfer von bis zu 117 440 505 Bytes und wird hauptsächlich für grafische Informationen an das VT oder für den Datentransfer an einen Fileserver verwendet. Alternativ wird auch das Fast Packet Transport Protocol (FPTP) der NMEA-2000-Spezifikation für den Empfang von GPS-Daten eingesetzt.

3.8 Local Interconnect Network (LIN)

3.8.1 Geschichte und Übersicht

1998 gründeten der Halbleiterhersteller Motorola (heute NXP Semiconductors), der Softwarehersteller Volcano Communications Technology (heute Mentor Graphics Corp.) und die Fahrzeughersteller Audi, BMW, Daimler, Volkswagen und Volvo eine Arbeitsgruppe mit dem Ziel, eine im Vergleich zum CAN kostenreduzierte Technologie zur Vernetzung von Sensoren und Aktoren zu entwickeln und zu etablieren. Zwei Jahre später wurde die Gründung des sogenannten LIN-Konsortiums bekanntgegeben.

Im Jahr 2010 beendete das LIN-Konsortium seine Arbeit mit der finalen Version der LIN-Spezifikation 2.2A. Heute ist das LIN-Protokoll in der Normenreihe ISO 17987 (Tabelle 3.23) standardisiert.

[57] https://www.isobus.net/isobus

Tabelle 3.23 ISO 17987

ISO 17987	LIN
Part 1 (2016)	General information and use case definition
Part 2 (2016)	Transport protocol and network layer services
Part 3 (2016)	Protocol specification
Part 4 (2016)	Electrical physical layer (EPL) specification 12 V/24 V
Part 5 (2016)	Application programmers interface (API)
Part 6 (2016)	Protocol conformance test specification
Part 7 (2016)	EPL conformance test specification
Part 8 (2019)	Electrical physical layer (EPL) specification: LIN over DC powerline

Die LIN-Spezifikationen können von der Internetseite https://lin-cia.org/standards/ des CiA als PDF-Dokumente kostenlos heruntergeladen werden.

Die Spezifikation SAE J2602 (Tabelle 3.24) basiert auf ISO 17987 (2016) und berücksichtigt Anforderungen amerikanischer Fahrzeughersteller. Ein bemerkenswerter Unterschied zwischen SAE J2602-1:202110 und ISO 17987 besteht darin, dass im SAE-Dokument die Begriffe „Master" und „Slave" durch „Commander" und „Responder" (bzw. Commander-Node und Responder-Node) ersetzt wurden.

Tabelle 3.24 SAE J2602

SAE J2602	LIN Networks for Vehicle Applications
Part 1 (2021)	LIN Network for Vehicle Applications
Part 2 (2021)	LIN Network for Vehicle Applications Conformance Test
Part 3 (2021)	File Structures for a Node Capability File (NCF)

LIN wird immer dann als kostenreduziertes Bussystem eingesetzt, wenn die Bandbreite von CAN nicht benötigt wird, z. B. in Türen, Sitzen und Außenspiegeln, aber auch in Klimaanlagen und Multifunktions-Lenkrädern.

LIN ist ein Commander-Responder-Bussystem für die Vernetzung von mechatronischen Komponenten, wie Sensoren und Aktoren, aber auch von einfachen Steuergeräten, für die eine maximale Bitrate von 20 Kbit/s ausreicht.

Die LIN-Spezifikation bezeichnet Netzwerke mit LIN-Komponenten als *LIN-Cluster*. Bild 3.21 zeigt die Architektur eines LIN-Clusters. Ein LIN-Cluster besteht aus einem LIN-Commander und bis zu 15 LIN-Respondern, die über eine ungeschirmte, einzelne Kupferleitung miteinander verbunden sind. Der LIN-Commander steuert und überwacht die Kommunikation auf dem LIN-Bus. Ein LIN-Cluster ist keine in sich geschlossene Insellösung. Er ist immer mit dem Fahrzeugnetzwerk verbunden. Deshalb ist der LIN-Commander immer auch ein Gateway zum CAN.

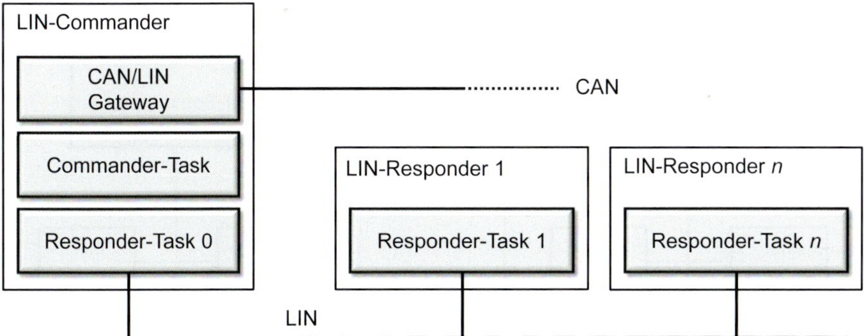

Bild 3.21 Komponenten eines LIN-Clusters

In einem LIN-Cluster gibt es drei Kommunikationstypen:

- Der Commander sendet einen Header und der Slave eine Response.
- Der Responder-Task des Commanders sendet einen LIN-Frame zu einem oder mehreren Respondern.
- Der Commander steuert die Kommunikation zwischen zwei Respondern.

Der LIN-Commander steuert die Datenkommunikation und bestimmt die Bitrate. Dazu kennt der LIN-Commander eine Tabelle mit Informationen darüber, wann welche Nachricht gesendet wird. Aufgrund dieser Zeitsteuerung ist keine Arbitrierung wie beim CAN erforderlich, d. h. LIN ist deterministisch.

Die technischen Eigenschaften eines LIN-Responder sind in *Node Capability Files (NCF)* beschrieben. Für jeden LIN-Responder gibt es ein NCF. Durch die Kombination mehrerer NCF entsteht das *LIN Description File (LDF)*, das den kompletten LIN-Cluster spezifiziert.

Bild 3.22 dient dazu, die Funktion von LIN zu erklären. Dargestellt sind zwei LIN-Cluster, die über CAN miteinander verbunden sind. Der eine Cluster befindet sich in der Fahrertür auf der linken Seite, der andere in der Beifahrertür auf der rechten Seite. In der linken Tür befinden sich Taster zur Steuerung des Fensterhebers und des Außenspiegels auf der rechten Seite. Sie sind an LIN-Responder 3 angeschlossen. Der Stellmotor für den rechten Außenspiegel wird mit LIN-Responder C angesteuert. Mit diesem System kann der Fahrer die Position des rechten Außenspiegels elektrisch einstellen. Dazu betätigt er den Taster. Diese Information wird vom LIN-Responder 3 an LIN-Commander 1 übermittelt und von diesem in einem CAN-Frame an LIN-Commander 2 gesendet. Dieser übermittelt den Befehl des Fahrers an LIN-Responder C, der den Stellmotor ansteuert.

Die Verzögerung zwischen dem Betätigen des Tasters auf der linken Seite und der wahrnehmbaren Bewegung des Fensters oder des Spiegels auf der rechten Seite des Fahrzeugs darf höchstens 200 ms betragen. Diese Zeit entspricht der *Wahrnehmungsschwelle* des Menschen. Wird sie überschritten, interpretiert der Mensch dies als Fehler und drückt den Taster gleich noch ein zweites Mal.

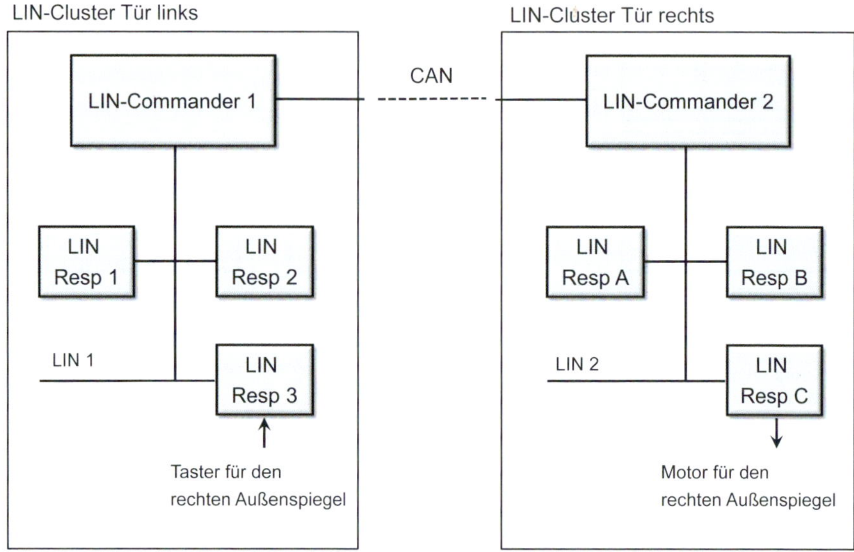

Bild 3.22 CAN-LIN-Netzwerk mit zwei LIN-Clustern (Resp = Responder)

3.8.2 Physical-Layer

Bild 3.23 zeigt ein vereinfachtes elektrisches Schaltbild eines LIN-Clusters mit dem LIN-Commander auf der linken Seite und einem LIN-Responder auf der rechten Seite.

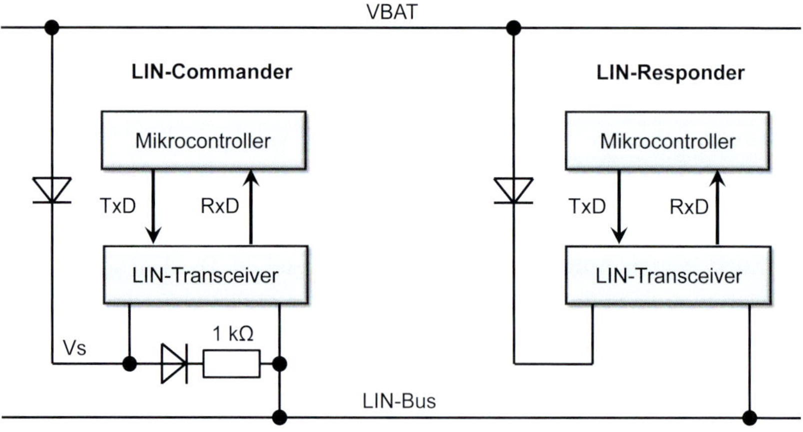

Bild 3.23 Vereinfachtes elektrisches Schaltbild eines LIN-Clusters

Viele Mikrocontroller sind mit einer einfachen seriellen Schnittstelle, dem sogenannten *Serial Communication Interface (SCI)* und einer Funktion mit der Bezeichnung *Universal Asynchronous Receiver Transmitter (UART)* ausgestattet. Das Interface besteht aus den beiden Anschlüssen TxD zum Senden und RxD zum Empfangen binärer Signale. Wie in Bild 3.23

dargestellt, sind TxD und RxD mit dem LIN-Transceiver verbunden und diese wiederum mit der Bordnetzspannung VBAT.

Der Physical-Layer des LIN ist vergleichbar mit dem der K-Leitung, d. h. Signale auf dem LIN-Bus bestehen aus Spannungssignalen (gegen Masse).

Der dominante Pegel auf dem LIN-Bus ist kleiner als 0,4 · Vs, der rezessive Pegel größer als 0,6 · Vs. Im Ruhezustand (idle state) führt der LIN-Bus einen rezessiven Pegel, d. h. wir messen eine Spannung, die größer ist als 0,6 · Vs (bei 12 V DC Bordnetzspannung also etwa 7 V).

Wie beim CAN stellt sich der rezessive Zustand nur dann ein, wenn alle LIN-Transceiver einen rezessiven Pegel auf den Bus schalten. Die nominelle Bitrate auf dem LIN-Bus ist maximal 20 Kbit/s, wobei in Europa entweder 9,6 Kbit/s oder 19,2 Kbit/s und in den USA (gemäß SAE J2602) 10,4 Kbit/s verwendet werden.

3.8.3 LIN-Frames

Bild 3.24 zeigt den Aufbau eines LIN-Frames. Er besteht aus einem Header, der vom Commander gesendet wird und der Response vom Responder. Damit der Commander nicht nur Header, sondern selbst auch Frames an die Responder schicken kann, ist auch er mit einem Responder-Task ausgestattet.

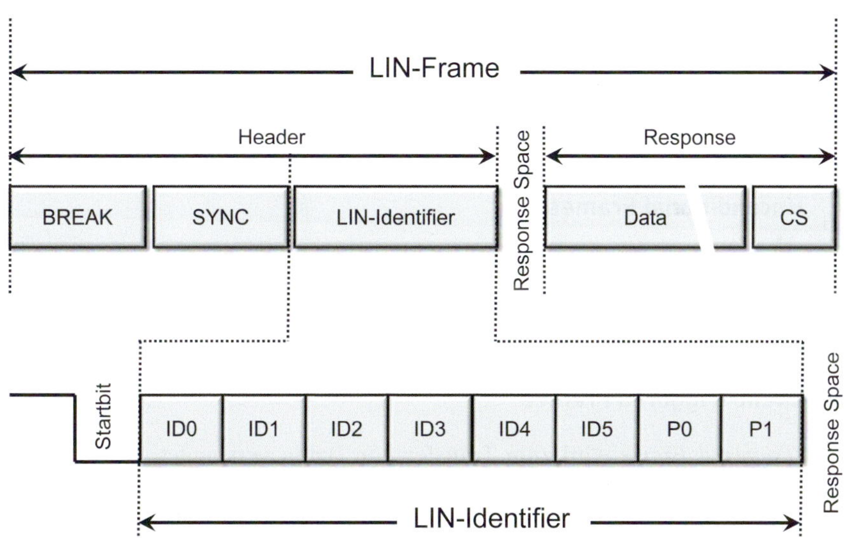

Bild 3.24 Aufbau eines LIN-Frames

Die Kommunikation auf dem LIN-Bus durch den Commander beginnt mit dem BREAK-Feld, gefolgt von einer Bitfolge mit alternierenden Zuständen (0x55 = 01010101_2). Die fünf fallenden Flanken dieses SYNC-Felds verwenden die Responder zur Synchronisation. Dann sendet der Commander den LIN-Identifier, der aus sechs Bit (ID0 bis ID5) zur Identifikation des Frames und zwei Paritätsbits (P0 und P1) besteht. Aufgrund der Paritätsbits bezeichnet die LIN-Spezifikation die Identifier der LIN-Frames als PID = Protected Identifier.

Den Protected Identifier *PID* des LIN-Frames nicht mit OBD II-PIDs (Abschnitt 4.2.4) verwechseln!

Mit den sechs PID-Bits können theoretisch 64 verschiedene LIN-Frames zwischen 0x00 und 0x3F identifiziert werden. In der Praxis werden die Werte oberhalb von 0x3E jedoch nicht verwendet. Tabelle 3.25 zeigt die Funktion der LIN-Frame Identifier.

Tabelle 3.25 LIN-Frame Identifier

Identifier	Funktion
0x00 – 0x3B	Datentransfer
0x3C	Commander-Request für Konfiguration und Diagnose
0x3D	Responder-Response auf 0x3C

Der LIN-Responder, der vom Commander über den PID adressiert wurde, sendet nach dem rezessiven Response-Space bis zu acht Datenbytes und die Checksumme CS.

3.8.4 Frame-Typen

Die LIN-Spezifikation unterscheidet zwischen Daten-Frames mit PID $\in$ {0x00, 0x3B} und Diagnose-Frames mit den PID 0x3C und 0x3D. Bei den Daten-Frames wird zudem zwischen Unconditional Frames, Sporadic Frames und Event-Triggered Frames unterschieden.

3.8.4.1 Unconditional Frames

Unconditional Frames werden verwendet, um Daten vom Commander zum Responder, vom Responder zum Commander oder von Responder zu Responder zu senden. Wie bei CAN hat jeder Frame nur einen Sender, kann aber mehrere Empfänger haben.

3.8.4.2 Event-triggered Frames

Ein *Event-Triggered Frame* wird zum Transfer von Daten verwendet, die sich nur selten und nicht periodisch ändern, z. B. die Zustände der oben bereits beschriebenen Taster für Fensterheber oder Außenspiegel. Wenn der Commander den Frame-ID eines Event-Triggered Frames sendet, kann es passieren, dass mehr als ein Responder antwortet und es zu einer Kollision kommt. Kollisionen werden vom Commander anhand einer „collision resolving“-Tabelle beseitigt.

3.8.4.3 Sporadic Frames

Ein *Sporadic Frame* wird vom Commander verwendet, um Daten an einen Responder zu senden. Falls keine (neuen) Daten vorhanden sind, wird der Frame nicht gesendet, und das zugewiesene Zeitfenster bleibt leer.

3.8.4.4 Diagnostic Frames

Diagnostic frames werden für die Konfiguration und zur Diagnose verwendet. Der Commander sendet einen Request mit dem PID 0x3C, die Antwort des Responders hat den PID 0x3D. Für mehr Informationen über Diagnose auf LIN siehe Abschnitt 4.4.4 (UDS on LIN).

3.9 FlexRay

3.9.1 Geschichte und Übersicht

Beim klassischen, mechanischen Bremssystem wird der Druck auf das Bremspedal durch ein hydraulisches System mit Bremsflüssigkeit auf die Bremsen übertragen. Beim klassischen, mechanischen Lenksystem wird die Drehung des Lenkrads mechanisch auf die lenkbaren Vorderräder übertragen. Heute sind elektrohydraulisch unterstützte Brems- und Lenksysteme Stand der Technik. Bei Brake-by-Wire werden die hydraulischen Komponenten (Leitungen, Drucksensoren, Ventile, Bremsflüssigkeit) des Bremssystems durch E/E-Komponenten ersetzt. Nur so werden ABS- und ESP-Funktionen möglich. Bei Steer-by-Wire kann die mechanische Lenksäule entfallen.

Bei X-by-Wire-Systemen schont der Entfall hydraulischer Flüssigkeiten die Umwelt.

In X-by-Wire-Systemen ohne mechanische Rückfallebene werden mechanische, hydraulische und pneumatische Komponenten durch ein E/E-System ersetzt.

Da CAN aufgrund seiner vergleichsweise niedrigen Bitraten, dem auf acht Bytes begrenzten Datenfeld und vor allem wegen des fehlenden Determinismus nicht für E/E-Systeme mit X-by-Wire-Funktionen geeignet ist, begannen Fahrzeughersteller und Zulieferer mit der Entwicklung proprietärer Bussysteme, kamen aber bald zu der Erkenntnis, dass Wettbewerb auf Bit- und Bytelevel nicht zielführend ist. Deshalb gründeten die deutschen Autobauer BMW und Daimler zusammen mit den Chipherstellern Motorola (heute NXP) und Philips Semiconductor im September 2000 ein Konsortium zur Entwicklung eines hoch verfügbaren (redundanten), schnellen und deterministischen Bussystems: FlexRay.

Das FlexRay-Konsortium bestand aus Core-Mitgliedern (BMW, Volkswagen, Daimler, General Motors, Bosch, NXP und Freescale (heute NXP)), Premium-Associate-Mitgliedern (u. a. Delphi, Ford, Renault und Toyota) und Associate-Mitgliedern (u. a. dSPACE, ETAS und Softing).

Das erste Serienfahrzeug mit FlexRay war 2007 ein BMW X5, bei dem es für die Datenkommunikation zwischen den Steuergeräten der pneumatischen Dämpfung eingesetzt wurde, was übrigens keine X-by-Wire-Anwendung ist. Im Jahr 2010 beendete das Konsortium seine Arbeit und übergab die FlexRay-Spezifikation 3.0.1 zur internationalen Standardisierung an die ISO.

Heute gibt es die beiden ISO-Standards ISO 10681 (Tabelle 3.26) und ISO 17458 (Tabelle 3.27). Tabelle 3.28 zeigt die FlexRay-Spezifikation im ISO/OSI-Modell.

Tabelle 3.26 ISO 10681

ISO 10681	Road vehicles - Communication on FlexRay
Part 1 (2010)	General information and use case definition
Part 2 (2010)	Communication layer services

Tabelle 3.27 ISO 17458

ISO 17458	Road vehicles - FlexRay communication system
Part 1 (2013)	General information and use case definition
Part 2 (2013)	Data link layer specification
Part 3 (2013)	Data link layer conformance test specification
Part 4 (2013)	Electrical physical layer specification
Part 5 (2013)	Electrical physical layer conformance test specification

Tabelle 3.28 FlexRay-Spezifikation im ISO/OSI-Modell

Layer	ISO
Diagnostic services	ISO 14229-4
Presentation layer	N/A
Session layer	ISO 14229-2
Transport layer	ISO 10681-2
Network layer	ISO 10681-2
Data Link Layer	ISO 17458-2, -3
Physical Layer	ISO 17458-4, -5

3.9.2 Physical-Layer

Bild 3.1 zeigt Beispiele für Netzwerk-Topologien. FlexRay-Systeme können aus einer beliebigen Mischung dieser Netzwerk-Topologien bestehen. Bild 3.25 zeigt ein System mit aktivem Sternkoppler, der als bidirektionaler Repeater arbeitet und die Steuergeräte physikalisch voneinander trennt. Die Länge des Kabels zwischen dem Steuergerät und dem Sternkoppler darf 24 m betragen, die Netto-Bitrate liegt bei maximal 10 Mbit/s und ist damit zehnmal höher als die des klassischen CAN.

Ein wesentliches Merkmal von FlexRay besteht in der Fehlertoleranz durch Redundanz. Bei FlexRay kann die Datenkommunikation wahlweise auf einem oder auf zwei Kanälen (channel) stattfinden. Bild 3.26 zeigt einen linearen Bus mit den zwei Kanälen A und B.

Ein zusätzlicher Gewinn an Sicherheit wird erreicht, indem die beiden Physical-Layer von Kanal A und Kanal B nicht im selben Kabelbaum verlegt werden. Falls ein Kanal ausfällt (z. B. durch Kurzschluss oder Unterbrechung), kann der andere die Kommunikation aufrechterhalten. Bild 3.26 zeigt, dass FlexRay-Steuergeräte an beide (ECU 1 und ECU 4) oder nur an einem Kanal (ECU 2 und ECU 3) angeschlossen sein können.

Sicherheitsrelevante Nachrichten werden parallel auf beiden Kanälen übertragen.

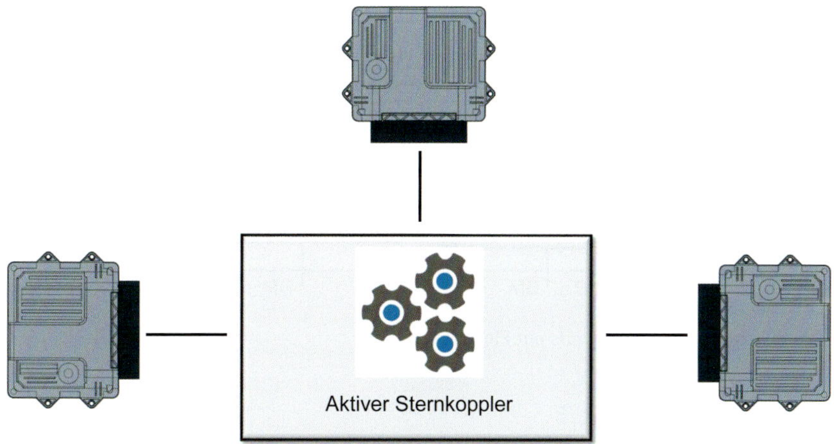

Bild 3.25 FlexRay-Kommunikationssystem mit aktivem Sternkoppler

Um die Bandbreite zu erhöhen, können auch *unterschiedliche*, nicht-sicherheitsrelevante Nachrichten auf beiden Kanälen übertragen werden.

Da die beiden Kanäle unabhängig voneinander sind, können Steuergeräte, die nur mit Kanal A verbunden sind (ECU 2), nicht mit Steuergeräten kommunizieren, die nur an Kanal B angeschlossen sind (ECU 3).

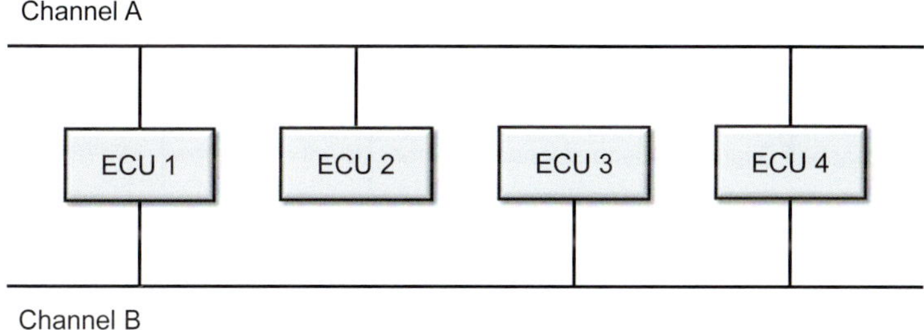

Bild 3.26 Zweikanaliger linearer Bus

Der Physical-Layer erlaubt sowohl Kupferkabel (UTP oder STP, Differenzspannungssignal) als auch Glasfaser. Der Einsatz eines geschirmten STP-Kabels ist zwar nicht explizit vorgeschrieben, wird aber bei höheren Bitraten empfohlen.

Die Adern der Kupferkabel werden mit BP (bus plus) und BM (bus minus) bezeichnet. Ein FlexRay-Segment mit linearer Bustopologie muss an beiden Enden zwischen BP und BM terminiert werden.

Bild 3.27 zeigt die interne Architektur eines Steuergeräts mit FleyRay-Interface. Es besteht aus einem Mikrocontroller, dem FlexRay Communication Controller (CC)[58] und zwei Transceivern[59].

[58] z. B. MFR 4310 von NXP

[59] z. B. TJA 1018A von NXP

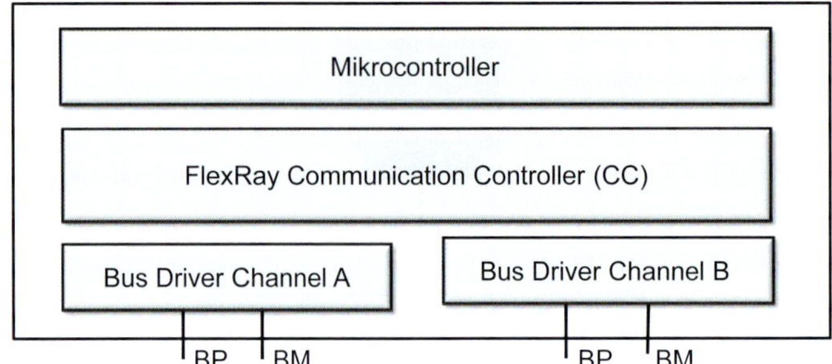

Bild 3.27 Architektur eines Steuergeräts mit FlexRay-Interface

3.9.3 Data-Link-Layer

3.9.3.1 FlexRay-Kommunikationszyklus

Der redundante, zweikanalige Aufbau eines FlexRay-Clusters führt zwar zu einer hohen Fehlertoleranz, nicht jedoch zu vorhersagbaren Latenzen. Determinismus mit präzise vorhersagbaren Latenzen lässt sich nur durch Zeitsteuerung erzielen. Dazu definiert die FlexRay-Spezifikation einen Kommunikationszyklus. Nach Ablauf einer festgelegten Zeit beginnt der Zyklus von vorne und wird periodisch wiederholt. Bild 3.28 zeigt den Aufbau des FlexRay-Kommunikationszyklus`.

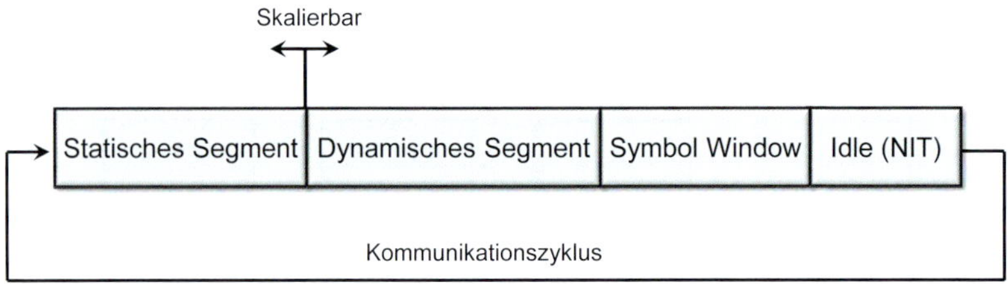

Bild 3.28 FlexRay-Kommunikationszyklus

Jeder Kommunikationszyklus besteht aus einem statischen Segment, einem dynamischen Segment, einem Symbol Window und einer definierten Ruhephase (NIT = Network Idle Time). Die zeitlichen Längen des statischen und des dynamischen Segments sind skalierbar und werden beim System-Design festgelegt.

Bild 3.29 zeigt die Kommunikation im statischen und im dynamischen Segment. Beide Segmente werden in Zeitfenster (Slots) unterteilt und nummeriert. Im Bild 3.29 besteht das statische Segment aus den Slots 1 bis 4. Vom dynamischen Segment sind die Slots 5 bis 9 dargestellt. Es wird deutlich, dass die Slots im statischen Segment zeitlich gleich lang sind, während die Slots im dynamischen Segment unterschiedlich lang sein können. Als Zeitmesser wird ein als *Macrotick* bezeichneter Takt verwendet. Jede Nachricht ist durch einen Identifier (Frame ID) gekennzeichnet.

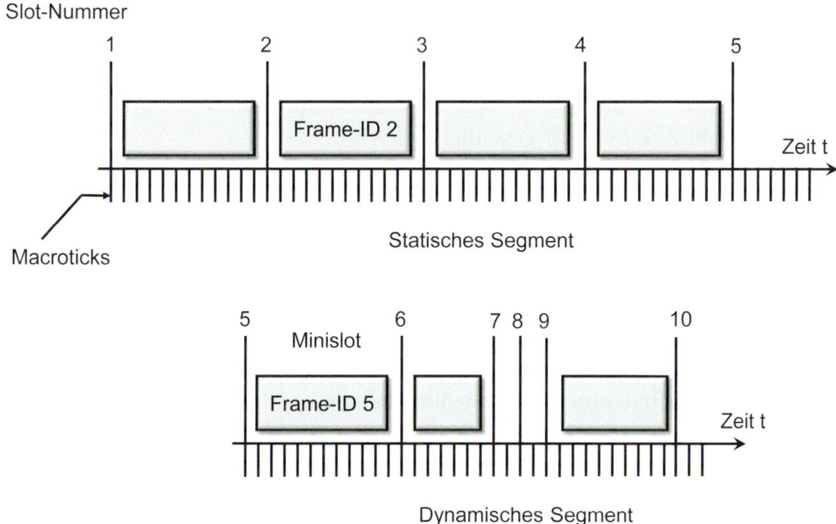

Bild 3.29 Kommunikation im statischen und dynamischen Segment

3.9.3.2 Kommunikation im statischen Segment

Das statische Segment besteht aus statischen Slots, die von 1 bis *n* durchnummeriert sind. Die Anzahl der Macroticks ist in jedem statischen Slot identisch.

Für jeden Frame gibt es einen zugewiesenen Slot. Sobald die Slot-Nummer und der Frame-ID übereinstimmen, darf der FlexRay-Controller den Frame senden. Wenn es nichts zu senden gibt, bleibt der Slot frei und der Bus im Ruhezustand.

Im statischen Segment wird TDMA (Time Division Multiple Access) als Buszugriffsmethode verwendet. Da sich die statischen Slots im Kommunikationszyklus periodisch wiederholen und alle gleich lang sind, ergibt sich für alle Frames, die im statischen Segment gesendet werden, eine vorhersagbare Latenz, sodass FlexRay im statischen Segment als deterministisch bezeichnet werden kann.

3.9.3.3 Kommunikation im dynamischen Segment

Beim Übergang vom statischen zum dynamischen Segment werden die Slot-Nummern weiter hochgezählt. Das dynamische Segment besteht aus sogenannten *Minislots*. Wie im statischen Segment darf der FlexRay-Controller seinen Frame senden, sobald die Slot-Nummer und der Frame-ID denselben Wert haben. Im dynamischen Segment wird FTDMA (Flexible Time Division Multiple Access) als Buszugriffsmethode verwendet. Die Länge der Frames im dynamischen Segment ist variabel. Bild 3.29 zeigt, dass der Frame mit Frame-ID 5 länger ist als der Frame mit ID 6.

Frames im dynamischen Segment werden nur bei Bedarf gesendet, z. B. wenn ein Ereignis stattgefunden hat oder sich Daten geändert haben. Bild 3.29 zeigt, dass in den Minislots 7 und 8 nicht gesendet wird. Sobald die FlexRay-Controller erkennen, dass ein Minislot ungenutzt bleibt, inkrementieren sie ihre Slot-Counter nach einer festgelegten Anzahl Macroticks.

Trotz der statischen Gesamtlänge des dynamischen Segments kann es also vorkommen, dass die Anzahl der Minislots und damit der im dynamischen Segment gesendeten Frames von Zyklus zu Zyklus unterschiedlich ist. Die Slot-Nummer des letzten Minislots (*N*) vor dem Symbol Window ist nicht vorhersagbar. Frames mit Frames-IDs größer als *N* werden zumindest in diesem Zyklus nicht gesendet.

In einem zweikanaligen FlexRay-Segment gibt es für jeden Kanal einen eigenen Slot-Zähler. Da jeder FlexRay-Controller im dynamischen Segment auf einem oder beiden Kanälen senden oder nicht senden kann, können die Zählerstände von Kanal A und B am Ende des dynamischen Segments unterschiedliche Werte aufweisen.

3.9.3.4 Das FlexRay Frame-Format

Bild 3.30 zeigt den Aufbau eines FlexRay-Frames.

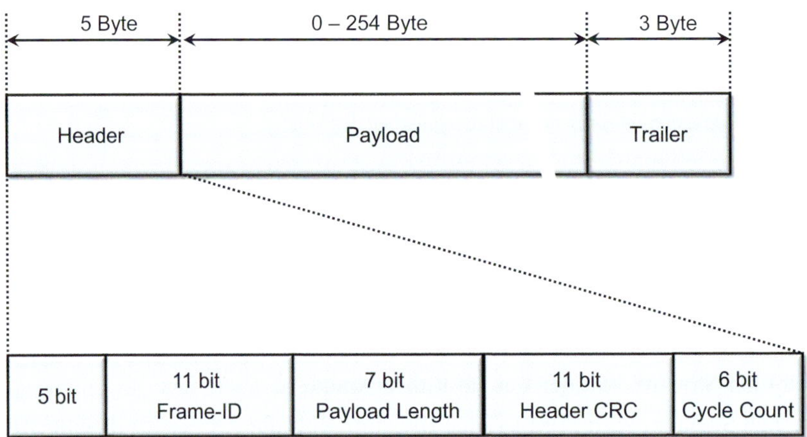

Bild 3.30 Aufbau eines FlexRay-Frames

Der FlexRay-Frame besteht aus einem Header, einem Nutzdatenfeld (Payload) und einem Trailer. Jeder Header beginnt mit einer 5-Bit-Sequenz, die Informationen darüber enthält, ob der Frame z. B. Nutzdaten enthält oder zur Synchronisation (SYNC-Frame) verwendet werden soll. Weitere Bestandteile des Headers sind der Frame-ID (11 bit), die Länge des Nutzdatenfelds, die Header-Checksumme und der Zykluszähler (6 bit).

Wie bereits beschrieben legt der Frame-ID fest, in welchem Slot der Frame gesendet wird. Mit 11 bit lassen sich $2^{11} = 2048$ verschiedene Frames-IDs vergeben, wobei die Null nicht verwendet werden darf.

Das Nutzdatenfeld eines FlexRay-Frames besteht aus 127 Segmenten zu je zwei Byte.

Die Nutzdatenfelder aller statischen Frames sind immer gleich lang, die der dynamischen Frames können unterschiedlich lang sein.

3.9.4 Synchronisation

FlexRay-Controller wie der MFR 4310 besitzen einen Taktgeber als Zeitbasis. Auch wenn beim Hochfahren eines Netzwerks die Zeitbasen aller FlexRay-Controller synchronisiert werden, weichen sie aufgrund minimaler Toleranzen im Laufe der Zeit voneinander ab. Für die zeitgesteuerte Kommunikation benötigen die FlexRay-Controller eine gemeinsame, globale Zeitbasis. In einem FlexRay-Segment wird Zeit nicht in Sekunden gemessen, sondern in *Microticks* (μT). Microticks sind steuergerätespezifische Zeiteinheiten, die jeder FlexRay-Controller aus seiner eigenen Zeitbasis berechnet. Die Synchronisation der Microticks erfolgt über SYNC-Frames, die zur Messung der Abweichungen und Berechnung von Korrekturwerten verwendet werden.

Macroticks (MT) bestehen aus einer beim System-Design festgelegten Anzahl an Microticks.

Tabelle 3.29 zeigt eine Auswahl an FlexRay-Zeitparametern.

Tabelle 3.29 FlexRay Zeitparameter (MT = Macrotick)

Parameter	Wert
Nominelle Bitrate (max.)	10 Mbit/s
Länge eines Zyklus (max.)	16 000 μs
Länge eines Macroticks	1 μs–6 μs
Länge eines Minislots	2–63 MT
Anzahl Makroticks in einem Zyklus	10–16 000 MT
Anzahl der Minislots im dynamischen Segment	0–7 986
Länge der Network Idle Time (NIT)	2–805 MT
Länge des Symbol Window	0–142 MT

3.10 Multimedia-Netzwerke

3.10.1 Einführung

Ein Multimedia-Netzwerk besteht aus miteinander verbundenen Multimedia- und Infotainment-Geräten, z. B. DVD- oder BluRay-Player, Radio, Soundsysteme, Navigationsgeräte (GPS), Kamerasysteme und nicht zuletzt Mobiltelefone. Multimedia-Netzwerke benötigen vergleichsweise hohe Bitraten.

MP3-Dateien begnügen sich mit einer Bitrate von 16 KByte/s. Audiosignale in CD-Qualität (Abtastrate 44,1 kHz) benötigen bereits 176 KByte/s. Die Bandbreitenanforderungen für die Übertragung von TV-Signalen, Videostreams und Videospielen sind um ein vielfaches höher als die Netto-Bitraten von CAN. Noch höher sind die Anforderungen von Kamerasystemen, die zunehmend auch in mobilen Maschinen eingesetzt werden. FlexRay könnte zum Einsatz kommen, wenn es nur um die Bandbreite ginge, ist jedoch für deterministische, fehlertolerante Datenkommunikation ausgelegt – eine Eigenschaft, die viel Geld kostet und in multimedialen Anwendungen nicht benötigt wird.

Dieses Kapitel liefert eine kurze Einführung in die Multimedia-Netzwerke MOST und IDB. Automotive Ethernet (Abschnitt 3.11) hat das Potenzial, beide zu ersetzen.

3.10.2 Media Oriented Systems Transport (MOST)

Eines der ersten Multimedia-Netzwerke in Serienfahrzeugen war der Domestic Digital Bus (D2B), der Ende der 1990er-Jahre in einem Mercedes-Benz M-Klasse das Radio, das Soundsystem, den CD-Wechsler, das Autotelefon, die Spracherkennung und das Notruf-System Tele Aid miteinander verband. Das physikalische Medium war eine Glasfaser, die Netzwerk-Topologie ein Ring und die Bitrate lag bei 5,65 Mbit/s.

Um den steigenden Bandbreitenhunger der ständig komplexer werdenden Multimedia-Geräte zu stillen, entwickelte OASIS Silicon Systems (später SMSC, heute Microchip Technology) ein Multimedia-Netzwerk mit der Bezeichnung *Media Oriented Systems Transport* (MOST). 1998 wurde die MOST Cooperation gegründet. Sie besteht aus den Kernmitgliedern AUDI, BMW, Daimler, Harman und Microchip. Anwender und Systemintegratoren sind u. a. General Motors, Toyota und Volvo. Heute gilt MOST als der De-facto-Standard für Multimedia- und Infotainment-Netzwerke im Automobil.

Anfang der 2000er-Jahre schloss sich die MOST Cooperation mit anderen Organisationen zusammen, um den Anschluss von externen Geräten, wie Laptops, Notebooks, iPods, MP3-Playern und Mobiltelefonen, an das Multimedia-Netzwerk des Fahrzeugs zu ermöglichen.

Die sehr umfangreiche MOST-Spezifikation deckt alle Layer des ISO/OSI-Modells ab.

Seit dem Jahr 2020 ist die MOST-Spezifikation als ISO-Standard verfügbar (Tabelle 3.30).

Tabelle 3.30 ISO 21806

ISO 21806	Road vehicles – Media Oriented Systems Transport (MOST)
Part 1 (2020)	General information and definitions
Part 2 (2020)	Application layer
Part 3 (2020)	Application layer conformance test plan
Part 4 (2020)	Transport layer and network layer
Part 5 (2020)	Transport layer and network layer conformance test plan
Part 6 (2020)	Data link layer
Part 7 (2020)	Data link layer conformance test plan
Part 8 (2020)	150-Mbit/s optical physical layer
Part 9 (2020)	150-Mbit/s optical physical layer conformance test plan
Part 10 (2021)	150-Mbit/s coaxial physical layer
Part 11 (2021)	150-Mbit/s coaxial physical layer conformance test plan
Part 12 (2021)	50-Mbit/s balanced media physical layer
Part 13 (2021)	50-Mbit/s balanced media physical layer conformance test plan
Part 14 (2021)	Lean application layer
Part 15 (2021)	Lean application layer conformance test plan

Bild 3.31 zeigt den Aufbau eines MOST-Netzwerks mit vier Multimedia-Geräten (MOST-Devices). Die Netzwerktopologie ist ein Ring, das physikalische Medium eine Kunststofffaser (POF = Plastic Optical Fiber). Jedes MOST-Device besitzt einen optischen Transmitter (FOT = Fiber Optical Transmitter) mit einem Sende- (Tx) und einem Empfangs- (Rx) Kanal. Der FOT wandelt die optischen Signale auf dem Bus in elektrische Signale um (und umgekehrt).

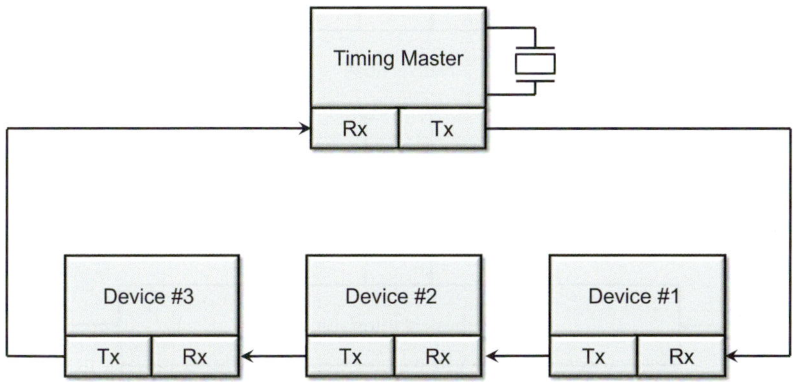

Bild 3.31 Beispiel für ein MOST-Netzwerk mit vier MOST-Devices

Ein besonderer Vorteil im Einsatz optischer Systeme besteht in der hohen Bitrate und der hohen elektromagnetischen Verträglichkeit. Nachteile sind die problematischen Biegeradien der Kunststofffasern, die begrenzte Temperaturstabilität und die Empfindlichkeit der optischen Verbinder gegen Verschmutzung. Sender und Empfänger müssen präzise zueinander ausgerichtet sein, was nicht nur in der Fahrzeugproduktion, sondern auch in der Werkstatt zu Problemen führen kann.

Aus diesen und anderen Gründen begann die MOST Cooperation mit der Entwicklung und Spezifikation eines Physical-Layers auf Basis von Kupferkabeln. Heute gibt es MOST25 (Bitrate: 25 Mbit/s, POF), MOST50 (Bitrate: 50 Mbit/s, POF oder UTP) und MOST150 (Bitrate: 150 Mbit/s, POF); letztere u. a. für HD-Videostreams und Mehrkanal-Surround-Sound. Bild 3.32 zeigt die Komponenten eines MOST Devices.

Es besteht aus einem oder mehreren Funktionsblöcken, einem Layer für Netzwerkservices (NetServices), dem Network Interface Controller (NIC) und dem physikalischen Interface. Die Funktionsblöcke repräsentieren Funktionen wie z. B. DVD-Videoplayer, Audio-CD-Player, TV-Tuner, Telefon usw. Die NetServices verbinden die Funktionsblöcke mit dem Network Interface Controller. Heute gibt es integrierte Network Interface Controller mit der Bezeichnung INIC.

In einem MOST-Ring werden die Daten so lange von einem Device zum nächsten gesendet, bis sie den Empfänger erreicht haben. Der Datentransfer wird von einem Timingmaster gesteuert. Dazu erzeugt der Timingmaster Frames und schickt sie periodisch und zeitlich äquidistant auf die Reise durch den Ring. Jedes MOST-Device kann dem Frame Daten entnehmen, welche hinzufügen oder den Frame unverändert weiterleiten. Bild 3.33 zeigt den Aufbau eines MOST-Frames.

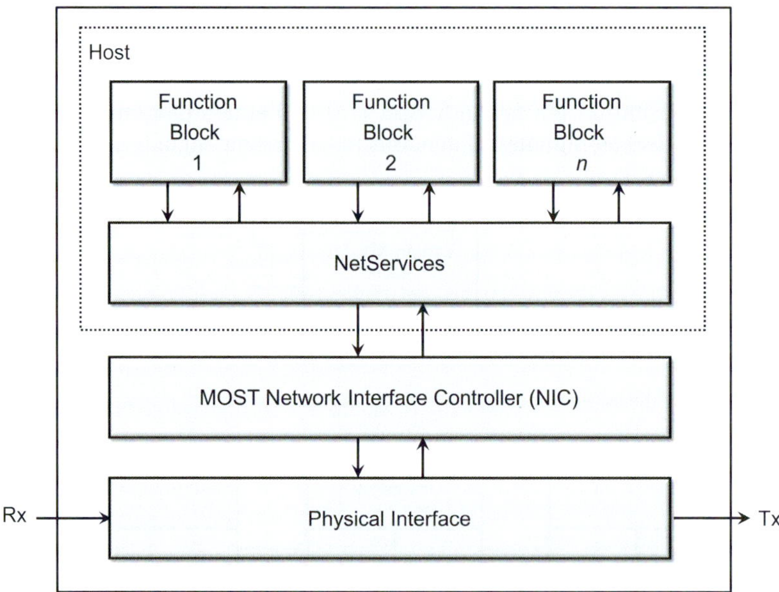

Bild 3.32 Komponenten eines MOST-Devices

Er besteht aus einem 1-Byte-Header, dem Datenfeld und einem 1-Byte-Trailer. Das Datenfeld besteht aus den drei Segmenten für synchrone Daten (z. B. Videostreams in Echtzeit), asynchrone Daten (z. B. Fotos, Landkarten, Tabellen) und Daten zur Steuerung (z. B. die Anforderung an das Radio, den Sender zu wechseln, oder die Anforderung an den Verstärker, die Lautstärke zu erhöhen). Der Header dient der Synchronisation und beinhaltet Informationen über die Länge des synchronen Datenfelds im Verhältnis zur Länge des asynchronen Datenfelds.

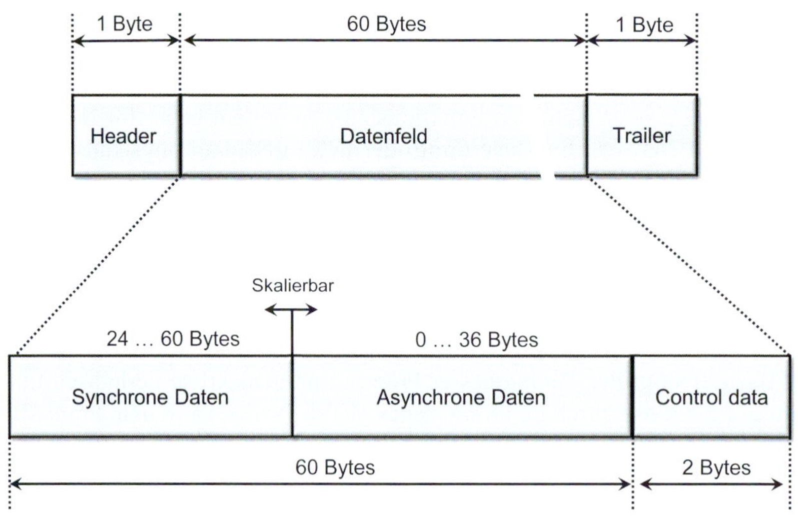

Bild 3.33 Aufbau eines MOST-Frames

3.10.3 IDB 1349 and ISO 22902

AMI-C[60] wurde im Oktober 1998 gegründet. Ziel war es, eine Schnittstelle zwischen Multimedia-Komponenten und dem Fahrzeugnetzwerk zu entwickeln und zu standardisieren. Das Ergebnis war die Spezifikation AMI-C 1394, die die Anforderungen für eine Schnittstelle zum Anschluss portabler Unterhaltungselektronik an das Fahrzeugnetzwerk beschreibt. Dazu beinhaltet AMI-C 1394 ein als *IDB-C* (Intelligent Transportation System Data Bus CAN) bezeichnetes Protokoll für die Datenkommunikation auf CAN. Aufgrund der relativ geringen Bitrate von 250 Kbit/s ist IDB-C für den Anschluss von Mobiltelefonen, PDAs und CD-Playern geeignet, aber nicht für die Übertragung von Videosignalen in Echtzeit.

IEEE 1394 spezifiziert eine serielle Schnittstelle für die Verbindung von Komponenten der Computerindustrie und ist auch bekannt als FireWire (Apple) oder i.LINK (Sony). Ein weiteres Protokoll, *IDB 1349*, basiert auf IEEE 1349 und spezifiziert einen sogenannten Consumer Convenience Port (CCP) als Gateway zwischen FireWire und IDB 1349 (Bild 3.34).

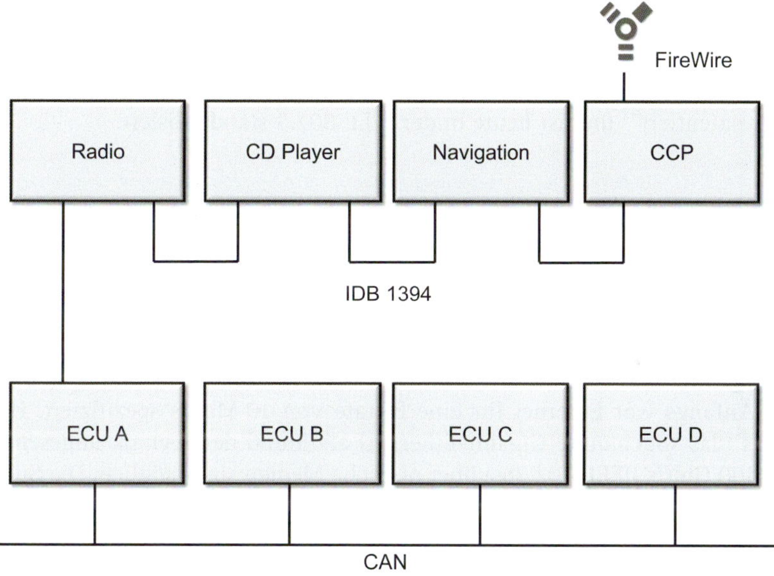

Bild 3.34 IDB 1394 mit Consumer Convenience Port (CCP)

Im Jahr 2003 beendete AMI-C seine Arbeiten und übergab die Spezifikationen an die ISO zur Standardisierung, aber auch an die OSGi Alliance[61], die 1394 Trade Association und die MOST Cooperation. Tabelle 3.31 zeigt den Inhalt der ISO 22902, die auf den AMI-C Spezifikationen basiert.

---

[60] Automotive Multimedia Interface Collaboration

[61] Früher: Open Services Gateway Initiative

Tabelle 3.31 ISO 22902

ISO 22902	Road vehicles – Automotive multimedia interface
Part 1 (2006)	General technical overview
Part 2 (2006)	Use cases
Part 3 (2006)	System requirements
Part 4 (2006)	Networkprotocol requirements for vehicle interface access
Part 5 (2006)	Common message set
Part 6 (2006)	Vehicle interface requirements
Part 7 (2006)	Physical specification

3.11 Automotive Ethernet

3.11.1 Geschichte und Übersicht

Ethernet wurde 1975 als „Multiport data communication system with collision detection" in den USA patentiert[62] und ist heute in der IEEE 802.3 standardisiert.

Die derzeit gültige Fassung der IEEE 802.3 hat einen Umfang von mehr als 4000 Seiten.

Als Technologie zur Verbindung von PCs, Servern, Workstations, Scannern, Druckern und anderen (Büro-)Geräten miteinander und mit dem Internet ist Ethernet heute weltweit verbreitet. Anfangs war Ethernet für eine Bitrate von 10 Mbit/s spezifiziert. Heute kann 1000 Mbit/s (das sogenannte Gigabit-Ethernet) als Stand der Technik angesehen werden und selbst 400 Gbit/s (IEEE 802.3bs) über optische Medien sind möglich. Die Spezifikation IEEE 802.3dj für bis zu 1,6 Tbit/s ist angekündigt.

Bild 3.35 zeigt die wesentlichen Komponenten eines Ethernets. Die Topologie ist ein Stern. Sternkoppler werden als „Hub" oder „Switch" bezeichnet. Ein Hub verteilt alle Nachrichten an alle Geräte, die an ihn angeschlossen sind. Ein Switch analysiert die eingehenden Nachrichten, leitet sie nur an die adressierten Empfänger weiter und reduziert damit signifikant die Buslast.

Hubs, Switches und Router haben unterschiedliche Funktionen. Hubs und Switches werden verwendet, um Geräte miteinander zu verbinden. Router verbinden Netzwerksegmente, z. B. eines Büronetzwerk mit dem Internet. Die heute verfügbaren Router besitzen in der Regel integrierte Switches.

[62] U.S. Patent 4,063,220

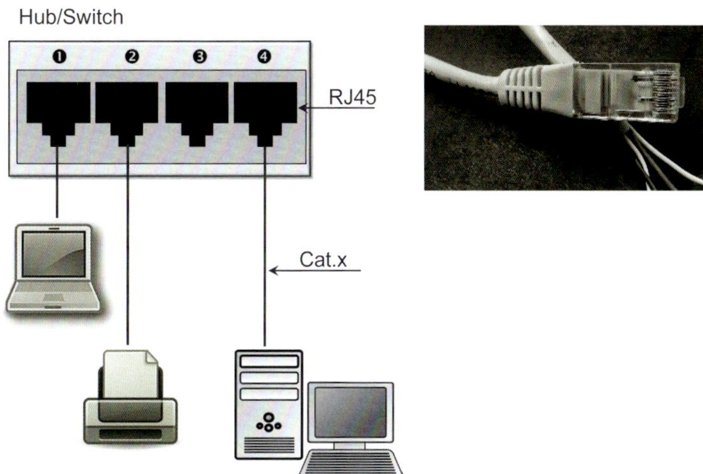

Bild 3.35 Komponenten eines Ethernets im Büro

Der Switch in Bild 3.35 besitzt vier Anschlüsse für Kabel mit sogenannten RJ45-Steckern[63]. In Abhängigkeit von der Bitrate und anderen Parametern werden Ethernetkabel als Cat.x bezeichnet, mit $x \in \{4, 5, 5e, 6, 7, 8\}$, z. B. Cat.5, Cat.5e oder Cat.6.

Cat.5- und Cat.5e-Kabel sind ungeschirmt und bestehen aus zwei verdrillten Aderpaaren. Sie sind für den Einsatz in Netzwerken mit Bitraten bis 1 000 Mbit/s problemlos geeignet.

Neben zahlreichen Büroanwendungen hat sich Ethernet auch in der Fabrikautomation durchgesetzt.

3.11.2 Ethernet in der Automobilindustrie

Trotz des vielfältigen Einsatzes von Ethernet in Büros und Fabriken weltweit, fand diese Technologie in der Automobilindustrie als Fahrzeugnetzwerk keine Beachtung. Ein Grund dafür war, dass der RJ45-Stecker und die Cat.x-Kabel für Anwendungen in Fahrzeugen oder mobilen Maschinen nicht geeignet sind. Ein weiterer Grund ist die unzureichende elektromagnetische Verträglichkeit. Um diese Probleme zu lösen, entwickelte der amerikanische Netzwerk- und Halbleiterspezialist Broadcom Inc. einen neuen Physical-Layer für die bidirektionale Kommunikation über ein zweiadriges, ungeschirmtes Kabel und nannte diese Technologie BroadR-Reach®. Die erste Version unterstützte Bitraten bis 100 Mbit/s. Seit 2011 arbeitet die OPEN (One-Pair Ethernet) Alliance Special Interest Group an mehreren IEEE-802.3-Erweiterungen des Physical-Layers (Tabelle 3.32). Die Topologie ist auch im Fahrzeug ein Stern, d. h. es wird ein Steuergerät als Ethernet-Switch benötigt.

[63] 8P8C Modular Connector

Tabelle 3.32 Physical-Layer von Automotive Ethernet

Standard	Physical-Layer	Bitrate	Medium
IEEE 802.3bw	100BASE-T1	100 Mbit/s	unshielded single twisted pair cable
IEEE 802.3bp	1000BASE-T1	1 Gbit/s	single balanced twisted-pair cable
IEEE 802.3bv	1000BASE-RV	1 Gbit/s	Kunststoff-/Glasfaser

IEEE 802.3bw, 802.3bp und 802.3bv sind nicht Bestandteil der IEEE-802.3:2015-Spezifikation.

Seit dem Jahr 2020 sind Teile der OPEN Alliance Spezifikationen in der ISO 21111 (Tabelle 3.33) standardisiert.

Tabelle 3.33 ISO 21111

ISO 21111	Road vehicles – In-vehicle Ethernet
Part 1 (2020)	General information and definitions
Part 2 (2020)	Common physical entity requirements
Part 3 (2020)	Optical 1-Gbit/s physical entity requirements and conformance test plan
Part 4 (2020)	General requirements and test methods of optical gigabit Ethernet components
Part 5 (2020)	Optical 1-Gbit/s physical layer system requirements and test plans
Part 6 (2021)	Electical 100-Mbit/s physical entity requirements and conformance test plan
Part 7	N/A*
Part 8 (2022)	Electrical 100-Mbit/s Ethernet transmission, media, components and tests
Part 9	N/A*
Part 10 (2021)	Application and network layer requirements and test plans
Part 11 (2021)	Application to session layer conformance test plans

* Stand Ende 2023 sind ISO 21111-7 (Electrical 100-Mbit/s physical layer system requirements and test plans) und ISO 21111-9 (Data link layer requirements and conformance test plans) nicht verfügbar und als „deleted“ deklariert.

3.11.3 Data Link Layer

Gemäß den Regeln des ISO/OSI-Modells sind die Funktionen des Data-Link-Layers unabhängig vom Physical-Layer, d. h. der Data-Link-Layer eines Protokollstacks (hier Ethernet) kann auf alle zum selben Protokollstack gehörenden Physical-Layer aufgesetzt werden. Für Automotive Ethernet brauchen wir einen Data-Link-Layer, der mit 100BASE-T1, 1000BASE-T1 und 1000BASE-RV spielt.

Dieser besteht aus den zwei Sublayern Media Access Control (MAC) und dem Logical Link Control (LLC). Bild 3.36 zeigt den Aufbau von zwei verschiedenen MAC-Frames.

Ein Ethernet-Frame besteht aus einem Preamble-Feld, einem Start-Frame-Delimiter Feld (SFD = 0xAB = 10101011_2) und einem der beiden in Bild 3.36 dargestellten MAC-Frames.

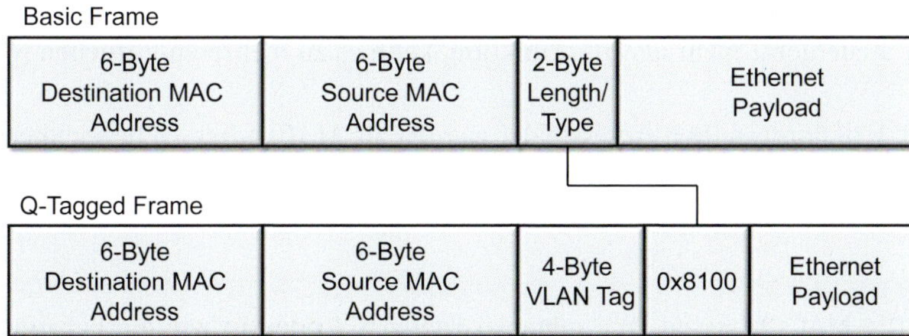

Bild 3.36 Automotive Ethernet MAC-Frames

Das Preamble- und SFD-Feld sind in Bild 3.36 nicht dargestellt. Sie dienen der Initialisierung und Synchronisierung.

Der Unterschied zwischen dem Base Frame und dem Q-tagged Frame besteht im 4 Byte langen VLAN Tag (s. u.). Beide Frames starten mit der Zieladresse und der Empfängeradresse. Es folgt das Length/Type-Feld mit Informationen über die Länge oder den Inhalt des Datenfelds. Falls der Inhalt des Length/Type-Felds

- ≤ 0x5DC (1 500) ist, gibt der Wert die Anzahl der Bytes im Datenfeld an,
- ≥ 0x600 (1 536) ist, enthält das Datenfeld einen Ethertype.

Die Werte 0x5DD (1 501) bis 0x5FF (1 535) sind ungültig.
Ein Ethernet-Frame kann bis zu 1 500 Bytes an Nutzdaten enthalten.

Ethertypes legen fest, welches Protokoll im Datenfeld des Frames eingebettet ist (Tabelle 3.34).

Tabelle 3.34 Ethertype Beispiele

Inhalt des Length/Type-Felds	Bedeutung
0x0800	Internet Protocol Version 4 (IPv4)*
0x8606	Address Resolution Protocol (ARP)
0x86DD	Internet Protocol Version 6 (IPv6)*
0x8892	PROFINET
0x88A4	EtherCAT
0x8100	VLAN-Frame

* Die Internet-Protokolle IPv4 and IPv6 werden in Abschnitt 5.5 (Diagnostics over IP) beschrieben.

Die Zahl 0x8100 im Length/Type-Feld indiziert einen VLAN-Frame (siehe Bild 3.36 und Tabelle 3.34). Ein VLAN (Virtual Area Network) besteht aus logischen Partitionen eines physikalischen Netzwerks. Damit können Steuergeräte, die funktional zusammengehören,

z. B. Antrieb, OBD oder Multimedia, einem virtuellen Netzwerk (VLAN) zugeordnet werden. Besitzt ein Steuergerät mehr als eine Funktion, kann es zu mehreren virtuellen Netzwerken gehören.

Die in Bild 3.36 dargestellten Adressfelder werden als *MAC-Adressen* bezeichnet. In einem Ethernet kann jedes (Steuer-)gerät durch eine global (!) eindeutige MAC-Adresse identifiziert werden.

Die MAC-Adressen sind genauso weltweit eindeutig wie die Fahrzeugidentifikationsnummern VIN.

Obwohl die MAC-Adresse eigentlich nichts anderes ist als eine ganz normale 6-Byte-Zahl, gibt es für sie besondere Notationen, z. B. FF-FF-FF-... oder FF:FF.:FF:...

Die MAC-Adresse besteht aus den beiden Feldern:

- Organizationally Unique Identifier (OUI)
- Network Interface Controller (NIC) Feld

Der OUI (3 Byte) wird vom IEEE gegen eine Gebühr vergeben. Jeder Hersteller von Netzwerk-Interface-Controllern (NIC) benötigt mindestens eine OUI. Tabelle 3.35 zeigt ein paar ausgewählte Beispiele aus der Automobilindustrie.

Tabelle 3.35 Beispiele für Organizationally Unique Identifier (OUI)[64]

Firma/Organisation	Standort	OUI
Ford Motor Company	Dearborn, MI	00:26:B4
BMW AG	München, Germany	00:01:A9
Porsche Cars NA	Atlanta, GA	D0:0E:A4
Harley Davidson Motor Co.	Milwaukee, WI	D4:EC:0C
Continental Automotive Systems	Deer Park, IL	00:1E:AE 00:54:AF
Cummins Inc.	Fridley, MN	00:1C:E8
Caterpillar Inc.	Mossville, IL	00:0A:75
Softing	Munich, Germany	00:06:71

Für jeden Frame gibt es immer nur einen Sender und einen oder mehrere Empfänger, d. h. dass die Zieladresse eine Unicast-, Multicast- oder Broadcast-Adresse sein kann.

Die Broadcast-Zieladresse ist FF:FF:FF:FF:FF:FF.

64 Quelle: https://hwaddress.com/companies

Auch wenn sich Automotive Ethernet für die On-Board-Kommunikation bislang nicht etablieren konnte, gehen die Fahrzeughersteller dazu über, einen Ethernet-basierten Diagnosezugang zu legen. Die vergleichsweise hohe Netto-Bitrate wird vor allem für die Programmierung von Steuergeräten in der Fahrzeugmontage und im Service genutzt. Zu diesem Zweck wurden freie Pins des OBD-Steckers mit 100BASE-Tx (4-wire) Ethernet belegt. Die Pinbelegung des SAE J1962-OBD-Steckers wurde in der ISO 13400-4 standardisiert (siehe auch Abschnitt 7.2).

Bild 3.37 zeigt ein vereinfachtes Beispiel eines Diagnosesystems mit einem Tester, der an ein CAN-Ethernet-Gateway angeschlossen ist.

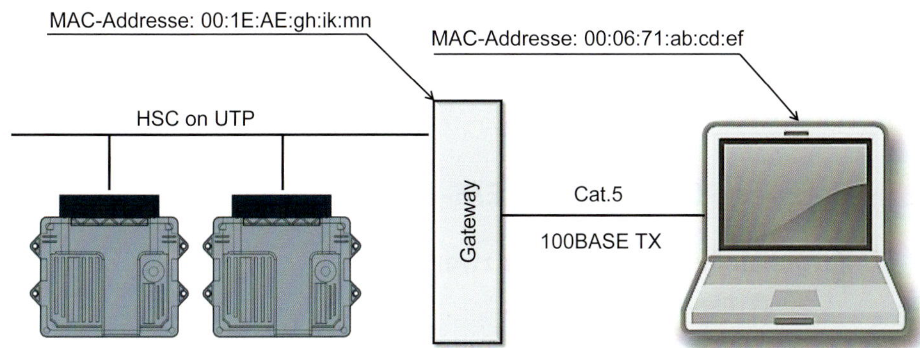

Bild 3.37 Ethernet-basiertes Diagnosesystem

Sowohl der Tester als auch das Gateway besitzen eine MAC-Adresse zur eindeutigen Identifikation. In diesem Beispiel ist die OUI des Testers die des Toolherstellers Softing aus München und die OUI des Gateways gehört Conti Automotive USA.

Bild 3.38 zeigt Komponenten von Gateway und Tester. Auf beiden Seiten wird derselbe Physical-Layer 100BASE-TX mit einem 4-wire-Cat.5-Kabel verwendet. Trotzdem können die Stecker unterschiedlich sein. Bild 3.39 zeigt ein Cat.5-Kabel mit RJ45- und ISO 13400-4-Stecker.

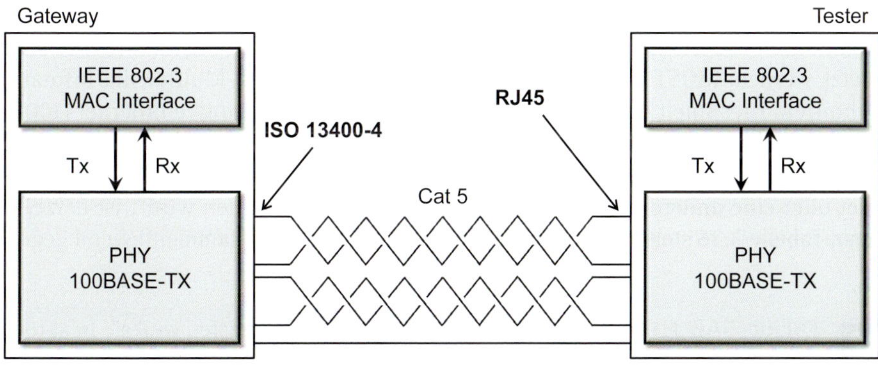

Bild 3.38 Physical-Layer des Ethernet-basierten Diagnosesystems

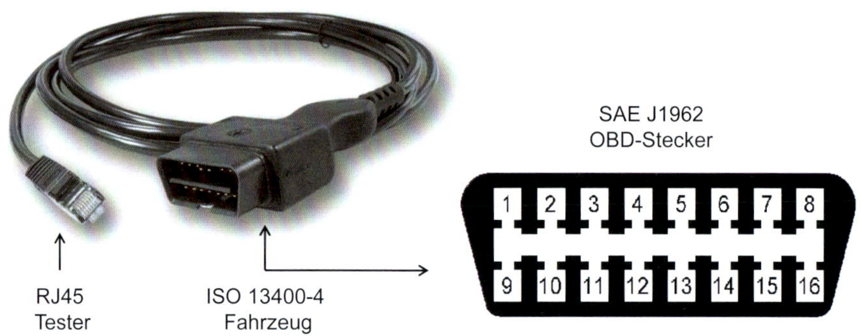

Bild 3.39 Kabel des Ethernet-basierten Diagnosesystems

3.12 Netzwerk-Domänen und E/E-Architekturen

3.12.1 Vergleich der Fahrzeug-Netzwerke

Unabhängig von der physikalischen Netzwerktopologie bezeichnen wir CAN, LIN, FlexRay, J1939, ... als „Bussysteme".

Ein Bussystem für alle Anwendungsfälle gibt es nicht. Jedes der hier beschriebenen Bussysteme ist für spezielle Anwendungsfälle konzipiert. CAN und CAN FD sind bestens geeignet für die ereignisgesteuerte Datenkommunikation mit Bitraten, die in sehr vielen Anwendungsfällen ausreichen. Durch die hohen Stückzahlen sind die Kosten für CAN-Komponenten, das sind in der Regel Mikrocontroller mit integrierten CAN-Controllern und separaten CAN-Transceivern, niedrig. Noch kostengünstiger ist LIN, das immer dann zum Einsatz kommt, wenn die Performance von CAN nicht benötigt wird und niedrige Bitraten unproblematisch sind. Der zweikanalige FlexRay bietet eine Kombination aus zeit- und ereignisgesteuerter Kommunikation und kann vor allem in der zweikanaligen Ausführung im Sicherheitsbereich eingesetzt werden. MOST ist speziell auf die Anforderungen im Multimedia/Infotainment zugeschnitten. Hier spielt die Bitrate eine besondere Rolle. Automotive Ethernet (100BASE-T1) hat sich bislang noch nicht als IVN im Fahrzeug etabliert, doch wird 100BASE-TX als Diagnoseschnittstelle verwendet. Ob das im Juni 2019 vorgestellte CAN XL, Automotive Ethernet oder eine andere (neue) Technologie „das Rennen machen wird", ist derzeit nicht absehbar. Tabelle 3.36 stellt die zurzeit wichtigsten Bussysteme zusammenfassend gegenüber.

K-Line, SAE J1850 und Single-Wire CAN sind nicht gelistet, weil sie in aktuellen E/E-Systemen keine Rolle mehr spielen.

Bussysteme mit optischen Medien, z. B. MOST150 und 1000BASE-RV sind nicht gelistet.

Tabelle 3.36 Fahrzeug-Bussysteme im Vergleich

Netzwerk	Nominelle Bitraten (max.)	Payload (Bytes)	Anwendung	Spezifikation
1000BASE-T1	1 000 Mbit/s		./.	IEEE 802.3bp
IEEE 1349	400 Mbit/s		On-Board	ISO 22902
100Base-T1	100 Mbit/s	1 500	On-Board	ISO 21111
100Base-TX	100 Mbit/s	1 500	Diagnose	ISO 21111
MOST	50 Mbit/s		On-Board	ISO 21806
CAN XL	10 Mbit/s	2 048	On-Board	CiA 610 series
FlexRay	10 Mbit/s	254	On-Board	ISO 10681
CAN FD	5 Mbit/s	64	On-Board	ISO 11898
HSC	1 Mbit/s	8	On-Board + Diagnose	ISO 11898
SAE J1939	500 Kbit/s	8	On-Board + Diagnose	SAE J1939
LSC	250 Kbit/s	8	On-Board	ISO 11898
LIN	20 Kbit/s		On-Board + Diagnose	ISO 17987

Nur die grau markierten Technologien 100BASE-TX, High-Speed CAN, SAE J1939 und LIN sind relevant für die Fahrzeugdiagnose, wobei LIN nur eine untergeordnete Rolle spielt, weil es keine direkte Verbindung zwischen einem Tester und dem LIN eines Fahrzeugs gibt. 100BASE-TX ist die einzige Technologie, die ausschließlich für die Diagnose spezifiziert ist.

3.12.2 Fahrzeug-Netzwerke (vernetzte Netze)

Kein Bussystem erfüllt alle Anforderungen. Deshalb kommen in einem Fahrzeug oder einer mobilen Maschine mehrere unterschiedliche Bussysteme zum Einsatz. Bild 3.3 zeigt den Einsatz eines Gateways, das einen High-Speed CAN und einen Low-Speed CAN miteinander verbindet, um Signale von einem Bussystem in ein anderes zu übertragen. Bild 3.21 zeigt einen LIN-Commander mit CAN/LIN-Gateway-Funktion.

Gateways verbinden Bussysteme mit verschiedenen Topologien und übertragen Signale von einem ins andere.

SAE J1939-31 spezifiziert eine Netzwerkkomponente mit der Bezeichnung Network Interconnection ECU (MIECU). Bild 3.40 zeigt, wie mit der MIECU als „Brücke“ (Bridge) das J1939 High-Speed CAN-Netzwerksegment der Zugmaschine mit dem des Anhängers verbunden wird.

ISO 11992-4 (Tabelle 3.37) beschreibt eine mit SAE J1939-31 vergleichbare Architektur mit einem *Commercial vehicle gateway* und mehreren *Towed vehicle gateways.*

Gateways sind Steuergeräte (oder eine Funktion/Controller Application eines Steuergeräts) zur Verbindung gleicher oder verschiedener Bussysteme.

Bild 3.41 zeigt vereinfacht die interne Struktur eines Gateways im ISO/OSI-Modell. Für jeden Layer des Bussystems A gibt es einen Peer des Bussystems B.

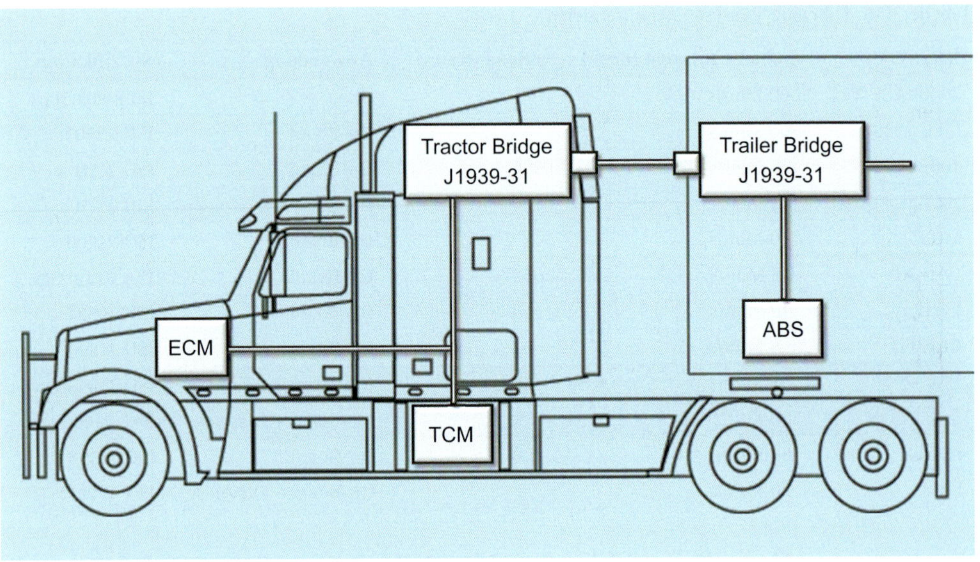

Bild 3.40 Network Interconnection ECU (SAE J1939-31)

Tabelle 3.37 ISO 11992

ISO 11992	Road vehicles – Interchange of digital information on electrical connections between towing and towed vehicles
Part 1 (2019)	Physical and data-link layers
Part 2 (2014)	Application layer for brakes and running gear1
Part 3 (2021)	Application layer for equipment other than brakes and running gear
Part 4 (2014)	Diagnostic communication

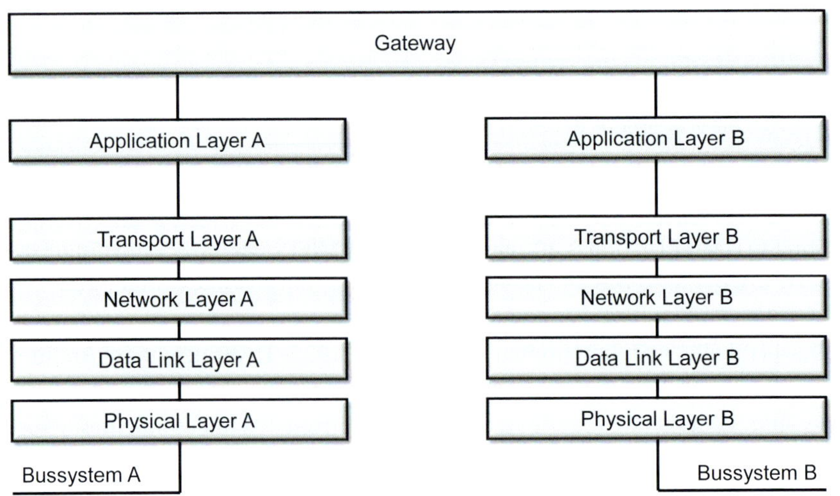

Bild 3.41 Gateway im ISO/OSI-Modell

Bild 3.42 zeigt das Ethernet-basierte Diagnosesystem aus dem Bild 3.37 mit Protokollen des ISO/OSI-Modells. Der Tester ist über den OBD-Stecker mit ISO-13400-4-Pinbelegung mit dem Gateway verbunden. Das Gateway verbindet den Physical- und Data-Link-Layer des Testers (hier Ethernet) mit dem CAN des Fahrzeugs.

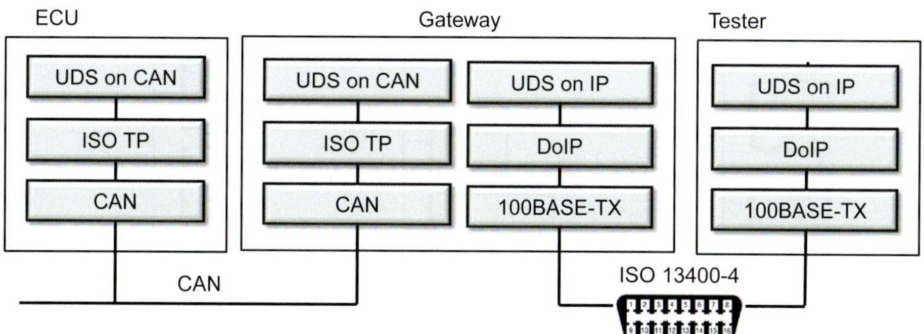

Bild 3.42 Protokolle des Ethernet-basierten Diagnosesystems

Die Transportprotokolle ISO TP und DoIP werden im Kapitel 5, die Application-Layer-Protokolle „UDS on CAN" und „UDS on IP" in Kapitel 4 behandelt.

Das E/E-System eines Fahrzeugs oder einer mobilen Maschine besteht aus Bussystemen, die über Gateways miteinander verbunden sind. Bild 3.43 zeigt exemplarisch den Ausschnitt eines E/E-Systems mit drei Gateways, drei High-Speed CAN, einem Low-Speed CAN mit LIN Cluster und einem MOST-Ring.

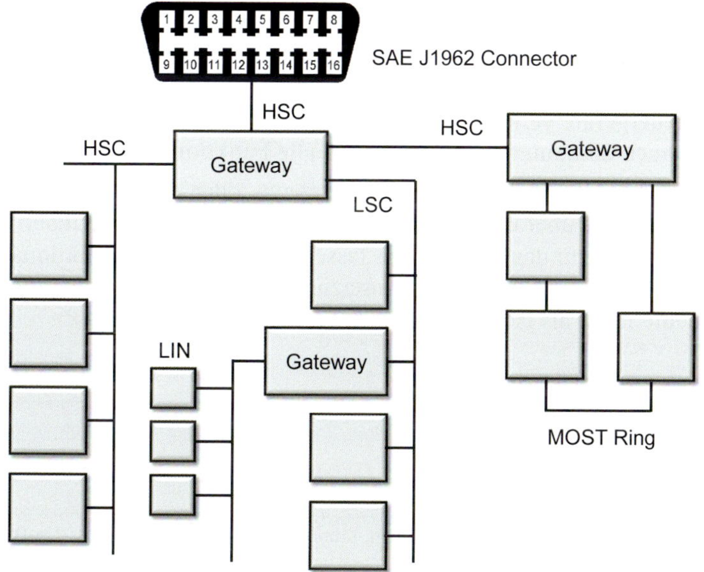

Bild 3.43 E/E-System mit Gateways

Bild 3.44 zeigt exemplarisch den Ausschnitt eines E/E-Systems mit einem zentralen Gateway.

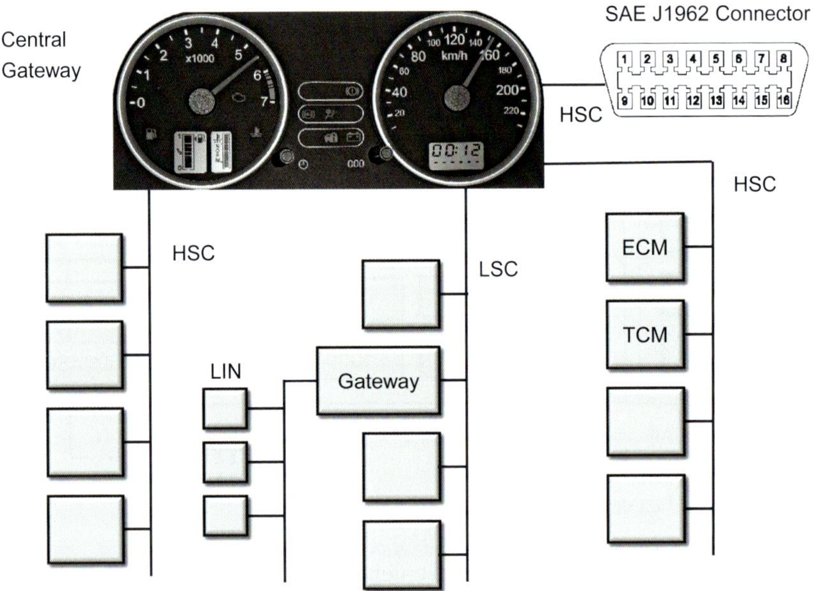

Bild 3.44 E/E-System mit zentralem Gateway

Bild 3.43 und Bild 3.44 verdeutlichen, dass ein an den J1962-Stecker angeschlossener Tester physikalisch jedes Steuergerät des E/E-Systems erreichen kann.

Mit zunehmender Komplexität der Fahrzeugfunktionen stellt sich die Frage nach der richtigen Architektur des E/E-Systems. Was ist besser: ein dezentrales System, in dem die Funktionen auf viele Steuergeräte verteilt sind oder eines mit einem zentralen „Mastermind" (HPC = High-Performance Computer), der weitgehend alle Funktionen steuert und überwacht?

Physikalisch besteht das E/E-System eines Fahrzeugs oder einer mobilen Maschine aus Netzwerksegmenten, die über Gateways miteinander verbunden sind. Unabhängig von der physikalischen Architektur des E/E-Systems lassen sich Funktionen funktionalen Domänen zuordnen (Tabelle 3.38). Vor allem für die Umsetzung verteilter Funktionen (Bild 1.11) können Netzwerksegmente nicht als isolierte Insellösungen betrieben werden.

Tabelle 3.38 Beispiele für funktionale Domänen

Funktionale Domäne	Beispiele für Funktionen
Antriebsstrang	Motor, Getriebe
Sicherheit	ABS, ESP, Airbag, Beleuchtung, Wegfahrsperre
Komfort	Fensterheber, Sitzfunktionen, Klimaanlage, Illumination, Heads-Up-Display
Multimedia	Audiosystem, Navi, Schnittstelle für Smartphone
Fahrerassistenz	Abstandsregelung, Bremsassistent
OBD	Umweltschutz

Mobile Maschinen besitzen zahlreiche funktionale Domänen, die sich alle unter dem Oberbegriff „Arbeitshydraulik“ zusammenfassen lassen.

Mit Ausnahme der OBD sind funktionale Domänen nicht standarisiert.

Bild 3.45 zeigt ein E/E-System, das auf funktionalen Domänen basiert. Diese Architektur wurde 2015 von Daimler auf der ELIV[65] publiziert. Die Domänen-Controller (Powertrain, Body, Safety und Infotainment) sind über Ethernet an das zentrale Gateway, das als Switch arbeitet, angeschlossen (Bitrate 100 Mbit/s, Payload 1 472 Bytes).

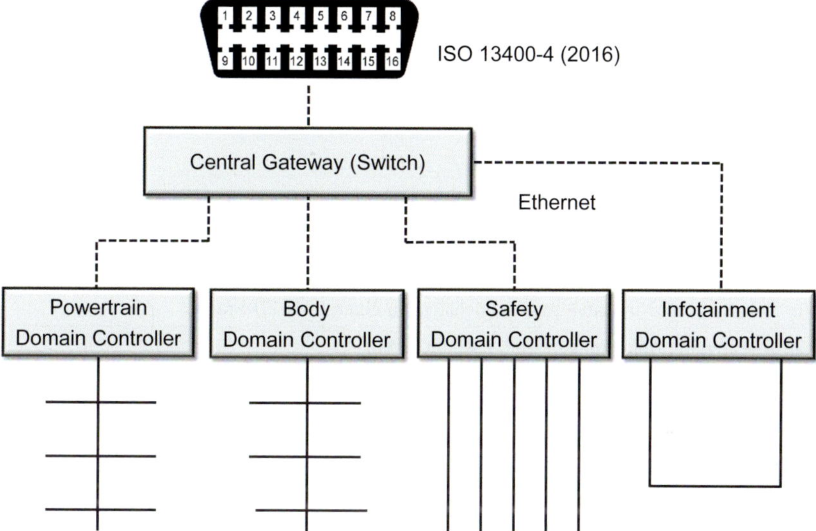

Bild 3.45 Domänen-Controller

[65] Dr.-Ing. S. Schmerler, Dr.-Ing. Th. Ringler, Dipl.-Math. J. Seyler, Dr. Ch. Kühn, Dailmer AG, Sindelfingen: VDI Tagungsband Nr. 2249 (2015), 17th International Congress ELIV 2015, ISBN 978-3-18-092249-2, Seite 521 ff.

3.13 Übungsfragen

3-1	Nenne mindestens ein proprietäres Bussystem.
3-2	Was bedeutet die Abkürzung CAN?
3-3	In welchem Jahr stellte Bosch auf dem SAE Congress in den USA das CAN vor?
3-4	In welchem Jahr erfolgte der erste Serieneinsatz des CAN?
3-5	Nenne drei Beispiele für physikalische Netzwerktopologien.
3-6	Was bedeutet die Abkürzung P2P?
3-7	Erkläre den Begriff „payload".
3-8	Was ist der Unterschied zwischen Bitrate und Baudrate?
3-9	Erkläre „Latenz".
3-10	Wie viel Mal schneller werden die Daten bei 100BASE-TX im Vergleich zu CAN übertragen?
3-11	Was bedeutet die Abkürzung CSMA/CR?
3-12	In welchem ISO-Standard ist die K-Line spezifiziert?
3-13	Was bedeutet die Abkürzung VCI?
3-14	In welcher ISO ist CAN spezifiziert?
3-15	Was bedeutet die Abkürzung CAN FD?
3-16	Für welche maximale Bitrate ist CAN FD spezifiziert?
3-17	Wie viele Bytes an Nutzdaten passen höchstens in einen CAN-Frame?
3-18	Wie viele Bytes an Nutzdaten passen höchstens in einen CAN-FD-Frame?
3-19	Was bedeuten die Abkürzungen HSC, LSC und SWC?
3-20	Für welche maximale Bitrate ist HSC spezifiziert?
3-21	Wie wird der HSC terminiert?
3-22	Wie wird der LSC terminiert?
3-23	Was bedeutet die Abkürzung CAN-ID?
3-24	Wie lang (in Bits) ist der CAN-ID eines CBFF-Frames?
3-25	Wie lang (in Bits) ist der CAN-ID eines CEFF-Frames?
3-26	Wie viele verschiedene Nachrichten gibt es (theoretisch) in einem CAN mit CBFF-Frames?
3-27	Was ist der höchste CAN-ID in einem CAN mit CBFF-Frames in hexadezimaler Notation?
3-28	Welche Arbitrierungsmethode verwendet CAN?
3-29	ECM and TCM starten zeitgleich mit dem Senden eines Frames. Der Frame des ECM hat den CAN-ID 0x550, der Frame des TCM die CAN-ID 0x6B0. Wer gewinnt die Arbitrierung?
3-30	Eine Excel-Tabelle erkennt man an der Dateiendung *.xlsx, eine ausführbare Datei an der Dateiendung *.exe. Woran erkennt man eine CAN-Matrix-Datei?
3-31	Wie werden die Bits eines CAN-Frames bezeichnet, die einen Code für die Anzahl der Bytes im Datenfeld enthalten?
3-32	Welche Nummer haben die SAE Recommended Practices, die eine Vielzahl an Protokollen auf CAN für den Einsatz in Lastkraftwagen und mobilen Maschinen spezifizieren?
	Welche Länge haben die CAN-IDs der Frames in diesem Netzwerk?
3-33	Welche Bitrate und Länge des Datenfelds kennzeichnen CAN XL?

3-34	Wofür stehen die Abkürzungen PGN und SPN?
3-35	Wie wird die in der ISO 11783 standardisierte CAN-Variante für Land- und Forstmaschinen genannt?
3-36	Was bedeutet LIN?
3-37	Nenne drei Attribute, in denen sich LIN und CAN unterscheiden.
3-38	Ist FlexRay ein Ein- oder Zweikanal-Netzwerk?
3-39	Wie heißen die beiden Segmente des FlexRay Kommunikationszyklus?
	Welche Buszugriffsmethoden werden in diesen Segmenten verwendet?
3-40	Wie viele Nutzdaten-Bytes passen in einen FlexRay-Frame?
3-41	Wofür steht die Abkürzung MOST?
3-42	Welche physikalische Topologie hat ein MOST-Netzwerk?
3-43	Welche Netto-Bitrate hat 100BASE-TX?
3-44	Worin unterscheiden sich 100BASE-TX und 100BASE-T1?
3-45	Wie lautet der von Broadcom als Marke geschützte Name von Automotive Ethernet?
3-46	Wie lang ist eine MAC-Adresse?
3-47	Mit welchen Steuergeräten werden verschiedene Bussysteme im Fahrzeug miteinander verbunden?

Vor allem sicherheitsrelevante Funktionen von autonomen Fahrzeugen und automatisierten mobilen Maschinen müssen mit einem On-Board-Diagnose-System überwacht werden.

Wir unterscheiden zwischen „emission-related OBD“ und (non-emission-related) „OBD“.

Die Kombination aus Eigendiagnose und Werkstatttester mit geführter Fehlersuche unterstützt das Servicepersonal dabei, Defekte schnell und zuverlässig zu lokalisieren und zu beseitigen[66]. In den USA wird diese Anforderung als *Right First Time* bezeichnet.

Tatsächlich haben Fahrzeuge mit Verbrennungsmotoren zwei separate Diagnosesysteme und müssen (mindestens) zwei verschiedene Diagnoseprotokolle unterstützen. Tabelle 4.2 verdeutlicht das Dilemma: Mit Ausnahme der SAE J1939 spezifizieren die gelisteten Diagnoseprotokolle die Diagnosekommunikation eines Testers mit dem OBD-System oder mit dem OEM-spezifischen Eigendiagnosesystem, aber nicht mit beiden. Das Problem der unsinnigen Protokoll-Vielfalt bleibt bestehen, obwohl mit SAE J1939 eine Lösung technisch möglich wäre, d. h. mit SAE J1939 gäbe es weltweit nur *ein* CAN-basiertes Protokoll für *alle* Fahrzeuge. Trotzdem ist SAE J1939 (auch vom Gesetzgeber) auf Heavy-Duty-Anwendungen beschränkt[67], während im PKW weltweit ISO/SAE-OBD verwendet wird.

Tabelle 4.2 OSI Model Application-Layer-Protokolle

Standard	Inhalt	legislated OBD	OEM-Eigendiagnose
ISO 15031	ISO-OBD, OBD II, EOBD[68]	•	
SAE J1979	OBD II, SAE OBD für PKW	•	
SAE J1979-2	OBD on UDS	•	
SAE J1979-3	ZEV on UDS	•	
ISO 27145	WWH-OBD für Heavy-Duty Engines	•	
ISO 14229-3	UDS on DoCAN		•
ISO 14229-4	UDS on FlexRay		•
ISO 14229-5	UDS on DoIP		•
ISO 14229-6	UDS on K-Line		•
ISO 14229-7	UDS on LIN		•
SAE J1939	HD-OBD und Enhanced Diagnostics für Heavy-Duty	•	•

Da es keine gesetzlichen Vorgaben zur Gestaltung der OEM-spezifischen Eigendiagnose gibt, entwickelten die Fahrzeughersteller zudem proprietäre Diagnoseprotokolle, z. B. GMLAN (General Motors), KWP 2000 on TP 2.0 (Volkswagen), Keyword 1281 (Volkswagen), DS-2

66 Aufgrund der Komplexität der E/E-Systeme besteht die Fehlerbeseitigung oft im Austausch kompletter Baugruppen. Die früher übliche Reparatur defekter Komponenten findet nicht mehr in der Werkstatt des Fahrzeugherstellers statt, sondern – wenn überhaupt – beim Zulieferer.

67 SAE J1939 wird in Personenkraftwagen nicht eingesetzt.

68 EOBD = European OBD

(BMW), Chrysler SCI (FCA) und FORD-ISO (Ford). Die meisten der proprietären Spezifikationen sind öffentlich nicht verfügbar. Ausnahmen sind VW TP 2.0 (SAE J2189) und Chrysler SCI (SAE J2610), die als Recommended Practices im SAE-Store erhältlich sind.

Aufgrund der langen Lebensdauer von Fahrzeugen und mobilen Maschinen sind viele der proprietären Protokolle auch heute noch im Einsatz. Auch bei einer neuen Generation von Fahrzeugen werden nicht alle Steuergeräte neu entwickelt. Oft kommt es zu einer Mischung aus *alten* und *neuen* Steuergeräten und damit zu einem E/E-System, das nur mit einem Tester diagnostiziert werden kann, der sowohl alte als auch neue Protokolle unterstützt.

Tabelle 4.3 listet die sechs CAN-basierten Protokolle, die der Gesetzgeber für die Diagnosekommunikation mit dem OBD-System derzeit zugelassen hat.

Tabelle 4.3 Protokolle für die Diagnosekommunikation mit einem OBD-System

ISO-OBD	SAE-OBD	OBD on UDS	ZEV on UDS	WWH-OBD	HD-OBD
ISO 15031	SAE J1979	SAE J1979-2	SAE J1979-3	ISO 27145	SAE J1939-73

ISO-OBD, SAE-OBD, OBD on UDS, ZEV on UDS, WWH-OBD und HD-OBD sind keine OBD-Systeme, sondern Diagnoseprotokolle. Je Fahrzeug ist nur eines dieser Protokolle für die Kommunikation mit dem OBD-System zugelassen.

Im Folgenden bezeichnen wir die Familie der *SAE Surface Vehicle Standards und Recommended Practices* (z. B. SAE J1979) für PKW und kleine/mittlere Transporter[69] des US-Markts als *SAE-OBD*, und das in der Normenreihe ISO 15031 spezifizierte Protokoll als *ISO-OBD*.

Die Spezifikationen der Protokolle SAE-OBD und ISO-OBD gelten als „technically equivalent“, unterscheiden sich aber z. B. in der Schreibweise hexadezimaler Zahlen: *0xFF* wird in der ISO 15031 FF_{16} und in der SAE J1979 *$FF* geschrieben.

ISO-OBD und SAE-OBD sind weltweit für Personenkraftwagen und Kleintransporter gesetzlich vorgeschrieben. Für „schwere“ Lastkraftwagen[70] und Busse sind in den USA entweder SAE-OBD oder HD-OBD (SAE J1939-73) zugelassen, in Europa ISO-OBD oder HD-OBD, alternativ auch WWH-OBD (ISO 27145). Das relativ neue Protokoll SAE J1979-2 (OBD on UDS) soll SAE J1979 ersetzen und wird in den USA für Fahrzeuge mit Verbrennungsmotoren ab dem Modelljahr 2027 zur Pflicht. Dadurch wird SAE J1979 zu „Classic OBD“. Hinzu kommt SAE J1979-3 (ZEV on UDS) für Fahrzeuge mit elektrischem Antrieb.

Sowohl J1979-2 als auch J1979-3 basieren auf UDS, was bedeutet, dass in Zukunft für OBD und Eigendiagnose nur noch ein Protokoll implementiert werden muss: UDS (siehe Abschnitt 4.3).

69 LDV = Light-Duty Vehicles und MDV = Medium-Duty Vehicles

70 HDV = Heavy-Duty Vehicles

SAE J1979-2 und -3 referenzieren ISO 15765 (DoCAN) für OSI-Layer 4 und 3, sowie ISO 11898 (High-Speed CAN) für OSI-Layer 2 und 1.

SAE J1979-3 lässt zusätzlich noch DoIP (ISO 13400) auf Ethernet (IEEE 802.x) zu.

Mobile Maschinen müssen zwar mit Abgasreinigungssystemen ausgestattet werden und Emissions-Grenzwerte einhalten, um zugelassen zu werden, doch ist die Überwachung per OBD gesetzlich immer noch nicht geregelt. Das gilt übrigens auch für Motorräder.

Die Entwicklung des UDS-basierten Diagnoseprotokolls *WWH-OBD* (ISO 27145) diente dem Ziel, ein weltweit einheitliches Protokoll für die Diagnosekommunikation mit dem Legislated-OBD-System *und* dem Enhanced-Diagnostic-System zu etablieren. Die erste Version des WWH-OBD-Standards ISO/PAS 27145 (PAS = Publicly Available Specification) wurde bereits im Jahr 2006 veröffentlicht. Leider haben die US-Umweltschutzbehörden WWH-OBD nicht akzeptiert und stattdessen die Entwicklung eines eigenen, ebenfalls auf UDS basierenden Protokolls vorangetrieben: SAE J1979-2 (OBD on UDS) wurde im April 2021 publiziert und wird ab Baujahr 2027 das klassische OBD-Protokoll J1979 für Fahrzeuge mit Verbrennungsmotoren ersetzen.

4.1.2 Diagnoseprotokoll-Stacks

Die Spezifikationen von Diagnoseprotokollen basieren auf dem Open Systems Interconnection (OSI) Basic Reference Model, was bedeutet, dass jeder der sieben Layer des OSI-Modells separat spezifiziert werden kann. Im Idealfall sind die Layer-Spezifikationen voneinander unabhängig und lassen sich beliebig kombinieren (stapeln). Leider ist das nicht immer der Fall. Der Hauptvorteil der Verwendung des OSI-Modells besteht darin, dass ein einmal spezifizierter und standardisierter Layer für die Spezifikation in mehr als einem Diagnoseprotokoll-Stack verwendet werden kann. Ein Beispiel ist die CAN-Spezifikation als Basis für die OBD-Protokolle sowie SAE J1939, ISOBUS und UDS on CAN.

Umgekehrt gibt es nur eine Spezifikation des Application-Layers für UDS, die in Kombination mit anderen OSI-Layern verwendet werden kann, z. B. UDS on CAN, UDS on K-Line, UDS on FlexRay, UDS on IP (Ethernet) und UDS on LIN. Ein weiteres Beispiel ist TCP/IP, das mit einer der zahlreichen Spezifikationen der physikalischen Schicht von Ethernet (IEEE 802.3) oder WLAN verwendet werden kann.

Unified Diagnostic Services (UDS) ist in der Normenreihe ISO 14229 standardisiert und hat sich weitgehend als das Standardprotokoll für Enhanced Diagnostics etabliert. Zudem basieren auch die OBD-Protokolle WWH-OBD, SAE J1979-2 und SAE J1979-3 auf UDS.

4.1.3 Namenskonventionen

Um die Komplexität der Diagnosekommunikation beherrschbar zu machen, hat die Automobilindustrie nicht nur die Protokollspezifikationen standardisiert, sondern auch die Namen der OSI-Layer und Protokoll-Stacks (z. B. „ISO UDS on CAN“, „ISO OBD on CAN“ oder „Truck and Bus on CAN“). Darüber hinaus hat die Automobilindustrie ein standardisiertes *Format* namens Open Diagnostic Data Exchange (ODX) zur maschinenlesbaren Beschreibung von Diagnoseprotokollen entwickelt und standardisiert (Abschnitt 6.5). Die so genannten *ODX-Shortnames* unterstützen die Maschinenlesbarkeit und eindeutige Identifikation von OSI-Layern und Protokoll-Stacks. Tabelle 4.4 zeigt eine kleine Auswahl von Beispielen.

Tabelle 4.4 Beispiele für maschinenlesbare ODX-Shortnames

Application-Layer	Transport-Layer	Physical-Layer
ISO_14229_3	ISO_15765_2	ISO_11898_2_DWCAN*
ISO_15031_5	ISO_15765_4	ISO_11898_2_DWCAN*
SAE_J1939_73	SAE_J1939_21	SAE_J1939_11_DWCAN*

* DWCAN ist die Abkürzung von Dual-Wire-CAN = HSC on UTP

Wie oben beschrieben, besteht ein Protokoll-Stack aus mehreren OSI-Layern. Der ODX-Shortname eines Stacks wird durch die sinnvolle Kombination der OSI-Layer unter Verwendung eines kombinierenden „_on_“ erstellt. Tabelle 4.5 zeigt Beispiele für die ODX-Shortnames ausgewählter Diagnoseprotokoll-Stacks.

Tabelle 4.5 Beispiele für ODX-Shortnames von Diagnoseprotokoll-Stacks

Bezeichnung	ODX-Shortname
ISO UDS on CAN	ISO_14229_3_on_ISO_15765_2_on_ISO_11898_2_DWCAN
ISO OBD on CAN	ISO_15031_5_on_ISO_15765_4_on_ISO_11898_2_DWCAN
Truck and Bus on CAN	SAE_J1939_73_on_SAE_J1939_21_on_SAE_J1939_11_DWCAN

Bild 4.1 zeigt acht standardisierte Diagnoseprotokolle und die dazu gehörenden OSI-Layer 1 und 2. Es fällt auf, dass außer für UDS on IP nur Classical High-Speed CAN als Physical- und Data-Link-Layer zum Einsatz kommt. Die Spezifikationen von WWH-OBD (ISO 27145) und ZEV on UDS (SAE J1979-3) lassen alternativ zu CAN auch Ethernet zu, doch bedarf es für den Einsatz in der Praxis einer Anpassung der OBD-Vorschriften durch EPA/CARB oder des EU-Parlaments.

OSI ▼	ISO-OBD	SAE-OBD	WWH-OBD	UDS on CAN	OBD on UDS	HD-OBD	ISOBUS	UDS on IP
7	ISO 15031-3	SAE J1979	ISO 27145-3	ISO 14229-3	SAE J1979-2	SAE J1939-03	ISO 11783-12	ISO 14229-5
1+2	CAN	CAN	CAN	CAN	CAN(*)	CAN	CAN	ETH

CAN = ISO 11898-1 und -2, HSC on UTP

ETH = ISO 13400-2 = 100BASE-TX , Ethernet IEEE 802.3

Bild 4.1 Diagnoseprotokolle

4.1.4 Diagnosedienste

Wie im Abschnitt 2.7 (Diagnose-Kommunikation) erläutert und im Bild 4.2 noch einmal dargestellt, sendet der Tester (TST) eine Diagnosedienst-Anfrage (Diagnostic Service Request) an das Steuergerät (ECU) und das Steuergerät antwortet mit einer Diagnosedienst-Antwort (Diagnostic Service Response). Ein sinnvoller Request muss auch dann beantwortet werden, wenn das Steuergerät den angeforderten Dienst nicht unterstützt. Deshalb wird zwischen positiven und negativen Responses unterschieden.

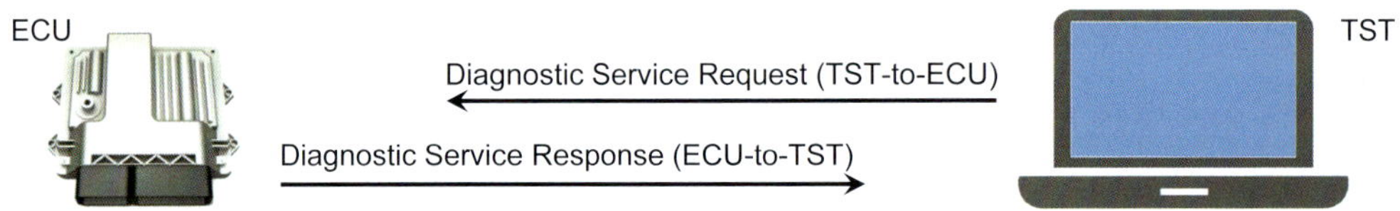

Bild 4.2 Diagnosedienst-Anfrage und -Antwort

In der Regel beinhaltet eine negative Response Informationen über den Grund der Ablehnung. Ein möglicher Grund könnte sein, dass das Steuergerät den angeforderten Dienst nicht kennt (service not supported).

Bei der Diagnosekommunikation sind auch negative Responses gültige Antworten.

Die standardisierten Spezifikationen[71] der Diagnoseprotokolle sind generisch, d. h. sie müssen von den Steuergeräte-Softwareentwicklern und den Entwicklern der Diagnosetester, Flashtools, EOL-Tester etc. an den jeweiligen Anwendungsfall und das reale E/E-System angepasst und aufeinander abgestimmt werden.

In der Regel werden nicht alle im Standard gelisteten Dienste implementiert, sondern nur eine sinnvolle Auswahl. Der Tester muss diese Auswahl kennen, um sich nicht ständig negative Responses mit der Begründung „Service not supported“ einzufangen.

Zudem gibt es einen Satz unterschiedlicher *Kommunikations-Parameter*, und zwar für jeden Layer des OSI-Modells. Auch diese Parameter müssen auf beiden Seiten (Tester und Steuergerät) identisch eingestellt werden. Ein einfaches Beispiel für einen solchen Parameter ist der Data-Link-Layer-Parameter *Bitrate* beim CAN: Ist die Bitrate des Steuergeräts eine andere als die des Testers, wird die Kommunikation nicht zustande kommen.

Tester und Steuergerät müssen dieselben Diagnoseprotokoll-Stacks mit denselben Kommunikationsparametern auf jedem OSI-Layer unterstützen.

[71] ISO Standards und SAE Recommended Practices

4.1.5 Service-Identifier (SID)

Die Spezifikation des Application-Layers eines Diagnoseprotokoll-Stacks besteht aus der eindeutigen Benennung und Beschreibung der Dienste (Request und pos/neg Response), z. B.:

start_Routine_by_Local_Identifier_Request

oder:

read_DTC_Information_Response.

Zur Benennung der Dienste wird die maschinenlesbare mixed-fixed-notation verwendet[72], z. B.:

startRoutineByLocalIdentifierRequest.

Zur eindeutigen Identifikation bekommt jeder Dienst einen Identifier, der als *Service-Identifier (SID)*[73] bezeichnet wird. Für jeden Request und jede Response gibt es einen eindeutigen SID. SIDs sind 1 Byte lange Zahlen in hexadezimaler Notation, d. h. es können bis zu 256 SIDs im Bereich 0x00 bis 0xFF als Service-Identifier definiert werden, z. B. SID 0x09 für requestVehicleInformationRequest oder SID 0x62 für readDataByIdentifierResponse.

Es besteht eine mathematische Beziehung zwischen Request-SID und dem SID der positiven Response. Die SID der positiven Response wird berechnet, indem zum Request-SID hexadezimal die Zahl 0x40 addiert wird. Wenn der Request-SID beispielsweise 0x22 ist, dann ist die SID der dazu gehörenden positiven Response 0x62.

Der Service-Identifier einer negativen Response ist immer 0x7F.

Aufgrund der festen Beziehung zwischen dem Request-SID und dem SID der positiven Response kann der Tester eine empfangene Antwort der Anfrage zuzuordnen. Die 1 : 1-Beziehung zwischen Request und Response kann als Regel angesehen werden, aber es gibt Ausnahmen, z. B. *mehrere* Antworten auf *eine* funktional adressierte Anfrage (Abschnitt 4.1.7), periodische Antworten, die durch einen einzelnen Request initialisiert werden, und ereignisabhängige Dienste. Außerdem kann der Tester das Steuergerät auffordern, keine positive Antwort zu senden[74].

72 Bei der Mixed Fixed Notation werden einzelne Wörter ohne Trennzeichen hintereinander geschrieben. Um erkennen zu können, wann ein neues Wort beginnt, wird der erste Buchstabe eines jeden Worts groß geschrieben. Die gesamte Wortkette beginnt immer mit einem Kleinbuchstaben.

73 In einigen Spezifikationen wird der Service-Identifier mit SI abgekürzt.

74 Abschnitt 4.3.2.1: suppress positive response message in UDS

4.1.6 Negative Antworten und Negative Response Codes (NRC)

Die Struktur einer negativen Response unterscheidet sich von der Struktur einer positiven Response. Eine negative Response beginnt immer mit dem SID 0x7F (Bild 4.3). Das zweie Byte der negativen Response wiederholt den SID der abgelehnten Anfrage, damit der Tester die Antwort zuordnen kann. Das dritte Byte der negativen Response enthält den NRC (Negative Response Code) mit der Information, warum das Steuergerät eine negative Antwort gesendet hat.

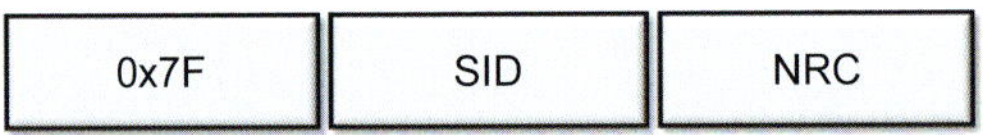

Bild 4.3 Struktur einer negativen Response (SID = 0x7F)

Die Spezifikationen von Diagnoseprotokollen enthalten eine Liste von Negative Response Codes und die Zuordnungen zu den Diagnosediensten. Tabelle 4.6 zeigt Beispiele für gängige NRCs (siehe auch Abschnitt 4.3.3).

Tabelle 4.6 Beispiele für Negative Response Codes (NRC)

NRC	Bedeutung[75]
0x10	General Reject
0x11	Service not supported
0x21	Busy – Repeat request
0x84	Engine is not running
0x88	Vehicle speed too high

4.1.7 Physikalische und funktionale Adressierung

Ein Tester kann Diagnosedienst-Anfragen an ein bestimmtes Steuergerät (Unicast) senden, an eine vordefinierte Gruppe von Steuergeräten (Multicast) oder an alle Steuergeräte (Broadcast).

Um einen Request an ein bestimmtes Steuergerät zu senden (z. B. TST-to-ECM = Request vom Tester an das Engine Control Module oder TST-to-TCM = Request vom Tester an das Transmission Control Module), muss der Tester das Steuergerät direkt ansprechen (adressieren) können, und das Steuergerät muss wissen, an wen es seine positive oder negative Antwort schicken soll. In diesem Fall wird ein *physikalisch adressierter Service-Request* gesendet, z. B.: „TST-to-ECM: VIN lesen". Die positive Response des Motorsteuergeräts (ECM-to-TST) beinhaltet die VIN und ist eine *physikalisch (direkt) adressierte Service-Response* vom Motorsteuergerät an den Tester. Um einen Request an eine Gruppe von Steuergeräten zu richten, muss der Tester einen *funktional adressierten Service-Request* senden. Ein Beispiel für einen funktional adressierten Request an eine Gruppe von Steuergeräten ist ein Request vom Tester an das OBD-System, ein anderes Beispiel der Request an eine Gruppe von Steuergeräten eines Netzwerks, die On-Board-Kommunikation einzustellen.

[75] Standardisierte Begriffe werden nicht ins Deutsche übersetzt.

Normalerweise kennen OBD-Scantools den Aufbau des OBD-Systems und auch die physikalischen Adressen der OBD-Systemkomponenten nicht. Aus diesem Grund wird die „Kontaktaufnahme“ zum OBD-System funktional adressiert.

Steuergeräte, die einen funktional adressierten Request nicht unterstützen, antworten nicht, auch nicht mit einer negativen Response.

In der Regel antwortet auf einen funktional adressierten Service-Request mehr als ein Steuergerät. Damit die antwortenden Steuergeräte wissen, an wen sie ihre Antwort schicken sollen, beinhaltet ein funktional adressierter Request die physikalische Adresse des Testers. Jedes Steuergerät der adressierten funktionalen Gruppe muss antworten, und zwar entweder mit einer positiven oder einer negativen Response.

Bei CAN ergibt sich die Reihenfolge der Antworten aus der Arbitrierung (Abschnitt 3.2.5 und Abschnitt 3.5.2.3), die der Tester nicht kennt. Damit der Tester die Antworten den Steuergeräten zuordnen kann, beinhaltet jede Antwort deshalb codiert die physikalische Adresse des Senders.

Der Physical- und Data-Link-Layer des CAN kennt keine Steuergeräte- bzw. Tester-Adressen. Stattdessen besitzt jeder CAN-Frame einen CAN-ID. Die CAN-Matrix (Abschnitt 3.5.2.4) listet für jeden CAN-ID den Inhalt des Datenfelds. Um den Tester als Sender eindeutig identifizierbar zu machen, reservieren wir in der CAN-Matrix für jedes Steuergerät einen CAN-ID für physikalisch adressierte Diagnosedienst-Anfragen vom Tester an dieses Steuergerät und je einen weiteren CAN-ID für die Antworten.

Das bedeutet z. B., dass der CAN-ID 0x4B0, wie in Bild 3.10 dargestellt, die *Raddrehzahlen* enthält, der CAN-ID 0x7E0 *eine Diagnosedienst-Anfrage des Testers an das Motorsteuergerät* und der CAN-ID 0x7E8 die *Antwort des Motorsteuergeräts an den Tester.*

Zudem werden CAN-IDs für die funktionalen Gruppen (z. B. das OBD-System) reserviert. Für eine genaue Beschreibung der Protokolle zur Übertragung von Diagnoseservice-Anfragen und -Antworten über CAN (DoCAN) und Ethernet (DoIP) siehe Kapitel 5.

Es gibt keine funktional adressierten Diagnosedienst-Antworten.

Die Zuordnung von CAN-IDs zu Diagnosedienst-Anforderungen und -Antworten ist äquivalent zur direkten Adressierung von Geräten.

4.1.8 Diagnostic Trouble Codes

4.1.8.1 Einleitung

Steuergeräte überwachen kontinuierlich ihre eigenen Funktionen und die der angeschlossenen Sensoren und Aktoren. Sie sind auch in der Lage, fehlerhafte Kommunikationspartner zu erkennen[76]. Wenn ein Steuergerät einen Fehler erkennt, wird ein Diagnosefehlercode (DTC = Diagnostic Trouble Code) erzeugt und im nichtflüchtigen Fehlerspeicher (error memory) des Steuergeräts abgelegt. Zusammen mit dem DTC werden zusätzliche Informationen über die Umgebungsbedingungen (environmental data), die zum Zeitpunkt des Fehlerereignisses vorlagen, gespeichert. Diese Informationen werden als *Freeze-Frame-Data* bezeichnet.

Wenn eine schwerwiegende Störung im Abgasreinigungssystem festgestellt wird, schaltet das OBD-System die MIL (Bild 1.23) im Armaturenbrett des Fahrzeugs ein. In diesem Fall ist der *Fahrer* gesetzlich verpflichtet, die nächste Werkstatt aufzusuchen und das Problem beheben zu lassen. Für die Identifikation des Fehlers kann der Servicetechniker die DTCs und die zugehörigen Freeze-Frame-Daten auslesen.

Die DTCs werden in der SAE J2012 DA[77] veröffentlicht, einer Microsoft-Office-Excel-Tabelle. Die Zuweisung neuer DTCs kann bei SAE International oder dem FAKRA[78] beantragt werden. Darüber hinaus können Fahrzeughersteller und Zulieferer proprietäre DTCs erstellen, sollten sich aber an die DTC-Namensrichtlinien halten, wie sie in SAE J2012 DA festgelegt sind.

4.1.8.2 Basis-DTCs

Mit Ausnahme von SAE J1939, das über einen eigenen Satz von DTCs verfügt, wird SAE J2012 DA in allen Diagnoseprotokoll-Spezifikationen referenziert. SAE J2012 DA unterscheidet zwischen 2-Byte- (base) und 3-Byte- (extended) DTCs. Die 2-Byte-Base-DTCs von 0x0000 bis 0xFFFF werden auf die vier Domänen P = Powertrain, C = Chassis, B = Body und N = Network verteilt (Tabelle 4.7).

Tabelle 4.7 Basis-DTCs und ihre Bereichszuordnung

Domäne	Wertebereich	DTC
Powertrain (P)	0x0000 – 0x3FFF	P0 000 – P3 FFF
Chassis (C)	0x4000 – 0x7FFF	C0 000 – C3 FFF
Body (B)	0x8000 – 0xBFFF	B0 000 – B3 FFF
Generic/Network (N)	0xC000 – 0xFFFF	U0 000 – U3 FFF

Diagnosetester, selbst einfache OBD-Scantools, haben die Aufgabe, die Hex-Werte der DTCs in sinnvolle Informationen zu übersetzen. Basis-DTCs werden als 5-stellige Codes angezeigt, z. B. P0143 oder C0001 (Tabelle 4.7, rechte Spalte). SAE J2012 DA dient als Übersetzungstabelle zwischen diesen 5-stelligen Codes und den darin enthaltenen Informationen. So steht z. B. P0219 für *engine overspeed condition* oder U0101 für *lost communication with TCM.*

[76] Beim CAN kennt man dafür den Begriff „babbling idiot".

[77] DA = Digital Annex

[78] Normenausschuss Kraftfahrzeuge in Frankfurt

Jede Domäne (P, B, C, U) ist wiederum in Abschnitte (0, 1, 2, 3) unterteilt, die entweder durch ISO bzw. SAE zugewiesen/reserviert sind oder vom Fahrzeughersteller proprietär belegt werden können (Tabelle 4.8).

Tabelle 4.8 DTC-Zuweisung

	0	1	2	3
P	●	▲	●	*
B	●	▲	▲	●
C	●	▲	▲	●
U	●	▲	▲	●

Schlüssel: ▲= proprietär, ● = ISO/SAE zugewiesen oder reserviert

* P3000-P33FF proprietär, P3400-P3FFF ISO/SAE oder reserviert

Im Rahmen einer zielführenden Diagnose werden die DTCs ausgelesen und die darin codierten Informationen extrahiert und ggf. angezeigt. Die Kombination von DTCs mit den Inhalten von Freeze-Frames und intelligenten Algorithmen zur geführten Fehlersuche können das Servicepersonal bei der Fehlersuche unterstützen.

Bild 4.4 zeigt den Aufbau eines Basic-DTCs. Die Übersetzung vom Hex-Wert in den DTC-Code beginnt mit der Auswertung der ersten beiden Bits (Bild 4.4 ❶), die gemäß Tabelle 4.9 decodiert werden (z. B. P0, B1, C3). Die nächsten beiden Bits (Bild 4.4 ❷) zeigen an, ob der DTC in der SAE J2012 DA aufgeführt (●) oder ob er herstellerspezifisch (▲) ist. Die nächsten vier Bits (Bild 4.4 ❸) beinhalten die Domäne. Das zweite Byte (Bild 4.4 ❹) ist eine hexadezimale Kennung zwischen 0x00 und 0xFF.

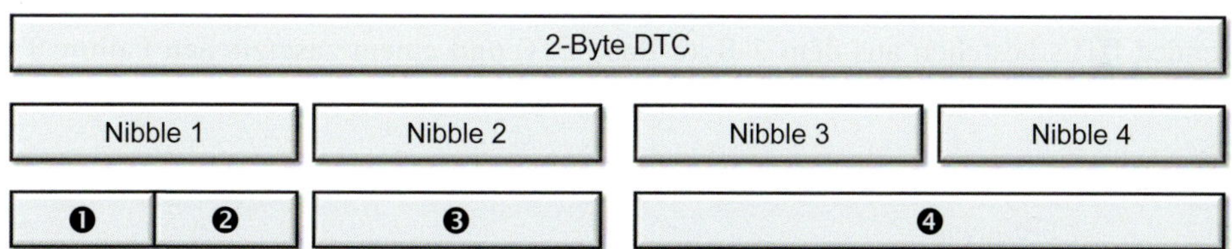

Bild 4.4 Struktur eines 2-Byte-DTCs

Tabelle 4.9 Codierung der Domäne

	Kennung	Domäne
00	P	Powertrain
01	C	Chassis
10	B	Body
11	U	Generic/Network

Tabelle 4.10 zeigt Beispiele für 2-Byte-DTCs.

Tabelle 4.10 Beispiele für Basic-DTCs

DTC				
❶	❷	❸	❹	Decodierung
P	0	2	19	Engine overspeed condition
P	2	0	6A	Reductant quality sensor circuit
C	0	0	23	Stop lamb control
C	0	5	00	Left front wheel speed sensor circuit open
B	0	0	20	Left side airbag deployment control
U	0	1	01	Lost communication with TCM
B	1	2	00	Instrument internal fault (Harley Davidson)
P	1	0	00	OBD II monitor testing not complete (Ford)
B	1	8	50	Hood Ajar circuit high (Jeep)

4.1.8.3 Extended DTCs

Die klassischen ISO/SAE-OBD-Protokolle verwenden 2-Byte-DTCs. Protokolle für Enhanced Diagnostics (UDS, aber auch WWH-OBD und SAE J1979-2 und -3), verwenden 3-Byte-DTCs. Auch diese extended (erweiterten) DTCs stehen unter ISO/SAE-Kontrolle und sind daher in SAE J2012 DA gelistet.

SAE J1939 ist sowohl für OBD als auch für Enhanced Diagnostics spezifiziert und verwendet ebenfalls 3-Byte-DTCs. SAE J1939 DTCs sind nicht in der SAE J2012 DA gelistet.

Extended DTCs bestehen aus dem 2-Byte-Base-DTC und einem zusätzlichen Failure Type Byte (FTB). Tabelle 4.11 zeigt einige ausgewählte FTB-Beispiele.

Tabelle 4.11 Beispiele für Fehlertyp-Bytes

FTB	Bedeutung
0x11	Circuit short to Ground
0x12	Circuit short to battery
0x13	Circuit open
0x64	Signal plausibility failure
0x7B	Low fluid level
0x88	Bus off
0xA2	System voltage low

OBD-Scantools zeigen extended DTCs auf dieselbe Weise an wie Base-DTCs, fügen jedoch den Hex-Wert des FTB hinzu, z. B. B1200-A2 = Climate Control Push Button Failure – System Voltage Low.

4.2 ISO- und SAE-OBD-Protokolle (ISO 15031 und SAE J1979)

4.2.1 Einführung und Überblick

Um die Typgenehmigung zu erhalten, muss der Fahrzeughersteller länderspezifische Anforderungen erfüllen (Tabelle 4.12). So mussten z. B. Personenkraftwagen, die in den USA verkauft werden sollten, SAE-OBD unterstützen, in Europa ist es ISO-OBD. ISO-OBD und SAE-OBD werden von verschiedenen Organisationen spezifiziert und in verschiedenen Dokumenten veröffentlicht, sind aber technisch harmonisiert. Aktuell wird in den USA das klassische J1979 durch SAE J1979-2 ersetzt, aber nur für Fahrzeuge mit Verbrennungsmotoren. Für elektrisch betriebene Fahrzeuge ohne Abgasemissionen (ZEV = Zero Emission Vehicles) gilt zukünftig SAE J1979-3 (ZEVonUDS).

Tabelle 4.12 Legislative OBD-Kommunikationsprotokolle

	PKW, LDV, MDV	Heavy-Duty Vehicle
USA	SAE J1979	SAE J1939
Europa	ISO 15031	SAE J1939 oder ISO 27145

Derzeit gibt es sechs OBD-Protokoll-Stacks (Tabelle 4.13) auf CAN, wobei jeweils nur ein Stack pro Fahrzeug für die Diagnosekommunikation mit dem OBD-System zulässig ist.

Tabelle 4.13 Protokolle für die Diagnosekommunikation mit einem OBD-System

Name	Standard	Titel/Inhalt
ISO-OBD	ISO 15031-5	Communication between vehicle and external equipment for emissions-related diagnostics
SAE-OBD	SAE J1979	E/E Diagnostic Test Modes
WWH-OBD	ISO 27145-3	Implementation of World-Wide Harmonized On-Board Diagnostics (WWH-OBD) communication requirements
HD- OBD	SAE J1939-73	Application Layer – Diagnostics
OBDonUDS	SAE J1979-2	E/E Diagnostic Test Modes: OBDonUDS
ZEVonUDS	SAE J1979-3	E/E Diagnostic Test Modes: Zero Emission Vehicle Propulsion Systems on UDS (ZEVonUDS)

Für schwere Nutzfahrzeuge mit OBD-Anforderungen kann in den USA SAE J1939 als Stand der Technik für die On-Board-Kommunikation zwischen den Steuergeräten und für die Diagnosekommunikation mit einem externen Tester angesehen werden. Demgegenüber setzen Hersteller von schweren Nutzfahrzeugen und Busse für den europäischen Markt alternativ WWH-OBD (ISO 27145) ein. WWH-OBD hat sich in den USA nicht durchgesetzt.

Obwohl die Titel der ISO-OBD- und SAE-OBD-Spezifikationen (Tabelle 4.13) nicht darauf hinweisen, sind SAE J1979 und ISO 15031-5 inhaltlich gleichwertig. Historisch bedingt lautet der Titel von SAE J1979 immer noch Diagnostic Test *Modes* aber im Dokument selbst wird der international standardisierte Begriff *Diagnostic Service* verwendet. Neben den unterschiedlichen Titeln fördert der direkte Vergleich der ISO-OBD- und SAE-OBD-Spezifikationen einen augenfälligen Unterschied zutage: Die Notation der Hexadezimalzahlen ist nicht identisch. Für 1-Byte-Hexadezimalzahlen verwendet SAE die Notation \$00 – \$FF, ISO hingegen 00_{16} – FF_{16}.

Tabelle 4.14 fasst die Teile der ISO 15031 und die referenzierten digitalen Anhänge (DA) zusammen. Bis auf ISO 15031-1 haben alle Teile der ISO 15031 ein technisch harmonisiertes SAE-Pendant (Tabelle 4.15).

Tabelle 4.14 ISO 15031 (ISO-OBD) und SAE DA Referenzen

ISO 15031	Road vehicles – Communication between vehicle and external test equipment for emissions-related diagnostics	Referenziert
Teil 1 (2010)	General information and use case definition	
Teil 2 (2010)	Guidance on Terms, definitions, abbreviations, and acronyms	SAE J1930 DA
Teil 3 (2023)	Diagnostic connector and related electrical circuits: Specification and use	
Teil 4 (2014)	External test equipment	
Teil 5 (2015)	Emissions-related diagnostic services	SAE J1979 DA
Teil 6 (2015)	Diagnostic trouble code definitions	SAE J2012 DA
Teil 7 (2013)	Data link security	

Tabelle 4.15 Gegenüberstellung der harmonisierten SAE-OBD- und ISO-OBD-Protokoll-Spezifikationen

SAE	Titel	ISO	Titel
J1962	Diagnostic connector	15031-3	Diagnostic connector and related electrical circuits: Specification and use
J1978	OBD II Scan Tool	15031-4	External test equipment
J1979	E/E Diagnostic test modes	15031-5	Emissions-related diagnostic services
J2012	Diagnostic Trouble Code definitions	15031-6	Diagnostic Trouble Code definitions
J2186	E/E data link security	15031-7	Data link security

Aufgrund der Harmonisierung der technischen Details ist es nicht notwendig, immer sowohl ISO 15031-x als auch das SAE-Pendant zu nennen. Aus Gründen der Vereinfachung bleiben wir bei den für Europa relevanten ISO 15031.

4.2.2 ISO 15765-4

ISO 15031-5 (Emissions-related diagnostic services) spezifiziert die Application-Layer-Services für die Diagnosekommunikation zwischen einem Tester (ISO 15031-4) und dem OBD-System.

Das in ISO 15031-4 spezifizierte „external test equipment" wird in der SAE J1978 zum „OBD II Scan Tool". Wir nennen diese Tester Funktion „OBD-Scantool".

Die OBD II-Spezifikationen definieren Diagnosedienste auf K-Line, SAE J1850 und CAN. Da K-Line und SAE J1850 heute für die Kommunikation mit dem OBD-System nicht mehr zugelassen sind, konzentrieren wir uns ausschließlich auf CAN.

SAE J1979 beinhaltet die „Diagnostic Service Definition for ISO 15765-4". Der Titel von ISO 15765-4 lautet „Road Vehicles – Diagnostic communication over Controller Area Network (DoCAN) – Part 4: Requirements for emissions-related systems", was bedeutet, dass SAE J1979 die Definition von Diagnosediensten auf CAN enthält.

ISO 15765-4 beschreibt, wie das OBD-Scantool die CAN-Datenrate, die Länge der CAN-IDs und die CAN-Timing-Parameter ermittelt. Nachdem das Tool an den OBD-Stecker angeschlossen wurde, durchläuft es eine Initialisierungssequenz, um zu erkennen, ob das Fahrzeug zum Beispiel ein „CAN-basiertes OBD-System mit 11-bit-CAN-IDs, und 500 Kbit/s auf UTP" oder etwas anderes verwendet.

ISO 15765-4 enthält auch die Zuweisung der CAN-IDs für die OBD-relevanten Dienste. Die Kommunikation mit dem OBD-System beginnt mit einem funktional adressierten Request mit dem CAN-ID 0x7DF (oder 0x18DB33F1) an die funktionale Gruppe der Steuergeräte, die zum OBD-System gehören[79].

Der CAN-ID 0x7DF ist die (funktionale) Adresse eines OBD-Systems mit 11-bit CAN-IDs.

Der CAN-ID 0x18DB33F1 ist die (funktionale) Adresse eines OBD-Systems mit 19-bit CAN-IDs.

Für jedes Steuergerät gibt es je einen CAN-ID zum direkten Senden einer physikalisch adressierten Diagnosedienst-Anforderung (TST-to-ECUx) und für die physikalisch adressierten Antworten der Steuergeräte an den Tester (ECUx-to-TST).

Tabelle 4.16 zeigt die Adressen eines OBD-Systems mit Motorsteuergerät (ECM) und Getriebesteuergerät (TCM).

Tabelle 4.16 11-bit-CAN-IDs für die Diagnosekommunikation mit dem OBD-System

CAN-ID	Inhalt des CAN-Frames
0x7DF	Funktional adressierter Request an das OBD-System
0x7E0	Request des Testers an das Motorsteuergerät TST-to-ECM
0x7E8	Antwort des Motorsteuergeräts ECM-to-TST
0x7E1	Request des Testers an das Getriebesteuergerät TST-to-TCM
0x7E9	Antwort des Getriebesteuergeräts TCM-to-TST

Tabelle 4.17 zeigt die Adressbelegung für 29-Bit-CAN-IDs. Das erste Byte ist immer 0x18, und das zweite Byte entweder 0xBD für funktional adressierte oder 0xDA für physikalisch adressierte Dienste. Das dritte Byte enthält die Zieladresse (TA = Target Address), das vierte Byte die Quelladresse (SA = Source Address). Wenn auch technisch nicht korrekt, kann

[79] Siehe auch Abschnitt 8.2.2

man in einem OBD-System mit 29-bit CAN-IDs die *0x33* als die funktionale Adresse des OBD-Systems und die *0xF1* als die physikalische Adresse des OBD-Scantools bezeichnen.

Tabelle 4.17 29-bit-CAN-IDs für die Diagnosekommunikation mit dem OBD-System

CAN-ID	Inhalt des CAN-Frames
0x [18, DB, 33, F1]	Funktional adressierte Anforderung TST-to-OBD-System
0x [18, DA, F1, **]	Physikalisch adressierte Antwort **-to-TST
0x [18, DA, **, F1]	Physikalisch adressierte Anforderung TST-to-**

** sind 1-Byte-Hex-Werte zur Adressierung der einzelnen Steuergeräte.

4.2.3 OBD-Services

Der Application-Layer des OBD II-Protokoll-Stacks enthält neun Diagnosedienste[80], die im Folgenden als *OBD-Dienste* bezeichnet werden. Tabelle 4.18 zeigt die OBD-Dienste und die Request-/Response-SIDs. Negative Antworten haben den SID 0x7F.

Tabelle 4.18 OBD-Dienste für CAN-basierte OBD-Systeme

Request-SID	Funktion	Response-SID
0x01	Request current powertrain diagnostic data	0x41
0x02	Request powertrain freeze frame data	0x42
0x03	Request emission-related diagnostic trouble codes	0x43
0x04	Clear/reset emission-related diagnostic information	0x44
0x05	*	0x45
0x06	Request on-board monitoring test results for specific monitored systems	0x46
0x07	Request emission-related diagnostic trouble codes detected during current or last completed driving cycle	0x47
0x08	Request control of on-board system, test, or component	0x48
0x09	Request vehicle information	0x49
0x0A	Request emission-related diagnostic trouble codes with permanent status	0x4A

* Request 0x05 = *Request oxygen sensor monitoring test results* wurde für OBD-Systeme auf Basis von K-Line und SAE J1850 definiert. Für CAN-basierte OBD-Systeme ist diese Funktion im Dienst 0x06 enthalten. Der SID 0x05 wird nicht mehr verwendet.

Steuergeräte, die einen funktional adressierten Request nicht unterstützen, weil sie z. B. nicht zur adressierten funktionalen Gruppe gehören, antworten nicht, auch nicht mit einer negativen Response.

80 Alias OBD-Modes

Wie in Bild 4.3 dargestellt, besteht eine negative Response aus dem SID 0x7F, dem Request-SID und dem Negative Response Code (NRC). Tabelle 4.19 listet die drei NRCs auf, die für OBD-Dienste zulässig sind.

Tabelle 4.19 Negative Response Codes (NRC) für OBD

NRC	Bedeutung
0x21	Busy – repeat request
0x22	Conditions not correct or request sequence error
0x78	Request correctly received – response pending

Nicht jeder OBD-Request darf mit einer negativen Antwort beantwortet werden. Beispielsweise ist eine negative Antwort mit NRC 0x22 nur für die OBD-Dienste 0x04, 0x08 und 0x09 zulässig, und NRC 0x78 nur für die Dienste 0x04 und 0x09.

4.2.4 OBD-Dienstparameter

Viele Diagnosedienste sind parametrierbar. Mit Ausnahme der OBD-Dienste 0x03, 0x04 und 0x0A hat jeder in Tabelle 4.18 aufgeführte Request seinen eigenen Satz zugewiesener Parameter, die durch Parameter-Identifier (PIDs), Test-Identifier (TIDs), Monitor-Identifier (MIDs) und InfoType-Identifier (ITID) gekennzeichnet sind. Alle unterstützten Parameter und die zugewiesenen Identifier werden von SAE International verwaltet und in der SAE J1979 DA, einer Microsoft-Office-Excel-Tabelle, gelistet und publiziert. Tabelle 4.20 zeigt einige Beispiele für PID-Zuweisungen gemäß J1979 DA.

Tabelle 4.20 Beispiele für SID 0x01 PIDs und ihre Beschreibung

PID	Bedeutung
0x01	Number of emission-related DTC and MIL status
0x02	Freeze frame trouble code
0x0C	Engine RPM
0x0D	Vehicle speed
0x5C	Engine oil temperature

In der SAE J1979-2 sind die 1-Byte-Parameter mit den Identifiern PID, MID und ITID Bestandteil des 2-Bytes Data Identifiers DID. Neben den DID gibt es noch Test Identifier (TID), Routine Identifier (RID), Readiness Group Identifier (RGID) und Extended Data Records (EDR).

In SAE J1979-2 und -3 besteht ein Data Identifier (DID) aus einem 1-Byte Prefix (0xF4, 0xF6, 0xF8) und einem 1-Byte PID, MID oder ITID.

Da das OBD-Scantool die Architektur des OBD-Systems, an das er angeschlossen wird, nicht kennt, wird zur Initialisierung der Kommunikation immer der Request 0x01 an die funktionale Adresse des OBD-Systems gesendet.

Im Folgenden wird die Abkürzung „xID“ mit x ∈ {P, M, T, IT} verwendet. Im Anhang A der SAE J1979 DA werden xIDs als „suppported IDs“ bezeichnet.

Die verfügbaren supported IDs (xIDs) sind acht Bereichen mit je 32 Werten zugeordnet (Tabelle 4.21).

Tabelle 4.21 Liste der unterstützten xID-Bereiche

Bereichskennung	xID Bereich
0x00	0x01 – 0x20
0x20	0x21 – 0x40
0x40	0x41 – 0x60
0x60	0x61 – 0x80
0x80	0x81 – 0xA0
0xA0	0xA1 – 0xC0
0xC0	0xC1 – 0xE0
0xE0	0xE1 – 0xFF

Das OBD-Scantool kann die xIDs eines bestimmten Bereichs abfragen, indem er einen funktional adressierten Request mit der in Tabelle 4.21 aufgeführten Bereichskennung sendet, z. B.:

- 0x0100 zum Lesen der unterstützten PIDs im Bereich 0x01 bis 0x02
- 0x0680 zum Lesen der unterstützten MIDs im Bereich 0x81 bis 0xA0
- 0x08E0 zum Lesen der unterstützten TIDs im Bereich 0xE1 bis 0xFF

Das OBD-Scantool kann mit einer einzigen Anfrage die Unterstützung von mehr als einem xID-Bereich anfordern. Für jedes Steuergerät, das eine Antwort gesendet hat, erstellt das Scantool eine interne Liste der unterstützten xIDs.

Jedes Steuergerät, das Teil des OBD-Systems ist, muss mindestens die Serviceanforderung 0x01 mit PID 0x00 (TST-to-OBD: 0x0100) unterstützen. Dieser funktional adressierte Request muss von allen Steuergeräten beantwortet werden, die Teil des OBD-Systems sind und mindestens einen PID im Bereich zwischen 0x01 und 0x20 unterstützen. Deshalb wird der OBD-Dienst 0x01 00 als *initial OBD request message – Report supported PIDs* bezeichnet. Zur Unterstützung des Servicepersonals kann der Tester die Liste der unterstützten PIDs anzeigen und so die Möglichkeit geben, die Daten auszuwählen, die als nächstes gelesen werden sollen. Für den Prozess der Fehlersuche und Fehlerbehebung ist eine sinnvolle Kombination von Diagnosedienst-Anforderungen und Parametern von Bedeutung: „Es kommt darauf an, die richtigen Fragen zu stellen ...“

4.3 Unified Diagnostic Services (UDS)

4.3.1 Geschichte und Überblick

Eines der ersten durch die ISO standardisierten Protokolle für die Diagnosekommunikation war ISO 14230: Diagnostic Systems – Keyword Protocol 2000 (KWP 2000). Anfangs wurde *KWP 2000 on K-Line* für die Diagnosekommunikation verwendet und CAN ausschließlich für die On-Board-Kommunikation. Da CAN jedoch als Basis für beide Kommunikationsarten geeignet ist, wurde schließlich *KWP 2000 on CAN* entwickelt und standardisiert.

Die kontinuierliche Weiterentwicklung und internationale Standardisierung der Diagnosekommunikation führte letztlich zur Spezifikation von UDS (Unified Diagnostic Services), einer erweiterten Mischung aus KWP 2000 auf CAN und GMLAN. Die Implementierung von *UDS on CAN* für Enhanced Diagnostics ist heute in der Automobilindustrie weit verbreitet und gewinnt auch für mobile Maschinen immer mehr an Bedeutung. Schon heute spielt *UDS on IP* insbesondere im Rahmen der Ferndiagnose eine wichtige Rolle.

In der Vergangenheit kam es immer wieder vor, dass ISO-Normentwürfe (DIS = Draft International Standard) in Serienfahrzeugen implementiert wurden. Ein Beispiel dafür ist ISO/DIS 15765-3 mit dem Titel *Road vehicles – Diagnostics on controller area network (CAN) – Part 3: Implementation of diagnostic services.* Das ist dann unproblematisch, wenn es auf dem Weg zum finalen Standard keine inhaltlichen, sondern nur noch editorielle Änderungen gibt. Im Jahr 2004 wurde die ISO 15765-3 zu einer internationalen Norm, aber obwohl die ISO-Nummer immer noch dieselbe war, hatten sich Titel und Inhalt von Teil 3 gegenüber der DIS-Version signifikant geändert. Der neue Titel lautete *Implementation of Unified Diagnostic Services (UDS on CAN).* Im Jahr 2012 wurde diese ISO 15765-3 dann durch die ISO 14229-3 (2012) ersetzt. Der Titel von ISO 14229-3 lautet: *Road vehicles – Unified Diagnostic Services (UDS) – Part 3: Unified Diagnostic services on CAN implementation (UDSonCAN).* ISO 14229 besteht aus acht Teilen (Tabelle 4.22).

Tabelle 4.22 Unified Diagnostic Services (UDS)

ISO 14229	Unified Diagnostic Services
Teil 1 (2020)	Application Layer
Teil 2 (2021)	Session layer services
Teil 3 (2022)	Unified Diagnostic Services on CAN implementation (UDSonCAN)
Teil 4 (2012)	Unified Diagnostic Services on FlexRay implementation (UDSonFR)
Teil 5 (2022)	Unified Diagnostic Services on Internet Protocol implementation (UDSonIP)
Teil 6 (2013)	Unified Diagnostic Services on K-Line Implementation (UDSonK-Line)
Teil 7 (2022)	Unified Diagnostic Services on Local Interconnect Network (UDSonLIN)
Teil 8 (2020)	Unified Diagnostic Services on Clock Extension Peripheral Interface (UDSonCXPI)

ISO 14229 Teil 1 beinhaltet die Spezifikation von 26 Diagnosediensten. Gegenwärtig gibt es UDS on CAN, FlexRay, Internet Protocol (IP), K-Line, LIN und CXPI[81]. CXPI basiert weitgehend auf dem Physical-Layer von LIN und dient der Vernetzung von Sensoren und Aktuatoren.

[81] ISO 20794: Road vehicles – Clock extension peripheral interface (CXPI)

Bild 4.5 veranschaulicht die OSI-Layer der UDS-Protokoll-Stacks UDSonX mit X ∈ {CAN, FR, IP, K-Line, LIN}.

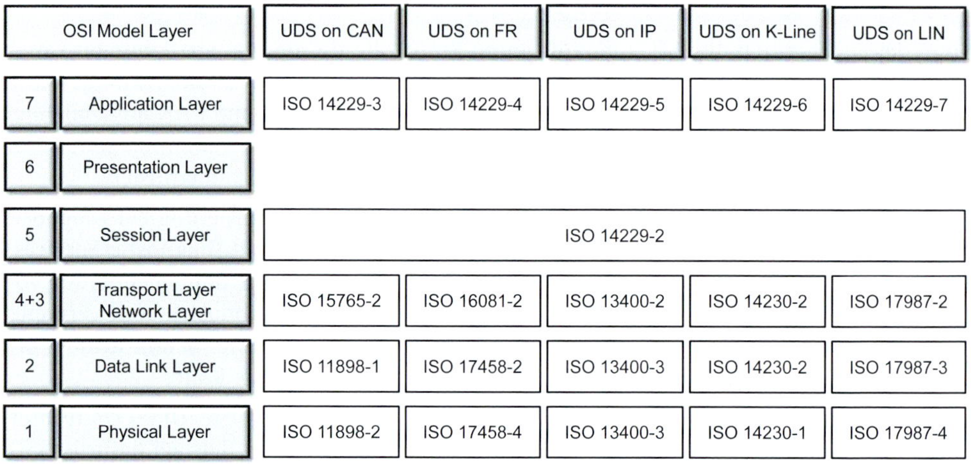

OSI Model Layer		UDS on CAN	UDS on FR	UDS on IP	UDS on K-Line	UDS on LIN
7	Application Layer	ISO 14229-3	ISO 14229-4	ISO 14229-5	ISO 14229-6	ISO 14229-7
6	Presentation Layer					
5	Session Layer	ISO 14229-2				
4+3	Transport Layer Network Layer	ISO 15765-2	ISO 16081-2	ISO 13400-2	ISO 14230-2	ISO 17987-2
2	Data Link Layer	ISO 11898-1	ISO 17458-2	ISO 13400-3	ISO 14230-2	ISO 17987-3
1	Physical Layer	ISO 11898-2	ISO 17458-4	ISO 13400-3	ISO 14230-1	ISO 17987-4

Bild 4.5 UDS-Protokoll-Stack

Tabelle 4.23 26 UDS Application-Layer-Services und Request-SIDs[82]

SID	UDS-Request	SID	UDS-Request
0x10	Diagnostic Session Control ●	0x31	Routine Control ●
0x11	ECU Reset ●	0x34	Request Download
0x14	Clear Diagnostic Information	0x35	Request Upload
0x19	Read DTC Information ●	0x36	Transfer Data
0x22	Read Data By Identifier	0x37	Request Transfer Exit
0x23	Read Memory By Address	0x38	Request File Transfer
0x24	Read Scaling Data By Identifier	0x3D	Write Memory By Address
0x27	Security Access ●	0x3E	Tester Present ●
0x28	Communication Control ●	0x84	Secured Data Transmission
0x29	Authentication ●	0x85	Control DTC Setting ●
0x2A	Read Data By Periodic Identifier	0x86	Response on Event ●
0x2C	Dynamically Define Data Identifier ●	0x87	Link Control ●
0x2E	Write Data By Identifier	0x2F	Input/Output Control by Identifier
● markiert die Dienste, die durch ein Sub-Function-Byte parametriert werden.			

ISO 14229-1 (2020) enthält die Spezifikation von 26 generischen Application-Layer-Services (Tabelle 4.23). Jeder UDS-Request besitzt einen eindeutigen 1-Byte Service-Identifier

[82] In der ISO 14229 wird durchgehend die Mixed-Fix-Notation verwendet.

(SID)[83] im Bereich 0x10 bis 0x87. UDS-Requests können mit Datenparametern oder einem Sub-Function-Byte parametriert werden. Die SIDs der UDS-Responses werden auch hier durch Addition von 0x40 zum Wert des UDS-Request-SID berechnet.

Die SIDs 0x00 bis 0x0F werden von UDS nicht verwendet, da sie für OBD-Dienste reserviert sind.

4.3.2 Service-Parameter

4.3.2.1 Sub-Function-Bytes

Die in Tabelle 4.23 mit „●" markierten Dienste können mit einem Sub-Function-Byte parametriert werden. Für jeden dieser Dienste gibt es in der ISO 14229 einen spezifizierten Sub-Function-Type (Tabelle 4.24). Ein Beispiel ist der *reset type* des UDS-Requests 0x11 = *ECUreset*. Beim ECU-Reset wird z. B. unterschieden in die reset types hardReset, keyOffOn-Reset und softReset. Ein anderes Beispiel für ein Sub-Function-Byte ist der *control type* des UDS-Requests 0x28 = communicationControl, z. B. disableRxAndTx und enableRxAndTx.

Tabelle 4.24 UDS-Requests und ihre Sub-Functions

Request-SID	Request	Sub-Function-Type
0x10	Diagnostic Session Control	Diagnostic Session Type
0x11	ECU Reset	Reset Type
0x19	Read DTC Information	Report Type
0x27	Security Access	Security Access Type
0x28	Communication Control	Control Type
0x29	Authentication	Authentication Task
0x2C	Dynamically Define Data Identifier	Definition Type
0x31	Routine Control	Routine Control Type
0x3E	Tester Present	Zero Sub Function
0x85	Control DTC Setting	DTC Setting Type
0x86	Response On Event	Event Type
0x87	Link Control	Link Control Type

Sub-Function-Bytes sind nur für UDS-Requests definiert, nicht für UDS-Responses.

[83] In ISO 14229 werden die Service-Identifier mit SI abgekürzt. Wir bleiben bei der hier eingeführten Abkürzung „SID".

Das erste Bit des Sub-Function-Bytes wird als suppressPosRspMsgIndicationBit (suppress positive response message indication bit) bezeichnet. Es enthält die Information, ob der Tester eine positive Antwort wünscht oder nicht. Die Unterdrückung positiver Antworten ist sinnvoll bei positiven Antworten, die keine Informationen enthalten, z. B. beim UDS-Request testerPresent, mit dem der Tester den Steuergeräten in regelmäßigen Abständen anzeigt, dass die Diagnose-Session noch nicht beendet ist. Wenn das suppressPosRspMsgIndicationBit = 1 ist, darf das Steuergerät eine positive Antwort nicht senden. Die Unterdrückung von negativen Antworten ist nicht zulässig.

Die verbleibenden sieben Bits des Sub-Function-Bytes erlauben die Spezifikation von 128 verschiedenen Sub-Functions.

4.3.2.2 Data Identifier (DID)

Data-Identifier (DID) sind 2-Byte-Werte für die Parametrierung von UDS-Requests und -Responses. Daten, die durch einen DID parametriert werden, können feste (statische) Werte sein, die im nichtflüchtigen Speicher des Steuergeräts programmiert sind, oder dynamische (variable) Werte, die im Arbeitsspeicher (RAM) des Steuergeräts abgelegt sind. Tabelle 4.25 zeigt Beispiele für statische Werte.

Tabelle 4.25 Beispiele für standardisierte Daten und DID

DID	Code für ...
0xF180	Boot Software Identification
0xF181	Application Software Identification
0xF184	Application Software Fingerprint
0xF185	Application Data Fingerprint
0xF186	Active Diagnostic Session
0xF187	Vehicle Manufacturer Spare Part Number
0xF188	Vehicle Manufacturer ECU software number
0xF18B	ECU Manufacturing Date
0xF18C	ECU Serial Number
0xF190	VIN
0xF199	Programming Date
0xF19D	ECU Installation Date
0xF19E	ODX file

4.3.3 Negative Response Codes (NRC)

Eine negative UDS-Response besteht aus dem Service-Identifier 0x7F, dem SID der abgelehnten Anforderung und dem Negative Response Code (NRC). Tabelle 4.26 listet ausgewählte NRC-Beispiele, Tabelle 4.27 Beispiele für NRCs, die anstelle von NRC 0x22 (Conditions Not Correct) verwendet werden können, um die Bedingungen, die nicht korrekt sind, im Detail zu beschreiben.

Tabelle 4.26 Beispiele für Negative Response Codes

NRC	Code für ...
0x10	General Reject
0x11	Service Not Supported
0x12	Sub-Function Not Supported
0x21	Busy – Repeat Request
0x22	Conditions Not Correct
0x31	Request Out Of Range
0x33	Security Access Denied
0x35	Invalid Key
0x72	General Programming Failure
0x78	Request Correctly Received – Response Pending
0x7E	Sub-Function not supported in active session
0x7F	Service not supported in active session

Tabelle 4.27 Beispiele für Conditions Not Correct

NRC	Bedeutung	NRC	Bedeutung
0x81	RPM Too High	0x82	RPM Too Low
0x83	Engine Is Running	0x84	Engine Is Not Running
0x86	Temperature Too High	0x87	Temperature Too Low
0x88	Vehicle Speed Too High	0x89	Vehicle Speed Too Low
0x92	Voltage Too High	0x93	Voltage Too Low

Wenn ein UDS-Request funktional adressiert wurde, senden die Steuergeräte, die nicht zur adressierten funktionalen Gruppe gehören, keine negative Antwort, auch nicht mit NRC 0x11 (Service Not Supported) oder 0x12 (Sub-Function Not Supported). Ohne diese Festlegung würden funktional adressierte Requests jedes einzelne Steuergerät im Netzwerk-Segment zur Antwort auffordern. Negative Antworten mit NRC 0x11 oder 0x12 auf funktional adressierte Anfragen enthalten keine verwertbaren Informationen.

Im Gegensatz dazu müssen physikalisch adressierte Anforderungen immer beantwortet werden. Eine negative Antwort beinhaltet in der Regel Informationen darüber, warum das Steuergerät den Diagnosedienst nicht ausführen kann. Auch negative Antworten können im Service dabei helfen, einen Fehler zu finden.

4.3.4 UDS-Services (ISO 14229-1)

4.3.4.1 Diagnostic Session Control (0x10)

Unmittelbar nach dem Einschalten und Hochfahren (Booten) eines Steuergeräts ist nur eine begrenzte Auswahl an Diagnosediensten direkt verfügbar. Die nicht verfügbaren UDS-Dienste „verstecken“ sich in sogenannten Diagnose-Sessions, z. B. einer Programming Session oder einer Extended Diagnostic Session. Die Session unmittelbar nach dem Hochfahren des Steuergeräts wird als *Default-Session* bezeichnet. Tabelle 4.28 listest die Dienste, die in der Default Session immer[84] verfügbar sind.

Tabelle 4.28 Dienste der Default-Session

Request SID	UDS-Dienst
0x10	Diagnostic Session Control
0x11	ECU Reset
0x3E	Tester Present
0x14	Clear Diagnostic Information
0x19	Read DTC Information

Jeder Session wird eine Auswahl der unterstützten Dienste zugeordnet. So sind zum Beispiel in der Programming Session die Services zu finden, die zum Programmieren (Flashen) eines Steuergeräts benötigt werden.

Die Dienste sind nur dann verfügbar, wenn das Steuergerät vorher mit dem UDS-Request 0x10 (Diagnostic Session Control) in die jeweilige Session geschaltet wurde. Der UDS-Request 0x10 wird mit dem Sub-Function-Byte *Diagnostic Session Type* parametriert (Tabelle 4.29 und Bild 4.6).

Tabelle 4.29 Sub-Function des UDS-Request 0x10

Sub-Function-Byte	Session
0x10	Default Session
0x02	Programming Session
0x03	Extended Diagnostic Session
0x04	Safety System Diagnostic Session
0x60-0x7E	System Supplier Session
0x40-0x5F	Vehicle Manufacturer Session

Steuergeräte, die UDS als Diagnoseprotokoll unterstützen, müssen die Dienste der Default-Session unmittelbar nach dem Booten zur Verfügung stellen. Allerdings steht es den Fahrzeugherstellern und den Zulieferern frei, welche Sessions es geben soll und welche Dienste den Sessions zugeordnet werden.

Nach einem Wechsel von der Default-Session in eine andere Session muss der Tester in regelmäßigen Abständen den UDS-Request 0x3E (Tester Present) senden. Tut er das nicht, kehrt das Steuergerät nach einer festgelegten Zeit (z. B. vier Sekunden) in die Default-Session zurück. Der Tester kann das Steuergerät auch aktiv durch den UDS-Request 0x10 mit dem Sub-Function-Byte 0x01 in die Default-Session zurückschalten.

[84] Es gibt weitere Dienste, die in der Default-Session verfügbar sind, doch ist deren Ausführung an Bedingungen geknüpft.

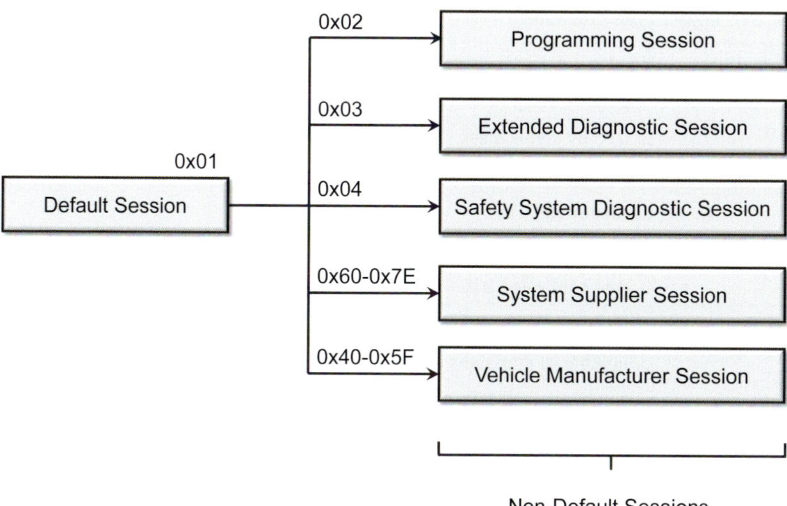

Bild 4.6 Sub-Function-Bytes des UDS-Requests 0x10 = Diagnostic Session Control

4.3.4.2 ECU Reset (0x11)

Nach dem Einschalten der Versorgungsspannung fährt das Steuergerät hoch und bootet seine Firmware. Dies kann auch durch den UDS-Request 0x11 (ECU Reset) mit dem Sub-Function-Byte 0x01 (Hard Reset) erreicht werden.

Das Sub-Function-Byte 0x02 (Key OFF/ON Reset) bewirkt das Runter- und Hochfahren des Steuergeräts, das Sub-Function-Byte 0x03 (Soft Reset) einen Neustart der Anwendungssoftware. Die Sub-Function-Bytes 0x04 und 0x05 aktivieren bzw. deaktivieren ein schnelles Abschalten der Stromversorgung. Fahrzeughersteller und Lieferanten können proprietäre Reset-Parameter im Bereich zwischen 0x40 und 0x7E definieren.

4.3.4.3 Clear Diagnostic Information (0x14)

Der UDS-Request 0x14 (Clear Diagnostic Information) wird mit dem 3-Byte-Data-Parameter groupOfDTC parametriert. Das dritte Byte dieses Parameters ist der Functional-Group-Identifier. Mit dem Parameter groupOfDTC = 0xFFFF33 werden alle emissionsbezogenen DTCs gelöscht.

4.3.4.4 Read DTC Information (0x19)

Dieser Dienst wird verwendet, um sowohl abgasrelevante als auch nicht abgasrelevante DTC-Informationen abzufragen. Tabelle 4.30 listet eine Auswahl der Sub-Function-Bytes.

Tabelle 4.30 DTC Report Type (Auswahl)

Sub-Function-Byte	Read ...
0x01	... number of DTCs by status mask
0x02	... DTC by status mask
0x03	... DTC snapshot identification
0x0A	... supported DTC
0x0B	... first test failed DTC
0x0C	... first confirmed DTC
0x0D	... most recent test failed DTC
0x12	... number of emissions OBD DTC by status mask
0x13	... emissions OBD DTC by status mask
0x14	... DTC fault detection counter
0x15	... DTC with permanent status
0x16	... DTC extended data record by record number
0x42	... WWH-OBD DTC by status mask record
0x55	... WWH-OBD DTCs with permanent status

4.3.4.5 Read Data By Identifier (0x22)

Der UDS-Request 0x22 (Read Data By Identifier) dient dem Lesen von Diagnosedaten, die durch mindestens einen 2-Byte-Datenparameter parametriert werden. Neben den standardisierten Datenparametern (Tabelle 4.25) können proprietäre Parameter definiert werden, mit denen es möglich ist, nicht nur einzelne Informationen (z. B. die Batteriespannung) abzufragen, sondern komplette Datensätze. So ist es möglich, mit einem einzelnen UDS-Request mehrere Informationen parallel anzufordern.

Eine positive Antwort auf den UDS-Request 0x22 besteht aus dem Response-SID 0x62, dem DID der Anforderung und den angeforderten Daten. Wenn mehrere DIDs durch eine einzige Anfrage angefordert werden, besteht die Antwort aus dem Response-SID, der ersten DID, den angeforderten Daten der ersten DID, der zweiten DID, den angeforderten Daten der zweiten DID usw. Bild 4.7 zeigt ein Beispiel mit zwei DIDs. DID 0x1234 enthält die Batteriespannung (UB), DID 0x5678 die Umgebungstemperatur (AT) und die Motorkühlmitteltemperatur (ET). Die Anfrage lautet 0x [22, 12, 34, 56, 78], die Antwort 0x [62, 12, 34, UB, 56, 78, AT, ET]. UB hat eine Länge von 1 Byte, die Temperaturen AR und ET sind 2-Byte-Werte.

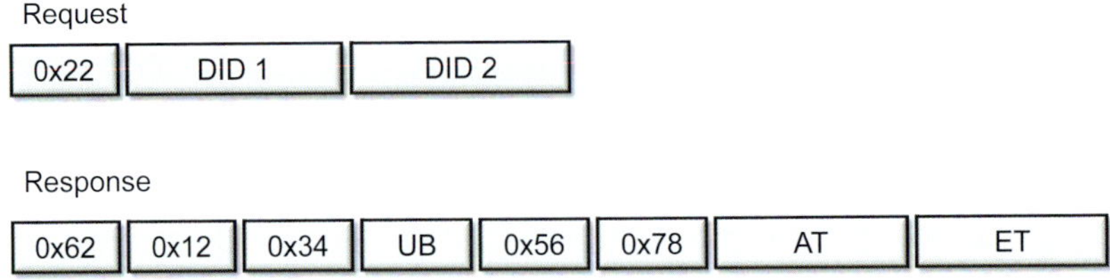

Bild 4.7 Request und Response zum Lesen mehrerer Diagnosedaten

4.3.4.6 Read Data By Address (0x23)

Wie in Abschnitt 1.6 beschrieben, verfügen Steuergeräte über einen programmierbaren Festwertspeicher (PROM) und einen flüchtigen Arbeitsspeicher (RAM). Speichergrößen sind durch einen Adressbereich (z. B. 0x000000-0xFFFFFF) oder eine Startadresse und die Speichergröße gekennzeichnet. Typische Beispiele für Speichergrößen sind 256 Byte, 64 KByte, 128 MByte oder 4 GByte.

Der UDS-Request 0x23 dient dem Lesen des Inhalts eines Speicherbereichs. Der Request wird durch die Datenparameter memoryAddress (Speicheradresse) und memorySize (Speichergröße) parametriert, wobei die Länge der Parameter in Bytes durch den 1-Byte-ALFID (Address and Length Format Identifier) angegeben wird (Bild 4.8).

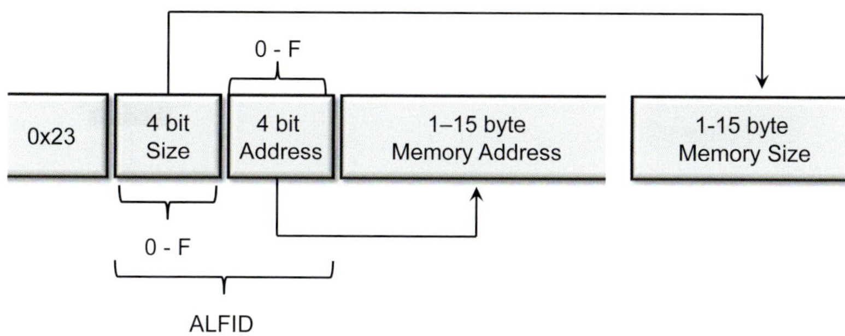

Bild 4.8 Address and Length Format Identifier (ALFID)

Bild 4.8 veranschaulicht die Beziehung zwischen den 4-bit Nibbles *Size* und *Address* des ALFID und den Parametern *Memory Address* (Speicheradresse) und *Memory Size* (Speichergröße). Der Parameter „Speicheradresse" ist die physikalische Adresse des Speicherbereichs, an der mit dem Lesen begonnen werden soll, der Parameter „Speichergröße" bestimmt die Anzahl der zu lesenden Bytes.

Bei ALFID = 0x24 ist Size ein 2-Byte-Wert (z. B. 0x0200 = Lesen von 512 Bytes Daten) und die Speicheradresse für den Lesebeginn ein 4-Byte-Wert (z. B. 0x12345678). Die positive Antwort auf den UDS-Request x23 besteht aus der Response-SID 0x63 und dem Inhalt des Speicherbereichs.

4.3.4.7 Read Scaling Data by Identifier (0x24)

Ein Datensatz (data record) kann aus analogen, physikalischen Werten oder digitalen Zahlen bestehen. Datensätze werden mit dem UDS-Request 0x22 Read Data By Identifier gelesen. Der UDS-Request 0x24 dient dem Lesen der *scaling data record information* zum Umrechnen der Daten in physikalische Werte. Der UDS-Request 0x24 wird mit einem DID parametriert.

Beispiel: Für den DID 0xF190 (VIN), besteht die positive Antwort aus dem Response-SID (0x64), dem Request-DID (0xF190) und zwei Skalierungsbytes (0x6F62). Die Skalierungsbytes enthalten die Informationen über die Skalierung der VIN: 15 + 2 = 17 Bytes ASCII-Code (Tabelle 4.31).

Tabelle 4.31 Skalierung der Byte-Codierung

	Low Nibble		Codierung	High Nibble		Codierung (dez.)
0x6F	0x6	→	„ASCII“	0xF	→	„15“
0x62	0x6	→	„ASCII“	0x2	→	„2“

4.3.4.8 Security Access (0x27)

Der UDS-Request 0x27 dient dazu, nur berechtigten Personen den Zugriff auf geschützte Daten und Funktionen zu gewähren. Er besteht aus einer festlegten Abfolge von einzelnen Aktionen (Bild 4.9).

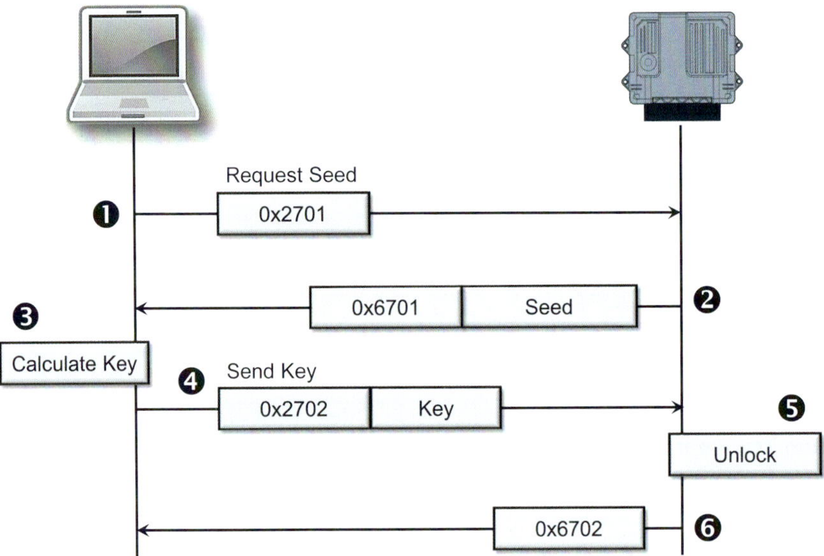

Bild 4.9 Security Access Sequence

Im ersten Schritt (Bild 4.9 ❶) fordert der Tester vom Steuergerät einen Wert an, der als SEED bezeichnet wird. In Schritt 2 (Bild 4.9 ❷) sendet das Steuergerät eine positive Antwort mit dem SEED. Der Tester nimmt den SEED als Variable für eine Formel zur Berechnung des KEY (Bild 4.9 ❸) und sendet den berechneten KEY an das Steuergerät (Bild 4.9 ❹). Das Steuergerät vergleicht den empfangenen KEY mit einem intern gespeicherten Wert und gibt die Zugangssperre frei, wenn die Werte übereinstimmen (Bild 4.9 ❺). Der Service wird durch das Senden einer positiven Antwort beendet.

4.3.4.9 Communication Control (0x28)

Der UDS-Request 0x28 wird zur Steuerung der On-Board-Kommunikation eines physikalisch adressierten Steuergeräts oder einer funktional adressierten Gruppe von Steuergeräten verwendet. Er besteht aus dem Request-SID, dem Sub-Function-Byte *controlType* und einem 1-Byte-Parameter mit der Bezeichnung *communicationType*. Tabelle 4.32 zeigt einen Auszug der verfügbaren Sub-Function-Bytes.

Tabelle 4.32 Sub-Function-Bytes des UDS-Request 0x28 (Auszug)

Sub-Function-Byte	Funktion
0x00	Rx = Tx = ein
0x01	Rx = ein und Tx = aus
0x02	Rx = aus und Tx = ein
0x03	Rx = Tx = aus
Rx = Receive Data/Tx = Transmit Data	

Das vollständige Abschalten der On-Board-Kommunikation mit 0x2803 wird u. a. verwendet, um bei der Programmierung von Steuergeräten die verfügbare Bandbreite des Bussystems zu erhöhen.

Der 1-Byte-Datenparameter *CommunicationType* gibt an, auf welche Kommunikation sich der Request bezieht. Es wird unterschieden zwischen Botschaften der „normalen" On-Board-Kommunikation und Botschaften für das Netzwerk-Management.

4.3.4.10 Authentication (0x29)

Der UDS-Request 0x29 dient der Authentifizierung des Testers gegenüber einem Steuergerät, z. B. für eine Umprogrammierung der Firmware oder zum Auslesen von Daten aus geschützten Speicherbereichen. Der Service-Request 0x29 wird mit dem Sub-Function-Byte *authenticationConfiguration* (Tabelle 4.33) parametriert. Dabei wird zwischen Authentifizierung mit APCE oder ACR unterschieden.

Tabelle 4.33 Sub-Function-Bytes des UDS-Request 0x29

Sub-Function-Byte	Sub-Function
0x00	De Authenticate
0x01	Verify Certificate Unidirectional
0x02	Verify Certificate Bidirectional
0x03	Proof Of Ownership
0x04	Transmit Certificate
0x05	Request Challenge For Authentication
0x06	Verify Proof Of Ownership Unidirectional
0x07	Verify Proof Of Ownership Bidirectional
0x08	Authentication Configuration

ACPR: PKI-Zertifikatsaustauschverfahren unter Verwendung asymmetrischer Kryptographie. Als Zertifikatsformat wird CVC gemäß ISO 7816-8 und X.509 gemäß ISO/IEC 9594-8, RFC 5280 und RFC 5755 oder IEEE 1609.2 verwendet.

ACR: Challenge-Response-Verfahren ohne PKI-Zertifikate, entweder mit asymmetrischer Kryptographie mit Software-Authentifizierungstoken oder symmetrischer Kryptographie.

0x29 = Authentication Request TST-to-ECU + Sub-Function-Byte 0x00 = deAuthenticate!

4.3.4.11 Read Data By Periodic Identifier (0x2A)

Dieser Dienst dient der periodischen Übertragung von Diagnosedaten. Die Datenparameter des Requests sind TM (Transmission Mode) und mindestens ein PDID (Periodic Data Identifier). TM-Werte sind:

- 0x01 = Senden mit niedriger Datenrate
- 0x02 = Senden mit mittlerer Datenrate
- 0x03 = Senden mit hoher Datenrate
- 0x04 = Senden stoppen

Die tatsächlichen Übertragungsraten (langsam, mittel, schnell) und die Data Identifier (PDID) sind herstellerspezifisch. Zu einem einzelnen PDID können mehrere Datensätze gehören, z. B. Temperaturen, Druckwerte oder Spannungen. PDIDs dürfen keine statischen Daten wie die VIN enthalten.

Der erste Request besteht aus dem SID (0x2A), dem TM und mindestens einem PDID. Nach dem Empfang antwortet das Steuergerät mit der ersten positiven Antwort, die nur aus dem Response-SID 0x6A besteht, und beginnt dann mit dem Senden der angefragten Daten mit der festgelegten Übertragungsrate, und zwar so lange, bis der Tester den Request zum Stoppen der Übertragung sendet: 0x2A04, PDID. Der Vorgang wird durch eine abschließende positive Antwort (0x6A) beendet.

4.3.4.12 Dynamically Define Data Identifier (0x2C)

Mit diesem Dienst wird das Steuergerät aufgefordert, einen Identifier für die Übertragung von Datensätzen zu definieren. Dynamisch definierte Identifier werden von den Diensten 0x22 (read data by identifier) und 0x2A (rad data by periodic identifier) verwendet. Der UDS-Request 0x2C wird durch eines der beiden Sub-Function-Bytes DBID (0x01 = define by identifier) und DBMA (0x02 = define by memory size) parametriert.

4.3.4.13 Write Data By Identifier (0x2E)

Dieser Dienst dient der Programmierung von Daten, die durch die Datenparameter DID und DREC (Data Record) spezifiziert werden. Der Parameter DREC enthält die Daten, die durch den DID bezeichnet werden. Wenn die DID beispielsweise 0xF190 lautet, enthält DREC die 17 Bytes der VIN.

4.3.4.14 Input-/Output Control By Identifier (0x2F)

Steuergeräte sind mit analogen und digitalen Eingängen für den Anschluss von Sensoren und Ausgängen für den Anschluss von Aktuatoren ausgestattet. Dieser Dienst dient dazu, die Steuerung dieser Eingänge und/oder Ausgänge zu übernehmen. Er wird durch die Datenparameter IOI (input output identifier), CSR (control option record) und CEM (control enable mask record) parametriert.

4.3.4.15 Routine Control (0x31)

Dieser Dienst kann zum Starten und Beenden von Routinen (Abläufen) und zur Abfrage von Routineergebnissen verwendet werden. Beispiele sind die Ausführung von Selbsttestroutinen oder das Löschen des Flash-Speichers. Komplexere Beispiele sind das Anlernen des Einklemmschutzes eines Fensterhebers oder das Befüllen der Bremsanlage in der Fahrzeugproduktion. Um die Bremsflüssigkeit ohne Luftblasen in jeden Winkel des hydraulischen Bremssystems zu bringen, wird das Bremssystem luftleer gepumpt und dann durch gezieltes Ein- und Ausschalten der Bremsventile befüllt.

Der UDS-Request 0x31 wird durch das Sub-Function-Byte RCTP (Routine Control Type) und einen 2-Byte RID (Routine Identifier) parametriert. Die RCTP-Werte sind 0x01 (Start Routine), 0x02 (Stop Routine) und 0x03 (Request Routine Results). Beispiele für RID-Bereiche sind 0x0100 - 0x1FF für Fahrtenschreiber-Test-IDs und 0xE000 - 0xE1FF für OBD-Test-IDs.

4.3.4.16 Request Download (0x34)

Der UDS-Request 0x34 wird verwendet, um das Schreiben von Datenbytes in einen adressierten Bereich des programmierbaren Speichers einzuleiten. Er wird in Kombination mit dem UDS-Request 0x36 (Transfer Data) verwendet.

Der Dienst wird durch den Data Format Identifier (DFID) und die Datenparameter „Speicheradresse“ und „Speichergröße“ parametriert, während die Länge der Parameter in Bytes durch den 1-Byte-Parameter ALFID angegeben wird (Bild 4.8). Der DFID ist herstellerspezifisch und enthält Informationen über Kompressions- und Verschlüsselungsmethoden.

Die positive Antwort besteht aus dem Response-SID 0x74, der LFID (Length Format Identifier) und der MNROB (maximum number of block length). LFID ist kompatibel zu ALFID, mit Ausnahme des unteren Nibble, das auf 0 gesetzt ist. MNROB enthält die Anzahl der Datenbytes, die das Steuergerät verarbeiten kann.

4.3.4.17 Request Upload (0x35)

Der UDS-Request 0x35 dient dem Lesen von Daten aus einem bestimmten Bereich des Steuergerätespeichers. Der Dienst wird bei der Steuergeräteprogrammierung verwendet: Der Inhalt des Speicherbereichs, der neu programmiert werden soll, wird hochgeladen und vom Tester gespeichert, bevor der Steuergeräte-Speicher gelöscht und neue Daten geschrieben werden. Wenn die Neuprogrammierung fehlschlägt, kann der vorherige Inhalt wiederhergestellt werden.

Der Dienst wird durch den Data Format Identifier (DFID) und die Datenparameter „Speicheradresse" und „Speichergröße" parametriert, während die Länge der Parameter in Bytes durch den 1-Byte-Parameter ALFID festgelegt wird (Bild 4.8). Der DFID ist herstellerspezifisch und enthält Informationen über Kompressions- und Verschlüsselungsmethoden.

4.3.4.18 Transfer Data (0x36)

Der UDS-Request 0x36 wird für den Up- und Download von Daten in Kombination mit den Diensten 0x35 (Request Upload) und 0x34 (Request Download) verwendet. Er wird durch den Datenparameter TRPR (Transfer Request Parameter Record) parametriert.

4.3.4.19 Request Transfer Exit (0x37)

Dieser Dienst wird verwendet, um die Datenübertragung durch 0x36 (Transfer Data) zu beenden.

4.3.4.20 Request File Transfer (0x38)

Der UDS-Request 0x38 kann anstelle der Requests 0x35 (Request Upload) und 0x34 (Request Download) verwendet werden, wenn das Steuergerät über ein Dateisystem (File System) verfügt. Der UDS-Request 0x38 wird zusammen mit 0x36 (Transfer Data) und 0x37 (Request Transfer Exit) verwendet.

4.3.4.21 Tester Present (0x3E)

Wie im Abschnitt 4.3.4.1 (0x10 = Diagnostic Session Control) beschrieben, kehrt ein Steuergerät, das mittel UDS-Request 0x10 in eine Non-Default-Session geschaltet wurde, nach einer bestimmten Zeit (z. B. 4 s) automatisch zur Default-Session zurück, wenn der Tester keine Requests sendet. Um das zu verhindern, kann der Tester periodisch einen 0x3E = Tester Present Request senden.

Der UDS-Request 0x3E wird durch das Sub-Function-Byte ZSUBF (zero sub-function byte) parametriert. ZSUBF ist entweder 0x00 oder 0x80. Bei ZSUBF = 0x80 ist das MSB = 1, d. h. das supressPositiveResponseMessageIndicationBit veranlasst das Steuergerät, keine positive Response auf den 0x3E Request an den Tester zu senden. Da negative Responses nicht unterdrückt werden dürfen, würde der Tester über eine Ablehnung der Tester Present Message informiert. Erfolgt keine positive Antwort auf den mit 0x80 parametrierten UDS-Request 0x3E, kann der Tester davon ausgehen, dass der Request ausgeführt wird und das Steuergerät in der Non-Default-Session verbleibt.

4.3.4.22 Write Memory By Address (0x3D)

Der UDS-Request 0x3D dient dazu, Daten in einen bestimmten Speicherbereich des Steuergeräts zu schreiben. Requestparameter sind die Speicheradresse, Speichergröße und der zu schreibende Datensatz. Die Anzahl der für die Parameter Speicheradresse und Speichergröße verwendeten Bytes wird durch den Datenparameter ALFID bestimmt (siehe Bild 4.8).

4.3.4.23 Secured Data Transmission (0x84)

Der UDS-Request 0x84 wird für die Übertragung verschlüsselter Daten verwendet. Dazu besitzen sowohl der Tester als auch das Steuergerät einen Security-Layer oberhalb des OSI-Application-Layers. Der UDS-Request 0x84 besteht aus der Request-SID und dem Datensatz, der die verschlüsselten Daten enthält. Die Daten werden gemäß ISO 15764 (Extended Data Link Security) verarbeitet.

4.3.4.24 Control DTC Setting (0x85)

Der UDS-Request 0x85 wird verwendet, um die Aktualisierung der DTC-Statusbits ein- bzw. auszuschalten. Der Request wird durch die Sub-Function DTCSTP (DTC Setting Type) parametriert, die aus den Werten 0x01 für ON und 0x02 für OFF besteht. DTCSTP kann durch einen Parameter ergänzt werden, der die betroffenen DTCs angibt. Das Ausschalten von DTCs ist sinnvoll in Kombination mit dem UDS-Request 0x28 = Communication Control.

4.3.4.25 Response On Event (0x86)

Der UDS-Request 0x86 fordert ein physikalisch adressiertes Steuergerät auf, einen Request (Event-Service) auszuführen, wenn ein bestimmtes Ereignis (Event) eintritt. Beispiele für Evens sind eine DTC-Statusänderung oder die Änderung eines ausgewählten Datenwerts, z. B. einer Temperatur. Beispiele für Event-Services sind 0x19 = Read DTC Information oder 0x22 = Read Data By Identifier.

4.3.4.26 Link Control (0x87)

Der UDS-Request 0x87 wird verwendet, um die Datenrate sowohl für die On-Board- als auch für die Diagnosekommunikation zu ändern. Im ersten Schritt prüft der Tester, ob ein Steuergerät eine bestimmte (höhere) Datenrate akzeptieren würde (positive Antwort 0x7C), fordert dann die Anpassung an und schaltet nach einer weiteren positiven Antwort des Steuergeräts selbst auf die andere Datenrate um.

Da der UDS-Request 0x87 alle Steuergeräte im Netzwerksegment betrifft, ist es sinnvoll, vor einem Link Control Request die On-Board-Kommunikation der anderen Steuergeräte über einen funktional adressierten UDS-Request 0x28 (Communication Control) abzuschalten.

4.4 UDS on IVN

Die Teile 3 bis 7 der ISO 14229 spezifizieren Implementierungsbesonderheiten von UDS auf IVN (In-Vehicle Network) mit IVN $\in$ {CAN, FlexRay[85], IP, K-Line, LIN}. Sie enthalten IVN-spezifische Implementierungsdetails von Diensten, Sub-Functions und Datenparametern.

[85] UDS on FlexRay ist nicht Bestandteil dieses Buchs.

4.4.1 UDS on CAN (ISO 14229-3)

Mit Ausnahme der Dienste 0x86 (Response on Event) und 0x2A (Read Data by Periodic Identifier) gibt es keine CAN-spezifischen Implementierungsanforderungen.

4.4.2 UDS on IP (ISO 14229-5)

Mit Ausnahme der Dienste 0x10 = Diagnostic Session Control, 0x11 = ECU Reset und 0x2A = Read Data by Periodic Identifier gibt es keine IP-spezifischen Implementierungsanforderungen[86].

4.4.3 UDS on K-Linie (ISO 14229-6)

Mit Ausnahme der Dienste 0x83 = Access Timing Parameters, 0x87 = Link Control und 0x2C = Dynamically Define Data Identifier gibt es keine K-Line-spezifischen Implementierungsanforderungen. Für den UDS-Request 0x83 sind die Sub-Functions zum Lesen und Setzen von Zeitparametern nicht anwendbar. Die Implementierung des Dienstes 0x2C ist nicht zulässig. Es ist darauf zu achten, dass UDS-Requests und -Responses auf der K-Line die maximale Anzahl an Nutzdaten (255 Byte) nicht überschreiten.

4.4.4 UDS on LIN (ISO 14229-7)

Gemäß LIN-Spezifikation gibt es die drei Diagnoseklassen I, II und III. LIN-Devices der Diagnoseklasse I unterstützen UDS on LIN nicht. LIN-Devices der Diagnoseklasse II unterstützen UDS on LIN, aber nur zur Abfrage der Node-Identifikation. Nur LIN-Devices der Diagnoseklasse III unterstützen den UDS on LIN Protokollstack.

Wie in Bild 3.21 dargestellt, besteht ein LIN-Cluster aus dem LIN-Commander, der als CAN-LIN-Gateway fungiert, und mehreren LIN-Respondern. Im Entwicklungslabor kann der Tester direkt an einen LIN-Responder angeschlossen werden. In diesem Fall muss der Tester das Verhalten des LIN-Commanders simulieren, da dies für den Betrieb des LIN-Clusters notwendig ist.

Wenn der Tester über den LIN-Commander mit dem LIN-Cluster verbunden ist, können Diagnosedienstanfragen an LIN-Respondern der Klasse III gesendet werden, wobei der LIN-Commander in beiden Richtungen als Router fungiert. Zu diesem Zweck benötigt der LIN-Commander die Implementierung der Transportprotokollschichten von CAN (ISO 15765-2) und von LIN (ISO 17987-2).

Mit Ausnahme der Dienste 0x28 = Communication Control und 0x86 = Response On Event gibt es keine weiteren LIN-spezifischen Implementierungsanforderungen.

[86] Siehe auch Abschnitt 5.5: Diagnostics over IP (DoIP) (ISO 13400)

4.5 Heavy-Duty OBD (SAE J1939-73 und -03)

4.5.1 Einleitung

In Europa ist für Nutzfahrzeuge der Klassen M3 (Busse) und N (Lastkraftwagen) sowie für schwere Dieselmotoren entweder ISO 27145 (WWH-OBD, Abschnitt 4.6) oder SAE J1939-73 (HD-OBD) für die Kommunikation zwischen einem Tester und dem OBD-System zulässig. In den USA ist WWH-OBD für Nutzfahrzeuge nicht zugelassen.

Ab dem Modelljahr 2026 wird in den USA das „klassische" OBD-Protokoll SAE J1979 mit den Test-Modes 0x01 bis 0x0A durch das UDS-basierte SAE J1979-2 (OBDonUDS) für Fahrzeuge mit Verbrennungsmotoren bzw. durch SAE J1979-3 (ZEVonUDS)[87] für Fahrzeuge mit elektrischem Antrieb ersetzt.

Als Physical- und Data-Link-Layer von HD-OBD ist seit 2016 High-Speed CAN mit 500 Kbit/s vorgeschrieben. Das Transportprotokoll ist in SAE 1939-21 (Abschnitt 5.3) spezifiziert, der DLC in SAE J1939-13 (Bild 3.16). Die für HD-OBD relevanten Spezifikationen sind

- SAE J1939-03: On-Board Diagnostics Implementation Guide (for HDV)
- SAE J1939-13: Off-Board Diagnostic Connector
- SAE J1939-21: Data Link Layer
- SAE J1939-73: Application Layer – Diagnostics

4.5.2 SAE J1939 Diagnostic Messages (DM)

SAE J1939-73 besteht hauptsächlich aus der Spezifikation von sogenannten *Diagnostic Messages (DMs)*. Sie werden sowohl für die On-Board-Kommunikation als auch für die Diagnosekommunikation verwendet. Tabelle 4.34 zeigt einen kleinen Ausschnitt der in der SAE J1939-73 spezifizierten DMs.

Tabelle 4.34 enthält auch die den Diagnostic Messages zugewiesenen Parameter Group Nummern (PGN) in dezimaler Schreibweise. Die Datenfelder aller SAE J1939-73 PGNs haben eine feste Länge von 8 Byte, wobei unbenutzte Bytes auf 0xFF gesetzt werden.

J1939-73 enthält die Zuordnung von DMs zu OBD-Vorschriften wie CARB CCR 1968 und 1971 und EPA Title 40, aber auch zu EU-Verordnungen und -Richtlinien sowie zu den WWH-OBD-Anforderungen.

[87] ZEV = Zero Emission Vehicle

Tabelle 4.34 SAE J1939-73 Diagnostic Messages (Ausschnitt)

DM	PGN	Funktion
DM 1	65226	Active DTCs
DM 2	65227	Read Previously Active DTCs
DM 3	65228	Clear Diagnostic Data and Previously Active DTCs
DM 4	65229	Freeze Frame Parameters
DM 6	65231	Read Emission-Related Pending DTCs
DM 13	57088	Stop Start Broadcast
DM 14	55552	Memory Access Request
DM 15	55296	Memory Access Response
DM 16	55040	Binary Data Transfer
DM 27	64898	Read all Pending DTCs
DM 28	64896	Read Emission-Related Permanent DTCs
DM 56	64711	Model Year and Certification Engine Family
DM 57	64710	OBD Information

Eine der wichtigsten Diagnosemeldungen in einem J1939-Netzwerk ist DM1 (PGN 65226). DM1 wird in der Regel vom Motorsteuergerät periodisch einmal pro Sekunde oder beim Auftreten einer Zustandsänderung als Broadcast-Message (an alle) gesendet. Bild 4.10 zeigt den Inhalt des DM1-Datenfelds.

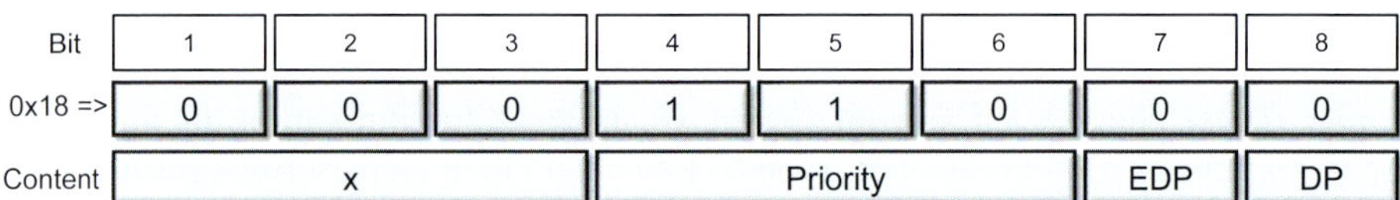

Bild 4.10 Das erste Byte der DM1

DM1 besteht aus Informationen zum Status von Warnlampen für das Kombiinstrument des Fahrzeugs (z. B. MIL ein/aus) und einem 4-Byte-DTC-Feld. DM1 wird auch dann gesendet, wenn es keine DTCs gibt. Liegt mehr als ein DTC vor, wird ein Transportprotokoll (Abschnitt 5.3) verwendet.

Im Folgenden analysieren wir die Nachricht mit dem CAN-Identifier 0x18FECA. Das erste Byte (siehe Bild 4.10) hat den Wert 0x18 = 00011000_2. Die ersten drei Bits (x) werden nicht verwendet. Die nächsten drei Bits (110_2) setzen die Priorität auf dezimal 6. Die letzten beiden Bits sind die Werte von EDP und DP, die jeweils auf 0 gesetzt sind.

Wenn ein Transportprotokoll verwendet wird, muss die Priorität auf eine dezimale 7 gesetzt werden.

Wie in Bild 3.17 dargestellt, sind EDP und DP Teil der Parameter Group Nummer PGN. Wenn EDP und DP beide auf 0 gesetzt sind (PGN Page 0), lautet die PGN 0xFECA. Das vierte Byte des CAN-Identifiers ist die Quelladresse (SA).

Das DM1-Datenfeld hat eine Länge von 8 Bytes. Die ersten beiden Bytes werden verwendet, um den Status von vier Warnlampen (Tell Tales) zu setzen (Tabelle 4.35). Byte 3 bis 6 enthalten die 4-Byte-DTC-Informationen (Tabelle 4.36). Bytes 7 und 8 werden nicht verwendet und daher auf 0xFF gesetzt.

Liegt kein DTC vor, werden die Bytes 3 bis 6 auf 0x00 gesetzt.

Tabelle 4.35 Warnlampen, die über DM 1 gesteuert werden

Warnlampe	Funktion	SPN EIN/AUS	SPN Blinkend
Protect Lamp	Wert liegt außerhalb des normalen Betriebsbereichs	987	3041
Malfunction Indicator Lamp	Emissions-relevante Fehlfunktion	1213	3038
Amber warning lamp	Störung, die das Abschalten des Motors nicht rechtfertigt	624	3040
Red stop lamp	Störung, die ein Abstellen des Motors rechtfertigt	623	3039

Die vier Byte lange DTC-Information besteht aus den vier Feldern SPN, FMI, CM und OC (Tabelle 4.36).

Tabelle 4.36 4-Byte-DTC-Struktur

Name	Inhalt	Länge in Bits
SPN	Suspect Parameter Number	19
FMI	Failure Mode Indicator	5
CM	SPN Conversion Method	1
OC	Occurrence Count	7

Die 19-Bit-SPN identifiziert die Komponente, die den DTC-Eintrag in den Fehlerspeicher des Steuergeräts verursacht hat. Tabelle 4.37 zeigt einige Beispiele aus dem Installationshandbuch für Industrie- und Schiffsdieselmotoren von SCANIA, Schweden.

Tabelle 4.37 SPN-Beispiele für einen SCANIA-Dieselmotor

SPN	Beschreibung
97	Indikator für Wasser im Kraftstoff
110	Temperatur des Motorkühlmittels
190	Motordrehzahl
1322	Fehlzündungen des Motors bei mehreren Zylindern
1569	Das Drehmoment wurde zum Schutz des Motors herabgesetzt
5841	DEF/Adblue Qualität mangelhaft

Der Failure Mode Indicator (FMI)[88] gibt die Art des Fehlers an. Beispiele für FMI sind FMI = 0, wenn die Daten gültig sind, aber über dem normalen Betriebsbereich liegen, FMI = 7, wenn ein mechanisches System nicht richtig eingestellt ist, aber auch FMI = 11, wenn die Fehlerursache nicht bekannt ist.

Die Suspect Parameter Number Konvertierungsmethode (SPN CM) legt die Byte-Reihenfolge (Endianness) innerhalb der SPN fest. Es wird empfohlen, CM auf 0 zu setzen, was bedeutet, dass das niedrigstwertige Byte der SPN zuerst gesendet wird (Little-Endian). Das OC-Feld enthält die Information, wie oft ein Fehler erkannt wurde.

4.6 WWH-OBD (ISO 27145)

4.6.1 Einleitung

Auch mobile Maschinen, die keine Zulassung für den Straßenverkehr benötigen, müssen Abgasgrenzwerte einhalten, wenn sie mit Diesel- oder Benzinmotoren betrieben werden, doch gibt es keine gesetzlichen Vorschriften zur Überwachung durch OBD. Für die Zulassung von Fahrzeugen der Klassen M und N gilt in Europa die UNECE-Regelung Nr. 49[89]. Dort steht, dass der Zugang zu OBD-Informationen unter Verwendung mindestens einer der folgenden Standards zu gewähren ist, nämlich:

- ISO 27145 mit ISO 15765-4 (DoCAN)
- ISO 27145 mit ISO 13400 (DoIP/Ethernet)
- SAE J1939-73

Für diese Fahrzeugtypen ist OBD-II gem. SAE J1979 ISO 15031 also nicht vorgeschrieben.

ISO 27145 trägt den Titel „Road Vehicles – Implementation of World-Wide Harmonized On-Board Diagnostics (WWH-OBD) communication requirements“ und besteht aus 6 Teilen (Tabelle 4.38).

Tabelle 4.38 ISO 27145 (WWH-OBD)

ISO 27145	**Road vehicles – Implementation of World-Wide Harmonized On-Board Diagnostics (WWH-OBD) communication requirements**
Teil 1 (2012)	General information and use case definition
Teil 2 (2012)	Common data dictionary
Teil 3 (2012)	Common message dictionary
Teil 4 (2016)	Connection between vehicle and test equipment
Teil 5	N/A*
Teil 6 (2015)	External test equipment

* Die ersten Versionen der ISO 27145 wurden als PAS (Publicly Available Specifications) bereits im Jahr 2006 veröffentlicht. ISO/PAS 27145-5 enthielt Informationen über einen Konformitätstest. Derzeit ist die ISO 27145-5 nicht verfügbar.

88 Siehe SAE J1979 Anhang A

89 Regelung Nr. 49, Addendum 48, Revision 6, Anhang 9B vom 4. März 2013

WWH-OBD wurde vom World Forum for Harmonization of Vehicle Regulations (WP.29) empfohlen und sollte das weltweit einzige Diagnosekommunikationsprotokoll im Rahmen der OBD werden. Leider wurde WWH-OBD von den amerikanischen Behörden CARB und EPA nicht akzeptiert. Stattdessen veröffentlichte die SAE im April 2021 die SAE J1979-2 für Fahrzeuge mit Verbrennungsmotoren (OBDonUDS) und im Dezember 2022 die SAE J1979-3 für Fahrzeuge mit elektrischem Antrieb (ZEVonUDS). Beide Teile basieren auf UDS und sind mit der WWH-OBD weitgehend vergleichbar.

4.6.2 WWH-OBD-Dienste

Die WWH-OBD Application-Layer-Services (Tabelle 4.39) sind eine Untermenge von ISO 14229-1 (UDS). Als Physical- und Data-Link-Layer sind sowohl CAN (ISO 11898 auf ISO 15765-2) als auch Ethernet (IEEE 802.3 auf ISO 13400-2) Teil des WWH-OBD Protokoll-Stacks.

Tabelle 4.39 ISO 27145 (WWH-OBD) Application-Layer-Services

Request SID	Funktion
0x22	Read Data By Identifer
0x19	Read DTC Information
0x14	Clear Diagnostic Information
0x31	Routine Control

Der OBD-Request 0x09 = Request Vehicle Information mit PID 0x02 (VIN) wird durch den UDS-Request 0x22 = Read Data By Identifier mit dem DID 0xF802 = VIN ersetzt. In beiden Fällen liefern Steuergeräte, die diese Dienste unterstützen, die Fahrzeugidentifikationsnummer VIN.

4.7 SAE J1979-2 (OBDonUDS) und SAE J1979-3 (ZEVonUDS)

4.7.1 Einleitung

Schon im Jahr 2006 veröffentlichte die ISO mit der ISO/PAS 27145 (WWH-OBD) ein Kommunikationsprotokoll, das als weltweit harmonisiertes Protokoll mit der Bezeichnung WWH-OBD die unwirtschaftliche Protokollvielfalt beseitigen sollte. WWH-OBD basiert auf UDS, was bedeutet, dass auch die abgasrelevanten Steuergeräte nur noch einen Protokollstack unterstützen müssen.

Leider akzeptierten die US-Behörden CARB und EPA sowohl UDS und deshalb auch WWH-OBD nicht. Das änderte sich erst mit der zunehmenden Verbreitung von UDS für die OEM-Diagnose in den USA. Im April 2021 veröffentlichte die SAE schließlich die Recommended Practice SAE J1979-2 für Fahrzeuge mit Verbrennungsmotoren (OBDonUDS) und im Dezember 2022 die SAE J1979-3 für Fahrzeuge mit elektrischem Antrieb und deren Komponenten, z. B. Antriebsbatterien (ZEVonUDS). Damit wird SAE J1979 zu einem dreiteiligen

Dokument, wobei das klassische OBD-Protokoll SAE J1979 und die neuen Spezifikationen SAE J1979-2 und -3 bestenfalls funktional vergleichbar sind.

Dabei wird seitens SAE Wert darauf gelegt, dass SAE J1979-2 und -3 nicht einfach nur eine Übersetzung der klassischen „J1979 OBD-Modes" in die UDS-Welt darstellen, sondern neue, zusätzliche Features bieten, vor allem im Zusammenhang mit DTCs.

Die US-Behörden schreiben SAE J1979-2 und -3 als Ersatz für das klassische OBD-Protokoll SAE J1979 beginnend mit dem Modelljahr 2026 für alle Fahrzeugklassen vor.

Während die SAE J1979-2 ausschließlich UDS-Services auf DoCAN zulässt, erlaubt SAE J1979-3, wie WWH-OBD, alternativ auch DoIP.

4.7.2 OBD on UDS

Ziel der SAE J1979-2 ist es, die bisher verwendeten OBD-Modes der SAE J1979 zur Kommunikation eines OBD-Scantools mit dem OBD-System eines Fahrzeugs durch UDS-Requests mit Sub-Function-Bytes (SFB) und Data Identifier (DID) zu ersetzen. Wie in Tabelle 4.40 dargestellt, können die zehn OBD-Modes durch die vier UDS-Requests

- 0x14 = Clear diagnostic information (DID)
- 0x19 = Read DTC information (SFB)
- 0x22 = Read data by identifier (DID)
- 0x31 = Routine control (SFB)

ersetzt werden.

Anwendungsbeispiel VIN auslesen: Um mit SAE J1979 die VIN auszulesen, sendet das OBD-II-Scantool den J1979-Request 0x09 mit dem PID 0x02 (funktional) an das OBD-System des Fahrzeugs. Für den UDS-Request 0x22 = read data by identifier lautet der Parameter zum Auslesen der VIN 0xF802.

Tabelle 4.40 Mapping der SAE J1979 OBD-Modes auf UDS

SAE J1979 SID	OBD-Mode	UDS Request SID	Parameter 0x (hex)
0x01	Request current powertrain diagnostic data	0x22	DID
0x02	Request powertrain freeze frame data	0x19	04
0x03	Request emission-related diagnostic trouble codes	0x19	42 33 08 02
0x04	Clear/reset emission-related diagnostic information	0x14	FF FF 33
0x06	Request on-board monitoring test results for specific monitored systems	0x22	MID
0x07	Request emission-related diagnostic trouble codes detected during current or last completed driving circle	0x19	42 33 04 02
0x08	Request control of on-board system, test, or component	0x31	TID
0x09	Request vehicle information	0x22	ITID
0xA	Request emission-related diagnostic trouble codes with permanent status	0x19	55 33

4.7.3 ZEV on UDS Application Layer Services

Viele Jahre waren der Begriff „On-Board-Diagnose“ und seine Abkürzung „OBD“ inhaltlich verknüpft mit der Überwachung und Diagnose von abgasrelevanten Komponenten eines Fahrzeugs. Mit der Einführung von SAE J1979-3 alias ZEVonUDS, ist mit „OBD“ jede Eigendiagnosefunktion des E/E-Systems gemeint. OBD kann also auch sicherheitsrelevante Funktionen überwachen. Wenn sich OBD auf das Abgasreinigungssystem bezieht, heißt das jetzt „emissions-related OBD“, ansonsten non-emisssions-related OBD“.

Da es bislang keine OBD-Anforderungen für Fahrzeuge mit elektrischen Antrieben (ZEV = Zero Emission Vehicle) gegeben hat, gibt es für die SAE J1979-3 keinen Vorgänger. Das ZEV-Antriebssystem[90] besteht aus:

- Traktionsantriebsmotoren und ihren Umrichtern
- Energiespeichersystemen
- Hochspannungs-Ladesystemen einschließlich der Komponenten, bei denen ein Ausfall das regenerative Bremsen beeinflusst
- thermischen Kontrollsystemen zur Unterstützung des Antriebs (z. B. Batteriekühlpumpen und Sensoren)

Vergleicht man die Services der SAE J1979-2 mit denen der SAE J1979-3 (Tabelle 4.41), so kann man feststellen, das J1979-3 ein Subset von J1979-2 ist.

Tabelle 4.41 ZEV on UDS Application-Layer-Services

SID	ZEVonUDS-Request
0x14	Clear diagnostic information + 3 Byte Group of DTC
0x19	Read DTC information mit Sub-Function-Byte 0x42 (Report WWH-OBD DTC by Mask Record) + 1 Byte functional group identifier + 1 Byte DTC Status Mask + 1 Byte DTC Severity Mask
0x22	Read Data by identifier mit DID
0x31	Routine control mit Sub-Function-Byte 0x01 (start routine) + 2 Byte routine identifier

Mit dem ZEVonUDS-Request 0x22 (read data by identifier) können Messwerte erfasst werden, die es nur in Elektrofahrzeugen gibt, z. B. der Zustand der Antriebsbatterien (Battery State of Health), dessen quantitative Größe den Restwert des Fahrzeugs mitbestimmt.

In der Nomenklatur der ISO-Spezifikationen werden Diagnoseprotokoll-Stacks durch Stapeln der OSI-Layer 7 bis OSI-Layer 1 gebildet, z. B. UDS_on_DoIP_on Ethernet.

So gesehen ist die Bezeichnung ZEVonUDS irreführend. Deshalb verwende ich im Folgenden auch die Abkürzung „ZEV-OBD“.

90 ZEV propulsion system

4.8 Übungsfragen

4-1	Was sind die Spezifikationen der fünf derzeit zugelassenen OBD-Protokolle ISO-OBD, SAE-OBD, WWH-OBD, HD OBD und OBD on UDS?
4-2	In welchem SAE-Standard ist der OBD-Stecker standardisiert?
4-3	Wie viele Kontakte hat der OBD-II-Stecker?
4-4	Wofür steht die ODX-Kurzbezeichnung DWCAN?
4-5	Wie heißt die Diagnosedienst-Anfrage eines Testers an ein Steuergerät auf Englisch?
4-6	Wofür steht die Abkürzung DID?
4-7	Wofür steht die Abkürzung SID?
	Welche Merkmale hat Mixed-Fixed-Notation?
4-8	Berechnen Sie die positive Response-SIDs für die Request-SIDs 0x22 und 0x87.
4-9	Wie lautet die negative Response-SID, wenn der Request mit der SID 0x10 nicht unterstützt wird?
4-10	Wofür steht die Abkürzung NRC?
4-11	Was bedeutet die Antwort 0x [7F,22,11]?
4-12	Was ist der Unterschied zwischen einer physikalisch und einer funktional adressierten Anfrage?
4-13	Wofür steht die Abkürzung DTC?
4-14	Wie lang (in Nibbles) ist ein Basis-DTC?
4-15	Wie lautet der CAN-ID für eine physikalisch adressierte Anfrage eines OBD-Scantools an das ECM?
4-16	Wie lautet die funktionale Adresse einer vom TST an das HD-OBD-System gesendeten Anfrage?
4-17	Wie viele OBD-Dienste sind für die CAN-basierte SAE-OBD und ISO-OBD gesetzlich vorgeschrieben?
4-18	Wofür stehen die Abkürzungen PID, TID und MID?
4-19	Wofür steht die Abkürzung UDS?
4-20	Wie lautet die ISO-Nummer der UDS-Spezifikationen?
4-21	Welches sind die beiden Vorläufer der UDS?
4-22	Wie viele Application-Layer-Services sind in der ISO 14229-1 spezifiziert?
4-23	Was spezifiziert ISO 14229-3 und ISO 14229-5?
4-24	Wie kann ein UDS-Request parametriert werden?
4-25	Was ist die Funktion des MSB des Sub-Function-Bytes?
4-26	Warum setzt der Tester das suppressPosRspMsgIndicationBit auf 1?
4-27	Wie lang (in Bytes) ist der DID einer UDS-Anfrage?
4-28	Welche Bezeichnung hat die Sub-Function der UDS-Anfrage 0x10?
4-29	Was passiert, wenn der Tester den UDS-Request 0x10 02 an ein Steuergerät sendet, das diesen Dienst unterstützt?
4-30	Was ist erforderlich, um ein Steuergerät in einer Non-Default-Session zu halten?
4-31	Wie lauten die Namen der beiden 0x27 = Security Access Request Parameter?
4-32	Ist es möglich, die On-Board-Kommunikation mit einem Diagnoseservice-Request zu deaktivieren? Wenn ja, wie lautet der Request?
4-33	Was ist der Inhalt von ISO 27145 (Abkürzung)?
4-34	Was ist der Inhalt von SAE J1939-73 (Abkürzung)

4-35	Wie hoch ist die gesetzlich vorgeschriebene Übertragungsrate der SAE J1939-73 Diagnosemeldung DM 1?
4-36	Aus welchen Feldern besteht die DTC-Information der DM 1?
4-37	Wofür steht die Abkürzung FMI im 4-Byte SAE J1939 DTC?
4-38	Wie lautet der DID für die VIN in ISO 14229 und SAE J1979-2?
4-39	Welche Merkmale hat Mixed-Fixed-Notation?

5 Transport-Protokolle und Network-Layer-Services

5.1 Einleitung

Heute wird für die Diagnosekommunikation zwischen einem Tester und einem E/E-System entweder CAN (HSC) oder Ethernet (100BASE-TX) verwendet (Bild 5.1). Transportprotokolle legen fest, *wie* Diagnosedienst-Anfragen und -Antworten über den jeweiligen Physical- und Data-Link-Layer übertragen werden. Dieses Kapitel beschreibt die Netzwerk- und Transportprotokolle (OSI-Layer 3 und 4) ISO 15765 (DoCAN), SAE J1939-21 und ISO 13400-2 (DoIP).

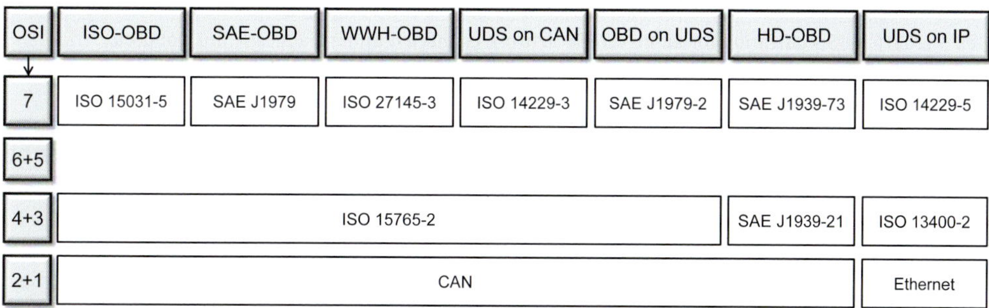

Bild 5.1 Diagnoseprotokoll-Stacks im OSI-Modell

Die Spezifikation des CAN Data-Link-Layers (ISO 11898-1) definiert die Frame-Typen

- Data-Frames,
- Remote-Frames,
- Error-Frames und
- Overload-Frames.

Außerdem gibt es die „Frame-Formate“ CBFF (Classical Base Frame Format), CEFF (Classical Extended Frame Format), FBFF (FD Base Frame Format) und FEFF (FD Extended Frame Format).

Auch die Spezifikation des Transport-Protokolls (ISO 15765) definiert Frames, und zwar Single Frames, First Frames, Consecutive Frames und Flow Control Frames. Beim Transportprotokoll geht es darum, dass Nachrichten (messages), die nicht in das Datenfeld eines einzelnen CAN-Frames passen, in mehrere Teile zerlegt (segmentiert) werden. Diese Segmente werden nacheinander in CAN-Frames übertragen und von der Transportschicht des Empfängers wieder zusammengesetzt.

Die Begriffe Segment (OSI-Layer 4), Paket (OSI-Layer 3) und Frame (OSI-Layer 2) sind in den CAN-Spezifikationen nicht sauber voneinander getrennt.

5.2 ISO 15765 (DoCAN und ISO-TP)

5.2.1 Übersicht

ISO 15765 spezifiziert die Diagnosekommunikation „über" CAN, abgekürzt DoCAN[91]. ISO 15765 wurde mehrfach überarbeitet, zuletzt um CAN FD[92] abzudecken. Die aktuelle Version der ISO 15765 besteht aus vier Teilen (Tabelle 5.1).

Tabelle 5.1 ISO 15765

ISO 15765	Road vehicles – Diagnostic communication over Controller Area Network (DoCAN)
Teil 1 (2011)	General information and use case definition
Teil 2 (2016)	Transport protocol and network layer services
Teil 3[93]	–
Teil 4 (2021)	Requirements for emission-related systems
Teil 5 (2021)	Specification for an in-vehicle network connected to the diagnostic link connector

ISO 15765-2 spezifiziert das Transportprotokoll und die Network Layer Services. Das Transportprotokoll für Diagnose auf CAN wird als *ISO-TP* oder CAN-TP bezeichnet. Außer bei SAE J1939-basierten Netzwerken wird ISO-TP für alle CAN-basierten Diagnoseprotokolle verwendet.

ISO-TP wird ausschließlich zur Diagnosekommunikation und nicht zur On-Board-Kommunikation verwendet.

ISO 15765-2 deckt sowohl Classical CAN als auch CAN FD ab. Da CAN FD für die Diagnosekommunikation mit dem OBD-System nicht verwendet wird, beschränken wir uns hier auf Classical CAN mit 11-Bit-CAN-IDs und 8-Byte-Datenfeldern.

ISO 15765-5 spezifiziert die Anforderungen an das Gateway zwischen dem Tester und CAN FD.

5.2.2 Adressierung

Damit ein Tester eine Diagnosedienst-Anforderung an ein bestimmtes Steuergerät schicken kann (TST-to-ECU), und das Steuergerät seine Antwort an den Tester (ECU-to-TST), müssen Tester und Steuergerät adressierbar sein. Das ist bei CAN-basierter Diagnosekommunikation ein Problem, weil es keine Geräteadressen gibt, sondern CAN-Identifier (CAN-IDs) für die Nachrichten. Die CAN-IDs legen die Priorität der Nachricht fest, die über Arbitrierung ge-

91 Die Diagnosekommunikation über Ethernet wird oft als „DoIP" bezeichnet.

92 CAN FD ist für die Diagnosekommunikation mit OBD-Systemen nicht zugelassen.

93 ISO 15765-3 wurde im Jahr 2012 durch ISO 14229-3 (UDS on CAN) ersetzt.

steuert wird. Da es für jede CAN-ID immer nur einen Sender gibt, entspricht die CAN-ID einer Nachricht der Adresse des Senders. Andererseits kann es mehrere Empfänger geben, es sei denn, es werden spezielle CAN-IDs für Diagnosedienst-Anfragen reserviert und je einem Steuergerät zugeordnet. Die Zuordnung der CAN-IDs (und damit der Nachrichten) zu den Sendern (Steuergeräte oder Tester) erfolgt über die CAN-Matrix.

Für jede Nachricht (alias CAN-ID) gibt es nur einen Sender.

Der Inhalt des Datenfelds jeder CAN-Nachricht wird in der CAN-Matrix beschrieben.

Neben Daten für die On-Board-Kommunikation kann ein Datenfeld eine Diagnosedienst-Anforderung (TST-to-ECU) oder -Antwort (ECU-to-TST) beinhalten. Zur eindeutigen Identifikation des Inhalts wird für jedes Steuergerät je ein CAN-ID für die Diagnosedienst-Anforderung und ein CAN-ID für die Diagnosedienst-Antwort festgelegt.

Beispiel A: Der Tester sendet eine Nachricht mit dem CAN-Identifier 0x7E0. Alle Steuergeräte empfangen diese Nachricht, aber gemäß der Programmierung des Akzeptanzfilters der CAN-Controller wird sie nur vom Motorsteuergerät (ECM) weiterverarbeitet. Das ECM erkennt am CAN-ID, dass diese Nachricht eine Diagnosedienst-Anforderung vom Tester an das ECM enthält. Das ECM verarbeitet die Anforderung und antwortet, indem es eine Nachricht mit dem CAN-Identifier 0x7E8 sendet. Alle Steuergeräte, einschließlich des Testers, empfangen diese Nachricht, aber nur der Tester verarbeitet den Inhalt: Die Nachricht mit der CAN-ID 0x7E8 enthält nämlich die Antwort des ECM an den TST und ist für alle anderen Steuergeräte irrelevant.

Jedes Steuergerät im Netzwerk erhält einen eindeutigen *physikalischen Request CAN-ID* und einen *physikalischen Response CAN-ID*. Das gleiche Prinzip wird für die Zuordnung von *funktional* adressierten Anfragen verwendet. Jedem Steuergerät, das Teil einer funktionalen Gruppe ist (z. B. des OBD-Systems), wird ein *funktionaler Request CAN-ID* zugeordnet. Nachrichten mit einer funktionalen Request CAN-ID enthalten eine funktional adressierte Diagnosedienst-Anforderung.

Es gibt keine funktional adressierten Diagnosedienst-Antworten und somit auch keine entsprechenden CAN-IDs. Ein funktional adressiertes Steuergerät antwortet immer mit seinem individuellen physikalischen Response CAN-ID.

Für die Diagnosekommunikation benötigt der Tester die physikalischen Request und Response CAN-IDs *aller* Steuergeräte und die funktionalen Request CAN-IDs für alle Funktionsgruppen.

Die physikalischen Request und Response CAN-IDs sind Äquivalente physikalischer Geräte-Adressen.

Beispiel B: Wenn der Tester die Fehlerspeicher des Motorsteuergeräts ECM und des Getriebesteuergeräts TCM auslesen möchte, kann er nacheinander entsprechende Diagnosedienst-Anforderungen an die physikalischen Adressen des ECM und des TCM senden. Alternativ kann er mit einer Anfrage an die *funktionale* Adresse (z. B. 0x7DF) gleichzeitig das ECM und das TCM ansprechen. Wenn sowohl ECM als auch TCM die funktional adressierte Anfrage akzeptieren, antworten beide mit ihrem individuellen physikalischen Response CAN-ID, sodass der Tester die Antworten korrekt zuordnen kann. Die CAN-IDs legen über die Arbitration auch die Priorität und damit die zeitliche Reihenfolge fest, in der die Antworten an den Tester gesendet werden. Tabelle 5.2 verdeutlicht, um welche Einträge die CAN-Matrix für DoCAN in diesem Beispiel erweitert werden muss. Bei den CAN-IDs handelt es sich um weltweit standardisierte Werte aus den OBD-Spezifikationen.

Tabelle 5.2 CAN-IDs für die Diagnosekommunikation mit dem ECM und TCM

CAN-ID	Sender	Empfänger	Inhalt
0x7E0	TST	ECM	Phys. TST-to-ECM Request
0x7E8	ECM	TST	Phys. ECM-to-TST Response
0x7E1	TST	TCM	Phys. TST-to-TCM Request
0x7E9	TCM	TST	Phys. TCM-to-TST Response
0x7DF	TST	ECM, TCM	Funct. TST-to-OBD Request

5.2.3 Segmentierung

Die Fahrzeugidentifikationsnummer FIN (*engl.:* vehicle identification number – VIN) ist weltweit standardisiert und besteht aus 17 arabischen Zahlen und lateinischen Buchstaben, z. B. WAUZZZF52LA022016[94].

Die FIN dient der weltweit eindeutigen Identifikation eines Fahrzeugs, steht in den Fahrzeugpapieren, ist beim Kraftfahrtbundesamt (KBA) gespeichert und auf einem Typenschild von außen sichtbar am Fahrzeug angebracht (Bild 5.2). Sie ist aber auch manipulationssicher im Motorsteuergerät gespeichert. Dazu wird die Folge aus Buchstaben und Zahlen binär codiert: Aus WAUZZZF52LA022016 wird der ASCII-String 0x [57,41,55,5A,5A,5A, 46,35,32,4C,41,30,32,32,30,31,36].

Jetzt kann die FIN mit einer funktional adressierten Diagnosedienst-Anfrage an das OBD-System gelesen werden. Alle OBD-Protokolle basieren auf Classical CAN, was bedeutet, dass je CAN-Frame maximal 8 Byte an Daten übertragen werden können. Mit einer Diagnosedienst-Antwort können höchstens sieben ASCII-Zeichen übertragen werden.

Die 17 Byte der FIN passen nicht in einen CAN-Frame.

[94] Details zur Decodierung der FIN finden Sie in Abschnitt 8.2.

Bild 5.2 Fahrzeugidentifikationsnummer FIN

Die Fahrzeugidentifikationsnummer FIN ist zu lang, um mit einem einzelnen CAN-Frame vom Steuergerät zum Tester gesendet werden zu können. Die Lösung besteht in einem Protokoll, das festlegt, wie ein Datensatz, der nicht in einen einzelnen Datenframe passt, übertragen werden kann. Die Stichworte sind Transportprotokoll, Segmentierung und Flusskontrolle (flow control). Das Transportprotokoll legt fest, *wie* ein Datensatz, der nicht in einen einzelnen CAN-Frame passt, zerlegt (segmentiert) und nach der Übertragung wieder zusammengesetzt wird. Die Flusskontrolle legt fest, wie die einzelnen Segmente übertragen werden.

Ein Transportprotokoll kommt sowohl bei Diagnosedienst-Anfragen (z. B. beim Download von Daten zur Steuergeräte-Programmierung) als auch bei Diagnosedienst-Antworten (z. B. beim Lesen der FIN oder von Messwerteblöcken) zum Einsatz.

Bei einem SAE-J1939-Netzwerk wird die Segmentierung sowohl für die On-Board-Kommunikation als auch für die Diagnosekommunikation verwendet.

Die Hauptaufgaben der Schichten 3 und 4 des OSI-Modells bestehen in der Segmentierung von Datensätzen auf der einen Seite (TST oder ECU) und der Rekonstruktion auf der anderen Seite (ECU oder TST), sowie der Steuerung der Übertragung.

5.2.4 Protokollkontrollinformationen (PCI)

CAN-Frames mit Diagnosedienst-Anfragen und -Antworten können über die CAN-IDs eindeutig identifiziert werden. Das Datenfeld einer CAN-Nachricht, dass eine Diagnosedienst-Anforderung oder -Antwort enthält, beginnt immer mit einem so genannten Protocol Control Information Feld (PCI), das mindestens 1 Byte lang ist.

Bild 5.3 ❶ zeigt einen Classical CAN-Frame mit CAN-ID und dem Datenfeld. Bei der Diagnosekommunikation auf CAN beginnt das Datenfeld immer mit dem PCI-Feld (Bild 5.3 ❷). Die restlichen Bytes des Datenfelds enthalten die Diagnosedienst-Anforderung oder -Antwort.

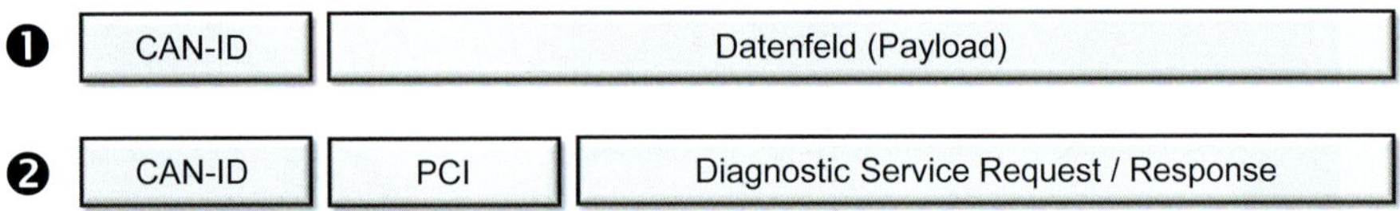

Bild 5.3 CAN-Frame für die Diagnosekommunikation

Das PCI-Feld der Netzwerkschicht dient der Steuerung der Kommunikation. Es kann ein, zwei oder drei Byte lang sein (Tabelle 5.3). Die ersten vier Bit des PCI-Felds legen fest, um welche Art von CAN-Frame (Frametype) es sich handelt. Dabei wird unterschieden zwischen

- Single Frame
- First Frame
- Consecutive Frame
- Flow Control Frame

Diagnosedienst-Anforderungen und -Antworten, die nicht länger als 7 Byte sind, können mit einem Single Frame übertragen werden.

Im zweiten Nibble des PCI-Felds wird die Anzahl der nach dem PCI-Feld übertragenen Bytes codiert.

Tabelle 5.3 Das erste Nibble des PCI-Bytes

binär	hex	Frametype
0000	0	Single Frame
0001	1	First Frame
0010	2	Consecutive Frame
0011	3	Flow Control Frame

Bild 5.4 zeigt die vier verschiedenen Frametypen und die dazu gehörenden PCI-Felder. Segmentierte Nachrichten bestehen aus dem First Frame (0001_2), mehreren aufeinanderfolgenden Consecutive Frames (0010_2) und Flow Control Frames (0011_2) zur Steuerung der Kommunikation durch den Empfänger.

Bild 5.5 zeigt ein Beispiel für eine Diagnosekommunikation auf CAN mit einer Diagnosedienst-Anfrage, die als Single Frame gesendet wird, und einer segmentierten Antwort.

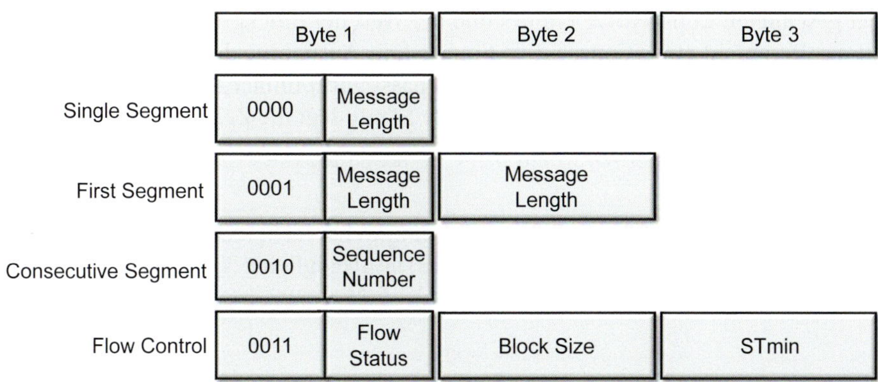

Bild 5.4 Struktur von PCI Feldern

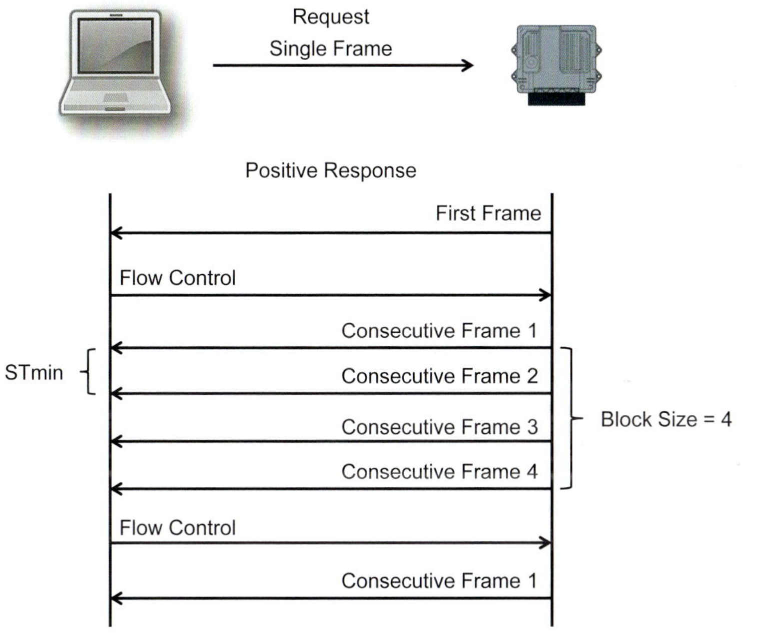

Bild 5.5 DoCAN-Diagnosekommunikation mit segmentierter Response

Die Transportschicht des im Steuergerät implementierten Diagnoseprotokolls erkennt, dass die Antwort nicht in einen einzelnen CAN-Frame passt, und sendet einen First Frame an den Tester. Der Tester empfängt den First Frame und sendet einen Flow Control Frame an das Steuergerät. Die Flusskontrolle besteht aus den Parametern Flow Status, BlockSize und STmin. Der Flow Status zeigt an, ob das Steuergerät mit der Übertragung der Nachricht fortfahren kann. Die auf den First Frame folgenden Frames werden als Consecutive Frames (CF) bezeichnet und enthalten die segmentierten Daten. Die BlockSize gibt an, *wie viele* Consecutive Frames das Steuergerät hintereinander senden darf, bevor es auf einen weiteren Flow Control Frame des Testers warten muss. Mit Ausnahme des letzten Blocks sind die Anzahl der gesendeten Consecutive Frames und der Wert der Blockgröße identisch. Außerdem enthält das Datenfeld eines Consecutive Frames (mit Ausnahme des letzten Frames, der an die Länge der verbleibenden (Rest-)Daten angepasst wird) immer 8 Byte, d. h. Consecutive Frames haben kein PCI-Feld. Der Zeitparameter STmin legt die Zeit fest, die zwischen zwei Consecutive Frames gewartet werden soll.

Um die Diagnosekommunikation möglichst effizient zu gestalten, sollte die BlockSize möglichst groß und STmin möglichst klein sein (idealerweise STmin = 0).

Wenn der Tester eine segmentierte Diagnosedienst-Anforderung durch das Senden eines First Frame anzeigt, antwortet das Steuergerät mit einem Flow Control Frame.

Wenn das Steuergerät eine segmentierte Diagnosedienst-Antwort durch das Senden eines First Frames anzeigt, antwortet der Tester mit einem Flow Control Frame.

5.3 SAE J1939-21 Transportprotokoll

5.3.1 Übersicht

In den SAE J1939 Recommended Practices werden Nachrichten mit Daten, die nicht mit einem einzelnen CAN-Frame übertragen werden können, als *multipacket messages* bezeichnet und die Teile (Segmente) einer solcher Nachricht als *Pakete (packages)*. Jedes dieser Pakete hat ein Datenfeld mit 8 Byte und ist mit den Consecutive Frames von DoCAN vergleichbar. Der wesentliche Unterschied zwischen DoCAN und J1939-21 besteht darin, dass J1939-Transportprotokolle sowohl für die Diagnosekommunikation als auch für die On-Board-Kommunikation verwendet werden.

SAE J1939-21 spezifiziert zwei verschiedene Transportprotokolle. Bild 5.6 ❶ veranschaulicht das Senden einer segmentierten Nachricht an die globale Zieladresse 0xFF, Bild 5.6 ❷ die Peer-to-Peer-Übertragung einer segmentierten Nachricht mit Zieladressen von einem Steuergerät zu einem anderen (ECU-to-ECU), von einem Tester zu einem Steuergerät (TST-to-ECU) oder umgekehrt (ECU-to-TST).

Die Connection Management Message TP.CM kann eine Broadcast Announce Message (TP.CM_BAM), eine Request to Send Message (TP.CM_RTS), eine Clear to Send Message (TP.CM_CTS) oder die Bestätigung, dass das Ende der segmentierten Nachricht empfangen wurde (TP.CM_EndofMsgACK), sein. Darüber hinaus gibt es eine Nachricht zum Abbruch der Übertragung (TP.Conn_Abort).

Der Typ der Verbindungsmanagement-Nachrichten wird durch das erste Byte festgelegt, das als Steuerbyte bezeichnet wird (Tabelle 5.4). Alle TP.CM-Nachrichten haben die gleiche PGN 60416 (0x00EC00), aber unterschiedliche Steuerbytes. Die Bytes 6 bis 8 aller TP.CM-Nachrichten enthalten die PGN der segmentierten Nachricht (siehe ✱ Bild 5.7 und Bild 5.8).

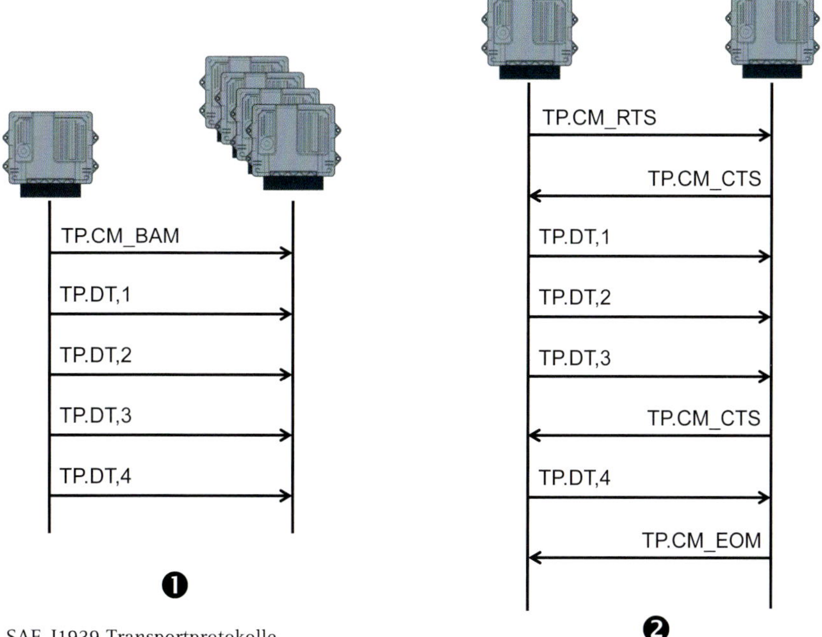

Bild 5.6 SAE J1939 Transportprotokolle

Tabelle 5.4 Verbindungsmanagement-Meldungen

TP-Nachricht	Richtung	Steuerbyte	Funktion
TP.CM_BAM	Sender → Empfänger	32 (0x20)	Ankündigung der Sendung
TP.CM_RTS	Sender → Empfänger	16 (0x10)	Anfrage zum Senden
TP.CM_CTS	Empfänger → Sender	17 (0x11)	Zum Senden freigeben
TP.CM_EndOfMsgACK	Empfänger → Sender	19 (0x13)	Bestätigung des Nachrichtenendes
TP.Conn_Abort	Sender ←→ Empfänger	255 (0xFF)	Abbrechen

5.3.2 Broadcast-Multipackage-Messages

Die Übertragung einer Broadcast-Multipackage-Message beginnt mit der Broadcast Announce Message (BAM) an die globale Zieladresse (Bild 5.6 ❶). Bild 5.7 veranschaulicht den Inhalt der BAM.

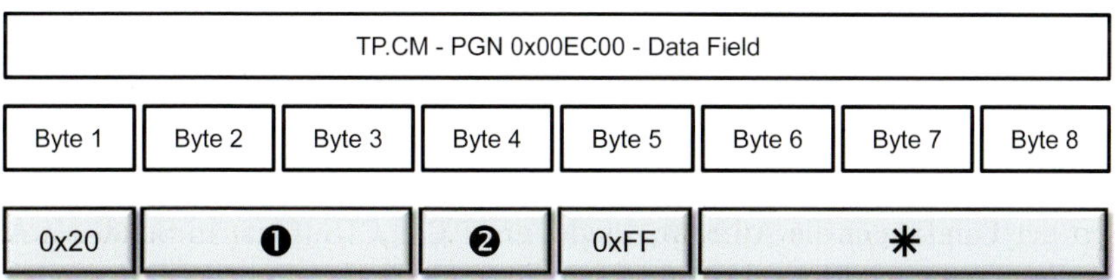

Bild 5.7 Broadcast Announce Message

Das erste Byte des BAM-Datenfelds ist das auf 0x20 gesetzte Kontrollbyte. Die nächsten beiden Bytes (Bild 5.7 ❶) enthalten die Information über die Gesamtzahl der Datenbytes in der Multipackage-Message. Das dritte Byte (Bild 5.7 ❷) enthält die Gesamtzahl der Pakete. Byte 5 ist reserviert und auf 0xFF gesetzt.

Für die Übertragung der Pakete wird die TP.DT-Nachricht (Transport Protocol Data Transfer) mit der PGN 60160 (0x00EB00) verwendet. Das erste Byte jeder TP.DT-Nachricht enthält die Paketnummer, die zwischen 1 und 0xFF (255) liegt, was bedeutet, dass mit einer segmentierten Nachricht zwischen 9 und 1785 Bytes (255 Pakete mit je 7 Datenbytes) übertragen werden können. Wenn die letzte Nachricht nicht alle 7 Bytes des Datenfelds benötigt, werden die ungenutzten Bytes auf 0xFF gesetzt.

5.3.3 J1939 Peer-to-Peer

Für die Übertragung einer segmentierten Nachricht von einer Quelladresse zu einer Zieladresse wird eine virtuelle Verbindung zwischen dem Sender und dem Empfänger aufgebaut und aufrechterhalten. Bild 5.8 veranschaulicht die Flusskontrollmeldungen, die für die Übertragung einer segmentierten Nachricht von einem Sender zu einem Empfänger verwendet werden.

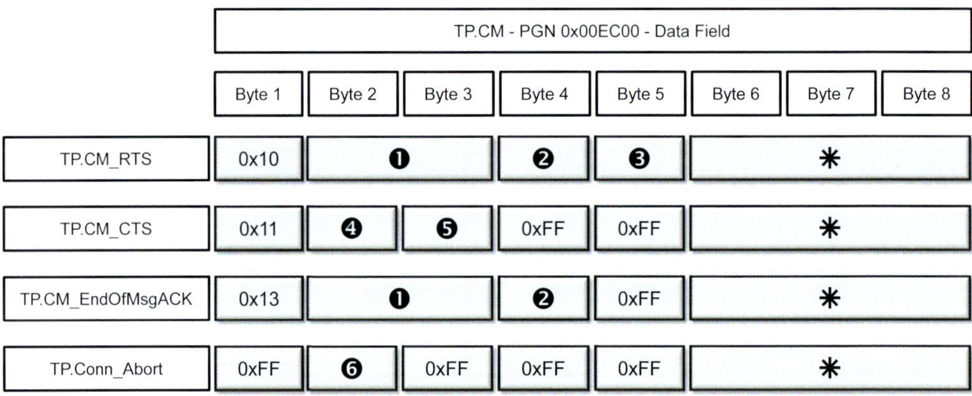

	TP.CM - PGN 0x00EC00 - Data Field							
	Byte 1	Byte 2	Byte 3	Byte 4	Byte 5	Byte 6	Byte 7	Byte 8
TP.CM_RTS	0x10	❶		❷	❸	✱		
TP.CM_CTS	0x11	❹	❺	0xFF	0xFF	✱		
TP.CM_EndOfMsgACK	0x13	❶		❷	0xFF	✱		
TP.Conn_Abort	0xFF	❻	0xFF	0xFF	0xFF	✱		

Bild 5.8 Flusskontrollmeldungen für die Peer-to-Peer-Übertragung von segmentierten Nachrichten

J1939 ermöglicht die Übertragung von segmentierten Nachrichten sowohl für die On-Board-Kommunikation als auch für die Diagnosekommunikation.

Tabelle 5.5 gibt einen Überblick über die Flusskontrollmeldungen und den Inhalt der Datenfelder.

Die Übertragung einer segmentierten Nachricht beginnt mit TP.CM_RTS (Request to Send). Akzeptiert der Empfänger die Anfrage, sendet er TP.CM_CTS (Clear to Send) als Antwort. Nach dem Empfang von CTS beginnt der Sender mit der Übertragung der Datenbytes, indem er die TP.DT-Nachricht wie oben beschrieben verwendet.

Tabelle 5.5 TP.CM-Datenfeld

Feld	Länge in Bytes	Bezeichnung
*	3	PGN der Multipackage-Nachricht
❶	2	Größe der Multipackage-Nachricht (9–1 785 Bytes)
❷	1	Gesamtzahl der Pakete (1–255)
❸	1	Anzahl der Pakete, die nach einem CTS gesendet werden können (0xFF = unbegrenzt)
❹	1	Anzahl der Pakete, die empfangen werden können
❺	1	Nächste erwartete Paketnummer
❻	1	Grund des Abbruchs

Der Empfänger ist der Koordinator der Flusskontrolle. Er kann die Übertragung unterbrechen, fortsetzen und stoppen. Wenn der Empfänger ein CTS sendet, bei dem Byte 2 der TP.CM_CTS-Nachricht auf 0 gesetzt ist, unterbricht der Sender die Übertragung. Soll die Übertragung zu einem späteren Zeitpunkt wieder aufgenommen werden, kann der Empfänger die virtuelle Verbindung aktiv halten, indem er ein CTS mit einer Wiederholungsrate von 500 ms sendet.

Nachdem das letzte Paket erfolgreich empfangen und die Nachricht wieder zusammengesetzt wurde, sendet der Empfänger das End-Of-Message-Acknowledgement (TP.CM_EndOfMgdACK).

Sowohl der Sender als auch der Empfänger können die Verbindung jederzeit durch Senden der TP.Conn_Abort-Nachricht beenden. Das erste Byte des Datenfelds von TP.Conn_Abort enthält das auf 0xFF gesetzte Kontrollbyte, das zweite Byte enthält den Grund für den Abbruch, z. B. Zeitüberschreitung, beschädigte Sequenznummern oder begrenzte Ressourcen. Wenn Byte 2 des TP.Conn_Abort auf 0xFA gesetzt ist, gibt es keinen spezifischen Grunds für den Abbruch.

5.4 ISOBUS-Transportprotokolle (ETP und FPTP)

ISO 11783 basiert auf SAE J1939 und verwendet die J1939-Transportprotokolle. Darüber hinaus enthält ISO 11783 die Spezifikation von erweiterten Transportprotokollen für die Übertragung von Nachrichten mit mehr als 1 785 Datenbytes. Das Extended Transport Protocol (ETP) für die Peer-to-Peer-Übertragung von bis zu 117 440 505 Datenbytes wird hauptsächlich für die Übertragung von grafischen Daten zum VT oder für die Datenübertragung zum Dateiserver verwendet. Das Fast Packet Transport Protocol (FPTP) von NMEA 2000 wird für die Übertragung von GPS-Daten verwendet.

5.5 Diagnostics over IP (DoIP)

5.5.1 Einführung und Überblick

DoIP ist die Abkürzung für *Diagnostic Communication over Internet Protocol.* Es ist in der ISO 13400 (Tabelle 5.6) standardisiert und dient als Netzwerk- und Transportprotokoll für UDS on IP.

Tabelle 5.6 ISO 13400 (DoIP)

ISO 13400	Road Vehicles – Diagnostic communication over Internet Protocol (DoIP)
Teil 1 (2011)	General Information and use case definition
Teil 2 (2019)	Transport protocol and network layer services
Teil 3 (2016)	Wired vehicle interface based on IEEE 802.3
Teil 4 (2016)	Ethernet-based high-speed data link connector

Der Physical-Layer und der Data-Link-Layer von DoIP sind in den ISO 13400-3 spezifiziert. Dabei handelt es sich um eine Ethernet-Verbindung auf Basis von IEEE 802.3 100BASE-TX. Die Erweiterung des OBD-Steckers um vier Adern für die 100BASE-TX-Verbindung und eine Ethernet-Aktivierungsleitung ist in ISO 13400-4 spezifiziert, die Netzwerk- und Transportschicht in ISO 13400-2. Die Anwendungsschicht wird durch ISO 14229-5 abgedeckt, wobei die in ISO 14229-1 spezifizierten Unified Diagnostic Services verwendet werden. Bild 5.9 zeigt den Protokollstack von UDS on IP.

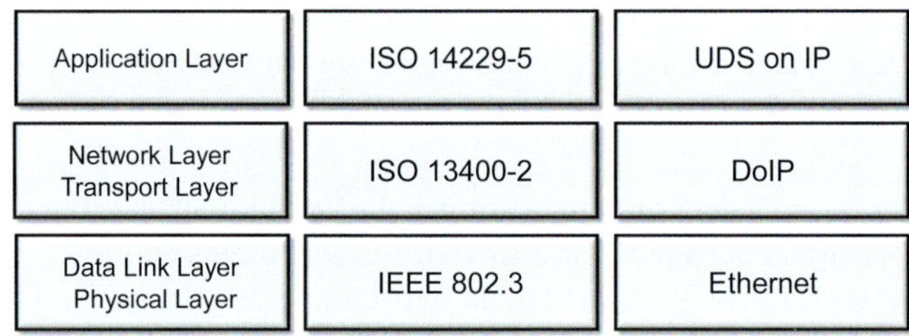

Bild 5.9 UDS on IP Protokollstack

DoIP ist bereits heute in einem zentralen Gateway zwischen dem Fahrzeugnetzwerk und dem DLC implementiert (Bild 5.10).

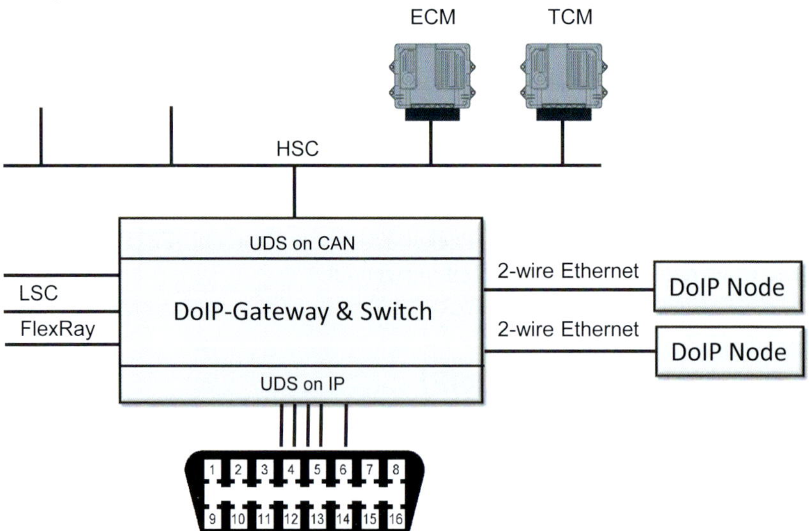

Bild 5.10 DoIP-Nodes und -Gateway im Fahrzeug

In der Nomenklatur von ISO 13400 ist ein Steuergerät mit DoIP-Stack entweder ein DoIP-Node oder ein DoIP-Gateway (Bild 5.10). Ein DoIP-Node ist ein Steuergerät mit DoIP-Protokollstack. Auch ein DoIP-Gateway besitzt einen DoIP-Protokollstack, kann aber zudem fahrzeuginterne Netzwerke miteinander verbinden, die nicht Ethernet sein müssen.

Bild 5.11 veranschaulicht, dass TCP oder UDP als DoIP-Transportprotokolle verwendet werden und entweder IPv4 (mit ARP und ICMP) oder IPv6 (mit NDP und ICMPv6) als Network-Layer-Protokolle (siehe Tabelle 5.7 für die Übersetzung der Abkürzungen).

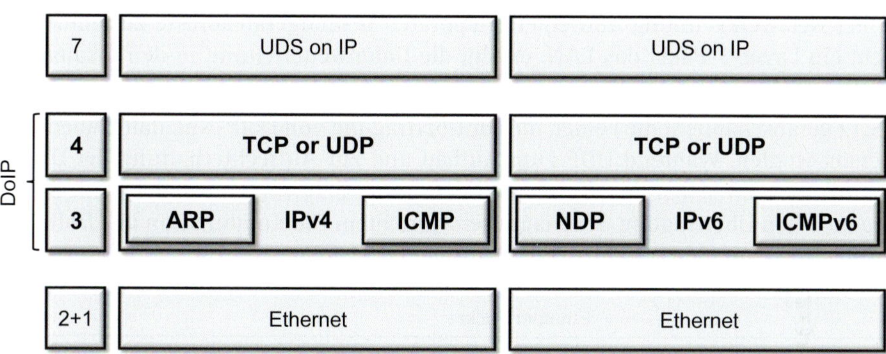

Bild 5.11 DoIP im OSI-Modell

Tabelle 5.7 DoIP-Protokolle und die IETF* RFC-Spezifikationen

IETF RFC	Begriff	Inhalt/Titel
793	TCP	Transmission Control Protocol
768	UDP	User Datagram Protocol
826	ARP	Ethernet Adress Resolution Protocol
792	ICMP	Internet Control Message Protocol
791	IPv4	Internet Protocol v4
2131	DHCP	Dynamic Host Configuration Protocol
3315	DHCPv6	Dynamic Host Configuration Protocol for IPv6
4291		IPv6 Adressing Architecture
4443	ICMPv6	Internet Control Message Protocol for IPv6
8200	IPv6	Internet Protocol v6
4861	NDP	Neighbor Discovery for IPv6

IETF[95] ist die Abkürzung für die Internet Engineering Task Force, die ein Teil der Internet Society (ISOC)[96] ist. Die ISOC ist eine Non-Profit-Organisation, die Spezifikationen für das Internet in Form von RFC (Request For Comments) veröffentlicht.

[95] https://www.ietf.org

[96] https://www.internetsociety.org

5.5.2 Ethernet-Frames und -Pakete

Ethernet-Frames werden auf dem Data-Link-Layer erzeugt. Sie dienen dem Transport von Daten von einer Quelle zu einem Ziel im selben Netzwerk. Quellen und Ziele sind durch permanente MAC-Adressen eindeutig identifizierbar. Kennzeichen dieser Ebene ist der Einsatz so genannter Layer-2-Switches.

Ethernet-Pakete werden auf OSI-Layer 3 erzeugt und erlauben den Transfer von Daten zwischen verschiedenen Netzwerken. Die Datenkommunikation verwendet IP-Adressen, die sich aus einer Netzwerkkennung und einer temporären IP-Endgeräteadresse zusammensetzen. Erreicht ein Layer-3-Paket das LAN, erfolgt die Datenweiterleitung in den lokalen Netzen auf Basis von Layer-2-Switches.

Bild 5.12 veranschaulicht die Felder, die zur Übertragung von DoIP-Nutzdaten über Ethernet verwendet werden. Während UDP zum Aufbau und zur Aufrechterhaltung der Diagnosekommunikation zwischen dem Tester und dem DoIP-Gateway verwendet wird, dient TCP zur eigentlichen Übertragung der Diagnosenachrichten. Die Kombination aus DoIP-Header und DoIP-Nutzdatenfeld wird als DoIP-Message bezeichnet.

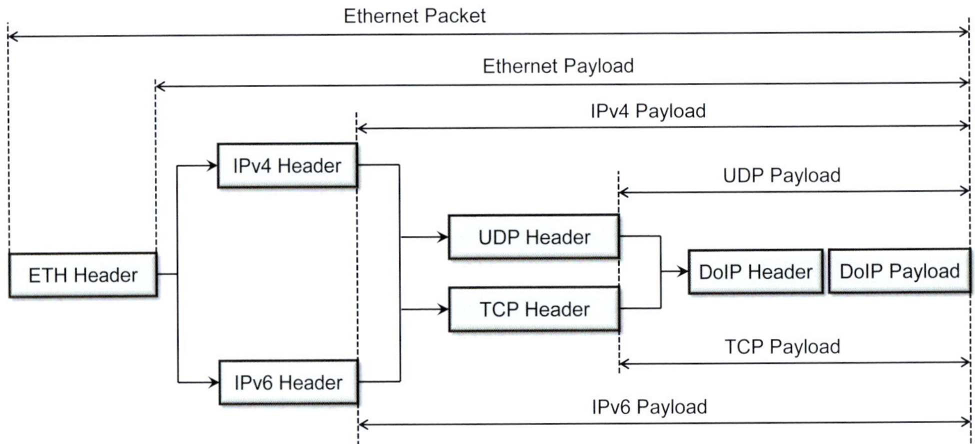

Bild 5.12 Protokollheader und Nutzdatenfelder für die Übertragung von DoIP-Nutzdaten über Ethernet

5.5.3 Internetprotokolle (IPv4 und IPv6)

Wie in Bild 5.11 dargestellt, besteht DoIP aus dem Transportprotokoll TCP/IP und den L3-Protokollen IPv4 bzw. IPv6[97]. Obwohl die Verwendung von IPv6 in der ISO 13400-2 empfohlen wird, soll das bewährte IPv4 verwendet werden, wenn eine bereits bestehende IT-Infrastruktur, z. B. in einer Reparaturwerkstatt, auf IPv4 basiert.

IPv4 definiert etwa 4,3 Milliarden verschiedene IP-Adressen, aber mit der kontinuierlichen Ausweitung der Anzahl adressierbarer Devices, z. B. für das Internet der Dinge (IoT), reicht selbst diese riesige Zahl nicht aus. Zusätzlich zu den IoT-Geräten benötigen auch vernetzte

[97] IP = Internetprotokoll

und automatisierte Fahrzeuge sowie Geräte der Kfz-Infrastruktur, wie Ampeln und Roadside-Units (RSU)[98], eine individuelle IP-Adresse. IPv6 ist zu IPv4 nicht abwärtskompatibel und soll IPv4 mittelfristig ersetzen.

5.5.4 UDP und TCP

UDP ist die Abkürzung für User Datagram Protocol. Es handelt sich um ein Protokoll der Transportschicht des OSI-Modells und ist in der IETF RFC 768 spezifiziert. UDP ist verbindungslos und unzuverlässig (unreliable), d. h. es gibt keine Garantie dafür, dass ein Datagramm jemals sein Ziel erreicht. Ein Vorteil von UDP ist die Übertragungsgeschwindigkeit, da es keinen Verbindungsaufbau gibt. Ein weiterer Vorteil ist die Unterstützung von Multicast- und Broadcast-Nachrichten. Im Zusammenhang mit DoIP werden UDP-Datagramme verwendet, um die Kommunikation zwischen einem Tester und dem DoIP-Gateway herzustellen und aufrechtzuerhalten. Beispiele für UDP-Anwendungsfälle sind Diagnosedienst-Anfragen zur Fahrzeugidentifizierung und zur Routing-Aktivierung.

UDP-Datagramme enthalten die Nummern von Source-Ports (Quelle, Sender) und Destination-Ports (Ziel, Empfänger), sowie zugeordneten Diensten. Die Dienste werden von der IANA (Internet Assigned Numbers Authority)[99] verwaltet. Die IANA unterhält ein öffentlich zugängliches Register mit Portnummern und Dienstnamen. Tabelle 5.8 zeigt einen Auszug dieses Registers.

Tabelle 5.8 Von der IANA zugewiesene UDP-Portnummern (Auszug)

UDP Port		Dienst
21	FTP	File Transfer Protocol
53	DNS	Domain Name System
3540	PNRP	Microsoft Peer Name Resolution Protocol
13400	DoIP-DISC	DoIP Discovery

Wir können die MAC- und IP-Adresse auch mit der (Post-)Adresse eines Firmengebäudes vergleichen. Dann wäre die Portnummer die Nummer eines Büroraums in diesem Firmengebäude. Hinter der Tür des Büroraums mit der Portnummer xyz wartet ein Mitarbeiter auf eine Serviceanfrage, z. B. aus dem Marketing, dem Support oder der Verwaltung.

TCP ist die Abkürzung für Transmission Control Protocol. Im Gegensatz zu UDP ist TCP ein verbindungsorientiertes und zuverlässiges (reliable) Transportschichtprotokoll. Broadcast- oder Multicast-Nachrichten werden nicht unterstützt. TCP ist in der IETF RFC 793 spezifiziert.

98 Roadside-Units sind Module „am Straßenrand" für die drahtlose bidirektionale Kommunikation zwischen Fahrzeugen und Infrastruktur, u. a. zur Steuerung des Verkehrs und zur Stauvermeidung

99 https://www.iana.org/assignments/service-names-port-numbers/service-names-port-numbers.xhtml

Bei DoIP wird das Versions- und IHL-Feld auf 0x45 gesetzt, d. h. der IPv4-Header hat eine Länge von 20 Byte.

Die IP-Adressen bestehen aus 4 Bytes, die in der für Menschen lesbaren *dottet decimal notation* dargestellt werden. Dabei wird jedes Byte dezimal codiert und die vier Dezimalzahlen zwischen 0 und 255 durch Punkte getrennt nebeneinander geschrieben, z. B. 192.0.208.90. Der Höchstwert ist 255.255.255.255.

Jedes DoIP-Device, das IPv4 einsetzt, muss die dynamische Konfiguration von link-local-Adressen oder das Dynamic Host Configuration Protocol (DHCP), das Address Resolution Protocol (ARP) und das Internet Control Message Protocol (ICMP) unterstützen.

5.5.7 IPv6-Header

Die aktuelle Version von IPv6 ist in RFC 8200 beschrieben. Tabelle 5.11 zeigt den Inhalt des IPv6-Headers.

Tabelle 5.11 IPv6-Header

IPv6-Kopfzeile	Länge	Funktion
Version Traffic Class (RFC 2474) Flow Label (RFC 6437)	4 Bit 8 Bit 20 Bit	0x 60 00 00
Nutzlast-Länge	16 Bit	Länge der IPv6-Nutzlast (siehe Bild 5.12)
Next Header	8 Bit	Kennzeichnet den Inhalt der IPv6-Nutzdaten 0x11 = UDP, 0x06 = TCP, 3A = ICMPv6
Hop Limit	8 Bit	Jeder Router verringert den Hop-Counter um 1. Ist der Hop-Limit-Wert 0, wird das Datagramm verworfen.
Source IP-Address	16 Byte	IPv6-Adresse des Senders
Destination IP-Address	16 Byte	IPv6-Adresse des Empfängers

Die Gesamtlänge des IPv6-Headers beträgt 40 Byte.

Die IPv6-Adressing Architecture ist in IETF RFC 4291 beschrieben. Die IPv6-Adresse ist ein 128-Bit-Wert, was bedeutet, dass der Adressbereich von IPv6 $2^{128}/2^{32} = 7{,}92 \cdot 10^{28}$-mal größer ist als der Adressbereich von IPv4.

Neben dem erweiterten Adressbereich verfügt IPv6 über mehrere geänderte Funktionen wie Multicast- und Anycast-Adressierung und verbesserte Securitymaßnahmen, z. B. zur Unterstützung von Authentifizierung und Datenintegrität.

Die 128 Bit des IPv6-Headers werden in 8 Gruppen zu je 4 hexadezimalen Werten dargestellt, z. B. 2001:0000:9D38:78Cf:24B9:4314:DA36:1F8B. In jeder Gruppe können führende Nullen weggelassen werden (siehe Tabelle 5.12).

Wenn eine oder mehrere Gruppen nur Nullen enthalten, kann „::" verwendet werden, was aber nur einmal pro Adresse erlaubt ist. Tabelle 5.13 zeigt einige weitere Beispiele für die Darstellung von IPv6-Adressen.

Tabelle 5.12 Beispiel für die Optimierung der IPv6-Darstellung

Normale Darstellung	2001	0DB8	0000	0000	0008	0800	200C	417A
Optimierte Darstellung	2001	DB8	0	0	8	800	200C	417A

Tabelle 5.13 Beispiele für IPv6-Präsentationen

ABCD:0000:0000:0000:0000:0000:0000:0321	ABCD:0:0:0:0:0:0:321	ABCD::321
0000:0000:0000:0000:0000:0000:0000:0001		::1
0000:0000:0000:0000:0000:0000:0000:0000		::

5.5.8 UDP-Header

Bild 5.15 veranschaulicht den Aufbau des UDP-Headers. Er besteht aus der Portnummer der Quelle, der Portnummer des Ziels, dem Längenfeld und der Prüfsumme. Alle Felder haben eine Länge von 2 Byte.

Source UDP Port	Destination UDP Port	Length	Checksum

Bild 5.15 Architektur des UDP-Headers

Zur Diagnosekommunikation eines Testers mit einem DoIP-Gateway wird der Zielport (UDP_DISCOVERY) auf 13400 (0x3458) gesetzt[100].

Der von der IANA dem UDP-Port 13400 zugewiesene Dienst heißt *doip-disc* und wird vom Tester verwendet, um einen *Vehicle Information Request* als Broadcast zu senden. DoIP-Steuergeräte verwenden 13400 als Source- und Destination-Port für die *Vehicle Announcement Message*, die u. a. die VIN enthält.

5.5.9 TCP-Header

Tabelle 5.14 zeigt den Aufbau des TCP-Headers. Wenn keine Optionen implementiert sind, hat der TCP-Header eine Länge von 20 Bytes.

Der TCP-Header beginnt mit den TCP-Portnummern der Quelle und des Ziels. Bei DoIP ist der Zielport (TCP_DATA) auf 13400 festgelegt. Der von der IANA dem TCP-Port 13400 zugewiesene Portdienst *doip-data* dient der bidirektionalen Weiterleitung von Diagnosediensten zwischen dem DoIP-Gateway und Steuergeräten (z. B. ECM und TCM in Bild 5.10). Dabei spielt es keine Rolle, ob die Steuergeräte DoIP-Nodes sind oder z. B. über High-Speed CAN mit dem DoIP-Gateway verbunden sind.

Das DoIP-Gateway leitet Diagnosedienst-Anfragen auch an Steuergeräte weiter, die nicht UDS on IP, sondern UDS on CAN unterstützen.

[100] Der IANA-Dienstname für den UDP-Port 13400 lautet doip-disc.

Tabelle 5.14 TCP-Header

TCP-Header	Länge	Funktion
Source TCP Port Number	2 Byte	
Destination TCP Port Number	2 Byte	13400 (0x3458)
Sequence Number	4 Byte	
Acknowledge Number	4 Byte	
Data Offset (4 Bit) Reserviert (6 Bit) Control Bits (6 Bit)	2 Byte	Gesamtgröße des TCP-Headers in ganzzahligen Vielfachen von 4 Byte, in diesem Fall 20 Byte = 4 · 5 => Datenoffset = 0101 = 0x5 Reserviert: $0000\ 00_2$ Steuerbits Urgent Pointer Acknowledgement Push Reset Synchronize No more data from source
Window Size	2 Byte	
Prüfsumme	2 Byte	
Urgent Pointer	2 Byte	auf 0x0000 gesetzt
Options	0–40 Byte	

5.5.10 DoIP-Nachrichten

Im Kontext dieses Kapitels wird die UDP/TCP-Payload als DoIP-Nachricht bezeichnet. Eine DoIP-Nachricht besteht aus dem DoIP-Header und dem DoIP-Datenfeld. Tabelle 5.15 zeigt den Aufbau des DoIP-Headers.

Tabelle 5.15 DoIP-Header

DoIP-Header	Länge	Funktion
Protokoll-Version	1 Byte	0x02 = ISO 13400-2 (2012)
Inverse Protokoll-Version	1 Byte	0xFD
Payload-Type	2 Bytes	siehe Tabelle 5.16 und Tabelle 5.17
Payload-Länge		
Source IP Address	4 Bytes	
Destination IP Address	4 Bytes	

Tabelle 5.16 UDP Payload Types

0x0000	Generic DoIP header negative acknowledgement
0x0001	Vehicle identification request
0x0002	Vehicle identification request with EID
0x0003	Vehicle identification request with VIN
0x0004	Vehicle announcement message/vehicle identification response
0x4003	Diagnostic power mode information request
0x4004	Diagnostic power mode information response

Tabelle 5.17 TCP Payload Types

0x0005	Routing activation request
0x0006	Routing activation response
0x0007	Alive check request
0x0008	Alive check response
0x4006	DoIP entity status rresponse
0x8001	Diagnostic message request
0x8002	Diagnostic message positive acknowledgement
0x8003	Diagnostic message negative acknowledgement

Bild 5.16 veranschaulicht die Bestandteile des DoIP-Datenfelds. Es besteht aus der Quelladresse, der Zieladresse und dem ISO 14229-1 (UDS) Service, der mit dem SID des UDS-Request bzw. der UDS-Response beginnt.

Source Address	Target Address	SID	UDS-Request / -Response

Bild 5.16 Aufbau des DoIP Datenfelds

5.6 Übungsfragen

5-1	Welches Transportprotokoll wird bei UDS on CAN verwendet?
5-2	Aus wie vielen ASCII-Zeichen besteht die VIN? Wie lang ist die VIN in Bytes?
5-3	Welches Transportprotokoll wird für UDS on IP verwendet?
5-4	Wofür steht die Abkürzung PCI?
5-5	Welche vier Frame-Typen werden durch das erste Nibble des PCI-Felds bestimmt?
5-6	Wofür steht die Abkürzung DoIP?
5-7	Welcher Physical Layer wird für Diagnostics over IP verwendet?
5-8	Welches sind die beiden Layer-3-Protokolle für UDS on IP?
5-9	Welches sind die beiden Layer-4-Protokolle für UDS on IP?
5-10	Wofür stehen die Abkürzungen TCP und UDP?
5-11	Wie lautet die TCP-Portnummer von doip-data?
5-11	Was sind die drei Komponenten eines Ethernet-Headers?
5-13	Wie lautet die maximale Quell- und Ziel-IPv4-Adresse in „dottet decimal notation"?
5-14	Wie lang sind die IPv4- und IPv6-Header in Bits?
5-15	Welchen Inhalt hat ein DoIP-Datenfeld?
5-16	Wozu wird der von der IANA dem UDP-Port 13400 zugewiesene Dienst *doip-disc* verwendet?
5-17	Wozu wird der von der IANA dem TCP-Port 13400 zugewiesene Dienst *doip-data* verwendet?

6 ODX und OTX

6.1 Input-Processing-Output (IPO) Anwendungen

Nach dem Einschalten (hochfahren, booten) beginnt das Steuergerät mit der Ausführung von Maschinencode (Object Code), der im ROM gespeichert ist. Er besteht aus einer Reihe von Anweisungen, die zusammengenommen die Applikation (Anwendung, Programm) ergeben. Maschinencode kann direkt mit einer Programmiersprache namens Assembler erstellt werden. Assembler-Programmierer verwenden dabei den Befehlssatz des Mikrocontrollers, der das Programm ausführen soll. Beispiele für Assembler-Anweisungen sind Addition (ADD), Compare two operands (CMP), Jump (JMP) und Move (MOV).

Heutzutage werden zur Erstellung von Anwendungen so genannte „höhere" Programmiersprachen verwendet, z. B. C, C#, C++, Java, Python und Basic. Dabei entsteht Quellcode (Source Code), der zunächst unabhängig vom Befehlssatz des Mikrocontrollers ist. Die Übersetzung eines Programms vom Source Code in Object Code übernimmt ein Compiler. Ein Linker wird verwendet, um den finalen ausführbaren, binären Maschinencode (Executable Code) zu erzeugen (Bild 6.1).

Bild 6.1 Vom Source Code zum Maschinencode

Der ausführbare Code wird in das ROM des Steuergeräts programmiert und befindet sich dort als Anwendungssoftware[101].

Einige Programmiersprachen, z. B. Basic oder Python, werden nicht kompiliert. Stattdessen wird der Quellcode zur Laufzeit Zeile für Zeile direkt ausgeführt.

Bild 6.2 zeigt noch einmal das IPO-Modell aus Abschnitt 1.6. Der Mikrocontroller liest Eingangssignale (Input), verarbeitet sie entsprechend dem ausführbaren Code und erzeugt Ausgangssignale.

Systeme, die Eingangsdaten zu Ausgangsdaten verarbeiten, werden auch als Data-Driven Systems bezeichnet.

[101] Je nach Gerät wird die Software auch als Firmware bezeichnet.

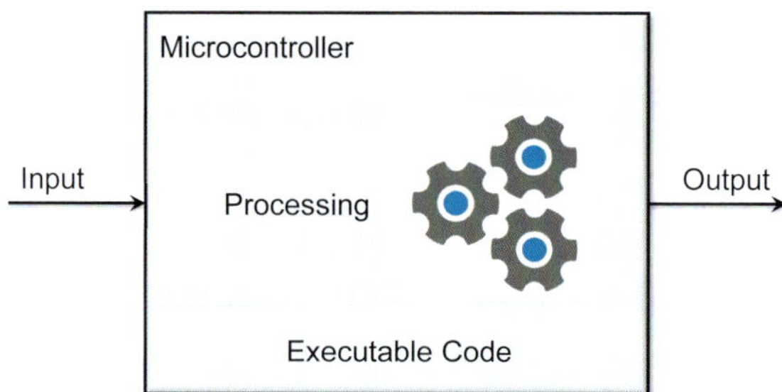

Bild 6.2 Input-Processing-Output (IPO)

Bild 6.3 (oben) zeigt einen MP3-Player als Beispiel für ein data-driven System. Die MP3-Dateien enthalten komprimierte Audiosignale, die von der Firmware des MP3-Players verarbeitet und in hörbare Signale umgewandelt werden. Weitere Eingangsdaten für den MP3-Player werden vom Benutzer erzeugt, indem er z. B. eine Taste zur Änderung der Lautstärke betätigt oder die Pausentaste drückt. In der Firmware des MP3-Players sind keine MP3-Dateien gespeichert.

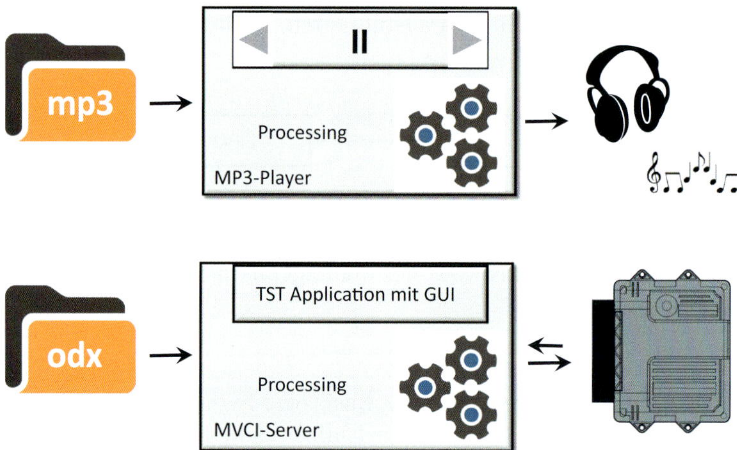

Bild 6.3 Datengetriebene Systeme

Bild 6.3 (unten) zeigt einen Diagnosetester. Der MVCI-Server[102] verarbeitet Daten, die in einer ODX-Datei[103] gespeichert sind. Dazu gehören neben den Diagnosedaten auch die einzelnen Layer des Diagnoseprotokoll-Stacks. Bild 6.4 zeigt einen Screenshot als Beispiel für eine TST Application GUI. Der Tester sendet Diagnosedienst-Anfragen an ein oder mehrere Steuergeräte und zeigt die Inhalte der Diagnosedienst-Antworten (Diagnosedaten) grafisch an.

102 MVCI = Modular Vehicle Communication Interface, siehe Abschnitt 7.4.6

103 ODX = Open Diagnostic Data Exchange Format, siehe Abschnitt 6.5

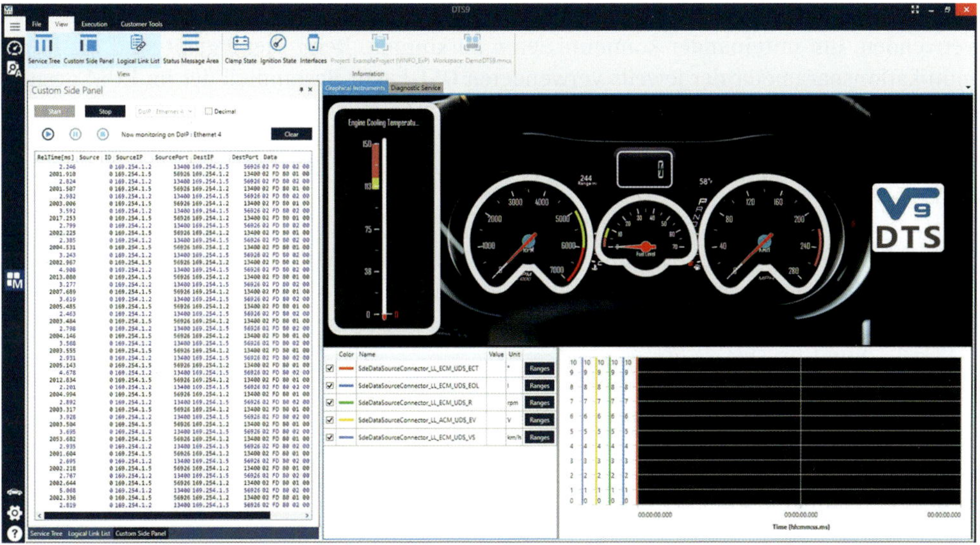

Bild 6.4 (Grafische) Anzeige von Diagnosedaten

MP3 ist ein Datenformat. MP3-Dateien enthalten komprimierte Audiodaten und werden von einem MP3-Player verarbeitet, der binäre Datenströme wie ...01000111000... wieder in Metallicas „Nothing Else Matter" umwandelt.

ODX ist ein Datenformat. ODX-Dateien enthalten die Diagnoseprotokolle und werden von einem MVCI D-Server verarbeitet, der binäre Datenströme wie ...01110000... in Informationen umwandelt, die dem Servicetechniker helfen, seine Arbeit auf Anhieb richtig zu machen.

Ein weiteres Beispiel für ein datengetriebenes System ist ein CAN-Monitor. Anders als der MP3-Player, der Daten hörbar macht, zeigt der CAN-Monitor die Eingangsdaten (grafisch) an. Dazu liest er die CAN-Frames und extrahiert mit Hilfe der CAN-Matrix die Inhalte der Datenfelder. Der CAN-Monitor zeigt die CAN-IDs und den Inhalt der Datenfelder an, indem er die im DBC-File gespeicherten Informationen verwendet. In diesem Beispiel sind die CAN-Frames und das DBC-File die Eingangsdaten.

Viele Anleitungen zum Erlernen einer Programmiersprache beginnen mit dem Erstellen eines Quellcodes, der den Text „Hello World" auf einem Bildschirm ausgibt. Die ausführbare Datei heißt dann *hello_world.exe*, wobei die Erweiterung des Dateinamens (exe) den Inhalt der Datei spezifiziert: exe = executable. Eine Datei mit der Dateinamenserweiterung mp3 beinhaltet Audiosignale, eine Datei mit der Dateinamenserweiterung txt beinhaltet ASCII-Code (txt = Text). Außerdem legt die Dateinamenserweiterung fest, mit welcher Software diese Datei geöffnet und prozessiert werden kann. Ein Audio-Player kann keine Texte anzeigen und ein Editor keine Audiodateien abspielen. Weitere Beispiele für Dateinamenserweiterungen sind „cpp" für Quellcode in der Programmiersprache C++ und „jar" für einen Java-Job.

Sowohl das Steuergerät als auch der Tester müssen denselben Diagnoseprotokoll-Stack verwenden, um miteinander kommunizieren zu können. Beim Steuergerät sind die Kommunikationsparameter der jeweils verwendeten OSI-Layer Bestandteil der im ROM gespeicherten Firmware. Beim Tester befinden sich die Parameter in einer externen Datei mit der Dateinamenserweiterung ODX (Open Diagnostic Data Exchange Format). Diagnosesequenzen werden in OTX-Dateien (Open Test Sequence Exchange Format) gespeichert.

Bevor ODX von der Automobilindustrie spezifiziert und standardisiert wurde, kamen proprietäre Formate zum Einsatz. Beispiele sind CBF (Caesar Binary File) von Daimler, MDX (Multiplex Diagnostic Exchange Format) von Ford und DDX von Chrysler.

6.2 Warum ODX und OTX?

Seit den ersten Anfängen der Elektronifizierung von Fahrzeugen und mobilen Maschinen wurde die Diagnosefähigkeit von Steuergeräten berücksichtigt. Die zunehmende Komplexität der E/E-Systeme führte zu einer zunehmenden Komplexität der Diagnose. Da es anfangs keine standardisierte Technologien gab, entwickelten die Fahrzeughersteller und ihre Zulieferer eigene, proprietäre Technologien und Datenformate, z. B. EDF (BMW, ECU Description Files) und CBF (Daimler, CAESAR Binary Files). Auch das zur Beschreibung der CAN-Matrix verwendete DBC-Format ist nicht standardisiert.

Das führte auf allen Ebenen des OSI-Modells zu Technologien und Verfahren, die dieselben Probleme lösten, aber inkompatibel zueinander im Wettbewerb standen. Dabei ist es für den Käufer eines Fahrzeugs (= Kunde) unerheblich, ob die Steuergeräte des Komfortsystems über den standardisierten LIN oder einen proprietären Single-Wire CAN kommunizieren.

Im Laufe der Jahre wurden die besten Technologien kontinuierlich weiterentwickelt, getestet, verbessert und schließlich standardisiert. Der branchenweite Einsatz von *standardisierten* Steuergerätesoftwarekomponenten, Fahrzeugnetzwerken, Diagnoseprotokollen, Tester-Technologien, Datenformaten, Programmierabläufen und Prüfroutinen reduziert die Kosten und erhöht gleichzeitig die Qualität und die Servicefreundlichkeit von Fahrzeugen und mobilen Maschinen.

Ingenieure müssen kreativ sein, aber sie sollten das Rad nicht immer wieder neu erfinden. Nur durch den Einsatz standardisierter Technologien können die Kosten reduziert und gleichzeitig die Qualität erhöht werden.

In diesem Kapitel befassen wir uns mit ODX (Open Diagnostic Data Exchange Format), einem standardisierten Format für die Beschreibung von Diagnosedaten und Protokollstacks, und mit OTX (Open Test Sequence Exchange Format), einem standardisierten Format für die Beschreibung von Abläufen (Sequenzen), z. B. Flash-Jobs und Testroutinen. Beide Formate basieren auf XML (Extensible Markup Language), einer „Auszeichnungssprache zur Darstellung hierarchisch strukturierter Daten im Format einer Textdatei, die sowohl von Menschen als auch von Maschinen lesbar ist“[104].

Obwohl ODX-Dateien direkt als mensch- und maschinen-lesbare Spezifikationen verwendet werden können, werden Diagnosefunktionen eines E/E-Systems häufig immer noch in Form von Textdateien mit Tabellen erstellt und dann in ODX-Dateien überführt. Diesen – in der Regel manuellen – Prozess bezeichnen wir als „ODX-Bedatung“. Dabei kommen spezielle ODX-Autorentools zum Einsatz. Es gibt aber auch Ansätze, ODX-Dateien automatisch aus Tabellen zu generieren. Dabei ist es fraglich, ob das regelbasierte Erstellen der Tabellen nicht als obsoleter Zwischenschritt angesehen werden muss. Die Tabellen selbst sind nicht ausführbar (executable) und müssen so erstellt werden, dass der Konverter keine fehlerhaften Ausgangsdaten erzeugt.

6.3 Unified Modelling Language (UML)

Sowohl die ODX- als auch die OTX-Datenmodelle werden mit UML-Klassendiagrammen beschrieben. UML ist eine Sprache zur Beschreibung und Visualisierung von komplexen (nicht nur technischen) Systemen. UML wird von der Object Management Group (OMG)[105] gepflegt und ist in ISO IEC 19505 standardisiert. Eine Spezifikation in UML besteht aus der grafischen Darstellung von Elementen in Form von Diagrammen und beschreibendem Text. Beispiele sind Klassendiagramme, Zustandsdiagramme und Zeitdiagramme. Im Rahmen dieses Kapitels sind nur die Klassendiagramme von Bedeutung. Klassen werden zur Erstellung (Instanziierung) von Objekten verwendet. Jede Instanz einer Klasse wird als Objekt bezeichnet. Eine Klasse setzt sich aus mehreren gleichartigen Objekten zusammen.

Bild 6.5 zeigt die UML-Darstellung von Kommunikationsparametern. Dabei handelt es sich um eine Kopie von Bild 47 der ISO 22901-1 (2008) und dient ausschließlich zur Veranschaulichung der Struktur und Komplexität von UML-Diagrammen in der ODX-Spezifikation. Bild 6.5 wird im Folgenden nicht beschrieben. Da die UML die perfekte Sprache für die Beschreibung des ODX-Datenmodells ist, wäre eine textbasierte Erklärung ohne Wiederholung der UML-Diagramme eine Herausforderung bzw. eine fast unmögliche Aufgabe. Da wir keine UML-Diagramme aus der ISO-Norm kopieren (mit Ausnahme von Bild 6.5), beschränken wir uns darauf, die grundlegenden Begriffe und Konzepte des ODX-Datenmodells zu erläutern.

Das Datenmodell von ODX besteht aus UML-Klassen und Attributen. Klassen- und Attributnamen werden in Großbuchstaben geschrieben, z. B. COMPARAM-SPEC für Communication Parameter Specification.

[104] Zitat aus https://de.wikipedia.org/wiki/Extensible_Markup_Language

[105] https://www.omg.org

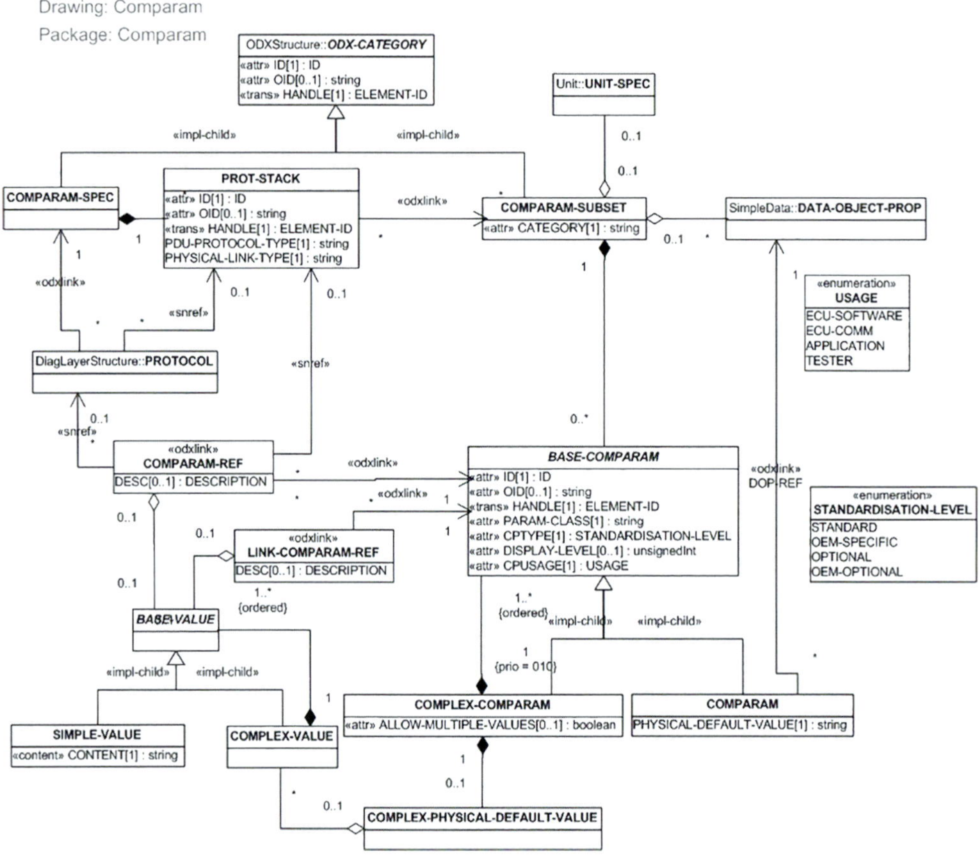

Bild 6.5 UML-Darstellung von Kommunikationsparametern © ISO

6.4 XML und XSD

HTML und XML sind Beispiele für so genannte Auszeichnungssprachen (Markup Language). XML ist die Abkürzung für Extensible Markup Language HTML für Hypertext Markup Language.

Das Hauptmerkmal einer Auszeichnungssprache ist die maschinenlesbare Beschreibung von Informationen (Text oder Daten). XML unterstützt die Beschreibung von Daten, HMTL die (grafische) Darstellung. Beide sind Ableitungen und Untermengen von SGML (Standard Generalized Markup Language), die in ISO 8879 genormt ist. XML wurde ursprünglich vom World Wide Web Consortium (W3C) entwickelt.

XML legt fest, wie Daten *strukturiert* werden. Es enthält keine Anweisungen, wie Daten zu verarbeiten (z. B. anzuzeigen) sind. Formatierungsanweisungen werden stattdessen in separaten Dateien namens *Stylesheets* bereitgestellt. Es gibt zwei Arten von Stylesheets: CSS (Cascading Style Sheets) und XSLT (Extensible Stylesheet Language Transformations).

Eines der wichtigsten Merkmale von XML ist die Trennung von Daten und der Art ihrer Darstellung. Durch diese Trennung kann ein und dieselbe XML-Datendatei durch den Austausch des Stylesheets von verschiedenen Anwendungen ausgeführt werden. XML ist erweiterbar, plattformunabhängig und nicht proprietär. Es gewährleistet ein hohes Maß an Portabilität und langfristiger Verfügbarkeit.

Eine Auszeichnungssprache wie XML enthält die Beschreibung von Daten und ist nicht ausführbar, d. h. sie hat keine Funktion und ist keine Programmiersprache.

XML-Dateien werden von einem Parser verarbeitet. Alle gängigen Webbrowser haben einen eingebauten XML-Parser, d. h. Webbrowser können XML-Dokumente anzeigen.

Ein XML-Element wird durch *Tags* mit aussagekräftigen Namen gekennzeichnet, die den Inhalt widerspiegeln. Es beginnt mit einem öffnenden Tag (<name>) und endet mit einem schließenden Tag (<\name>). Bild 6.6 zeigt ein einfaches Beispiel für ein XML-Element.

```
<author>
<first name>peter<\first name>
<last name>subke<\last name>
<\author>
```

Bild 6.6 Einfaches Beispiel für ein XML-Element

Bei XML-Tags wird zwischen Groß- und Kleinschreibung unterschieden. Zum Beispiel sind <name> und <Name> nicht dasselbe.

XML-Dateien können mit einem Texteditor, z. B. Microsoft Office Word oder Notepad, oder mit einem Webbrowser wie Microsoft Edge, Mozilla Firefox oder Google Chrome geöffnet und angezeigt werden. Bild 6.7 zeigt einen Auszug aus einer unformatierten XML-Datei, die mit Notepad geöffnet wurde.

```
ISO_11898_2_DWCAN.odx-cs - Editor
Datei  Bearbeiten  Format  Ansicht  ?
<?xml version="1.0" encoding="UTF-8" standa
ORT-NAME>          <LONG-NAME>International O
    <RELATED-DOC>              <XDOC>
ID-REF="IDENTICAL_UINT32_Baud"/>         </COM
DENTICAL_BYTEFIELD_0_48_END_OF_PDU"/>
JECT-PROP-REF ID-REF="TEXTTABLE_UINT1_Sampl
EFAULT-VALUE>No termination</PHYSICAL-DEFAU
    <DIAG-CODED-TYPE BASE-DATA-TYPE="A_UINT3
sabled_Enabled</SHORT-NAME>          <LONG-NA
/INTERNAL-CONSTR>        </DATA-OBJECT-PROP>
    <DIAG-CODED-TYPE BASE-DATA-TYPE="A_UINT32
ination</VT>                  </COMPU-CONST>
        <LOWER-LIMIT>0</LOWER-LIMIT>
```

Bild 6.7 Auszug aus einer unformatierten XML-Datei

Jede XML-Datei beginnt mit dem sogenannten XML-Prolog:

```
<?xml version „1.0“ encoding=„UTF-8“ standalone=„no“? >
```

Die Definition der Attribute „encoding“ und „standalone“ ist fakultativ. Kommentare sind gekennzeichnet durch <! -- Kommentar --!>

Eine sehr wichtige Ergänzung von XML ist die XML-Schema-Definition (*.xsd). Eine XML-Schema-Definition ist selbst eine XML-Datei, aber sie enthält eine Reihe von Regeln über die Struktur der Daten, die Definition der Elemente und Attribute, ihre Namen und den Namensraum. Jede XML-Schema-Datei beginnt mit der eindeutigen Zuweisung eines Namensraums, z. B.:

```
< xsd:schema xmlns:xsd=„https://www.w3.org/2001/XMLSchema“>
```

Während XML dazu dient, Daten zu strukturieren, zu speichern und auszutauschen, dient die XML-Schema-Definition der Validierung der Struktur einer XML-Datei.

Bild 6.7 zeigt, dass unformatierte XML-Daten nicht wirklich für den Menschen lesbar sind. Deshalb gibt es XML-Editoren, die das Bearbeiten und Analysieren von XML-Dateien unterstützen, z. B. der ALTOVA XML Spy oder Microsoft XML Notepad[106]. Bild 6.8 zeigt, wie der Inhalt von Bild 6.7 aussieht, wenn er mit XML Notepad unter Verwendung der XML-Schemadatei odx.xsd geöffnet wird.

Ein wichtiges Merkmal von XML-Schemadefinitionen ist die Unterstützung von Datentypen. Wenn Daten von einem Steuergerät zu einem Tester gesendet werden, müssen sowohl der Sender als auch der Empfänger die Struktur des Datenelements kennen. Während XML die Daten selbst enthält, wird die XML-Schemadefinition zur Beschreibung der Datenstruktur verwendet.

Beispiel: Das Datum „2023-04-10“ wird von A nach B gesendet. Wenn B ein Amerikaner ist, wäre das Datum der 10. April 2023, für einen Europäer könnte es aber auch der 4. Oktober 2023 sein.

Eine klare Angabe des Datentyps wie <date type=„date“>2023-04-10</date> gewährleistet eine eindeutige Interpretation des Datenelements, da der XML-Datentyp „date“ das Format yyyy-mm-dd erfordert, und zwar mit yyyy = Jahr, mm = Monat und dd = Tag.

Die Spezifikationen der ODX- und OTX-Datenmodelle bestehen aus UML-Klassendiagrammen und beschreibendem Text. Die ODX- oder OTX-Dateien basieren auf XML. Für beide Datenmodelle enthalten die Spezifikationen Informationen über das Mapping von UML-Klassendiagrammen auf XML mittels XSD. Bild 6.9 veranschaulicht diese Beziehung.

[106] XML Notepad ist kostenlos unter Install - XmlNotepad (microsoft.github.io) erhältlich.

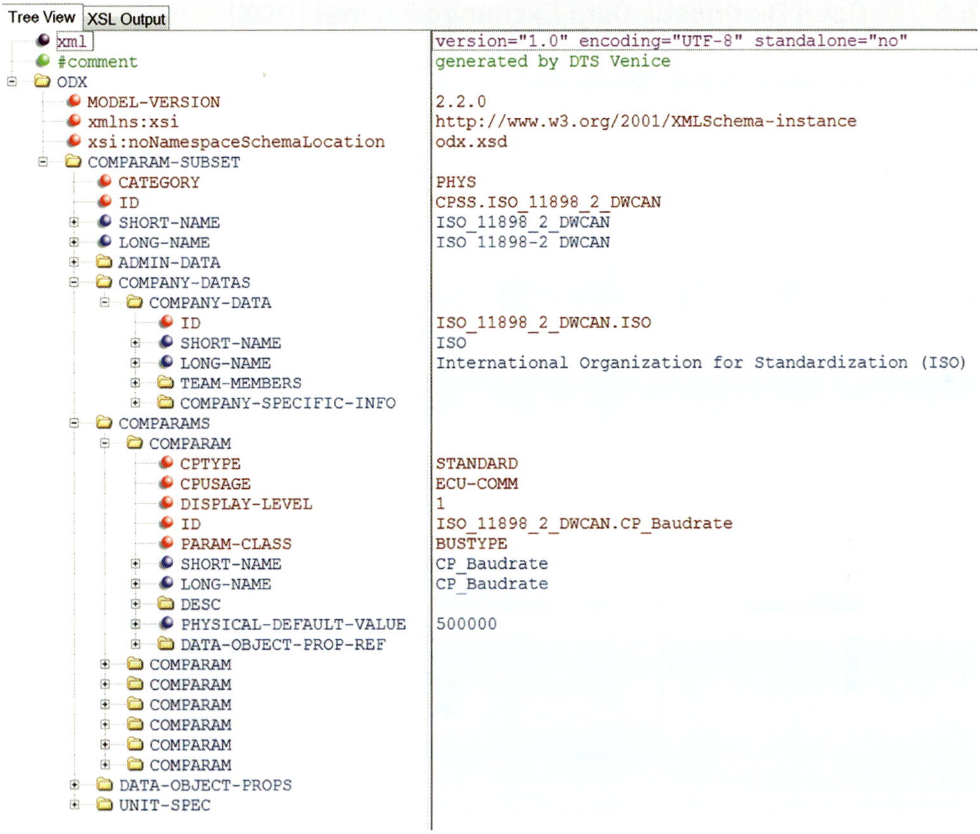

Tree View | XSL Output

Tree View	
xml	version="1.0" encoding="UTF-8" standalone="no"
#comment	generated by DTS Venice
ODX	
MODEL-VERSION	2.2.0
xmlns:xsi	http://www.w3.org/2001/XMLSchema-instance
xsi:noNamespaceSchemaLocation	odx.xsd
COMPARAM-SUBSET	
CATEGORY	PHYS
ID	CPSS.ISO_11898_2_DWCAN
SHORT-NAME	ISO_11898_2_DWCAN
LONG-NAME	ISO 11898-2 DWCAN
ADMIN-DATA	
COMPANY-DATAS	
COMPANY-DATA	
ID	ISO_11898_2_DWCAN.ISO
SHORT-NAME	ISO
LONG-NAME	International Organization for Standardization (ISO)
TEAM-MEMBERS	
COMPANY-SPECIFIC-INFO	
COMPARAMS	
COMPARAM	
CPTYPE	STANDARD
CPUSAGE	ECU-COMM
DISPLAY-LEVEL	1
ID	ISO_11898_2_DWCAN.CP_Baudrate
PARAM-CLASS	BUSTYPE
SHORT-NAME	CP_Baudrate
LONG-NAME	CP Baudrate
DESC	
PHYSICAL-DEFAULT-VALUE	500000
DATA-OBJECT-PROP-REF	
COMPARAM	
COMPARAM	
COMPARAM	
COMPARAM	
COMPARAM	
COMPARAM	
DATA-OBJECT-PROPS	
UNIT-SPEC	

Bild 6.8 Screenshot einer mit Microsoft XML Notepad und odx.xsd geöffneten XML-Datei

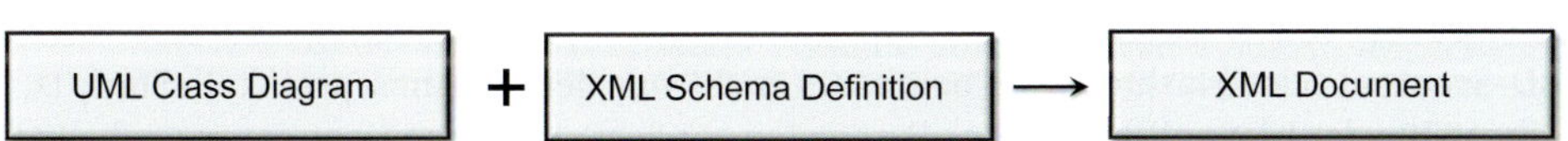

Bild 6.9 Das Mapping von UML auf XML

6.5 Open Diagnostic Data Exchange Format (ODX)

6.5.1 Einführung und Überblick

ODX ist die Abkürzung für Open Diagnostic Data Exchange (Format). Es ist ein standardisiertes *Datenformat* für die maschinenlesbare Beschreibung von Diagnosefunktionen eines Steuergeräts, einer Gruppe von Steuergeräten, des gesamten E/E-Systems eines Fahrzeugs oder einer Gruppe von Fahrzeugen. ODX verwendet den Unicode-Zeichensatz UTF-8.

Eine ODX-Datei beinhaltet die Diagnose-Spezifikation eines Steuergeräts in maschinenlesbarer Form. Sie wird vom Tester für die Diagnosekommunikation mit dem Steuergerät benötigt.

Bild 6.10 veranschaulicht die Rolle von ODX bei der Diagnosekommunikation mit einem Steuergerät.

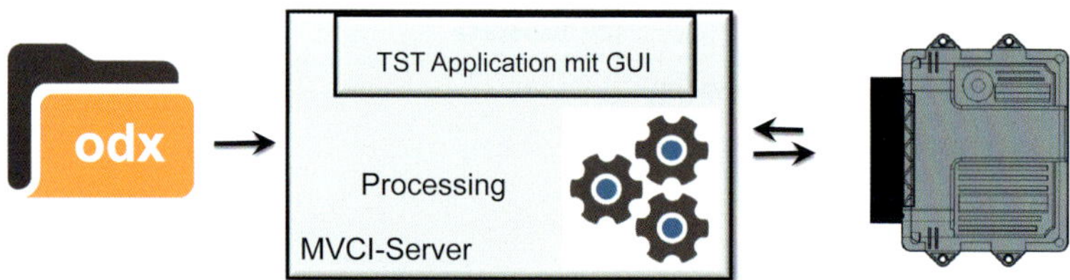

Bild 6.10 Die Rolle von ODX

Die Software des Testers in Bild 6.10 (MVCI-Server) enthält keine steuergerätespezifischen Informationen für die Kommunikation. Die ODX-Datei dient hier als einzige Quelle für verschiedene Anwendungsfälle (TST-Applikationen), beispielsweise Diagnose-Servicetester, OBD-Scantool oder Flashtool. Sie beinhaltet nicht nur den Diagnoseprotokoll-Stack (z. B. SAE J1979 oder UDSonIP) und seine Parameter, sondern auch eine Übersetzungstabelle für Diagnosedienst-Antworten: Fragt der Tester zum Beispiel mit einem UDS-Request 0x22 nach der Batteriespannung, so ist die binäre/hexadezimale Antwort für den Servicetechniker oder die Servicetechnikerin unverständlich. Die Antwort des Steuergeräts muss in einen dezimalen Wert mit Nachkommastelle und physikalischer Einheit (Unit) umgewandelt und angezeigt werden. Die dazu vom Tester benötigten Informationen (z. B. auch die decodierten DTCs, PIDs und DIDs) stehen in der ODX-Datei. Bild 6.11 zeigt einen Auszug aus einer ODX-Datei.

Mehrere Vorversionen der ODX-Spezifikation sind vom ASAM als ASAM MCD-2D veröffentlicht worden. Die Versionen ODX 2.0.1 und ODX 2.1.0 wurden von der Automobilindustrie eingesetzt. Heute ist die Version 2.2.0 international in der ISO 22901 standardisiert (Tabelle 6.1). Das erste Serienfahrzeug mit ODX 2.2.0 war ein Mercedes-Benz (S-Klasse).

Um das ODX-Datenmodell zu lesen und zu verstehen, sind UML-Grundkenntnisse erforderlich. ISO 22901-1 bietet dazu eine Einführung, das Mapping auf XML sowie eine Beschreibung von Prüfregeln, XSD-Dateien und Beispiele.

```
<DATA-OBJECT-PROP ID="id-f88f6ce7-beb7-4a07-94a8-7f4b54dc3b43" OID="id-f88f6ce7-beb7-4a07-94a8-
7f4b54dc3b43">

  <SHORT-NAME>DSC_DS_TEXTTABLE</SHORT-NAME>
  <LONG-NAME>diagnosticSessionType_TEXTTABLE</LONG-NAME>
  <COMPU-METHOD>
      <CATEGORY>TEXTTABLE</CATEGORY>
      <COMPU-INTERNAL-TO-PHYS>
         <COMPU-SCALES>
           <COMPU-SCALE>
             <LOWER-LIMIT>1</LOWER-LIMIT>
             <UPPER-LIMIT>1</UPPER-LIMIT>
             <COMPU-CONST>
                     <VT TI="1">defaultSession</VT>
             </COMPU-CONST>
           </COMPU-SCALE>
           <COMPU-SCALE>
             <LOWER-LIMIT>2</LOWER-LIMIT>
             <UPPER-LIMIT>2</UPPER-LIMIT>
             <COMPU-CONST>
                     <VT TI="2">Programming Session</VT>
             </COMPU-CONST>
           </COMPU-SCALE>
```

Bild 6.11 Auszug aus einer ODX-Datei

Tabelle 6.1 ISO 22901

ISO 22901	Road Vehicles – Open diagnostic data exchange (ODX)
Teil 1	Data model specification
Teil 2	Emissions-related diagnostic data
Teil 3	Fault symptom exchange description

6.5.2 ODX-Kategorien

Das ISO-standardisierte ODX-Datenmodell spezifiziert acht *ODX-Kategorien*, die jeweils in einer eigenen XML-Datei mit einer eindeutigen Dateinamenserweiterung beschrieben werden (Tabelle 6.2 und Bild 6.12).

Tabelle 6.2 ODX-2.2.0-Kategorien und -Dateinamen

Dateiname	ODX-Kategorie	Inhalt
*.odx-c	COMPARAM-SPEC	Communication Parameter Specifications
*.odx-cs	COMPARAM-SUBSET	Communication Parameter Subsets
*.odx-d	DIAG-LAYER-CONTAINER	Diagnostic Layer Containers
*.odx-e	ECU-CONFIG	ECU Configurations
*.odx-fd	FUNCTION-DICTIONARY	Function Dictionary
*.odx-v	VEHICLE-INFO-SPEC	Vehicle Information Specification
*.odx-f	FLASH	Flash
*.odx-m	MULTIPLE-ECU-JOB-SPEC	Multiple ECU Job Specification

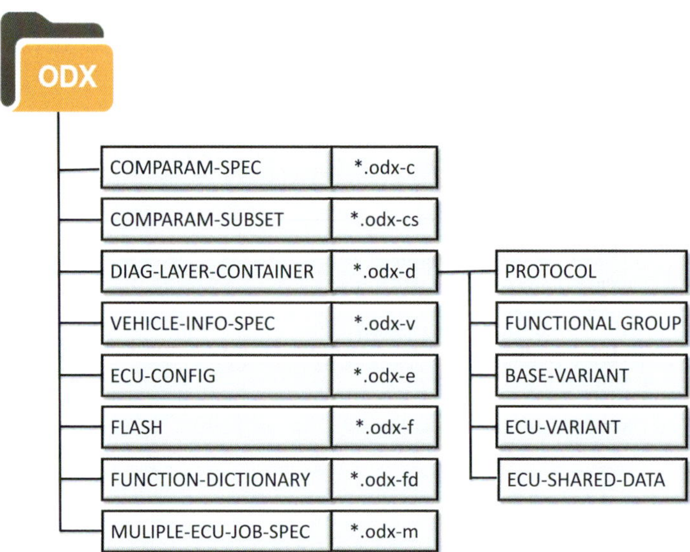

Bild 6.12 ODX-Kategorien und -Dateinamenerweiterungen

6.5.2.1 Communication Parameter Specifications

Die COMPARAM-SPEC beinhaltet alle Kommunikationsparameter eines Diagnoseprotokollstacks. Die Spezifikation der Kommunikationsparameter (*.odx-c) enthält mindestens einen Diagnoseprotokollstack (PROT-STACK). Ein PROT-STACK besteht aus mehreren COMPARAM-SUBSETs (Bild 6.13).

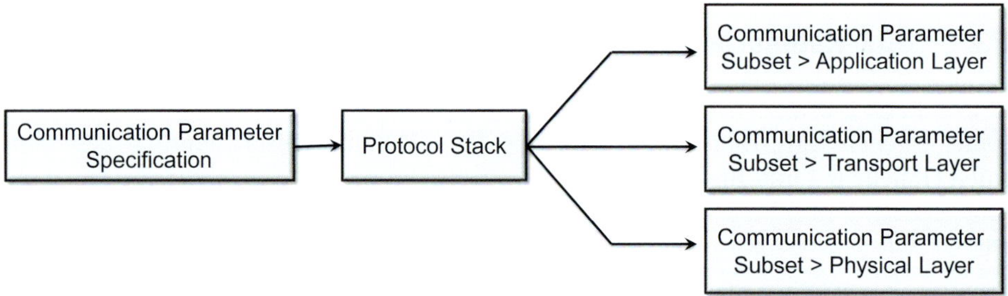

Bild 6.13 Aufbau der Communication Parameter Specification

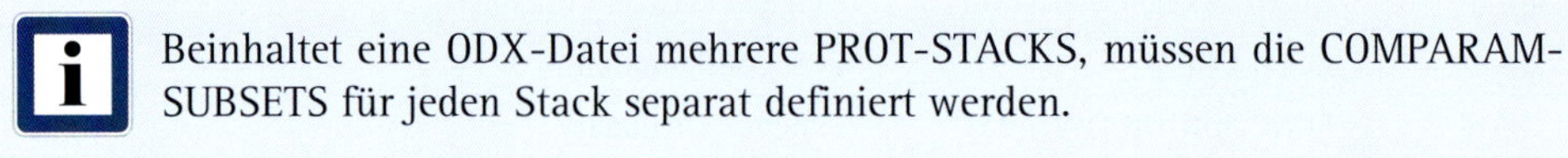

Beinhaltet eine ODX-Datei mehrere PROT-STACKS, müssen die COMPARAM-SUBSETS für jeden Stack separat definiert werden.

Jeder COMPARAM-SUBSET beinhaltet die für den jeweiligen OSI-Layer spezifizierten Kommunikationsparameter. Das Beispiel in Bild 6.13 zeigt drei Kommunikationsparameter-

Subsets, die jeweils eine Schicht des OSI-Modells repräsentieren: Application Layer, Transport Layer und Physical Layer. Jedes COMPARAM-SUBSET enthält die layerspezifischen Kommunikationsparameter, Data Object Properties (DOPs) und Units.

Bild 6.14 zeigt den Inhalt der Communication Parameter Specification ISO_15765_3_on_ISO_15765_2 (UDS on CAN). Das zugehörige Diagnoseprotokollstack-Element (ProtStack) in der ODX-Datei enthält die Kommunikationsparameter der drei Physical Layer DWCAN (Dual-Wire CAN), DWFTCAN (Dual-Wire Fault-Tolerant CAN) und SWCAN (Single-Wire CAN). Bild 6.15 zeigt die fünf COMPARAM-SUBSETs, die Teil von UDS on CAN sind.

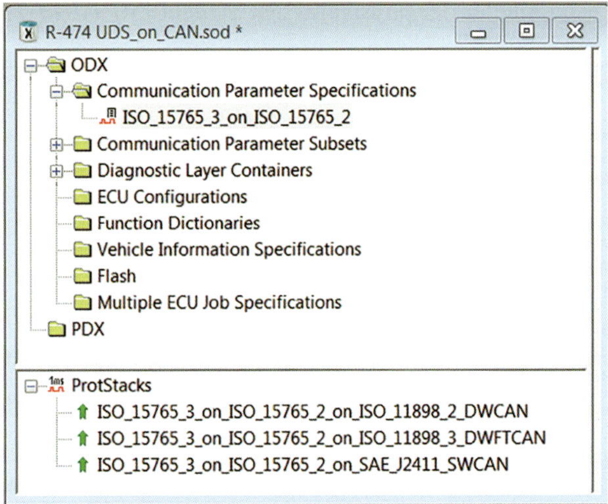

Bild 6.14 Die Spezifikation der Kommunikationsparameter des Protokollstapels UDS on CAN (DWCAN = Dual-Wire CAN, DWFTCAN = Dual-Wire Fault Tolerant CAN)

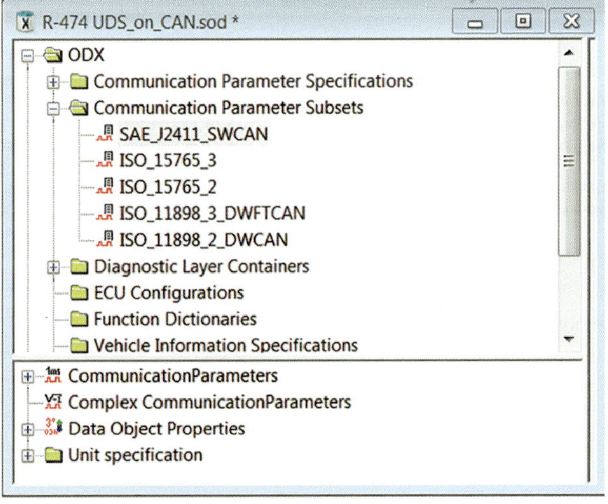

Bild 6.15 Die Kommunikationsparameter-Subsets von UDS on CAN

Neben den Kommunikationsparametern der drei physikalischen Schichten (SAE_J2411_SWCAN, ISO_11898_3_DWFTCAN und ISO_11898_2_DWCAN) gibt es noch die Kommunikationsparameter des Application Layers (ISO_15765_3 = UDS on CAN) und des Transport Layers (ISO_15765_2 = ISO-TP).

Darüber hinaus zeigt Bild 6.15, dass jedes Communication Parameter Subset aus den vier Elementen CommunicationParameters, Complex CommunicationParameters, Data Object Properties und Unit specification besteht.

Bild 6.16 zeigt die Kommunikationsparameter (gekennzeichnet durch CP_) sowohl der Anwendungsschicht UDS on CAN (links) als auch der Transportschicht ISO-TP (rechts), Bild 6.17 die Kommunikationsparameter der physikalischen Schicht ISO 11898-2.

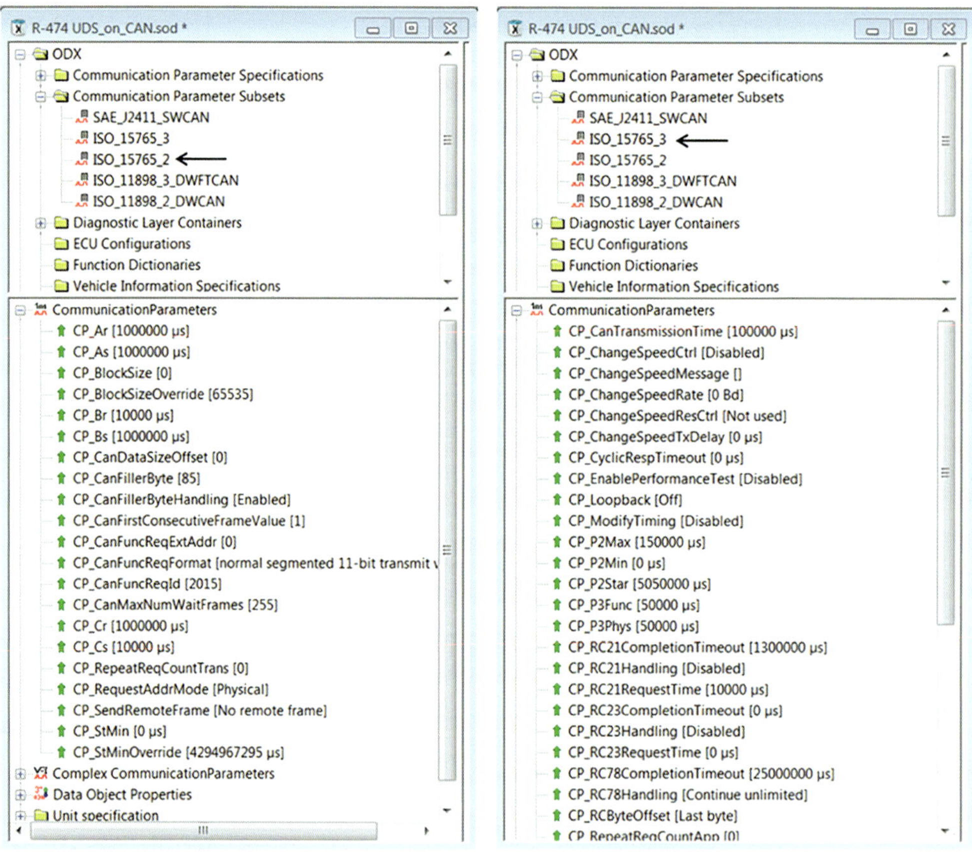

Bild 6.16 Kommunikationsparameter der ISO 15765-3 (links) und ISO 15765-2 (rechts)

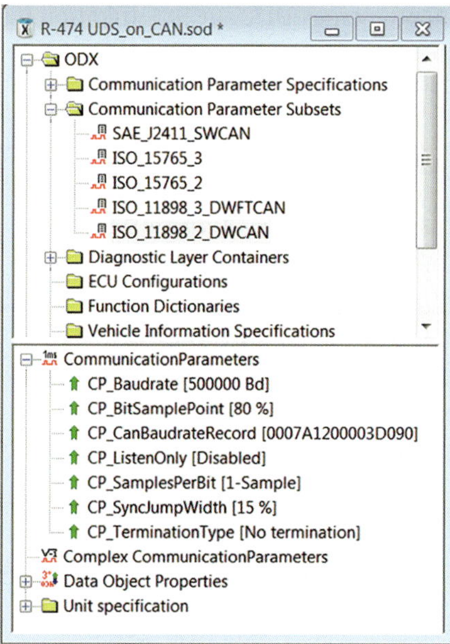

Bild 6.17 Kommunikationsparameter von ISO 11898-2 (CAN)

6.5.2.2 Diagnostic Layer Container (DLC)

Ein DIAG-LAYER-CONTAINER besteht aus den Layern PROTOCOL, FUNCTIONAL GROUP, BASE-VARIANT, ECU-VARIANT und ECU-SHARED-DATA (Tabelle 6.3).

Tabelle 6.3 DIAG-LAYER

DIAG-LAYER	Inhalt
PROTOCOL	Diagnosedienstbeschreibungen, Anfragen, positive und negative Antworten, SIDs, NRCs
FUNCTIONAL GROUP	Die Diagnose von Funktionsgruppen, z. B. Antriebsstrang, Türsteuergeräte oder OBD, ermöglicht den Zugriff über funktionale Adressierung
BASE-VARIANT	Dienste für ECU-Plattformen, z. B. solche mit gleicher Hardware
ECU-VARIANT	Softwareversionen einer BASE-VARIANT
ECU-SHARED-DATA	Dient als Bibliothek für die anderen DIAG-LAYER und enthält Objekte, die wiederverwendet werden können zur Reduzierung von Redundanzen

Den DLC (hier Diag-LAYER-CONTAINER) nicht mit dem CAN-Parameter Data Length Code oder dem SAE J1962 Diagnostic Link Connector verwechseln.

Die Layer des Diagnostic Layer Containers nicht mit den Layern des OSI-Modells verwechseln.

Bild 6.18 zeigt die Komponenten eines DLC zur Spezifikation des Diagnoseprotokolls UDS on CAN. Der Container mit der Bezeichnung „DLC_PR_UDSOnCAN“ hat das Protokollelement „PR_UDSOnCAN“.

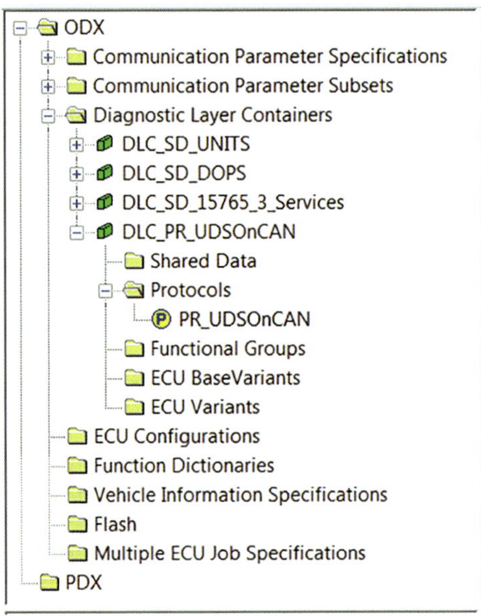

Bild 6.18 Der DLC_PR_UDSOnCAN hat einen Eintrag namens PR_UDSOnCAN.

Bild 6.19 zeigt die Bestandteile von PR_UDSOnCAN und der Data dictionary specification.

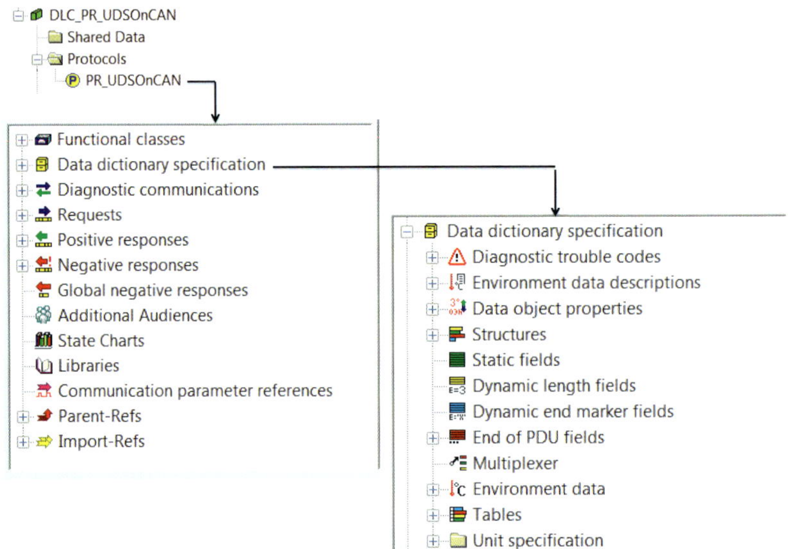

Bild 6.19 Die Bestandteile des Protokolls UDSonCAN in ODX

6.5.2.3 ECU Configurations

Die ODX-Kategorie „ECU CONFIG" unterstützt die Variantencodierung von Fahrzeugen in der Produktion. Beispiele für Varianten sind Links- vs. Rechtslenker, Scheinwerfer automatisch an vs. aus und Automatik- vs. Schaltgetriebe. Die Variantencodierung wird durch die Programmierung von Konfigurationsdaten in den programmierbaren Speicher des Steuergeräts durchgeführt.

6.5.2.4 Function Dictionaries

Bild 1.15 in Kapitel 1 zeigt eine „Funktion X", die von den beiden Steuergeräten ECU 3 und ECU 4 realisiert wird. Diese Art von Funktion wird als verteilte Funktion bezeichnet. Zum Zweck der Diagnosekommunikation mit einer verteilten Funktion kann der Tester entweder eine funktional adressierte Diagnosedienst-Anfrage an eine Gruppe von Steuergeräten oder separate Anfragen an die Steuergeräte senden, die die verteilte Funktion ausführen. Der Tester muss jedoch die Antworten konsolidieren und bündeln, um ein aussagekräftiges Ergebnis zu erhalten. Dieser Prozess wird als funktionsorientierte Diagnose bezeichnet. Beispiele für verteilte Funktionen sind OBD und die Wegfahrsperre, aber auch der Lastmomentbegrenzer eines Mobilkrans.

6.5.2.5 Vehicle Information Specification

Diese ODX-Kategorie unterstützt die Identifikation eines Fahrzeugs und beschreibt die Topologie seines E/E-Systems. Die Fahrzeugidentifikation umfasst den Fahrzeughersteller (z. B. Ford oder Volkswagen), das Modelljahr (z. B. 2021), das Fahrzeugmodell (z. B. Mustang oder Passat) und den Fahrzeugtyp (z. B. Pkw oder Lkw). Während die Identifizierung des Fahrzeugs für die Diagnosekommunikation nicht erforderlich ist, muss dem Tester die Topologie des E/E-Systems bekannt sein. Sie besteht aus physikalischen Elementen (Steckverbinder und ihre Pin-Belegung), Steuergerätegruppen und logischen Verbindungen (logical links).

Die Diagnosekommunikation zwischen dem Tester und einem ausgewählten Steuergerät beginnt mit dem Öffnen einer logischen Verbindung (logical link). Bild 6.20 zeigt ein vereinfachtes Beispiel zur Erläuterung der Funktion eines Logical Links, der durch die gestrichelte Linie dargestellt ist. Zum Zweck der Diagnosekommunikation muss der Tester (❷) in der Lage sein, das ECM in der Datenbank (❶) über den DLC (❸ und ❹) mit dem realen Steuergerät (❺) zu verbinden. In diesem vereinfachten Beispiel gibt es kein Gateway.

6.5.2.6 Flash

Diese Kategorie unterstützt das Programmieren (flashen) von Steuergeräten. Der Flash-Download ist ein Prozess, der aus mehreren Diagnosediensten besteht, z. B. dem Anhalten der On-Board-Kommunikation, Umschalten in die Programming Session (UDS), Security Access, Löschen von Speicherbereichen, Lesen bzw. Schreiben von Daten in Speicherbereiche. Die Diagnosedienste werden zu einem Flash-Job zusammengefasst und vom Tester nacheinander ausgeführt[107].

[107] Siehe auch Abschnitt 8.3

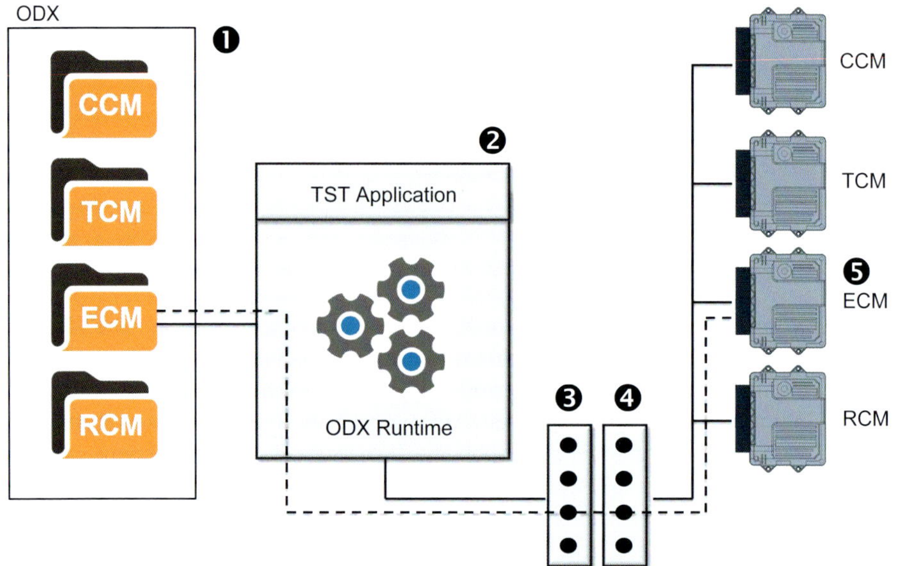

Bild 6.20 Logical link (logische Verbindung) (---) zwischen ODX und dem Steuergerät

6.5.2.7 Multiple ECU Job Specifications

Diese Kategorie ermöglicht zeitgleich mehrere logische Verbindungen (logical links), so dass der Tester mit mehr als einem Steuergerät quasi parallel kommunizieren kann.

In der Realität findet die Diagnosekommunikation auch bei mehreren geöffneten logical links zeitsequenziell, also nicht parallel statt.

6.5.3 ODX-Link

ODX-Kategorien können separat und unabhängig voneinander erstellt und als ODX-Dateien (*.odx-?) abgespeichert werden. Zur Verwendung mit einem Diagnosetester werden die jeweils benötigten Komponenten in eine Datei importiert und zur Laufzeit des Testers in ein binäres Äquivalent (Laufzeitdaten) konvertiert[108].

Beispiel: Zur Kommunikation mit UDSonIP werden die Dateien DLC_PR_UDSonIP.odx-d und die COMPARAM-SPEC ISO_14229_5_on_ISO_13400_2.odx-c importiert und einander zugeordnet. Diese Zuordnung (Referenz) wird als ODX-Link bezeichnet.

[108] Es ist auch möglich, die komplette ODX-Datei vor dem Import in eine Binärdatei zu konvertieren.

6.5.4 PDX

Ein wesentliches Merkmal der ODX-Technologie besteht im „Open data exchange“, dem offenen Datenaustausch und der Wiederverwendbarkeit von Daten. In erster Linie ist dies zwischen den Abteilungen eines Fahrzeugherstellers sinnvoll. Die Entwicklungsabteilung erzeugt einen Satz an Informationen, den die nachgelagerte Produktion unverändert übernehmen und erweitern kann, z. B. die Spezifikation zum Programmieren von Steuergeräten. Auch die Abteilung, die für die Entwicklung der Servicetester zuständig ist, kann diese Spezifikation verwenden. Die Anwendungen sind unterschiedlich und haben unterschiedlich komplexe Benutzeroberflächen, aber der verwendete Datensatz (hier Protokollstack und Flashjob) ist immer gleich.

Eine in ODX erstellte Diagnosespezifikation kann aber auch an externe Zulieferer gegeben werden, z. B. an den Lieferanten der Klimaanlage. Dabei gibt der Fahrzeughersteller den Protokollstack vor, z. B. UDSonCAN, und liefert die COMPARAM-SPEC als *.odx-c gleich mit. Für die On-Board-Kommunikation der Klimaanlage mit den anderen Komponenten des Fahrzeugs werden die CAN-Kommunikationsparameter und für die Diagnosekommunikation auch die CAN-IDs für Diagnosedienst-Anfragen und -Antworten vom Fahrzeughersteller festgelegt. Schließlich erwartet der Fahrzeughersteller neben der Klimaanlage auch die steuergerätespezifische ODX-Bedatung. Damit die ODX-Dateien verschiedener Hersteller in *einer* Datei für die Produktion oder den Servicetester zusammengeführt werden können und dann auch harmonisch miteinander spielen, erstellt der Fahrzeughersteller ODX-Autorenrichtlinien, sowohl für den internen Gebrauch als auch für die Zulieferer.

Zum Austausch der Daten werden PDX-Container (Packaged ODX) verwendet. Ein PDX-Container kann mit einer ZIP-Datei verglichen werden und jede beliebige Datei enthalten (z. B. auch Textdateien und Bilder), nicht nur ODX-Dateien. Der Inhalt eines PDX-Containers wird in einer separaten XML-Datei mit dem Dateinamen „index.xml“ bereitgestellt.

6.5.5 ODX-Autorenwerkzeuge

ODX-Dateien können mit einem Texteditor oder mit XML-Notepad geöffnet und auch bearbeitet werden. Es gibt aber professionelle Werkzeuge, z. B. DTS.venice von Softing (Bild 6.21), ODXStudio von Vector, K-DCP von KPIT oder den ODX-Editor von Sontheim, die mehr sind als einfache Editoren. Diese ODX-Autorensysteme unterstützen den Datenbankdesigner bei der Erstellung, Bearbeitung, Pflege und Prüfung der maschinenlesbaren Diagnosespezifikation eines einzelnen Steuergeräts, einer Gruppe von Steuergeräten oder des gesamten E/E-Systems eines Fahrzeugs.

Ein besonderer Vorteil der ODX-Autorensysteme besteht darin, dass der Benutzer oder die Benutzerin keine detaillierten Kenntnisse des ODX-Datenmodells benötigt. Die Tools werden mit Templates, Handbüchern und Tutorials geliefert, die beschreiben, wie ODX-Dateien erstellt werden. In der Regel verfügen sie über eine grafische Benutzeroberfläche, vordefinierte Eingabefenster und Assistenten.

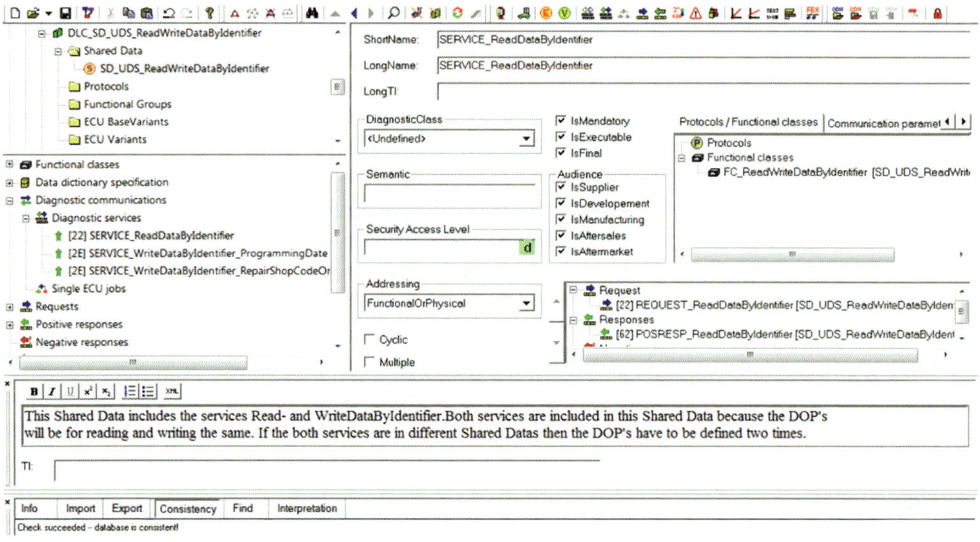

Bild 6.21 ODX-Autorenwerkzeug DTS.venice (© Softing)

6.5.6 ODX-Templates

Ein Diagnoseprotokoll-Stack besteht aus mehreren Schichten des OSI-Modells, z. B. dem Physical-Layer, Transport-Layer und Application-Layer. Da es standardisierte Spezifikationen für die einzelnen Schichten und mit ODX ein standardisiertes Format gibt, liegt es nahe, maschinenlesbare und wiederverwendbare ODX-Templates zu erstellen. In Kombination mit standardisierten Namenskonventionen können gemeinsame Komponenten zu unterschiedlichen Stacks verkettet und damit wiederverwendet werden. Tabelle 6.4 zeigt die Komponenten von UDSonIP, Tabelle 6.5 die Komponenten von J1939-73.

Obwohl sich UDSonIP und SAE J1939-73 auf allen Layern des OSI-Modells grundlegend unterscheiden, sind die ODX-Komponenten DLC_SD_DOPS.odx-d und DLC_SD_UNITS.odx-d in beiden Protokollstacks identisch.

Tabelle 6.4 ODX-Dateien für UDSonIP

ODX-Kategorie	Inhalt
DLC_PR_UDSOnIP.odx-d	DLC > PROTOCOL
DLC_SD_15765_3_Services.odx-d	DLC > SHARED DATA > SERVICES
DLC_SD_DOPS.odx-d	DLC > SHARED DATA > DOPs
DLC_SD_UNITS.odx-d	DLC > SHARED DATA > UNITS
ISO_13400_2.odx-cs	COMPARAM SUBSET
ISO_14229_5.odx-cs	COMPARAM SUBSET
ISO_14229_5_on_ISO_13400_2.odx-c	COMPARAM-SPEC

Tabelle 6.5 ODX-Dateien für J1939-73

ODX-Kategorie	Inhalt
DLC_PR_SAE_J1939.odx-d	DLC > PROTOCOLL
DLC_SD_J1939_73_Services	DLC > SHARDED DATA > SERVICES
DLC_SD_DOPS.odx-d	DLC > SHARED DATA > DOPS
DLC_SD_UNITS.odx-d	DLC > SHARED DATA > UNITS
DLC_SD_SLOTS.odx-d	DLC > SHARDE DATA > SLOTS
SAE_J1939_11_DWCAN.odx-cs	COMPARAM-SUBSET
SAE_J1939_21.odx-cs	COMPARAM-SUBSET
SAE_J1939_73.odx-cs	COMPARAM-SUBSET
SAE_J1939_73_on_SAE_J1939_21.odx-c	COMPARAM-SPEC

Für die Diagnosekommunikation zwischen einem Tester und einem Steuergerät werden nur die Diagnosedienste und ihre Parameter, die Kommunikationsparameter und die Fahrzeuginformationen zum Öffnen des Logical Links benötigt. Mit ODX-Templates und einem ODX-Autorentool ist die Erstellung einer „well-formed" und konsistenten ODX-Datei kein Problem. Die Verkettung (concatenation) der Komponenten erfolgt durch Import, wobei das Autorentool anhand der Dateinamenserweiterung weiß, wo in der ODX-Struktur die Komponenten zu platzieren sind. Heute gehören generische ODX-Protokollstack-Templates, z. B. UDSonCAN (Bild 6.22) oder UDSonIP als PDX-Dateien zum Lieferumfang von professionellen ODX-Autorensystemen (damit IngenieurInnen kreativ sein können, ohne das Rad neu zu erfinden).

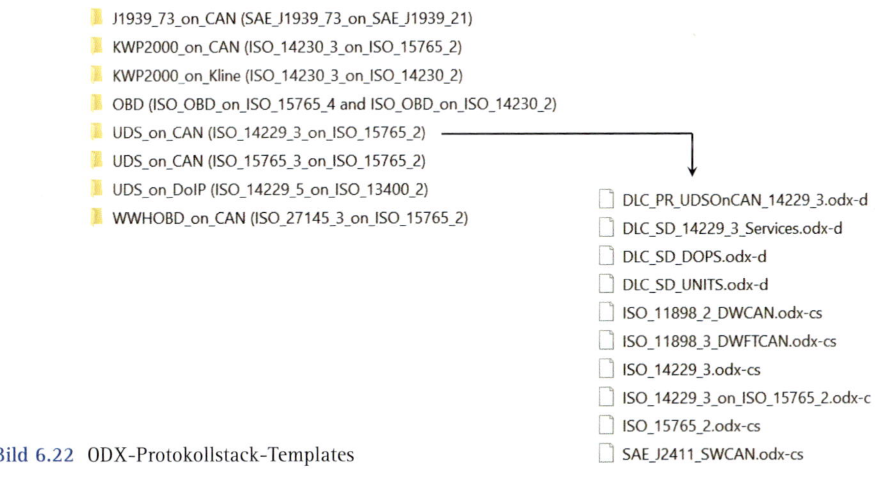

Bild 6.22 ODX-Protokollstack-Templates

Ein Template wie ISO_11898_2_DWCAN.odx-cs beinhaltet die Kommunikationsparameter eines High-Speed CAN (HSC) auf verdrillter Zweidrahtleitung. Da der HSC mit unterschiedlichen Datenraten, z. B. 250 Kbit/s, 500 Kbit/s oder 1 000 Kbit/s betrieben werden kann, wird im Template ein Default-Wert (Bild 6.23: CP_Baudrate [500 000 Bd]) verwendet. In der ODX-Bedatung müssen die Default-Werte durch die realen Werte überschrieben werden.

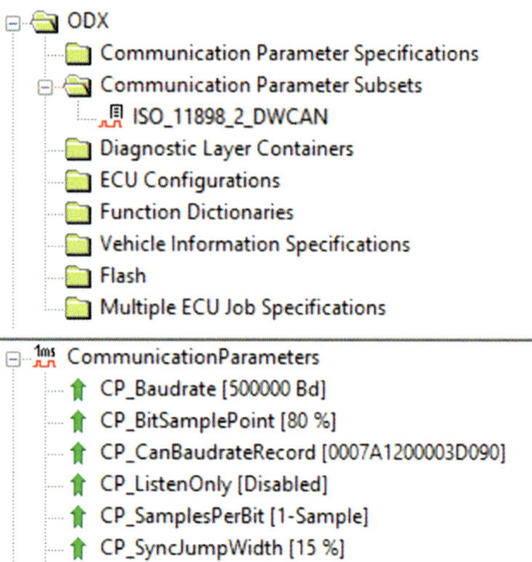

Bild 6.23 Default-Werte in Templates

6.5.7 ODX-Checker und Autorenrichtlinien (AGL)

ODX-Dateien können mit Hilfe von XML-Schema-Definitionen (XSD) automatisch auf Konsistenz geprüft werden. Anhang B der ISO 22901-1 enthält eine umfangreiche Tabelle mit „ODX Checker Rules". Der Consistency-Checker prüft die Datenbasis auf Einhaltung der ODX Checker Rules und erzeugt ggf. Warnungen und Fehlermeldungen (Tabelle 6.6). Warnungen sind akzeptabel, aber schon bei einer einzigen Fehlermeldung wird die Datenbasis inkonsistent und vom MVCI-Server nicht akzeptiert.

Tabelle 6.6 Ergebnis eines ODX Consistency Checks

Warning ASAM 198:	Every FUNCTIONAL-GROUP needs to override the value of the COMPLEX-COMPARAM named „CP_UniqueRespIdTable". <DiagLayerContainer::DLC_FG_OBDonUDSonCAN><FunctionalGroup::FG_OBDonUDSonCAN>
Error ASAM 152 (E2):	If the POS-RESPONSE-SUPPRESSABLE element is defined at a DIAG-SERVICE the parameter referenced by CODED-CONST-SNREF, VALUE-SNREF, TABLE-KEY-SNREF or PHYS-CONST-SNREF must exist within the request of the DIAG-SERVICE containing the POS-RESPONSE-SUPPRESSABLE element. <DiagLayerContainer::DLC_SD_UDSOBD_Services><EcuSharedData::SD_UDSOBD_Services><DiagService::ReportWWHOBDDTCWithPermanentStatus>
	Consistency 1 error(s), 1 warning(s) Check failed: database is not consistent!

Die Einhaltung der Checker-Regeln schützt nicht vor einer fehlerhaften Bedatung. Ist zum Beispiel der Communication Parameter CP_Baudrate auf 250000 gesetzt, während das Steuergerät 500 Kbit/s verwendet, kommt keine Kommunikation zwischen dem Tester und dem Steuergerät über CAN zustande, obwohl die ODX-Bedatung konsistent ist.

Wenn die Methode zum Umrechnen eines Hex-Werts in eine Batteriespannung fehlerhaft ist, kann es dazu kommen, dass anstelle der richtigen Spannung (z. B.13,8 V DC) ein falscher Wert (z. B. 138 V DC) angezeigt wird.

ODX ist eine maschinenlesbare Beschreibungssprache zum Erstellen von Diagnosespezifikationen. Die ODX-Dateien mehrerer Steuergeräte werden zur Diagnosespezifikation von E/E-Systemen zusammengefasst und schließlich zur Diagnosespezifikation eines Fahrzeugs oder einer ganzen Baureihe. Die ODX-Beschreibung eines Fahrzeugs dient direkt als maschinen-lesbare Spezifikation in der Entwicklung, Produktion und im Service.

Damit das funktioniert, müssen sich alle am Entstehungsprozess beteiligten ODX-Autoren an gemeinsame Regeln halten. Das ist vor allem wichtig, wenn Steuergeräte, Module und Subsysteme von unterschiedlichen, teilweise in Konkurrenz zueinander stehenden Zulieferern stammen. Die Vereinbarung von Regeln fängt schon bei der zu verwendenden Sprache an und setzt sich bei der Namengebung der Services fort: Heißt der UDS-Request 0x27 „SecurityAccess“ oder „Sicherheitszugang“? Ein und dieselbe Diagnosedienst-Anforderung, z. B. der UDS-Request 0x22 = readDataByLocalIdentifier mit dem DID 0x22, F1,90 zum Lesen der VIN kann „ReadVIN“ heißen, aber auch „Lire le numéro d'identification du véhicule demande“ oder „rq_22_22_F1_90“.

Die Regeln zum Erstellen von ODX-Dateien werden als „Autorenrichtlinien“ (AGL = Authoring Guidelines) bezeichnet. Das Erstellen der Dateien nennen wir „Bedatung“.

Da die ODX-Dateien in allen Bereichen der Prozesskette (Entwicklung, Produktion, Service) verwendet werden, müssen die Autorenrichtlinien die individuellen Anforderungen aller Prozessbeteiligten berücksichtigen. Zwar gab es Bestrebungen, harmonisierte Autorenrichtlinien für die gesamte Automobilindustrie zu erstellen, doch ist es dazu nicht gekommen. So hat jeder Fahrzeughersteller und „größere“ Zulieferer heute seine eigenen, individuellen Autorenrichtlinien erstellt.

AGL-Beispiel Templates: Eine ODX-Datenbasis besteht aus Kategorien, wobei jede Kategorie in einer separaten Datei als Template gespeichert wird. Durch Import- und Vererbungsfunktionen können dann aus den einzelnen Templates komplette ODX-Bedatungen zusammengestellt werden. Ein wesentlicher Vorteil besteht darin, dass einmal erstellte, getestete und schließlich freigegebene Templates wiederverwendet werden können, sofern sie nach dem OSI-Schichtenmodell stapelbar sind. Es ist Teil der ODX-Autorenrichtlinien, solche freigegebenen ODX-Templates wiederzuverwenden.

AGL-Beispiel UNITS: Einheiten (UNITS) werden im Diagnostic Layer Container in der Data Dictionary Specification als Unit Specification bedatet (Bild 6.19, rechts unten) und sind, soweit möglich, in den anderen Layern wiederzuverwenden. Werden darüber hinaus zusätzliche Einheiten benötigt, so sind diese in der BaseVariant zu definieren. Der LongName einer Einheit ist Bestandteil der Tester GUI und enthält die Abkürzung der Einheit, z. B. Ω, A, V, km, s oder h.

6.6 Open Test Sequence Exchange Format (OTX)

6.6.1 Einführung und Überblick

„Right first Time“ ist eine Vorgabe nicht nur der amerikanischen Autoindustrie: Jede Serviceleistung muss ad hoc zum gewünschten Ergebnis führen. Es ist nicht zumutbar, dass der Halter eines Fahrzeugs wegen ein- und derselben oder einer ähnlichen Problemstellung mehrfach die Werkstatt aufsuchen muss.

Aufgrund der Komplexität der heutigen E/E-Systeme ist das Servicepersonal in einer Werkstatt kaum mehr in der Lage, Fehler ohne Unterstützung durch komplexe Messgeräte und Diagnose-/Servicetester zu finden. Im einfachsten Fall verursacht ein permanenter Fehler einen Eintrag im Fehlerspeicher und kann durch den Austausch der fehlerhaften Komponente direkt behoben werden. Oft genügt das Auslesen des Fehlerspeichers oder das Abfragen von Messwerten jedoch nicht, einen Fehler zu lokalisieren. Es gibt nämlich Fehler, die nur sporadisch auftreten (z. B. Wackelkontakt in einem Stecker) oder nur bei bestimmten Betriebs- oder Umgebungsbedingungen. Darüber hinaus kommt es vor, dass ein einzelner Fehler zu einer Reihe von Fehlfunktionen anderer Komponenten führt, die wiederum Einträge im Fehlerspeicher verursachen. Diese Fehlerfortpflanzung erschwert das Auffinden der eigentlichen Ursache (root cause).

Heute führen Diagnosetester das Servicepersonal durch einen Diagnoseprozess, der im Idealfall in kürzester Zeit zum Erfolg führt. Diese Funktion wird als *geführte Fehlersuche* (guided fault finding) bezeichnet und ist elementarer Bestandteil moderner Diagnosetester. Bereits während der Entwicklung eines Steuergeräts und schließlich des E/E-Systems, das das elektro-hydraulische und -mechanische System eines Fahrzeugs steuert und überwacht, werden die möglichen Fehlerszenarien festgelegt. Damit sind auch die zahlreichen möglichen Fehler und die Schritte zu ihrer Lokalisierung und Behebung Bestandteil des Entwicklungsprozesses[109].

Die Diagnosekommunikation basiert auf einfachen Diagnosedienst-Anforderungen und -Antworten. Der Tester sendet eine Anfrage zum Lesen von Daten, empfängt die Antwort und zeigt die Daten an, z. B. die Batteriespannung. Als Erweiterung des Prozesses könnten die Daten gespeichert und mit einem Referenzwert (z. B. Batteriespannung 13,8 V DC bis 14,4 V DC) verglichen werden. Im Beispiel mit der Batteriespannung führt der Vergleich mit dem Sollwert zu einem von drei Ergebnissen:

- Batteriespannung zu niedrig (n. i. O.)
- Batteriespannung im spezifizierten Bereich (i. O.)
- Batteriespannung zu hoch (n. i. O.)

Je nach Ergebnis wird dem Servicepersonal dann angezeigt, was als nächstes zu tun ist.

[109] FMEA = Failure Mode Effect Analysis

Viele Diagnosesequenzen laufen im Hintergrund ab, d. h. ohne (grafische) Anzeige oder die Anforderung einer Interaktion. Beispiele sind der UDS-Request „Security Access" oder die Schritte zum Programmieren eines Steuergeräts[110].

Bild 6.24 zeigt die Bestandteile des UDS-Request 0x10 = Security Access. Die einzelnen Schritte werden vom Diagnosetool sequenziell im Hintergrund abgearbeitet, z. B., wenn ein Steuergerät programmiert werden soll.

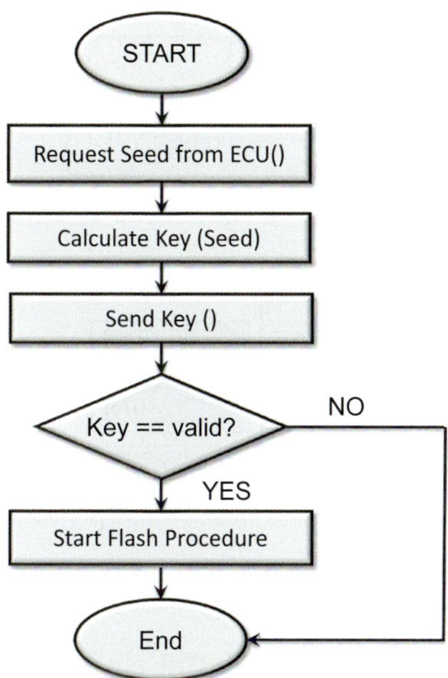

Bild 6.24 Diagnosesequenz für den Security Access

Generell können Diagnoseanwendungen in jeder beliebigen Programmiersprache programmiert werden, z. B. C++, Java oder Python. Speziell für die Programmierung von Steuergeräten hat die Automobilindustrie mit der Erstellung von Diagnosesequenzen in der Programmiersprache Java begonnen. Diese Java-Jobs benötigen zur Ausführung eine Java-Laufzeitumgebung (JRE = Java Runtime Environment). Eine Besonderheit von Java ist, dass der Java-Compiler keinen ausführbaren Code, sondern ein plattformunabhängiges[111] Zwischenformat namens *Java-Bytecode* erzeugt. Für die Ausführung auf einer bestimmten Plattform wird ein plattformabhängiger Interpreter für den Java-Bytecode verwendet. Dieses Konzept ermöglicht die Wiederverwendung einmal erstellter Java-Jobs auf verschiedenen Testerplattformen (Bild 6.25).

[110] Siehe Abschnitt 8.3

[111] Plattformunabhängige Formate sind unabhängig von Hardware (PC, Notebook, Handy, ...) und Betriebssystemen (WIN, iOS, Android, Linux, ...).

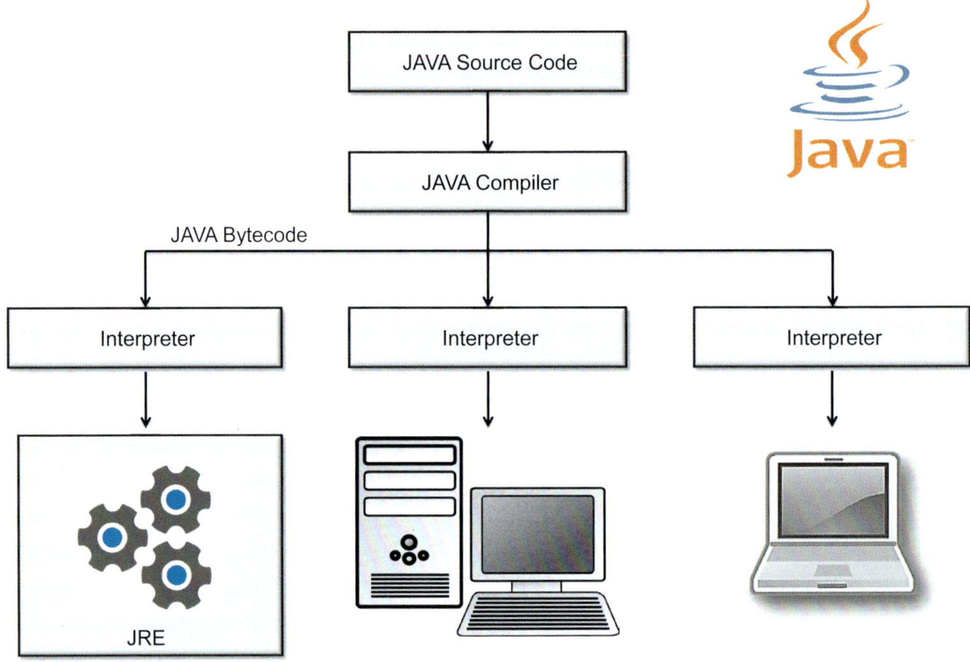

Bild 6.25 Wiederverwendbarkeit von Java Bytecode

Als Alternative zu Java hat die Automobilindustrie ein XML-basiertes Format für die standardisierte Beschreibung von Diagnoseabläufen entwickelt. Das Format heißt Open Test Sequence Exchange Format (OTX) und ist in der ISO 13209 (Tabelle 6.7) standardisiert.

Tabelle 6.7 ISO 13209 – Open Test Sequence Exchange Format (OTX)

ISO 13209	Open Test sequence eXchange format (OTX)
Teil 1 (2011)	General information and use cases
Teil 2 (2022)	Core data model specification and requirements
Teil 3 (2022)	Standard extensions and requirements
Teil 4 (2021)	Expanded extensions interface definition

Die ISO-Spezifikation des OTX-Datenmodells besteht aus 4 Teilen. ISO 13209-2 spezifiziert das Core-Datenmodell, ISO 13209-3 und -4 definieren *Erweiterungen* des Kerns. Das OTX-Core Data Model besteht aus *OTX-Features*, die jeweils durch eine Definition der XML-Struktur (Syntax) und Regeln, wie das Feature vom OTX-Laufzeitmodul zu interpretieren ist (Semantik), charakterisiert sind. Die Definition der *semantischen* Regeln wird durch UML-Activity-Diagramme und beschreibenden Text bereitgestellt. Die *Syntax* wird, wie beim ODX-Datenmodell, durch UML-Klassendiagramme beschrieben. Aus dem UML-Datenmodell wurde ein XML-Schema namens otx.xsd generiert.

Sowohl Java als auch OTX können zur Erstellung von Testskripten verwendet werden. Da es sich bei Java um eine generische Sprache handelt, die nicht für einen speziellen Zweck bestimmt ist, ist ihr Datenmodell wesentlich komplexer. Im Gegensatz dazu wurde OTX an die speziellen Bedürfnisse des Testens in der Automobilbranche angepasst. Daher ist das OTX-Datenmodell weniger komplex als das von Java.

Wie auch Java und Python benötigt OTX einen Interpreter zur Ausführung. Im Vergleich zur Ausführung von kompiliertem Maschinencode ist die Interpretation von Code relativ langsam. Der Performance-Bottleneck liegt jedoch nicht in der Interpretation von Java-Bytecode oder OTX-Skripten, sondern in der Ausführung der Diagnosedienste durch die Steuergeräte. Zum Beispiel besteht eine Programmiersequenz aus mehreren Diagnosediensten, wobei das Warten auf eine Antwort vom Steuergerät sowohl bei ausgeführtem als auch bei interpretiertem Code gleich lang dauert. Falls dennoch ein Leistungsproblem mit der OTX-Interpretation auftritt, kann die Funktion in eine DLL aufgenommen und mit einem OTX-Skript aufgerufen werden.

Beispiele für OTX-Sequenzen:

- Fahrzeugidentifikation
- Fehlerspeicher lesen/löschen
- UDS Session Transition mit Security Access
- Parametrierung
- Variantencodierung
- Steuergeräteprogrammierung
- Messwerte lesen und anzeigen
- GUI-basierte Diagnoseanwendungen (z. B. geführte Fehlersuche)

OTX ist ein sowohl menschen- als auch maschinenlesbares, ausführbares Format für die formale Beschreibung, Dokumentation und Visualisierung von Sequenzen. Die OTX-Spezifikation besteht aus UML-Diagrammen, XML-Schemadefinitionen und beschreibender Dokumentation.

In der OTX-Spezifikation wird zwischen Sequenzen und Prozeduren unterschieden. Vereinfacht ausgedrückt, besteht eine Testsequenz aus Prozeduren. Prozeduren sind in Bibliotheken gespeichert und können von einer Sequenz (oder anderen Prozeduren) aufgerufen werden.

6.6.2 Wiederverwendbarkeit von OTX-Skripten

Ein OTX-Script besteht aus einem oder mehreren in OTX beschriebenen Sequenzen und wird als OTX-Datei (*.otx) gespeichert. OTX-Skripte können in der gesamten Prozesskette und in verschiedensten Anwendungsfällen und auf verschiedenen Plattformen eingesetzt und wiederverwendet werden. OTX unterstützt die Austauschbarkeit von Tools, Diagnoseanwendungen, Diagnosedaten und Abläufen. Es reduziert Redundanzen innerhalb der Prozesskette erheblich und steigert sowohl die Produktivität als auch die Qualität.

Bild 6.26 veranschaulicht die Wiederverwendbarkeit von OTX-Skripten. Die Skripte, die ein Steuergerät zurücksetzen (Reset ECU) und eine Neuprogrammierung (Flash) durchführen, können in allen Abschnitten der Prozesskette wiederverwendet werden, hier also in Entwicklung, Produktion und Service. In diesem vereinfachten Beispiel gibt es nur einen Anwendungsfall für das EOL-Test-Skript.

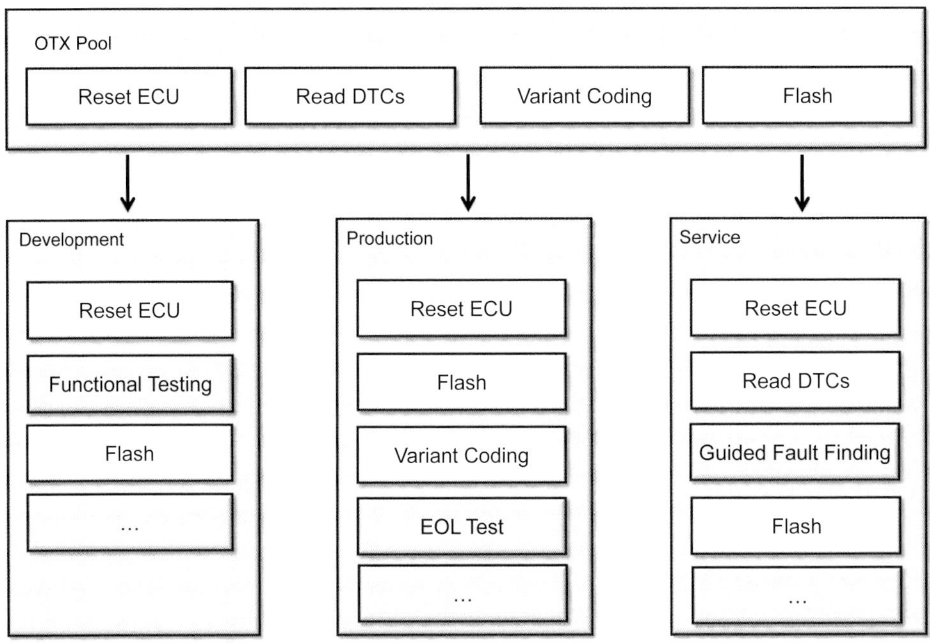

Bild 6.26 Wiederverwendbarkeit von OTX-Skripten

Der Ablauf zur Programmierung eines Steuergeräts (Flashjob) hängt immer von der Hardware und Firmware des Steuergeräts ab, was bedeutet, dass es keinen generischen Flashjob gibt. Dennoch sind heute viele Komponenten eines Flashjobs identisch und prinzipiell wiederverwendbar. Wenn das Steuergerät z. B. UDS on CAN für die Programmierung unterstützt, sind in der Regel der UDS-Request 0x10 = Diagnostic Session Control mit dem Sub-Function-Parameter Diagnostic Session Type 0x02 = Programming Session und ein 0x27 = Security Access Bestandteil des Flashjobs[112].

Die OTX-Spezifikation definiert die Syntax und Semantik eines Austauschformats, das die Programmierung von Abläufen mit einem grafischen Werkzeug unter Verwendung von Flussdiagrammen unterstützt. Bild 6.27 zeigt ein Beispiel für eine Prozedur zum Lesen der Steuergeräte-Seriennummer.

[112] Siehe auch Abschnitt 8.3

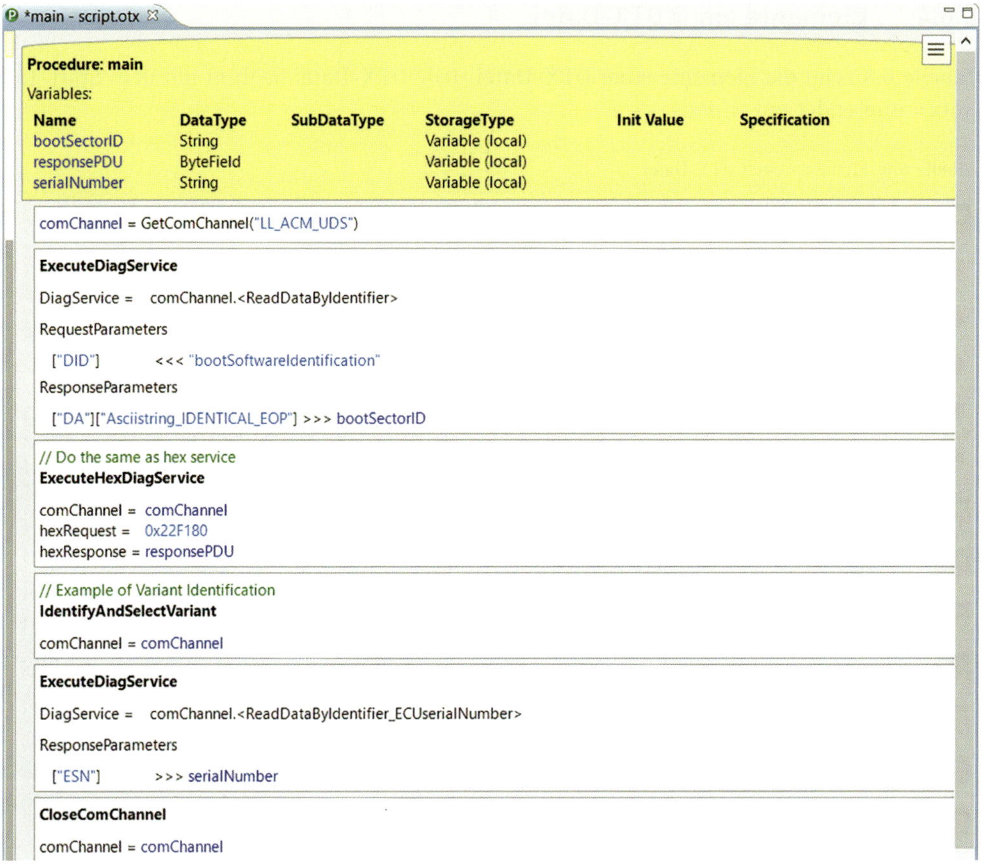

*main - script.otx
Procedure: main
Variables:
Name DataType SubDataType StorageType Init Value Specification
bootSectorID String Variable (local)
responsePDU ByteField Variable (local)
serialNumber String Variable (local)
comChannel = GetComChannel("LL_ACM_UDS")
ExecuteDiagService
DiagService = comChannel.<ReadDataByIdentifier>
RequestParameters
["DID"] <<< "bootSoftwareIdentification"
ResponseParameters
["DA"]["Asciistring_IDENTICAL_EOP"] >>> bootSectorID
// Do the same as hex service
ExecuteHexDiagService
comChannel = comChannel
hexRequest = 0x22F180
hexResponse = responsePDU
// Example of Variant Identification
IdentifyAndSelectVariant
comChannel = comChannel
ExecuteDiagService
DiagService = comChannel.<ReadDataByIdentifier_ECUserialNumber>
ResponseParameters
["ESN"] >>> serialNumber
CloseComChannel
comChannel = comChannel

Bild 6.27 OTX-Sequenz zum Lesen der Steuergeräte Serial Number

6.6.3 OTX-Projekte

Bild 6.28 zeigt den Aufbau eines OTX-Projekts (*.otxp). Ein OTX-Projekt besteht aus einem oder mehreren OTX-Packages (Peter, Paul, Package, ...). Jedes OTX-Package beinhaltet mindestens ein OTX-Script (*.otx). Das Package wird als Ordner mit seinem Package-Namen gespeichert.

Subke_OTX_Project - M:\OTX Projects\Subke_OTX_Project
Peter
Peter_Script_A.otx
Peter_Script_B.otx
Peter_Script_C.otx
Paul
Paul_Script_A.otx
Paul_Script_B.otx
Package
TestScript_1.otx
main()
TestScript_2.otx
main()

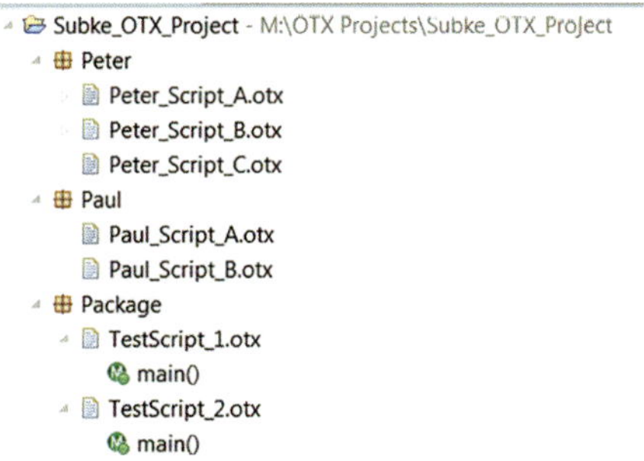

Bild 6.28 Struktur eines OTX-Projekts: Pakete und Skripte

6.6.4 Elemente einer OTX-Datei

Tabelle 6.8 zeigt die Elemente einer OTX-Datei. Jede OTX-Datei beginnt mit dem Start-Tag <otx> und endet mit </otx>.

Tabelle 6.8 Elemente einer OTX-Datei

	< otx>	Wurzelelement
	id	Identifier
	name	Name der OTX-Datei (-Scripts)
	Package	Name des OTX-Package
	version	Version
	timestamp	Zeitangabe: Wann wurde das Dokument erstellt?
	<metaData>	Anwendungs-/werkzeugspezifische Daten
	<specification>	Von Menschen lesbarer, nicht ausführbarer Text
	< adminDaten>	Administrative Daten
	<imports>	Import globaler Namen aus anderen OTX Dokumenten
	<declarations>	Deklaration von globalen Konstanten und Variablen
	<validities>	Aktivieren oder Deaktivieren von Teilen des Prüfablaufs für kontextabhängiges Verhalten
	<signatures>	Verfahren ohne Implementierung
	<procedures>	Liste der Verfahrenselemente

Es müssen nicht immer alle Elemente verwendet werden.

Bild 6.29 zeigt ein Beispiel, das mit XML Notepad geöffnet wurde.

Diese otx-Datei besteht aus Header-Informationen, Meta-Daten, Deklarationen und Prozeduren. Der Header besteht aus den optionalen Informationen über die schemaLocation, der id, dem Namen der otx-Datei (DiagnoseService_ReadSpeed.otx), dem Namen des Pakets, der Version, dem Zeitstempel und den xmlns-Attributen, die Informationen über die Schema-Namensraumpositionen (schema namespace location) enthalten. Der Header kann auch Importe (Links zu anderen OTX-Dateien) und boolesche Gültigkeiten enthalten.

Bild 6.30 zeigt die Elemente einer Prozedur. Das Element mit der Bezeichnung „specification" enthält lesbaren, nicht ausführbaren, beschreibenden Text: „Example of a procedure ...". In Kombination mit den ausführbaren Prozeduren wird die otx-Datei damit zu einer *ausführbaren Spezifikation.*

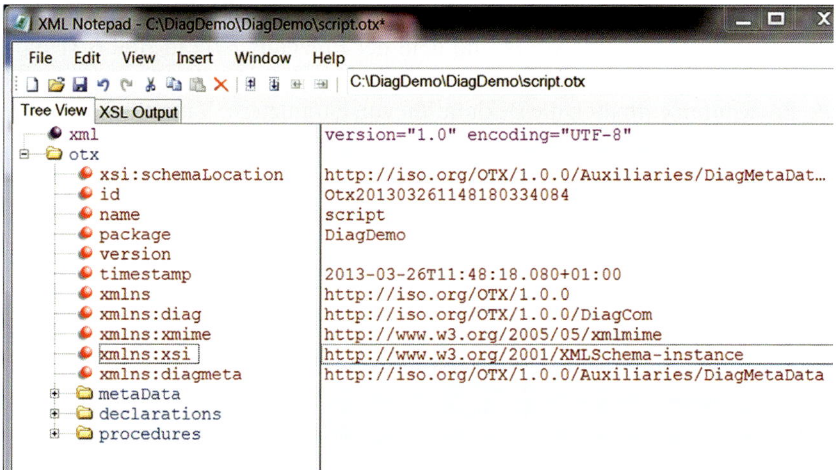

Bild 6.29 Elemente einer OTX-Datei (script.otx)

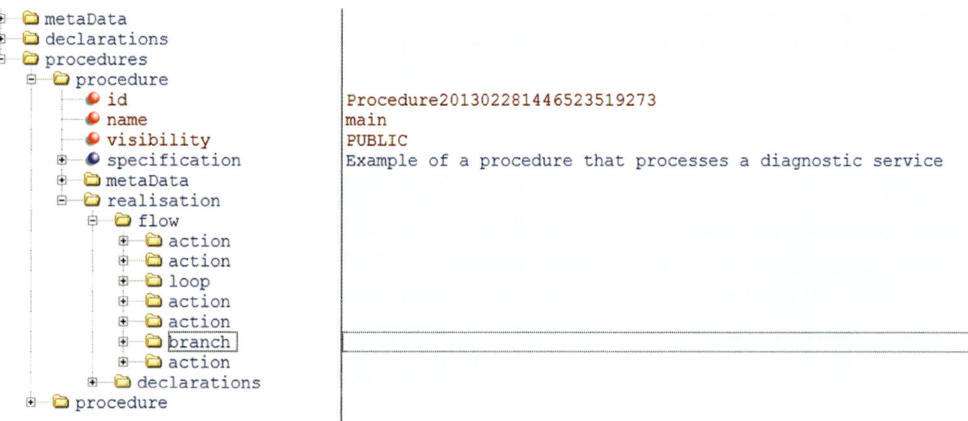

Bild 6.30 Elemente einer Prozedur

Der wichtigste Teil ist das Element mit der Bezeichnung „realisation". Es enthält die Deklaration von Konstanten, Parametern und Variablen und ein Element mit der Bezeichnung „flow", das wiederum eine Liste von „nodes" (Tabelle 6.9) enthält, die sequenziell ausgeführt werden.

Tabelle 6.9 Liste der Nodes

Compound Nodes	End Nodes
Group	Return
Loop	Continue
Branch	Break
Parallel	Throw
MutexGroup	TerminateLanes
Handler	

In Bild 6.30 erscheint das Element *Declarations* zweimal. Es gibt einen Unterschied zwischen dem Deklarationselement des Skripts und dem der Prozedur. Wie in Bild 6.31 dargestellt, enthält die Deklaration des Skripts globale Variablen und Konstanten, Kontextvariablen und Validities. Prozeduren enthalten die Deklaration von Parametern, Variablen und Konstanten.

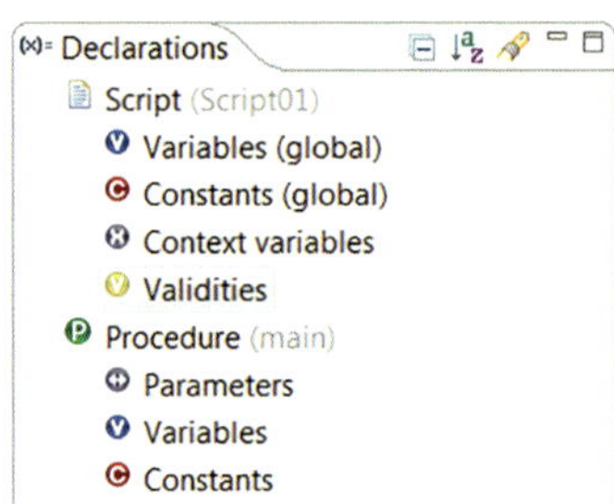

Bild 6.31 Deklarationen von Scripts und Procedures

Im Beispiel von Bild 6.32 enthält die Deklaration die Variablen bootSectorID und die responsePDU. Das Realisierungselement einer Variablen enthält den Datentyp. Der Datentyp der bootSectorID ist ein String, der Datentyp der responsePDU ein Bytefeld.

Bild 6.32 Bestandteile der Prozedurdeklarationen

Tabelle 6.10 zeigt die Datentypen, die im Core (ISO 13209-2) spezifiziert sind und von einem OTX-konformen Tester unterstützt werden müssen.

Tabelle 6.10 Datentypen der OTX-Kernspezifikation

Einfache Datentypen	Komplexe Datentypen
Boolean	Byte field
Integer	List
Float	Map
String	Exception

6.6.5 Erweiterungen des Cores

Mit der Veröffentlichung des OTX-Core-Datenmodells im Jahr 2011 wurde deutlich, dass Erweiterungen erforderlich sein würden, um die zahlreichen praktischen Anwendungen abzudecken. Tatsächlich wurde die Notwendigkeit von Erweiterungen von Anfang an bei der Entwicklung der Kernspezifikation berücksichtigt. Tabelle 6.11 und Bild 6.33 zeigen die Erweiterungen, die in ISO 13209-3 und -4 spezifiziert sind.

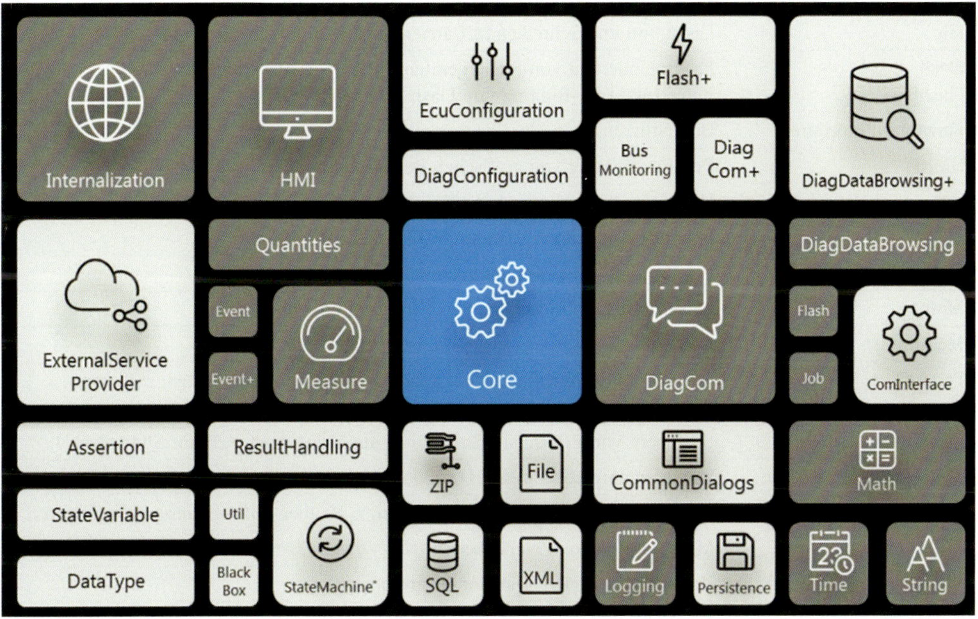

Bild 6.33 Das OTX-Core-Datenmodell und seine Erweiterungen
(*Quelle:* Dr. Jörg Supke, emotive GmbH & Co. KG @ https://www.emotive.de)

Tabelle 6.11 OTX-Erweiterungen (in alphabetischer Reihenfolge)

OTX Extension	Funktion
Assertion	Überprüfung der Korrektheit der OTX-Sequenz
Black Box	Umgang mit undefinierten Datentypen
Bus Monitoring	Asynchrone Busüberwachung und Trace-Analyse
ComInterface	Zugang VCI, Handhabung von DoIp, z. B. Ethernet-Aktivierungsleitung
CommonDialogs	Handhabung (öffnen/schließen/ändern) von Dateiauswahldialogen
Data Type	Unterstützung der Datentypen *enumeration* und *structure*, die über eine Signatur zu definieren sind
Data Time	Zugang zu Datum und Uhrzeit des Systems
DiagCom DiagComRaw DiagComPlus	Diagnosekommunikation mit ODX Diagnosekommunikation auf binärer Ebene
DiagConfiguration	Auswahl des Projekts, das die ODX-Daten enthält
DiagDataBrowsing DiagDataBrowsingPlus	Durchsuchen/Lesen von Daten aus ODX-Dateien
ECUConfiguration	Konfiguration eines Steuergeräts basierend auf ECU-CONFIG in ODX
EventHandling EventPlus	Synchroner Mechanismus zum Warten auf externe Ereignisse, sequenzielle Verarbeitung der Ereignisse in einer Schleife
External Service Provider	Zugang zu externen Diensten wie Webdiensten oder einer Seed/Key-DLL
File	Lesen von und Schreiben in Dateien
Flash FlashPlus	Programmierung von Steuergeräten (Download und Upload) unterstützt Late-Binding von Flash-Dateien
FlowChartProcedure	Unterstützung von Flussdiagrammen
HMI	Programmierung von grafischen Benutzeroberflächen (GUIs)
Internationalization (i18n)	Unterstützung mehrerer Sprachen, Umrechnung von Einheiten, z. B. km/h vs. mph
Job	Emulation von Java-Jobs durch OTX-Sequenzen
Logging	Logging von Anwendungsmeldungen in Java (Log4J-Style)
Math	Mathematische Funktionen wie Sinus und Cosinus
Measure	Kommunikation mit externen Messsystemen
Persistence	Speichern und Abrufen (nicht Löschen) von persistierten Daten, z. B. über Steuergerätevarianten
Quantities	Speichern von Ergebnisinformationen aus Sequenzen, z. B. für Statistiken
StateMachineProcedure	Unterstützung von Zustandsautomaten-Workflows
StateVariable	Übermittlung von Statusinformationen, z. B. über den Ausführungsfortschritt
StringUtil	Manipulation von Zeichenketten
SQL	Herstellen einer SQL-Datenbankverbindung
Test Result Handling	Erfassen, Auswerten und Verfassen von Testergebnissen
Util	Erweiterung des Kerns um zusätzliche Komfortfunktionen
Vehicle Info	Abrufen von Informationen über das E/E-System auf der Grundlage der ODX VEHICLE-INFO-SPEC
XML	Handhabung (lesen, interpretieren, erstellen, bearbeiten, ...) von XML-Dateien
ZIP Handling	Handhabung von ZIP-Containern

6.6.6 Actions und Terms

Der Action Node enthält Zuweisungen, Prozeduraufrufe und „modifiers" für Byte fields, lists und maps. Beispiel für Action Nodes im Kontext der Diagnosekommunikation sind *execute diag service und set flash session.*

Die OTX-Core-Spezifikation definiert boolesche, String-, Float-, Integer-, Bytefeld-, Listen-, Map- und Exeption terms. Sie werden nach ihrem Rückgabetyp kategorisiert.

Terms können als Eingabeparameter für einen Prozeduraufruf oder für die Berechnung von Variablen verwendet werden. Im Vergleich zu Action Nodes sind Terms mit einem bestimmten Datentyp versehen. Im Beispiel „print (a,b+1)" ist print die Action, a und b+1 sind Terms, wobei b+1 ein numerischer Term ist.

Typische Beispiele für Begriffe im Zusammenhang mit der Diagnosekommunikation sind *get all responses* oder *create flash job*. In Tabelle 6.12 und Tabelle 6.13 sind die Actions und Terms der OTX-Erweiterungen für die Diagnosekommunikation (DiagCom) und Programmierung von Steuergeräten (Flash) aufgeführt.

Tabelle 6.12 Actions und Terms der DiagCOM-Erweiterung

Action	Term
Close Com Channel	Create diag service by name
Execute Diag Service	Get Parameter
Set Repetition Time	Get all responses
Get All Results And Clear	Get all results
Identify and Select Variant	Get com channel
Set Com Parameter	Get diag service
Set PDU	

Tabelle 6.13 Action and Terms der Flash-Erweiterung (Auszug)

Action	Term
Get Download Data	Create flash job
Set Flash Session	Get checksum
Store Upload Data	Get flash key
	Gert own ident
	Get security method
	Get start address

6.6.7 Beispiel für eine OTX-Sequenz zur Diagnosekommunikation

Bild 6.27 zeigt eine Prozedur, die eine Action zur Ausführung eines Diagnosediensts auf Hex-Ebene enthält (ExecuteHexDiagService). Das Diagnoseprotokoll ist UDS, die Diagnosedienst-Anfrage 0x22 = read data by identifier und der identifier DID = 0xF180. Bild 6.34 zeigt denselben Skriptauszug in XML.

```
</action>
<action id="Action20130326115715162002 4">
  <specification>Hex: UDS SID 0x22 = read data by identifier with the data ...
  <metaData>
    ...
  </metaData>
  <realisation xsi:type="diag:ExecuteHexDiagService">
    <diag:comChannel valueOf="comChannel" xsi:type="diag:ComChannelValue" />
    <diag:hexRequest value="22F180" xsi:type="ByteFieldLiteral" />
    <diag:hexResponse name="responsePDU" />
  </realisation>
```

Bild 6.34 Lesen der Boot-Software-Identifikation in XML

Bild 6.35 zeigt das Ergebnis der Ausführung (hervorgehoben). Der comChannel LL_ACM_UDS ist die Abkürzung für die logische Verbindung zum ACM (A/C-Controller). Die Anfrage lautet 0x22F180 und die Antwort 0x62F180 mit dem Datenfeld 0x031303233383939. Das Datenfeld ist ASCII-codiert, d. h. 0x31 steht für eine „1“, 0x30 für eine „0“, 0x32 für eine „2“ usw. Das Ergebnis (Boot-Software-Kennung) lautet 1023899.

```
    ProcedureCall(Proc (resolved)=package.script|main)
*** Action(id=Action20130326115447097002 1)
--> GetComChannel(identifier=LL_ACM_UDS, ecuVariantName=)
<-- GetComChannel()
--> Assignment(values=ComChannel LL_ACM_UDS)
<-- Assignment(target=comChannel)
*** Action(id=Action20150519093102041422 2)
--> CreateDiagServiceByName(comChannel=LL_ACM_UDS, name=ReadDataByIdentifier)
<-- CreateDiagServiceByName()
--> ExecuteDiagService(diagService=ReadDataByIdentifier (on 'LL_ACM_UDS'), result=<None>, resultState
    ExecuteDiagService(requestParameter ReadDataByIdentifier:DID=bootSoftwareIdentification)
    ExecuteDiagService(result state of ReadDataByIdentifier=ALL_POSITIVE)
    ExecuteDiagService(responseParameter ReadDataByIdentifier:DA,AsciiString_IDENTICAL_EOP=1023899)
<-- ExecuteDiagService()
*** Action(id=Action20130326115715162002 4)
--> ExecuteHexDiagService(comChannel=LL_ACM_UDS, hexRequest=22F180)
<-- ExecuteHexDiagService(hexResponse=62F18031303233383939)
*** Action(id=Action20150519093348343422 3)
--> IdentifyAndSelectVariant(comchannel=LL_ACM_UDS)
<-- IdentifyAndSelectVariant()
*** Action(id=Action20150519093422172422 4)
```

Bild 6.35 Ausführung der Read-Boot-Software-Identifikation

Bild 6.34 und Bild 6.35 verdeutlichen eindrucksvoll, dass die Mensch-Maschine-Kommunikation ohne einen Editor, der über eine Mensch-Maschine-Schnittstelle (HMI) und eine grafische Benutzeroberfläche (GUI) verfügt, anstrengend und mühsam ist. ExpertInnen in der Entwicklungsabteilung könnten durchaus noch erkennen, dass 0x62F180 die Boot-Software-Identifikation (1023899) enthält, doch ist diese Information zumindest in der hexadezimalen Notation für das Personal in der Produktionslinie oder dem Service wertlos. Die OTX-Spezifikation erfordert die Bearbeitung von Sequenzen mit grafischen Autorenwerkzeugen und das Ausblenden von OTX-XML-Code. Um diese Anforderungen zu erfüllen, verfügen die OTX-Erweiterungen über eine Reihe von Funktionen, die die Erstellung von HMI-Controls und GUI-basierten Anwendungen unterstützen.

Bild 6.36 zeigt ein Beispiel für einen interaktiven Diagnosetester, der vollständig auf OTX-Elementen basiert. Die grafische Benutzeroberfläche und ihre Elemente, die HMI-Bedienelemente und Anzeigeelemente werden mit GTK+- oder Qt-Toolkits erstellt.

Bild 6.36 OTX-basierter Diagnose-Tester mit grafischer Benutzeroberfläche

6.6.8 OTX-Autorensysteme

Es gibt mehrere Anbieter von OTX-Autorensystemen.

Das Open Test Framework von emotive[113] „ist eine komplette Entwicklungsumgebung für das Entwerfen, Pflegen und Testen einer neuen Generation prozesssicherer Tester-Anwendungen (...). Durch die klare und intuitive Benutzerführung hilft das Open Test Framework Ablaufautoren und Projektmanagern ohne Programmierkenntnisse (...) Tester-Lösungen zu erstellen und zu liefern."[114]

Das OTX-Studio von Softing[115] „ist eine Entwicklungsumgebung für die Spezifikation, Implementierung, Fehlersuche und Ausführung komplexer Diagnoseabläufe, Erstellung, die Inbetriebnahme und das Debugging von komplexen Diagnoseabläufen. Grafische Benutzeroberflächen können komfortabel erzeugt und mit den erstellten Sequenzen verknüpft werden"[116].

Weitere Beispiele sind die „OTX Authoring Suite" von KPIT und das „MDT 2.0 Autorentool" von Sontheim.

[113] emotive GmbH & Co. KG, D-73760 Ostfildern

[114] https://www.emotive.de/otf-de.html

[115] Softing Automotive Electronics GmbH, D-85540 Haar

[116] https://automotive.softing.com/de/produkte/softing-dts/softing-otxstudio.html

6.7 Übungsfragen

6-1	Was ist die Funktion eines Compilers?
6-2	Wie lautet der Dateiname einer Datei, die ausführbaren Code enthält?
6-3	Was ist der Inhalt einer Datei mit dem Dateinamen *.cpp?
6-4	Wofür stehen die Abkürzungen UML, XML und XSD?
6-5	Wofür steht die Abkürzung ODX?
6-6	Wie lautet der Dateiname eines ODX-Kommunikationsparameter-Subsets?
6-7	Was sind die fünf Komponenten eines ODX-DLC?
6-8	Wofür stehen in einer ODX-Bedatung die Präfixe CP_, PR_ und NRC_?
6-9	Was ist der Inhalt der Datei DLC_PR_UDSonIP.odx-d?
6-10	Wofür steht die Abkürzung OTX?

7 Diagnosesysteme

7.1 Übersicht

OBD-Systeme unterstützen den Schutz unserer Umwelt vor schädlichen Schadstoffen wie Kohlenmonoxid (CO), Stickoxiden (NO_x), Kohlenwasserstoffen (HC) und Partikeln (PM), die von Verbrennungsmotoren erzeugt werden.

Die Gesetzgeber schreiben vor, dass Personenkraftwagen sowie leichte, mittelschwere und schwere Lastkraftwagen ein Mindestmaß an Diagnoseinformationen für *external (off-board) „generic" test equipment for diagnostic purposes* bereitstellen müssen.

Wir bezeichnen das *external (off-board) generic test equipment for diagnostic purposes* als Diagnosetester (TST).

Für die Diagnosekommunikation müssen sowohl der Diagnosetester als auch die Steuergeräte denselben Protokollstack unterstützen. Das seit Jahrzehnten verwendete Kommunikationsprotokoll SAE J1979 alias ISO 15031 wird durch SAE J1979-2 für Fahrzeuge mit Verbrennungsmotoren und durch SAE J1979-3 für Antriebssysteme von emissionsfreien Fahrzeugen (ZEV = Zero Emission Vehicles) ersetzt. Sowohl SAE J1979-2 als auch -3 basieren auf ISO 14229-1 (UDS).

Unabhängig von der Anwendung, z. B. als OBD-Scantool, Servicetool oder Flashtool, haben alle Diagnosetester die Gemeinsamkeit, dass sie mindestens *ein* Diagnoseprotokoll unterstützen. Diagnosetester werden in der gesamten Prozesskette von der Entwicklung über die Produktion bis zum Service und schließlich auch bei der Außerbetriebnahme und Verschrottung (z. B. zur Deaktivierung von Airbags) von Fahrzeugen eingesetzt. Diagnosetester im Service müssen in der Regel mehrere Diagnoseprotokolle unterstützen. Das gilt besonders für die „generischen" Tester, wie sie in markenunabhängigen „freien" Werkstätten zum Einsatz kommen.

Bild 7.1 bis Bild 7.3 zeigen drei Anwendungen der Diagnosekommunikation. In allen drei Fällen ist der Tester mit einem Vehicle Communication Interface (VCI) (siehe Abschnitt 7.3) verbunden, das als Bindeglied zwischen der externen Schnittstelle des Testers (z. B. USB oder WLAN) und dem Diagnostic Link Connector (DLC) (siehe Abschnitt 7.2) des Fahrzeugs dient.

In Bild 7.1 ist der Tester an den Diagnosestecker (DLC) eines LKW angeschlossen. Der Physical-Layer ist High-Speed CAN, die höheren Schichten des OSI-Modells basieren auf SAE J1939. Bei LKW und Bussen, die in der Regel OBD-Anforderungen erfüllen müssen, kann der DLC ein Steckverbinder gem. SAE J1939-13 (Bild 7.7) oder SAE J1962 Type B (für 24 V DC-Bordnetze, Bild 7.5 rechts) sein.

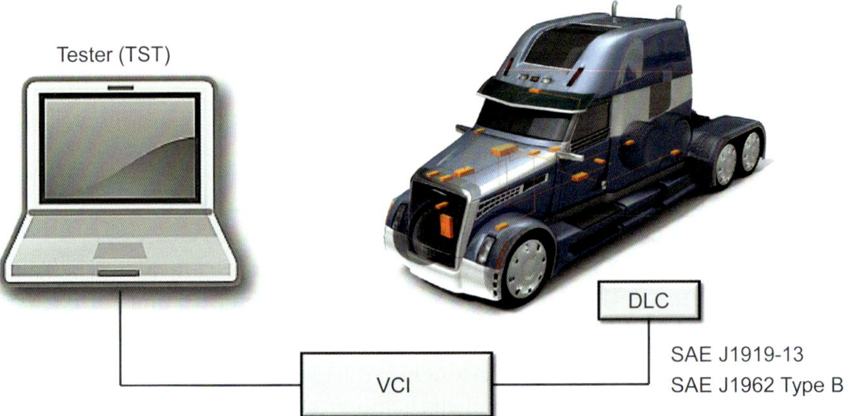

Bild 7.1 System für die Diagnosekommunikation mit einem Lastkraftwagen

Bild 7.2 zeigt einen Tester, der an einen Pkw angeschlossen ist. Da alle PKW die gesetzlichen OBD-Anforderungen erfüllen müssen, sind sie mit einem SAE J1962-Stecker Type A (für 12 V DC-Bordnetze, Bild 7.5 links) ausgestattet und unterstützen High-Speed CAN. Für alle Diagnosefunktionen, auch in der Produktion (u. a. Variantencodierung und Flashprogrammierung) und im Service (z. B. zur geführten Fehlersuche) wird derselbe Stecker zum Anschluss von Diagnosetestern verwendet.

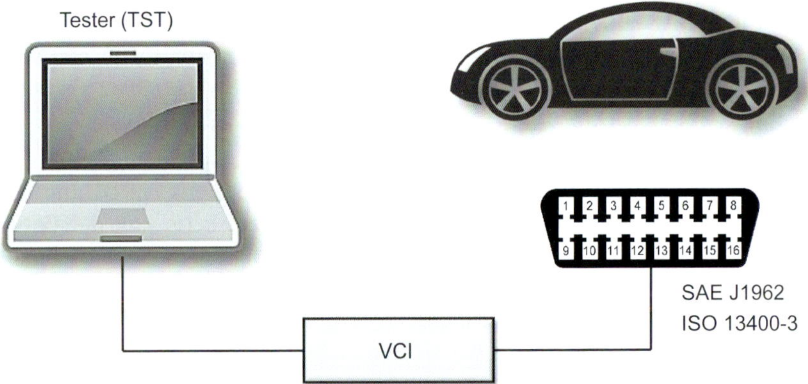

Bild 7.2 System für die Diagnosekommunikation mit einem Personenkraftwagen

Aufgrund der zunehmenden Komplexität der modernen E/E-Systeme wird der Bedarf an Bandbreite bei der Programmierung von Steuergeräten größer. Da viele Steuergeräte erst in der Fahrzeugmontage programmiert werden, spielt die Dauer des Flashvorgangs eine entscheidende Rolle. Die Dauer des Flashvorgangs wird signifikant durch die Menge an Daten und die verfügbare Bandbreite bestimmt. Um die Bandbreite zu erhöhen, können zwar CAN FD oder CAN XL verwendet werden, jedoch hat sich der Einsatz von Ethernet durchgesetzt. Dazu wurde der SAE J1962 DLC um die vier Anschlüsse[117] des 100BASE-TX (Ethernet) erweitert und in der ISO 13400-3 standardisiert.

[117] Neben den vier Anschlüssen des 100BASE-TX gibt es eine Ethernet Activation Line (siehe Tabelle 7.1).

Bild 7.3 zeigt einen Tester, der an ein stilisiertes E/E-System angeschlossen ist. Es besteht aus einem fahrzeuginternen Netzwerk (IVN = In-Vehicle Network), dem Motorsteuergerät (ECM), dem Getriebesteuergerät (TCM) und dem Gateway. Dieses Bild veranschaulicht das reale Kommunikationssystem genauer, denn ein Tester kommuniziert nicht wirklich mit einem Fahrzeug, und eigentlich auch nicht mit einem E/E-System, sondern peer-to-peer mit den Steuergeräten des E/E-Systems.

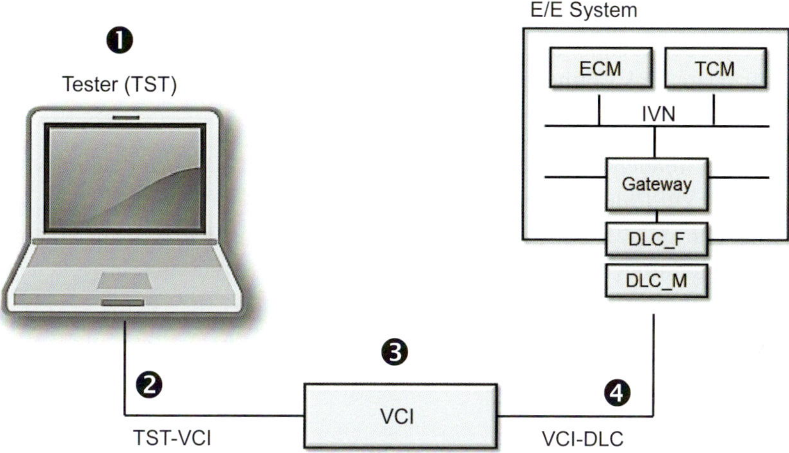

Bild 7.3 Komponenten eines Diagnosesystems

Betrachtet man die Diagnosekommunikation auf der Zeitachse, so kommuniziert der Tester immer mit genau *einem* Steuergerät. Diagnosedienst-Anfragen und -Antworten werden nicht gleichzeitig übertragen, sondern zeitsequenziell.

Das gilt auch bei funktionaler Adressierung von Diagnosedienst-Anfragen an mehrere Steuergeräte, da immer nur die adressierten Steuergeräte einzeln und nacheinander antworten.

Bild 7.3 zeigt die Komponenten des Diagnosesystems, die in den folgenden Abschnitten dieses Kapitels beschrieben werden. Es gibt den Diagnosetester TST (❶), die TST-to-VCI-Verbindung (❷), das VCI (❸) und die VCI-to-DLC-Verbindung (❹) mit dem DLC_M und dem DLC_F des E/E-Systems. In Bild 7.3 besteht der DLC aus den zwei Teilen DLC_F (F = Female, Buchse im Fahrzeug) und DLC_M (M = Male, Stecker der VCI-DLC-Verbindung).

Die TST-to-VCI-Verbindung ist entweder USB, Ethernet, WiFi oder Bluetooth. Die VCI-to-DLC-Verbindung ist entweder High-Speed CAN oder Ethernet.

7.2 Fahrzeugschnittstellen (DLC)

In der SAE J1939-13 wird der Steckverbinder für den Anschluss eines Diagnosetesters an ein Fahrzeug mit SAE J1939-Netzwerk als „off-board diagnostic connector“ bezeichnet. In der SAE J1962 (ISO 15031-3) heißt der Stecker entweder „diagnostic connector“ oder „OBD connector“. In der ISO 13400-3 (DoIP) wird er als „wired vehicle interface“ bezeichnet. In der SAE J3138[118], die sich mit dem Schutz von Fahrzeugen gegen böswillige Hackerangriffe von außen beschäftigt, heißt die Verbindung zwischen Diagnose-Tester und Fahrzeug „Diagnostic Link Connector“ und wird mit DLC abgekürzt. Manchmal steht die Abkürzung DLC auch für „Data Link Connector“ (und in der CAN-Spezifikation für Data Length Code).

Wir verwenden – soweit möglich – die Bezeichnung DLC für den Steckverbinder, an den ein Diagnosetester angeschlossen werden kann.

Das gilt auch, wenn der Diagnosetester physikalisch direkt mit einem Steuergerät verbunden wird. Dann werden die Pins des Steuergerätesteckers, über die die Diagnosekommunikation läuft, zum DLC.

Bild 7.4 zeigt den DLC und die heute verwendeten Diagnoseprotokolle für OBD und Enhanced Diagnostics.

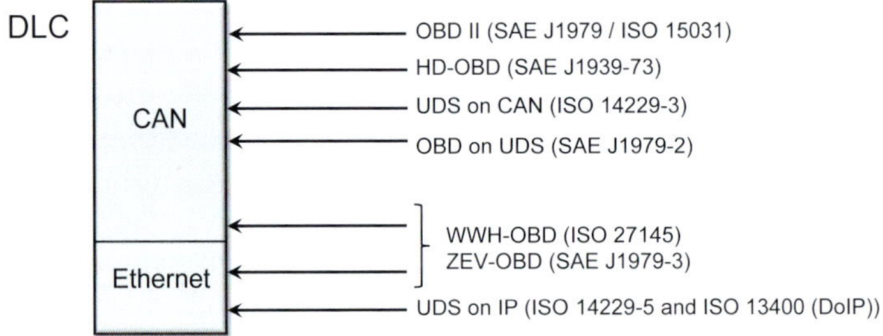

Bild 7.4 DLC und Diagnoseprotokolle

OBD II, HD-OBD, UDSonCAN und OBDonUDS lassen ausschließlich High-Speed CAN (HSC) mit 500 Kbit/s auf UTP zu, WWH-OBD und ZEV-OBD[119] alternativ auch 4-wire Ethernet mit 100 BASE-TX (100 Mbit/s), UDSonIP ausschließlich Ethernet.

Bevor CAN für die Diagnosekommunikation mit dem OBD-System gesetzlich vorgeschrieben wurde, waren auch SAE J1850 oder ISO 9141 (K-Line) zugelassen. Diese veralteten Protokolle sind in Bild 7.4 nicht dargestellt. Bild 7.6 zeigt die Anschlussbelegung von J1850 und K-Line.

---

[118] SAE J3138: Diagnostic Link Connector Security

[119] Alias SAE J1979-3 = ZEV on UDS

Bild 7.5 zeigt die beiden Versionen des J1962-Steckers (DLC_M). Der Stecker auf der linken Seite ist für Fahrzeuge mit 12 V DC nomineller Bordnetzspannung, der auf der rechten Seite für Fahrzeuge mit 24 V DC.

Bild 7.5 DLC nach SAE J1962/ISO 15031-3
Links: TYPE A für 12-V-DC-Bordnetze, rechts: TYPE B für 24- (und 12-)V-DC-Bordnetze

Tabelle 7.1 und Bild 7.6 zeigen die Pinbelegung des DLC, wie sie in der ISO 13400-4 spezifiziert ist. Bei Verwendung von Ethernet erfolgt die Diagnosekommunikation über ein DoIP-Gateway, das IEEE 802.3 mit 100BASE-TX (100 Mbit/s), zwei verdrillten Aderpaaren (Vollduplex) und einer separaten Ethernet-Activation-Line unterstützt. Wie in Tabelle 7.1 ersichtlich, gibt es zwei inkompatible Pinbelegungen, wobei der angeschlossene Tester die tatsächliche Belegung durch Messung entweder des Eingangswiderstands oder der Eingangskapazität zwischen der Ethernet-Activation-Line (Pin 8) und Signal Ground (Pin 5) ermitteln kann.

Tabelle 7.1 Pin-Belegungsmöglichkeiten des SAE J1962 und des ISO 13400-4 DLC

Pin	ISO 13400-4 Option 1	ISO 13400-4 Option 2	ISO/SAE OBD
1			
2			SAE J1850+
3	Ethernet Rx (+)	Ethernet Tx (+)	
4			Gehäusemasse
5	Signalmasse	Signalmasse	Signalmasse
6			CAN_H
7			K-Line
8	Ethernet-Activation	Ethernet-Activation	
9			
10			SAE J1850-
11	Ethernet Rx (–)	Ethernet Tx (–)	
12	Ethernet Tx (+)	Ethernet Rx (+)	
13	Ethernet Tx (–)	Ethernet Rx (–)	
14			CAN_L
15			L-Linie
16			Vcc

Insbesondere für die hohen Datenraten bei der Steuergeräte-Programmierung in der Fahrzeug-Produktion wird heute auch 1000BASE-T1 mit 1 Gbit/s über eine verdrillte Zweidrahtleitung verwendet.

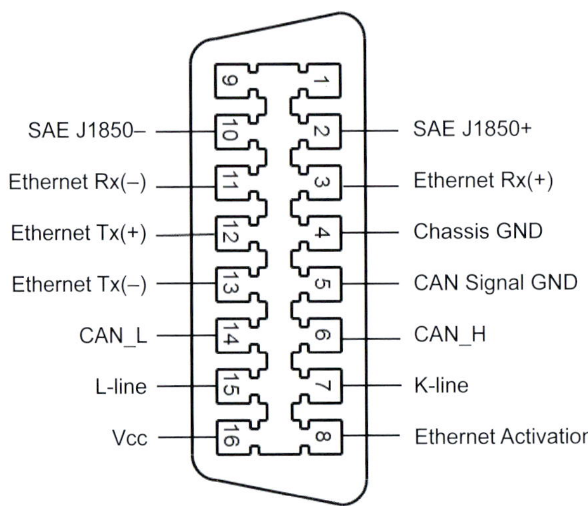

Bild 7.6 Pinbelegung des SAE J1962 Steckers mit ISO 13400-4 Pinout für Ethernet Option 1

Bild 7.6 zeigt die Anschlussbelegung des DLC nach SAE J1962 mit K-Line, SAE J1850, CAN und ISO 13400-3 (Ethernet) Option 1.

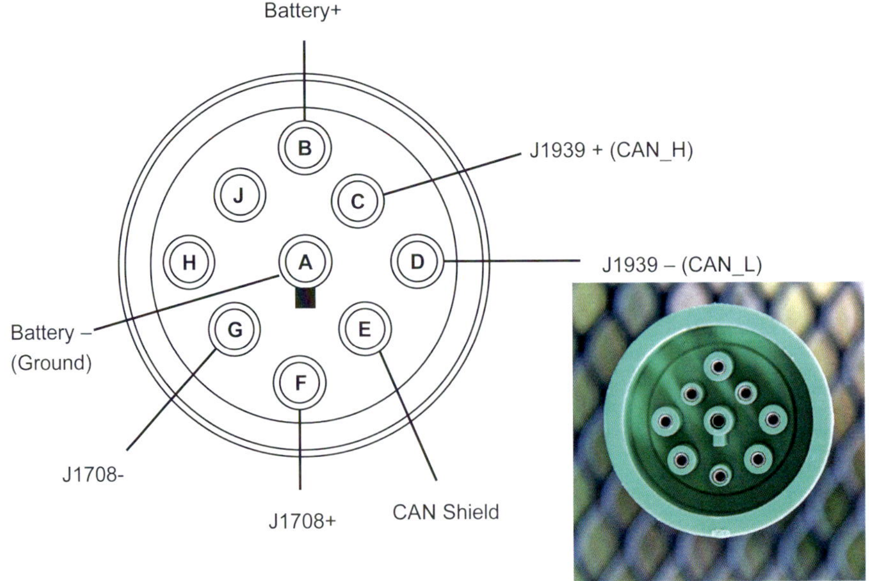

Bild 7.7 SAE J1939-13 Stecker und Pinbelegung

Die OBD-Anforderungen gemäß SAE J1939 schreiben den Einbau eines DLC gemäß SAE J1939-13 vor (Bild 7.7). SAE J1939-13 spezifiziert eigentlich zwei Arten von Diagnosesteckern, wobei der grüne „Typ-2-Stecker“ zwar für die Datenraten 250 Kbit/s oder 500 Kbit/s spezifiziert ist, der Gesetzgeber aber ausschließlich[120] 500 Kbit/s erlaubt.

7.3 Vehicle Communication Interfaces (VCIs)

7.3.1 Einleitung

Vereinfacht ausgedrückt, besteht die Aufgabe eines Vehicle Communication Interface (VCI) darin, den Tester mit einem Fahrzeug zu verbinden. In der Realität verbindet ein VCI den Tester mit dem Bussystem, über das Diagnosekommunikation mit den Steuergeräten möglich ist. Bild 7.8 zeigt die zahlreichen, unterschiedlichen Schnittstellen auf beiden Seiten.

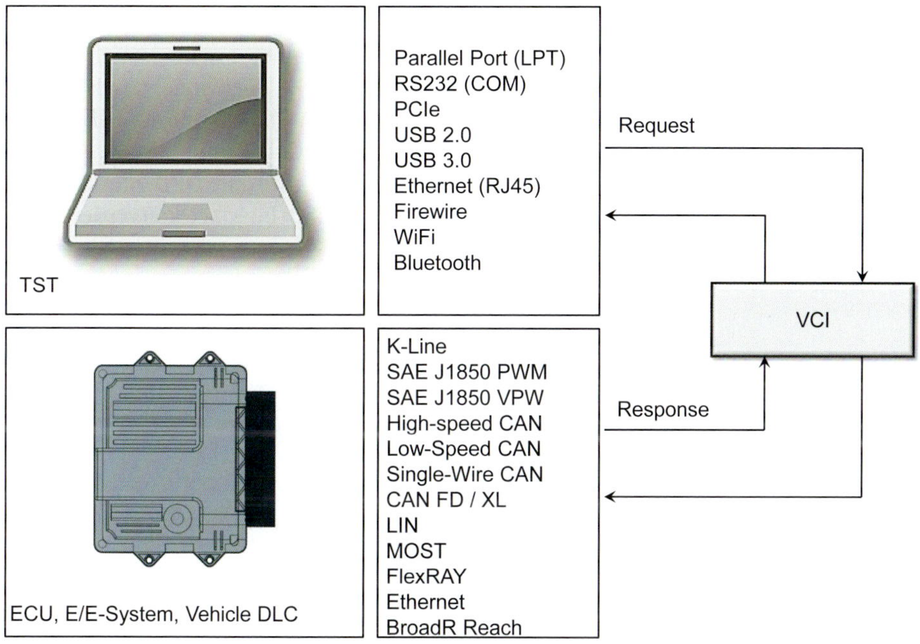

Bild 7.8 VCIs verbinden Diagnosetester mit einem Fahrzeug-Bussystem.

Wenn sowohl der Tester als auch das Steuergerät ausschließlich über Ethernet kommunizieren, könnte das VCI tatsächlich durch ein Kabel ersetzt werden (siehe Bild 7.9)[121].

Leider gibt es für Diagnose über Ethernet zwei verschiedene Pinbelegungen, so dass der Tester die tatsächlich vorhandene Pinbelegung mit Hilfe der Ethernet-Activation-Line durch eine Messung ermitteln muss. Da der RJ45-Stecker eines PCs keine Ethernet-Activation-Line

[120] 13 CCR 1971.1 (h)

[121] Solche OBD-RJ45-Adapter sind im Internet verfügbar.

besitzt, ist das abgebildete Kabel für die direkte Verbindung eines Testers nur für Fahrzeuge geeignet, die nach ISO 143400-4 Option 1 verdrahtet sind. Die Ethernet-Activation-Line wird dann auf VCC gelegt.

Da die RJ45-Stecker den rauen Umgebungsbedingungen im Automobilbereich nicht gerecht werden, wird anstelle des RJ45 im Fahrzeug auch für Ethernet der bewährte OBD-Stecker verwendet[122].

Bild 7.9 RJ45-zu-OBD ISO 13400-4 Adapter (TST-to-DLC-Verbindung ohne VCI)

Das in Bild 7.9 dargestellte Kabel wird VCIs nicht ersetzen, zumindest so lange nicht, wie CAN für OBD gesetzlich vorgeschrieben ist. Es besteht eine friedliche Koexistenz von High-Speed CAN und 100BASE-TX auf dem DLC, d. h. wir brauchen ein VCI, dass auf der Fahrzeugseite CAN *und* Ethernet und auf der PC-Seite USB oder Ethernet bzw. WiFi unterstützt. Auch beim Einsatz des OBD-Adapters der STAR COOPERATION (Bild 7.10) mit OBD-Stecker auf der Fahrzeugseite müssen die CAN-Signale mit einem CAN-to-USB-Interface konvertiert werden.

Bild 7.10 OBD2-Adapter mit RJ45 und Bananenbuchsen für CAN (© STAR-Cooperation®)

Es gibt Diagnosetester, die nur für spezielle Anwendungsfälle geeignet sind, z. B. OBD-Dongles und OBD-Scantools für die Kommunikation mit dem OBD-System oder Flashtools, die speziell auf die Programmierung von Steuergeräten ausgelegt sind und keine weiteren Diagnosefunktionen unterstützen als die Programmierung von Steuergeräten.

122 In älteren Tesla-Modellen ist ein RJ45 verbaut.

Das Haupteinsatzgebiet von Diagnosetestern ist der Service. Diagnosetester in der Werkstatt müssen eine Vielzahl verschiedener Anwendungen und eine Vielzahl verschiedener Fahrzeuge unterstützen. Das gilt ganz besonders für die so genannten Mehrmarken-Diagnosetester, die nicht speziell auf eine Fahrzeugmarke ausgelegt sind. Hinzu kommt, dass diese Tester von Servicepersonal bedient wird, das in der Regel keine Kenntnisse über Bussysteme oder Diagnoseprotokolle hat.

Obwohl ein großer Teil der Diagnosetechnologie standardisiert ist, hat jeder Fahrzeughersteller seine eigenen, proprietären Werkstatttester und VCIs. Komplexe Diagnosefunktionen, z. B. die geführte Fehlersuche oder das Kalibrieren von ADAS[123], lassen sich in der Regel nur mit diesen OEM-spezifischen Diagnosetestern ausführen. Damit befinden sich die so genannten „freien“ Werkstätten im Wettbewerbsnachteil, zumal sie sich nicht für jede Marke oder jeden Fahrzeugtyp einen OEM-Tester für mehrere tausend Euro in den Schrank stellen können.

In den USA hat der Gesetzgeber dieses Problem durch den Right-to-Repair Act gelöst, einem Gesetz, dass die Fahrzeughersteller verpflichtet, die freien Werkstätten bei Service und Reparatur der Fahrzeuge zu unterstützen. Auch in Europa gibt es vergleichbare Regelungen[124].

7.3.2 VCI-Hardware

Für die Diagnosekommunikation mit geringen Performanceanforderungen kann ein preiswerter und einfacher CAN-USB-Konverter ausreichend sein. Bild 7.11 zeigt Beispiele solcher CAN-Interfaces verschiedener Hersteller. Diese Interfaces können verwendet werden, wenn ausschließlich OBD oder UDS on CAN zum Einsatz kommt und keine besonderen Anforderungen an die Bandbreite gestellt werden.

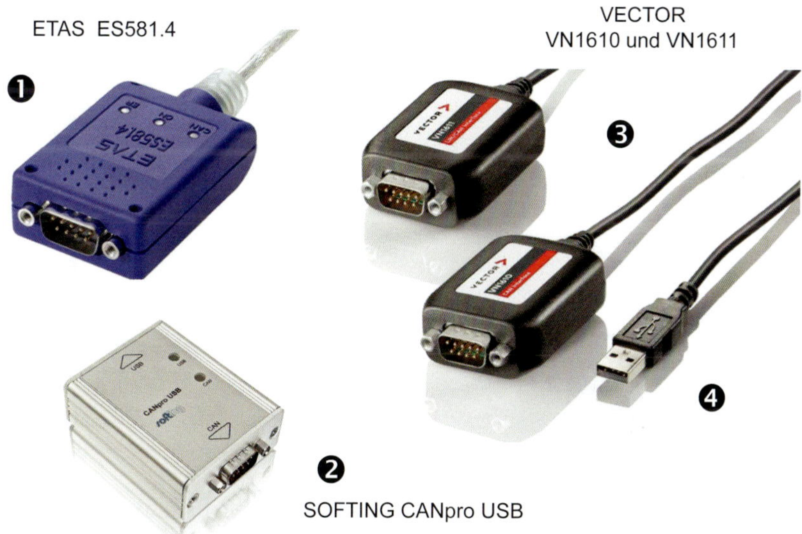

Bild 7.11 CAN-USB-Interfaces (Legende siehe Tabelle 7.2)

123 ADAS = Advanced Driver Assistance Systems (Fahrerassistenzsystem)

124 EG-Verordnungen 715/2007, 692/2008, 595/2009, 582/2011, 64/2012 und 2018/858

Tabelle 7.2 CAN-Interfaces (Bild 7.11)

		TST-VCI	VCI-DLC	Anbieter/Bildnachweis
❶	ES 581.4	USB	2x HSC	ETAS
❷	CANpro USB	USB	1x HSC	Softing
❸	VN 1610	USB	2x HSC	Vector Informatik
❹	VN 1611	USB	1x HSC, 1x LIN	Vector Informatik

Die Pinbelegung der 9-poligen SUB-D-Stecker entspricht in der Regel der CiA-Vorgabe (Bild 3.6), so dass die CAN-Interfaces auf beiden Seiten Hardware-kompatibel sind. Die Softwareschnittstelle zum Tester ist entweder eine proprietäre CAN-Layer 2-API oder eine API gem. SAE J2534 (siehe Abschnitt 7.3.3.3).

Natürlich müssen auch diese Interfaces die Timingvorgaben des Diagnoseprotokolls einhalten, um für die Diagnosekommunikation überhaupt geeignet zu sein. Andererseits erwartet aber auch niemand, mit diesen Interfaces in der Fahrzeugproduktion mehrere hundert Megabyte in kürzester Zeit auf mehrere Steuergeräte zu verteilen. Ganz besonders beim Programmieren von Steuergeräten zeigen sich deutliche Unterschiede in der Leistungsfähigkeit der auf dem Markt verfügbaren VCIs.

Bild 7.12 zeigt beispielhaft zwei CAN-USB-Interfaces des schwedischen Herstellers KVASER mit angespritzten DLCs auf der Fahrzeugseite. Das U100 (links) ist mit einem J1962 DLC ausgestattet, das LEAF LIGHT (rechts) mit einem SAE J1939-13 Typ 2-Stecker.

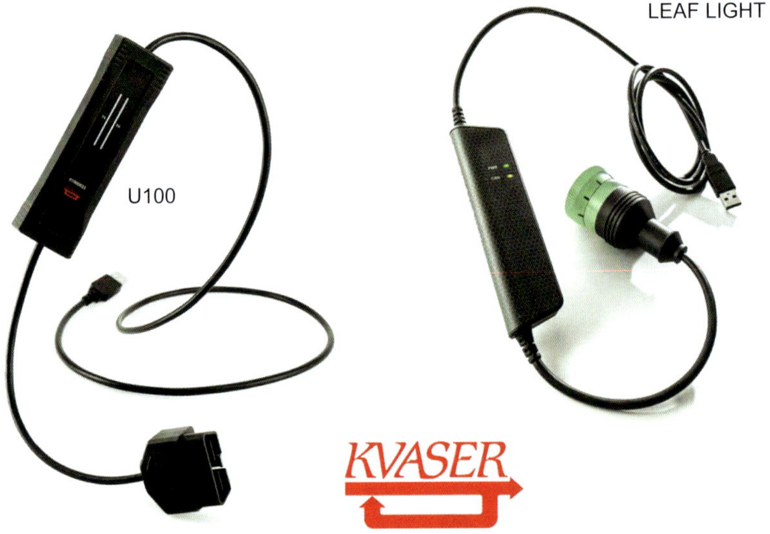

Bild 7.12 CAN-Interfaces des schwedischen Herstellers KVASER mit OBD bzw. SAE J1939-13 Stecker

Die Stromversorgung der Interfaces erfolgt über USB.

Tabelle 7.3 Vehicle Communication Interfaces (Bild 7.13)

	VCI	VCI-TST
❶	VAS 5054 u. EDICblue	Werkstatt-VCI Bluetooth
❷	VINING 600	Ethernet-WiFi-Konverter
❸	VINING 2000	WLAN, USB, Ethernet
❹	Mag Code Adapter	USB oder Ethernet

Bild 7.13 ❶ zeigt die baugleichen Werkstatt-VCIs VAS 5054 (Volkswagen) und EDICblue (Softing) mit integriertem DLC[125]. Die VCI-to-TST-Verbindung ist entweder Bluetooth oder USB. Bild 7.13 ❷ zeigt das VINING 600 von Softing. Dieses Modul konvertiert die 100BASE-TX Ethernet-Signale in WLAN, so dass Fahrzeuge, die mit einem ISO 13400-4 DLC ausgestattet sind, kabellos, z. B. mit einem Smart Device (Handy, Tablet), verbunden werden können.

Bild 7.13 VCIs mit integriertem ISO 13400-4 DLC

Bild 7.13 ❸ zeigt das High-Performance-VCI VINING 2000 von Softing. Es unterstützt K-Line, CAN, CAN FD und 100BASE-TX. Die TST-to-VCI-Verbindung ist WLAN. Optional dient ein mit einem MagCode Adapter (Bild 7.13 ❹) angeschlossenes USB- oder Ethernet-Kabel als TST-to-VCI-Verbindung.

Bild 7.14 zeigt weitere Beispiele für High-Performance VCIs.

Bild 7.15 zeigt beispielhaft zwei genannte *OBD-Dongles*. Sie verfügen über einen integrierten OBD DLC, werden über Bluetooth mit einem PC oder einem Smart Device verbunden und mit OBD-Software (OBD-Scantool) geliefert.

[125] Beide VCIs sind nicht mehr im regulären Handel. Sie wurden durch Nachfolger ersetzt.

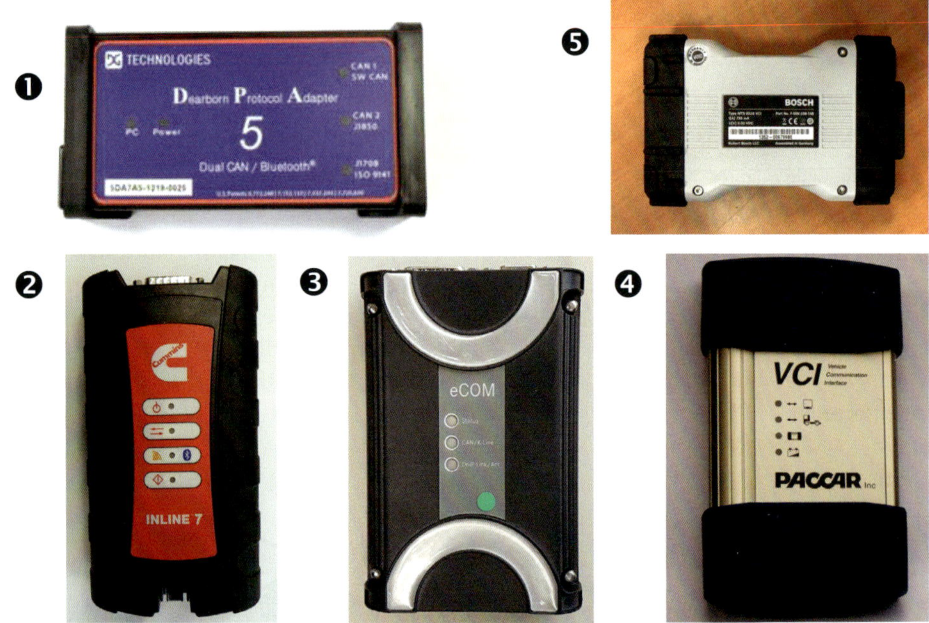

Bild 7.14 Beispiele für High-Performance VCIs (Legende siehe Tabelle 7.4)

Tabelle 7.4 Legende Bild 7.14

	Bild 7.14 Legende	TST-VCI	VCI-DLC	Anbieter
❶	Dearborn Protocol Adapter DPA 5	USB, Bluetooth	2x CAN, SWC, J1850, J1708, K-Line	DG-Tech
❷	INLINE 7	USB, Bluetooth, WiFi	CAN, J1708	Cummins
❸	eCOM	Ethernet	Ethernet, CAN	I+ME ACTIA
❹	DAF/PACCAR VCI	USB, WiFi	CAN, K-Line	Softing
❺	MTS 6516	USB, WiFi	3x HSC, 1x LSC, SWC, K-Line, J1850	Bosch

Bild 7.15 OBD-Dongles

Einige der (sehr billigen) OBD-Dongles werden mit einer CD geliefert, die ein OBD-Scantool, aber oft auch bösartige Software, wie Trojaner, enthält. Darüber hinaus wurde nachgewiesen, dass einige dieser Dongles das Verhalten des Fahrzeugs und damit die Sicherheit beeinträchtigen.

7.3.3 VCI-Programmierschnittstellen (API)

7.3.3.1 Überblick

VCIs sind mit einem Mikrocontroller und einer Firmware ausgestattet, die über eine Anwendungsprogrammierschnittstelle (API) verfügt. Die API enthält die Befehle und Prozeduren zur Initialisierung der Verbindung, Durchführung der Diagnosekommunikation in beide Richtungen und Beendigung der Verbindung.

Neben der stets proprietären CAN-L2-API für CAN-USB-Interfaces gibt es die standardisierten VCI-Programmierschnittstellen SAE J2534 (Pass-Thru), TMC RP1210 und ISO 22900-2 (D-PDU API). Durch den Einsatz solcher standardisierten Programmierschnittstellen können VCIs verschiedener Hersteller an Diagnosetester angeschlossen werden, die die gleiche standardisierte API unterstützen. Bild 7.16 veranschaulicht, dass eine standardisierte API die Konnektivität verschiedener Tester (Application 1, 2, 3, ...) und VCIs verschiedener Anbieter unterstützt.

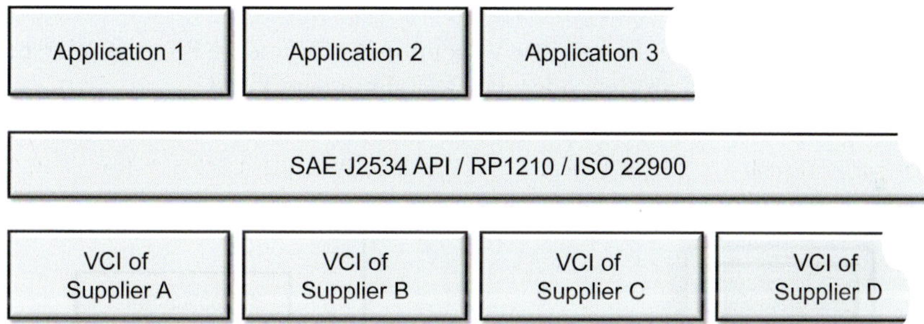

Bild 7.16 SAE J2534, RP1210 und ISO 22900-2 verbinden unterschiedliche Anwendungen mit unterschiedlichen VCIs.

Die Verordnung (EG) Nr. 715/2007 des Europäischen Parlaments und des Rates vom 20. Juni 2007 über die Typgenehmigung von Kraftfahrzeugen enthält Regelungen (üblicherweise als Euro 5 und Euro 6 bezeichnet) zu den Emissionen von leichten Personenkraftwagen und Nutzfahrzeugen und zum Zugang zu Reparatur- und Wartungsinformationen für Fahrzeuge. Sie wird durch die Verordnung (EG) Nr. 692/2008 der Kommission umgesetzt und geändert, die einen Anhang XIV mit dem Titel „Zugang zu OBD-Systemen und Reparatur- und Wartungsinformationen für Fahrzeuge“ enthält. Abschnitt 2.3 des Anhangs XIV lautet wie folgt: „Die Neuprogrammierung von Fahrzeugsteuergeräten ist gemäß SAE J2534 durchzuführen.“ Im Juni 2011 wurden die Verordnungen 715/2007 und 692/2008 durch die Verordnung (EU) Nr. 566/2011 der Kommission geändert. Seitdem heißt es in Abschnitt 2.3 des Anhangs XIV: „Die Umprogrammierung von Steuergeräten für Fahrzeuge, die nach dem 31. August 2010 hergestellt wurden, ist unabhängig vom Datum der Typgenehmigung entweder nach

ISO 22900 oder nach SAE J2534 vorzunehmen. Dabei lässt der Gesetzgeber offen, was mit „ISO 22900“ gemeint ist. Die ISO 22900 besteht im Wesentlichen aus der Spezifikation eines Diagnoselaufzeitsystems (MVCI-Server) (Abschnitt 7.4.5), das für seine Funktion ODX-Dateien benötigt, und einer API mit der Bezeichnung D-PDU API (Abschnitt 7.3.3.5).

Auch CCR 1968.2 schreibt SAE J2534 vor, während EPA Title 40 CFR 86 zusätzlich den Einsatz von RP1210 für schwere Nutzfahrzeuge und Motoren erlaubt.

In den USA sind VCIs mit SAE J2534 oder RP1210 API gesetzlich vorgeschrieben für die „pass-thru“-Programmierung von Steuergeräten, die Teil des OBD-Systems von Fahrzeugen sind, die nach dem Jahr 2004 gebaut wurden. In diesem Fall handelt es sich bei den in Bild 7.16 gezeigten Anwendungen um herstellerspezifische Flashtools, wobei die dazu benötigten VCIs im freien Markt erhältlich sind.

7.3.3.2 CAN-L2-API

L2 ist die Abkürzung für Layer 2 des OSI-Schichtenmodells. Die CAN-L2-API-Spezifikationen sind nicht standardisiert. Das hat zur Folge, dass Anwendungen auf der CAN-L2-API des VCI-Anbieters A nicht mit VCIs des Anbieters B laufen. Für Windows als Betriebssystem wird die CAN-L2-API als Dynamic Link Library (DLL) geliefert. Die Bibliotheken enthalten die Treiberroutinen zum Zugriff auf die VCI-Hardware. Anwendungen können mit der Programmiersprache C oder C++ erstellt werden.

Einige VCI-Anbieter liefern ihre VCIs mit APIs für andere Programmiersprachen wie Python, C#, LabView oder das .NET-Framework aus.

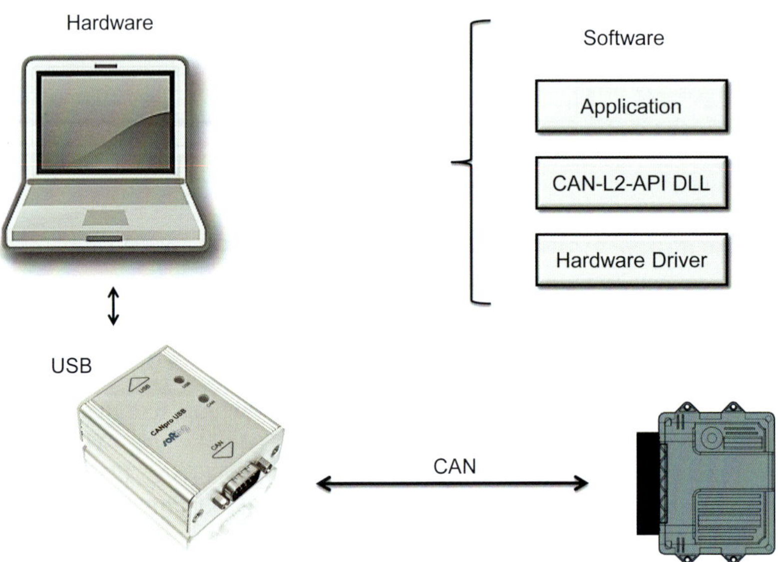

Bild 7.17 Komponenten eines Kommunikationssystems mit CAN unter Verwendung der CAN-L2-API

Bild 7.17 zeigt die Softwarekomponenten, die zur Verbindung des Testers mit einem Steuergerät verwendet werden.

Bild 7.18 zeigt den Screenshot eines einfachen CAN-Monitors, der in der Programmiersprache C erstellt wurde und die CAN-L2-API verwendet. In diesem Bild ist RCV die Abkürzung für Receive (Empfangen) und STD für Standard (CAN-Nachrichten mit 11 Bit-CAN-IDs). Die CAN-ID (Id) ist 0x86. Alle CAN-Datenfelder haben eine Länge von 8 Bytes (Dlc8).

```
RCV STD CAN1 Id     86 Dlc8 Data 0  0  0  0 f1 17 f5 13
RCV STD CAN1 Id     86 Dlc8 Data 0  0  0  0 f2 16 f6 12
RCV STD CAN1 Id     86 Dlc8 Data 0  0  0  0 f3 15 f7 11
RCV STD CAN1 Id     86 Dlc8 Data 0  0  0  0 f4 14 f8 10
RCV STD CAN1 Id     86 Dlc8 Data 0  0  0  0 f5 13 f9  f
RCV STD CAN1 Id     86 Dlc8 Data 0  0  0  0 f6 12 fa  e
RCV STD CAN1 Id     86 Dlc8 Data 0  0  0  0 f7 11 fb  d
RCV STD CAN1 Id     86 Dlc8 Data 0  0  0  0 f8 10 fc  c
RCV STD CAN1 Id     86 Dlc8 Data 0  0  0  0 f9  f fd  b
RCV STD CAN1 Id     86 Dlc8 Data 0  0  0  0 fa  e fe  a
RCV STD CAN1 Id     86 Dlc8 Data 0  0  0  0 fb  d ff  9
RCV STD CAN1 Id     86 Dlc8 Data 0  0  0  0 fc  c  0  8
RCV STD CAN1 Id     86 Dlc8 Data 0  0  0  0 fd  b  1  7
RCV STD CAN1 Id     86 Dlc8 Data 0  0  0  0 fe  a  2  6
```

Bild 7.18 Screenshot eines einfachen CAN-Monitors auf der CAN-L2-API

7.3.3.3 SAE J2534

SAE J2534-1

Der Fahrer eines Fahrzeugs ist verpflichtet, bei aktivierter MIL (Bild 1.23) die nächst gelegene Werkstatt aufzusuchen. Diese muss in der Lage sein, den Fehler zu lokalisieren und zu beheben. Die Hersteller von PKW für den US-amerikanischen Markt sind gesetzlich verpflichtet, markenunabhängigen Werkstätten die Programmierung abgasrelevanter Steuergeräte zu ermöglichen – unabhängig von Marke oder Typ. Um die gesetzlichen Anforderungen zu erfüllen, wurde 1999 die „SAE J2534 Pass-Thru Task Force“ gegründet. Ihr Auftrag lautete wie folgt: „Entwicklung einer Spezifikation zur Definition einer Schnittstelle zwischen einem PC-basierten Programmiertool und dem SAE J1962-Steckverbinder im Fahrzeug, der für die Programmierung elektronischer Steuergeräte (...[126]) verwendet werden kann.“ Das Ergebnis ist als „Recommended Practice for Pass-Thru Vehicle Programming“ unter SAE J2534 im SAE-Store verfügbar[127]. Es gibt keinen der SAE J2534 entsprechenden ISO-Standard.

SAE J2534 befasst sich *nicht* mit dem Ablauf (Flashjob) und auch nicht mit der Anwendung (GUI) zur Programmierung von Steuergeräten.

[126] Für alle Automobilhersteller, die Fahrzeuge in den Vereinigten Staaten verkaufen

[127] J2534-1_0500_202201 Recommended Practice for Pass-Thru Vehicle Programming

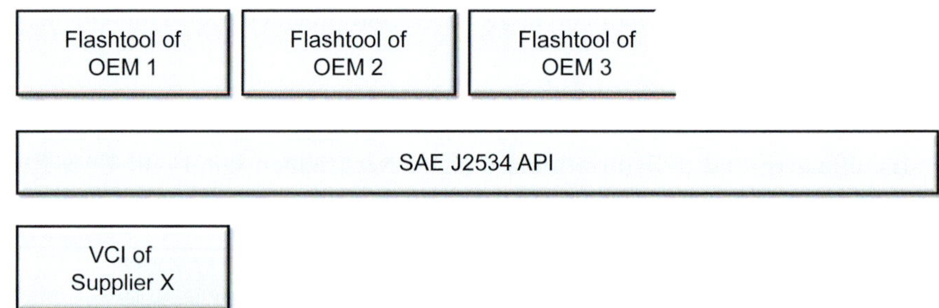

Bild 7.19 SAE J2534-1 API

Durch den Einsatz von SAE J2534-kompatiblen VCIs können freie Werkstätten in den USA alle Steuergeräte, die zum Abgassystem eines Fahrzeugs gehören, per Flash-Download neu programmieren. Die SAE J2534 API (Bild 7.19) ermöglicht den Einsatz eines einzigen („SAE J2534-kompatiblen") VCIs mit Flashtools verschiedener Fahrzeughersteller (OEM 1, 2, 3, ...). Dazu verbindet das Servicepersonal das J2534-VCI mit dem DLC des Fahrzeugs und startet eine OEM-spezifische Software auf dem Tester. Der Zugang zu dieser Software wird von den Fahrzeugherstellern gegen eine Gebühr für die einmalige Verwendung oder als Abo (Subscription) angeboten.

Beispiel: XENTRY Pass Thru EU ist Diagnose-Software für Euro-5-/6-Fahrzeuge der Marke Mercedes-Benz. Die Software ermöglicht Kurztest, Basisdiagnose, Flashen, Codieren, Fehlerspeicher lesen/löschen sowie geführte/funktionale Diagnose und kostet 180 Euro/Jahr. Der Zugang wird nur Kfz-Werkstätten, z. B. gegen Vorlage des Gewerbescheins, gewährt.

In der SAE J2534 wird die VCI-Hardware als *Pass-Thru-Device* und die Kombination aus Hardware und Firmware als *Pass-Thru-Interface* bezeichnet.

Wenn der Fahrzeughersteller die Programmierung von Steuergeräten in seinen eigenen Servicebetrieben anbietet, muss er den freien Werkstätten die dazu notwendige Software auch für J2534-VCIs auf seiner Website bereitstellen. Die Webseite der National Automotive Service Task Force[128] enthält Informationen darüber, wo man die notwendigen Informationen im Internet findet. Eine weitere Quelle wird von DG Technologies bereitgestellt[129].

Auch wenn der Gesetzgeber die Fahrzeughersteller verpflichtet, freie Werkstätten in die Lage zu versetzen, abgasrelevante Steuergeräte zu programmieren, bedeutet das nicht, dass die Fahrzeughersteller diesen Service kostenlos anbieten müssen.

Die Flashsoftware muss auf jedem handelsüblichen PC mit einem Microsoft-Windows-Betriebssystem und einer Internetverbindung lauffähig sein. Tabelle 7.5 enthält die Protokolle der physikalischen Schicht des OSI-Modells von J2534-1 und die maximalen Datenraten.

128 https://sdrm.nastsecurityregistry.org

129 https://www.dgtech.com/oem-service-websites

Tabelle 7.5 J2534-1-Protokolle

Protokoll	max. Datenrate	Kommentar
SAE J1850 VPW	41,6 Kbit/s	General Motors
SAE J2610	62,5 Kbit/s	DaimlerChrysler SCI
SAE J1850 PWM	83,3 Kbit/s	Ford Motor Company
ISO 9141/ISO 14230	115,2 Kbit/s	K-Line
ISO 11898 (CAN)	250 oder 500 Kbit/s	11- oder 29-Bit-CAN-IDs, ISO 15765-2 (ISO TP)

Für jede API-Funktion (Tabelle 7.6) liefert SAE J2534 eine Funktionsbeschreibung, die Definition von Parametern, einen C/C++-Prototyp und Rückgabewerte (entweder STATUS-NOERROR oder Fehlermeldungen).

Tabelle 7.6 J2534-1 API-Funktionen

API Function	Funktion
PassThruConnect	Herstellen einer Verbindung
PassThruDisconnect	Trennen einer Verbindung
PassThruReadMsgs	Nachricht lesen
PassThruWriteMsgs	Nachricht schreiben
PassThruStartPeriodicMsg	Beginne mit dem Senden einer periodischen Nachricht
PassThruStopPeriodicMsg	Stoppen einer periodischen Nachricht
PassThruStartMsgFilter	Aktiviere Nachrichtenfilter
PassThruStopMsgFiler	Deaktiviere Nachrichtenfilter
PassThruSetProgrammingVoltage	Einstellen der Programmierspannung
PassThruReadVersion	Lese die Version der DLL und der API
PassThruGetLastError	Lese die textuelle Beschreibung des letzten Fehlers
PassThruIoctl	I/O Funktionen

SAE J2534-2

Bis Ende 2020 bestand der optionale, zweite Teil der SAE J2534 aus einem einzelnen Dokument (SAE J2534-2_202012 (Tabelle 7.7)). Heute besteht die SAE J2534-2 aus 20 separaten Dokumenten (Tabelle 7.8) mit zusammen mehr als 400 Seiten zu einem Gesamtpreis von über 2000 Dollar im SAE-Store.

Der Dokumentensatz SAE J2534-2/X_0500 erweitert die SAE J2534-1_0500 API (Version 05.00) Spezifikation. Die erweiterten Funktionen müssen in Verbindung mit den Dokumenten SAE J2534-2/BA_0500 und SAE J2534-2/RE_0500 verwendet werden.

Tabelle 7.7 SAE J2534-2 Optional Pass-Thru Features

J2534-2_202012	Optional Pass-Thru Features (API Version 4.04)
J2534-5_0404_202201	Alternate Platforms For API Version 04.04
J2534-5_0500_202201	Alternate Platforms For API Version 5.00

Tabelle 7.8 SAE J2534-2/*_0500_202201

X	Pass-Thru Extended Feature
BA	Base Document
RE	Resource Document
1	Single Wire CAN
2	GM UART
3	UART Echo Byte
4	HONDA DIAGH
5	SAE J1939
6	SAE J1708
7	TP 2.0
8	Fault-Tolerant CAN
9	Ethernet NDIS
10	Analog Input
11	CAN with Flexible Data Rate
13	Ethernet
15	IPv6
16	IPv4
17	UDP
18	TCP Client

Es ist nicht erforderlich, dass eine SAE J2534-2/X_0500 Pass-Thru-Schnittstelle vollständig mit SAE J2534-2_0500 konform ist. SAE J2534-2/X_0500-Schnittstellen können einige oder alle der im SAE J2534-2/X_0500-Dokumentensatz spezifizierten Funktionen implementieren.

7.3.3.4 TMC RP1210

RP1210 ist eine vom Technology and Maintenance Council (TMC) der American Trucking Association (ATA) spezifizierte API für Anwendungen auf PCs mit Microsoft-Windows-Betriebssystemen. Die aktuelle Version RP1210 „C" wurde im Mai 2013 veröffentlicht und ist für Heavy-Duty-Anwendungen konzipiert. RP1210 wird daher nicht in der Pkw-Industrie verwendet.

In der RP1210-Spezifikation wird das VCI als VDA (Vehicle Datalink Adapter) bezeichnet. Aus Gründen der Konsistenz bleiben wir bei der Abkürzung VCI.

Wie SAE J2534 spezifiziert auch RP1210 eine API für die Diagnosekommunikation eines VCIs mit einem PC-basierten Diagnosetester. Im Vergleich zu den Anwendungen auf der SAE J2534 API sind die Anwendungen auf der RP1210 API nicht auf die Umprogrammierung beschränkt, sondern sollen auch die Flottenwartung und Fahrzeugdiagnose unterstützen.

Die RP1210 API wird als WINDOWS DLL bereitgestellt. Tabelle 7.9 enthält einen Auszug der Funktionen.

Tabelle 7.9 RP1201C-API-Funktionen (Auszug)

Funktion	Funktionalität
RP1210_ClientConnect	Herstellen einer (logischen) Verbindung zwischen der Client-Anwendung und der API-DLL
RP1210_ClientDisconnect	Beenden der (logischen) Verbindung
RP1210_ReadMessage	Nachricht lesen
RP1210_SendMessage	Nachricht senden
RP1210_SendCommand	Weiterleitung von Nachrichten durch die API

7.3.3.5 D-PDU API (ISO 22900-2)

Neben den US-amerikanischen API-Spezifikationen SAE J2534 für PKW und RP1210C für Nutzfahrzeuge gibt es die international standardisierte D-PDU API. Sie ist auf mehr als 400 Seiten in der ISO 22900-2 (2022): Road vehicles – Modular vehicle communication interface (MVCI) – Part 2: Diagnostic protocol data unit (D-PDU API) detailliert beschrieben.

In Bild 7.20 verwendet die Tester-Applikation ein generisches Laufzeitmodul (SDE = Smart Diagnostic Engine alias Diagnosebetriebssystem), das ODX-Daten und OTX-Sequenzen verarbeitet und für die Tester-Applikation eine eigene API mit der Bezeichnung SDA (Smart Diagnostic Engine API) (siehe Abschnitt 7.4.6) bietet. Wie bei SAE J2534 und RP1210 ist es möglich, eine Tester-Applikation direkt unter Verwendung der API-Funktionen ohne eine SDE zu erstellen, doch ist dies wenig sinnvoll. Bei Einsatz einer SDE können sich Diagnosesystem-EntwicklerInnen ganz und gar auf die Tester-Applikation konzentrieren.

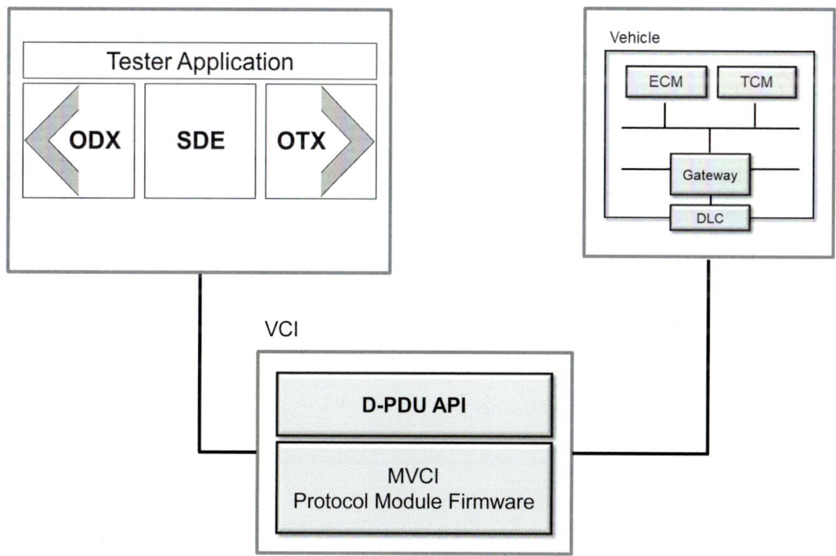

Bild 7.20 ISO 22900 MVCI-Protokollmodul und D-PDU-API

Die D-PDU API-Spezifikation ist nicht als Ersatz für SAE J2534 oder RP1210 gedacht.

ISO 22900-2 spezifiziert auch die Interaktion und Koexistenz der D-PDU API mit SAE J2534 und TMC RP 1210a.

ISO 22900 spezifiziert *Protokollmodule* mit einer API für Tester-Applikationen. Tabelle 7.10 enthält einen Auszug der MVCI-Protokollmodule[130].

Tabelle 7.10 MVCI-Protokollmodule (Beispiele)

OTX Short Name	Protokoll
ISO_14229_3_on_ISO_15765_2	ISO UDS on CAN
ISO_15031_5_on_ISO_15765_4	ISO OBD on CAN
ISO_15031_5_on_SAE_J1939_73	ISO OBD on Truck and Bus CAN
SAE_J1939_73_on_SAE_J1939_21	Truck and Bus CAN
SAE_J2610_on_SAE_J2610_SCI	Chrysler SCI
ISO_11898_RAW	ISO RAW CAN
ISO_14229_5_on_ISO_13400_2	ISO UDS on DoIP

Da die aktuelle Version der ISO 22900-2 aus dem Jahr 2022 noch keine Protokollmodule für OBDonUDS (SAE J1979-2) und ZEV-OBD (SAE J1979-3) enthält, können je nach OSI-Layer 2 die Protokolle ISO UDS on CAN oder ISO UDS on DoIP verwendet werden.

MVCI-konforme VCIs werden mit einer Protokollmodul-Beschreibungsdatei (MDF = Module Description File (Tabelle 7.11)) und einer Kabel-Beschreibungsdatei (CDF = Cable Description File) geliefert. Beides sind XML-Dateien.

Tabelle 7.11 Inhalt der Modulbeschreibungsdatei (MDF*.xml)

MDF-Element	Kommentar
PINTYPE	Art der Verbindung zum IVN, z. B. CAN_ H oder IEEE 802.3 TX+
MODULETYP	Typ der VCI-Hardware, z. B. CANpro USB oder J2534 VCI
RESOURCE	Bus- und Protokolltyp, von der Ressource verwendete J1962-Pin-Nummern, z. B. Pin 6 für CAN_H und Pin 14 für CAN_L
PROTOCOL	Diagnoseprotokoll (ODX-Shortname) (Tabelle 7.10)
BUSTYPE	Bustyp, z. B. CAN oder Ethernet
I/O_CTRL	E/A-Steuerung
COMPARAM	Kommunikations-Parameter
ERROR_CODE	Fehlercodes

130 Siehe ISO 22900-1 Table B3

Bild 7.21 und Bild 7.22 zeigen auszugsweise die Inhalte einer mit XML Notepad geöffneten MDF. In Bild 7.21 entsprechen die beiden PINTYPES mit der Kennung ID10 und ID11 den beiden Leitungen eines CAN: ID10 ist CAN_H und ID11 ist CAN_L.

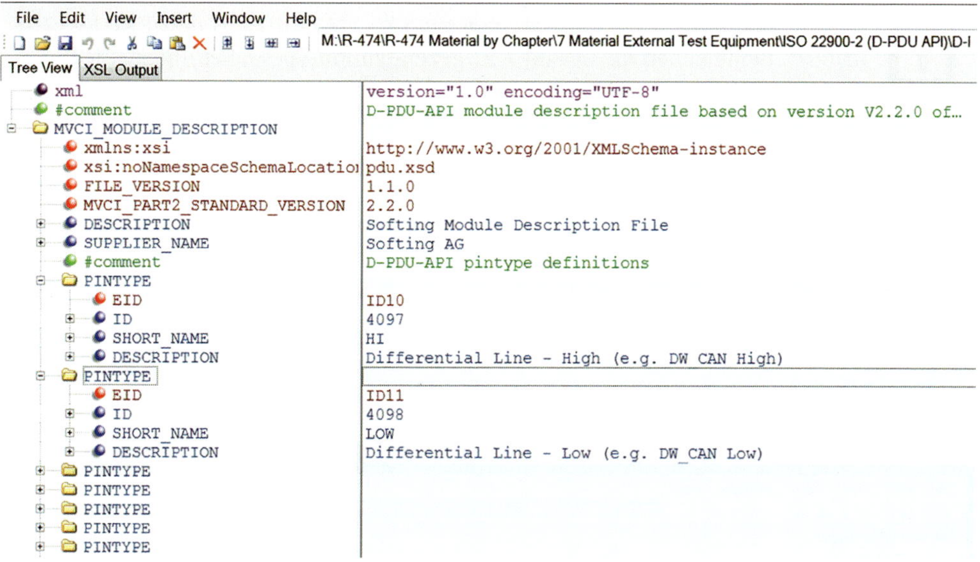

Bild 7.21 Auszug aus einer Modulbeschreibungsdatei MDF – Pintypes

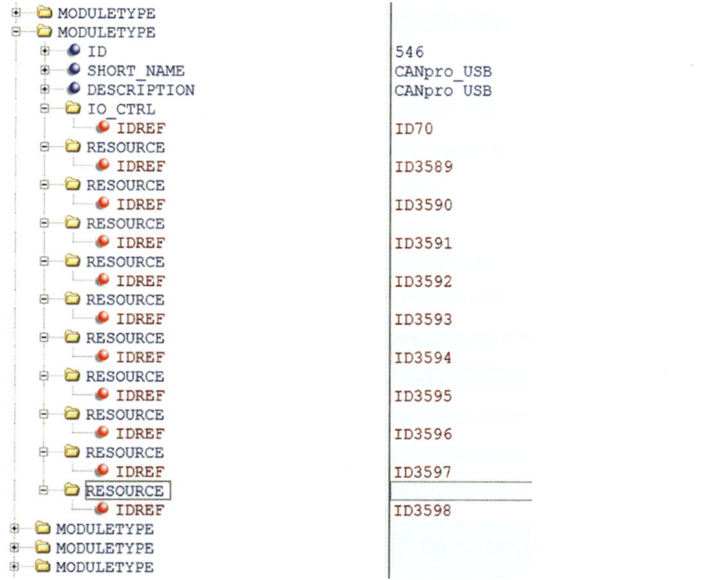

Bild 7.22 Auszug aus einer Modulbeschreibungsdatei – Ressourcen

Bild 7.22 zeigt den Inhalt des Elements MODULTYPE, hier ein CANpro USB (Bild 7.11 ❷) mit dem ID546. Die Zuordnung von Ressourcen erfolgt über Resource Identifier Referenzen (IDREF), hier ID3589 bis ID3598.

Es gibt auch Modultyp-Deklarationen für SAE J2534 (ID527) und TMC RP1210 (ID557). Beide haben die in Bild 7.21 gezeigten Pintypes, aber unterschiedliche Ressourcenzuweisungen.

Bild 7.23 zeigt beispielhaft den Inhalt der Ressource mit der ID3599, die dem Modultyp J2534 zugeordnet ist. Die Elemente der Ressource mit der EID = ID3599 sind die zwei Elemente PIN_ON_MODULE (6 und 14) mit den PINTYPE ID10 und ID11, dem BUSTYPE (ID50) und dem PROTOCOL (ID4260). Die PIN_ON_MODULE-Einträge spezifizieren die Pins 6 und 14 des SAE J1962-Steckers (Bild 7.6). Pin 6 ist CAN_H (= Pin-Typ ID10) und Pin 14 ist CAN_L (= Pin-Typ ID11) zugeordnet. Der Bustyp mit der ID50 hat die Kurzbezeichnung ISO_11898_2_DWCAN, das Protokoll mit der ID4260 die Kurzbezeichnung ISO_15765_3_on_ISO_15765_2.

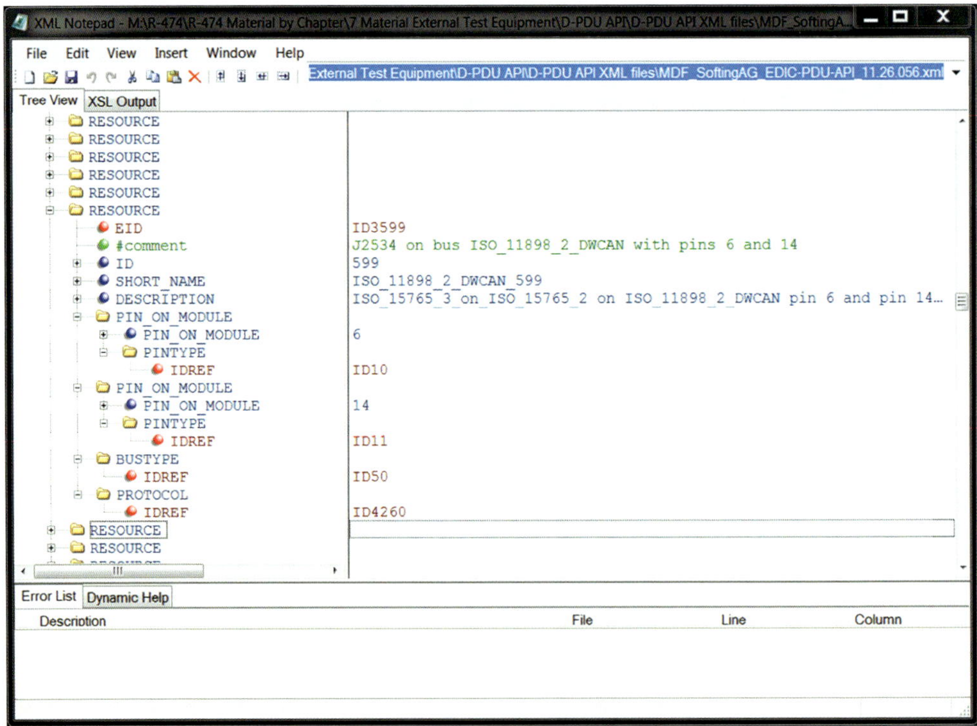

Bild 7.23 Inhalt der Ressource mit der EID = ID3589

Zusätzlich zum MDF wird jedes MVCI-konforme VCI mit einer Kabelbeschreibungsdatei (CDF = Cable Description File) geliefert. Ein CDF spezifiziert die VCI-to-DLC-Verbindung (Bild 7.3 ❹).

Für jede API-Funktion (Tabelle 7.12) beschreibt die ISO 22900-2 den Zweck (Purpose) und das Verhalten (Behavior), einen C/C++-Prototyp, die Parameter und die Rückgabewerte. Für jede Funktion und jeden E/A-Steuerbefehl (IO_CTRL) sind mindestens die beiden Rückgabewerte PDU_STATUS_NOERROR (Funktionsaufruf erfolgreich) und PDU_ERR_FCT_FAILED (Funktionsaufruf fehlgeschlagen) definiert.

Tabelle 7.12 D-PDU API-Funktionen

D-PDU API-Funktion	Funktion
PDUconstruct	Initialize the D-PDU API library
PDUdestruct	Close the communication links
PDUIoCtl	I/O Controls
PDUGetVersion	Read the specification release version.[131]
PDUGetstatus	Read runtime information of the protocol module or logical link
PDUGetLastError	Read the code of the last error of the protocol module or logical link
PDUGetResourceStatus	Read resource status information
PDUCreateComLogicalLink	Create a logical link
PDUDestroy ComLogicalLink	Close a logical link
PDUConnect	Connect the logical link (go online)
PDUDisconnect	Disconnect the logicl link (go offline)
PDULockResource PDUUnlockResource	Lock/Unlock access to the physical resource (z. B. CAN)
PDUGetComParam	Read communication parameters
PDUSetComParam	Set communication parameters
PDUStartComPrimitive	Create a communiaction primitive (diagnostic service request/rresponse) and initiate execution
PDUCancelComPrimitive	Cancel the currently running execution
PDUGetEventItem	Evaluate the item type and access the item-specific data
PDUDestroyItem	Destroy an item
PDURegisterEventCallback	Register or unregister an event callback
PDUGetObjectId	Read the item identifier for a specific item and type
PDUGetModuleIds	Read protocol module identifiers
PDUGetResourceIds	Read resource identifier
PDUGetConflictingResources	Get a list of conflicting resources
PDUGetUniqueResponseIdTable	Get unique response identifier table for logical link
PDUSetUniqueResponseIdTable	Set unique response identifier table for a logical link
PDUModuleConnec	Connect to protocol module
PDUModuleDisconnect	Close communication links
PDUGetTime Stamp	Obtain the current time

[131] Die Specification Release Version der ISO 22900-2 (2021) ist 2.2.1.

Tester-Applikationen auf der D-PDU API, SAE J2534 oder RP1210 sind unabhängig vom VCI. Der Hauptvorteil der D-PDU API ist die Unterstützung von Multi-Link (mehr als eine logische Verbindung alias logical link). Da die D-PDU API als gemeinsam genutzte Bibliothek für Linux verfügbar ist, kann sie als Firmware auf Hochleistungs-VCIs implementiert werden.

7.4 Diagnosetester (TST)

7.4.1 Hardware

Die Tester-Hardware besteht heute aus handelsüblichen Komponenten wie Desktop-PCs, Laptops, Notebooks und zunehmend auch aus Tablets und Smartphones.

PC-Desktop-Hardware besteht aus einer Hauptplatine mit einem Mikrocontroller und integrierten Peripheriegeräten, wie Festplattenlaufwerken, einem CD/DVD-Laufwerk, einem Bildschirm/Monitor, einer Tastatur und einer Maus. Sie wird über ein internes Netzteil mit Strom versorgt. Die Desktop-Hardware ist mit USB-, Ethernet- und WLAN-Schnittstellen ausgestattet. VCIs können innerhalb des Desktop-Gehäuses mit Hilfe von Erweiterungssteckplätzen wie PCI und PCIe installiert werden.

Laptops und Notebooks verfügen über einen integrierten Bildschirm und eine Tastatur. Sie werden über ein externes Netzteil mit Strom versorgt, verfügen aber über einen integrierten, wiederaufladbaren Akku. Externe Schnittstellen sind USB, Ethernet und WLAN. Sie können nicht durch interne Installationen erweitert werden.

Die Hardware der Smartphones und Tablets verfügt über einen integrierten Touchscreen, d. h. die Tastatur wird per Software realisiert (Touchpad). Sie wird mit Lithium-Ionen-Akkus betrieben, die mit externen Ladegeräten wieder aufgeladen werden muss. Sie verfügt über USB-C, WLAN und Bluetooth sowie über eine Funkschnittstelle (GSM, LTE oder 5G).

Darüber hinaus gibt es Handheld-Geräte mit Firmware auf hardwarespezifischen Betriebssystemen. Viele dieser billigen Geräte sind OBD-Scantools, die ausschließlich SAE J1979 unterstützen. In der Regel sind sie mit einem kleinen LC-Display ausgestattet und werden mit (wiederaufladbaren) Batterien betrieben. Im Gegensatz zu den vergleichsweise teuren Servicetestern (mehrere Tausend Euro pro Installation), die in OEM-spezifischen oder unabhängigen Service-Werkstätten verwendet werden, können preisgünstige OBD-Scantools von jedermann erworben werden. Bild 7.24 zeigt ein Beispiel.

Schließlich gibt es auf dem Markt auch Geräte, die mit einem integrierten SAE J1962-Anschluss ausgestattet sind. Die Tester-Applikation kommt als separate Software für PCs oder Smart Devices. Sie sind ebenfalls ausschließlich für die Kommunikation mit dem OBD-System des Fahrzeugs ausgelegt. Bild 7.15 zeigt zwei Beispiele.

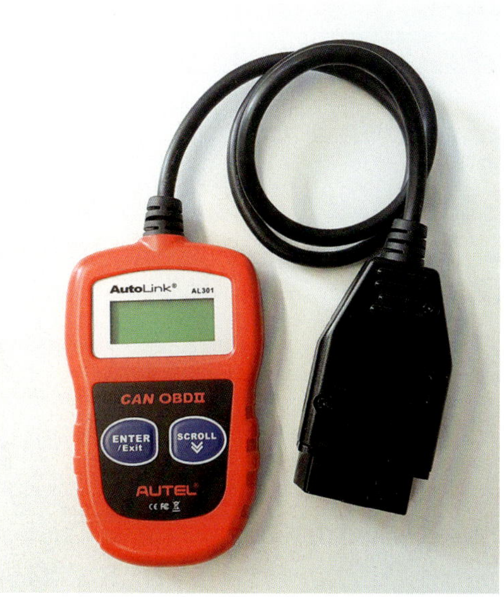

Bild 7.24 Beispiel für ein OBD-Scantool

7.4.2 Betriebssysteme

Ein Betriebssystem (OS = Operating System) ist eine Software oder Firmware, die zwischen der Anwendung und der Hardware angesiedelt ist. Der Kern eines Betriebssystems, der üblicherweise als *Kernel* bezeichnet wird, ist die Firmware, die die Hardware (CPU, Speicher, E/A-Geräte) steuert. Beispiele für E/A-Geräte sind Tastatur und Maus, Festplattenlaufwerke (HDD, SSD), Monitore (TFT), USB-Geräte und Netzwerkadapter (Ethernet, WLAN).

Das Betriebssystem verwaltet und steuert die Hardware und verbirgt deren Komplexität für den Anwendungsprogrammierer.

Ein sehr bekanntes Betriebssystem war MS-DOS (Microsoft Disk Operating System) des US-Herstellers Microsoft für PCs (Personal Computer). MS-DOS erforderte ein BIOS (Basic I/O System), das hauptsächlich für die Initialisierung der Hardware und zum Starten des Betriebssystems verwendet wurde. MS-DOS wurde durch das von INTEL 1989 veröffentlichte UEFI (Unified Extensible Firmware Interface) ersetzt. Heute sind Windows 10 und 11 die am weitesten verbreiteten Betriebssysteme auf UEFI für PC-basierte Tester. Tabelle 7.13 zeigt weitere Betriebssysteme.

Hinweis: Die Namen und Logos der in Tabelle 7.13 aufgeführten Betriebssysteme sind geschützte Marken der jeweiligen Anbieter.

Tabelle 7.13 Betriebssysteme

OS	Anbieter	Logo
WINDOWS	Microsoft	Windows 10
Mac OS X	Apple für Macbook	Mac OS
Linux™	Open Source	
Android	Open Handset Alliance (Google) für Handys und Tablets	
iOS	Apple für iPhone, und iPAD (Tablet PC)	iOS

Varianten der in Tabelle 7.13 gelisteten Betriebssysteme werden auch in Steuergeräten oder anderen Embedded Devices eingesetzt.

7.4.3 Diagnosetester-Schnittstellen (TST-to-VCI-Verbindungen)

Tabelle 7.14 listet die verfügbaren TST-to-VCI-Verbindungen und ihre Bruttodatenrate auf.

Tabelle 7.14 Vergleich der Bruttodatenraten von TST-VCI-Verbindungen

TST-VCI-Verbindung	Bruttodatenrate
Bluetooth 5	50 Mbit/s
Ethernet 100Base-TX	100 Mbit/s
USB 2.0	480 Mbit/s
WLAN IEEE 802.11ac (WiFi)	867 Mbit/s
USB 3.x	5 000 Mbit/s
Wi-Fi 6	10 000 Mbit/s

Bild 7.25 zeigt ein VCI mit einem USB-B- (❶), einem herstellerspezifischen (❷) und einem RJ45-Ethernet- (❸) -Steckverbinder.

Bild 7.25 VCI-Steckverbinder USB-B (❶) und RJ45 (❸)

7.4.3.1 USB

Die häufigste kabelgebundene Verbindung zwischen einem PC-basierten Tester und dem VCI ist USB (USB = Universal Serial Bus) in der Version 2.0. USB 2.0 unterstützt Bruttodatenraten von bis zu 480 Mbit/s, was in den meisten Anwendungen ausreichend ist, selbst wenn die VCI-to-DLC-Verbindung ein High-Speed CAN mit einer Bruttodatenrate von 500 Kbit/s ist. USB wird auch in Home-Office-Umgebungen für den Anschluss von PCs mit Tastatur und Maus, Drucker, Scanner, aber auch mit externen Festplatten und Speichersticks verwendet. Auf PCs mit Microsoft Windows als Betriebssystem kann USB als Plug-and-Play betrachtet werden, was bedeutet, dass das Betriebssystem den Anschluss eines USB-Geräts zur Laufzeit erkennt und die Gerätetreiber automatisch installiert. Bild 7.26 zeigt die TST-zu-VCI-Verbindung eines Testers mit einem VCI.

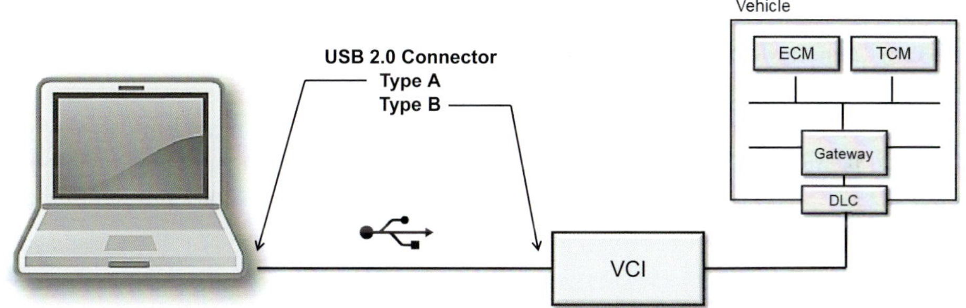

Bild 7.26 TST-to-VCI-Verbindung USB 2.0

Die Länge eines handelsüblichen USB-AB-Kabels beträgt bis zu 4,8 Meter.

Bild 7.27 zeigt die beiden USB-2.0-Stecker Typ A für die PC-Seite und Typ B für die VCI-Seite der TST-to-VCI-Verbindung.

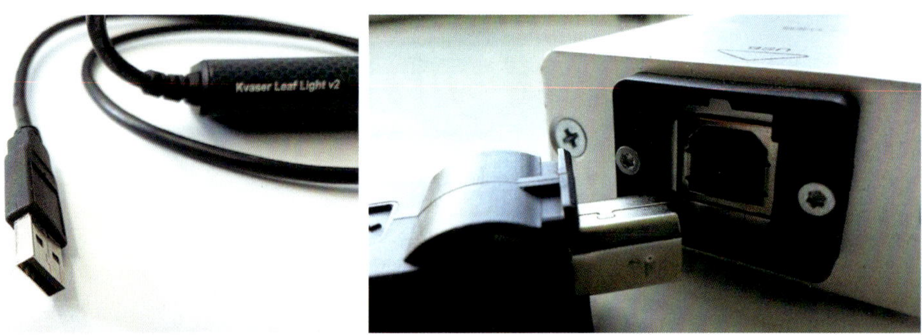

Bild 7.27 USB 2.0 Typ A (links) und Typ B (rechts)

7.4.3.2 Ethernet

Die wichtigsten Parameter von Ethernet sind bereits in Abschnitt 3.11 beschrieben.

Heute muss die Automobilindustrie das Problem lösen, dass die Programmierung der Steuergeräte in der Fahrzeug-Produktion zu viel Zeit in Anspruch nimmt. Um dieses Problem zu lösen, setzt die Pkw-Industrie mit der Einführung von Ethernet auf einen schnellen physikalischen Zugang zum E/E-System des Fahrzeugs und UDSonIP als Diagnoseprotokoll.

Straßenfahrzeuge sind mit einem OBD-Stecker nach SAE J1962 (ISO 15031-3) ausgestattet. Für die Programmierung von Steuergeräten und die erweiterte Diagnosekommunikation wird dieser OBD-Stecker um eine physikalische Schicht auf Basis eines 4-wire Ethernet (IEEE 802.3) erweitert und in der ISO 13400-4 als „Ethernet-based high-speed data link connector“ standardisiert. Es ist weiterhin ein VCI erforderlich, zumindest so lange OBD auf CAN gesetzlich vorgeschrieben ist[132].

Für die kabelgebundene TST-to-VCI-Verbindung wird ein CAT-x-Kabel mit RJ45-Stecker auf beiden Seiten verwendet (Bild 7.28). Eine direkte Verbindung mit einem Cat-Kabel, das auf der PC-Seite mit einem RJ45-Stecker und auf der Fahrzeugseite mit dem Ethernet-Diagnosestecker ausgestattet ist wird nur bei ZEV verwendet.

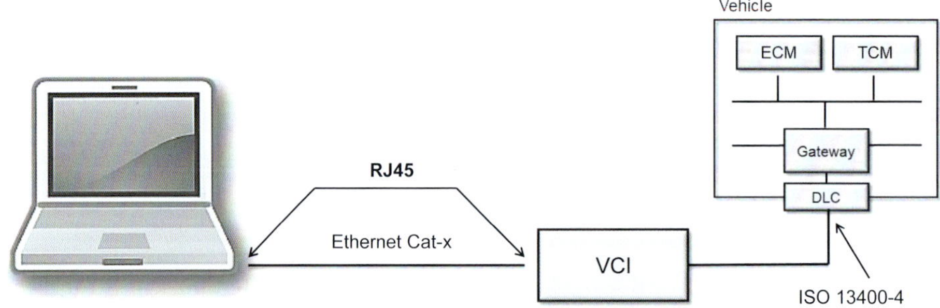

Bild 7.28 Ethernet Cat-x-Kabel mit RJ45-Steckern als TST-VCI-Verbindung

132 Das kann sich durch den Einsatz von SAE J1979-3 (ZEV on UDS), bei dem auch DoIP zugelassen ist, ändern.

7.4.3.3 Bluetooth®

Bluetooth (BT) ist eine drahtlose Verbindungstechnik. Sie wurde ursprünglich 1994 in Schweden entwickelt. Der Name wurde von Harald Blauzahn (Bluetooth) abgeleitet, einem berühmten König der Wikinger im 10. Jahrhundert. Das geschützte Logo ist eine Kombination aus den Runen für h und b (Bild 7.29).

Bild 7.29 Bluetooth-Logo

Heute wird BT von der Bluetooth Special Interest Group (SIG) gepflegt. Die Car Working Group der Bluetooth SIG entwickelte und veröffentlichte SAE J2561 (Bluetooth Wireless Protocol for Automotive Applications) für die Verbindung von BT-Geräten *im* Fahrzeug. SAE J2561 gilt nicht für die TST-to-VCI-Verbindung, wie sie in Bild 7.30 dargestellt ist.

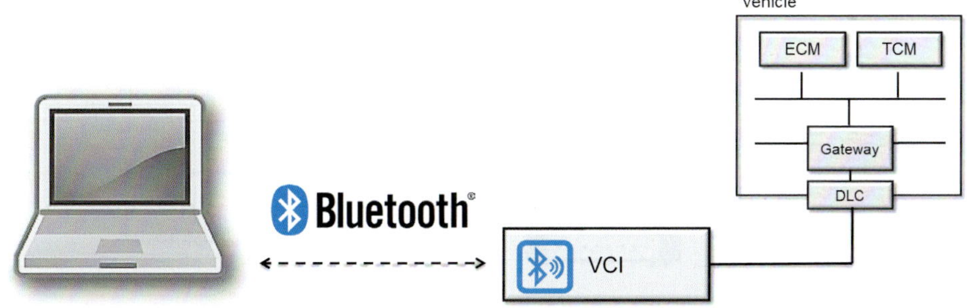

Bild 7.30 Bluetooth als TST-VCI-Verbindung

Die aktuelle Version (Bluetooth 5) ist für den Einsatz in IoT-Anwendungen vorgesehen. Die Bruttodatenraten liegen zwischen 1 Mbit/s und 2 Mbit/s. Wenn Fehlerkorrekturmechanismen verwendet werden, kann die Datenrate auf 125 Kbit/s sinken. Die erreichbare Entfernung ist abhängig von der Datenrate und liegt zwischen 10 m und 40 m.

7.4.3.4 Wireless LAN (WLAN) und Wi-Fi

WLAN ist in IEEE 802.11 (2012) spezifiziert und besteht aus 2793 (!) Seiten der „Wireless LAN Medium Access Control (MAC) and Physical Layer (PHY) Specifications“. Die Begriffe WLAN (Wireless LAN) und Wi-Fi (Wireless Fidelity) werden synonym verwendet, obwohl sie nicht dasselbe sind. WiFi ist der markenrechtlich geschützte Name der WiFi Association und der Marketingname für Produkte, die als konform mit IEEE 802.11 zertifiziert sind. In IEEE 802.11 wird der Begriff „Wi-Fi“ nicht ein einziges Mal erwähnt.

In der WLAN-Spezifikation wird zwischen einem Ad-hoc- und einem Infrastruktur-Modus unterschieden. Der Ad-hoc-Modus ist durch eine direkte Peer-to-Peer-Kommunikation zwischen zwei Geräten gekennzeichnet. Im Gegensatz dazu ist der Infrastrukturmodus durch den Einsatz eines drahtlosen Zugangspunkts (z. B. eines Routers) gekennzeichnet, wobei die Kommunikation zwischen zwei Geräten über den Router abgewickelt wird.

Bild 7.31 zeigt einen Aufbau mit WLAN als TST-VCI-Verbindung im Ad-hoc-Modus, Bild 7.32 im Infrastruktur-Modus mit einem WLAN-Router.

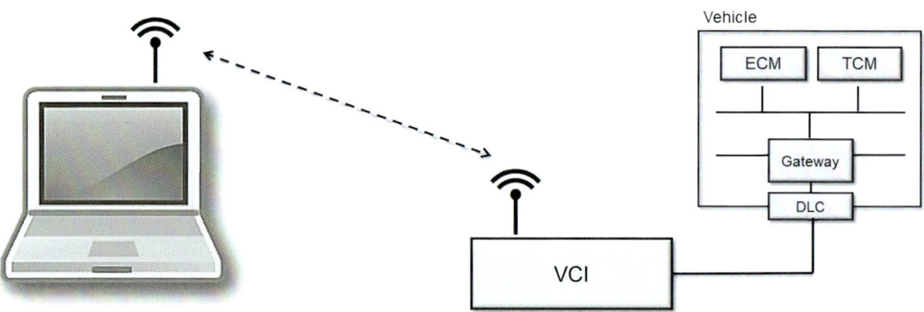

Bild 7.31 WLAN-Verbindung zwischen dem Testgerät und dem VCI (Ad-hoc-Modus)

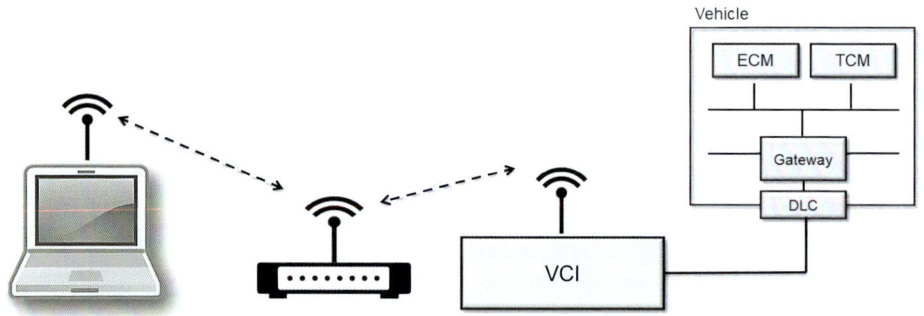

Bild 7.32 WLAN-Verbindung zwischen dem Tester und dem VCI (Infrastruktur-Modus)

Ein drahtloses Netzwerk wird durch den Service Set Identifier SSID identifiziert, der vom Netzwerkadministrator festgelegt wird. Der Router sendet in regelmäßigen Abständen *Beacon-Frames* mit Informationen über das Netzwerk aus. Das Beacon beginnt mit der MAC-Adresse und enthält die SSID und andere Netzwerkparameter wie den Netzwerktyp (Ad-hoc oder Infrastruktur) und Verschlüsselungsdetails. In Infrastruktur-Netzen ist die Wiederholungsrate der Beacons in der Regel auf 102,4 ms eingestellt.

Aus Sicherheitsgründen muss die Kommunikation in einem drahtlosen Netzwerk verschlüsselt werden.

7.4.4 Proprietäre Systeme

Bild 7.33 zeigt die Softwarekomponenten eines datengesteuerten Diagnosetesters. Der Editor dient der Bedatung, hier dem Erstellen von Dateien, die die Diagnosefunktionen des E/E-Systems beschreiben. Die Verarbeitung der Daten erfolgt durch das Diagnose-Laufzeitsystem (Diagnostic Runtime), wobei der Prozess durch die Diagnoseanwendung (Diagnostic Application) gesteuert wird. Die Verbindung zwischen der Firmware des Steuergeräts und dem Tester wird durch die VCI-Firmware hergestellt.

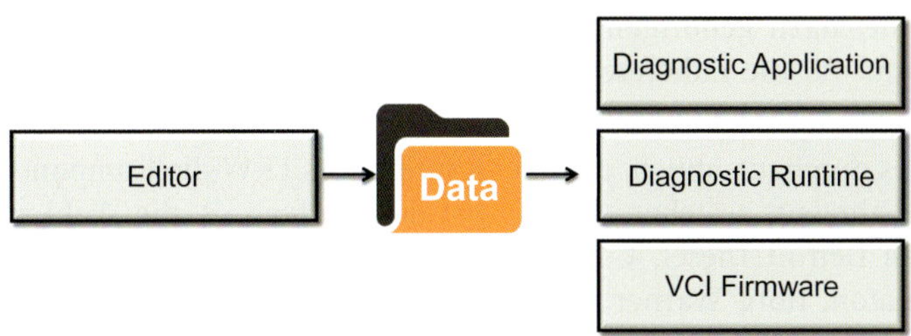

Bild 7.33 Softwarekomponenten eines datengesteuerten Diagnosetesters

Die Diagnosetester von BMW, Volkswagen und DAF Trucks basier(t)en auf einem Laufzeitsystem namens EDIABAS (Electronic Diagnostic Base System). EDIABAS arbeitet mit Anweisungen, die als Jobs bezeichnet werden. Ein Job ist ein in sich geschlossener Arbeitsauftrag und wird in der Regel entsprechend seiner Funktion benannt, z. B. FEHLERSPEICHER_LESEN oder MESSWERTEBLOCK_LESEN. Nach Ausführung der Anweisungen liefert der Job Ergebnisse, die von der Diagnoseanwendung verarbeitet werden. Jobs sind nicht Teil des Laufzeitsystems oder der Applikation, sondern Teil der Daten. Die EDIABAS-Datenbank besteht aus binär codierten Steuergerätebeschreibungsdateien (EDF). EDF-Dateien werden mit einer Programmiersprache erzeugt, deren Syntax der von C ähnelt.

Der Diagnosetester von Daimler (und damals DaimlerChrysler) basierte auf einem binären Datenformat namens CBF (CAESAR BINARY FILE) und einem Laufzeitsystem namens E-TESTER Base System.

Das von der Ford Motor Company (FMC) verwendete Multiplex Diagnostic Exchange Format (MDX) ist ein XML-basiertes Format für die Spezifikation von Diagnoseservices, -sitzungen und -routinen sowie von Parametern wie DIDs und DTCs. Es unterstützt die Harmonisierung von Diagnoseprozessen zwischen FMC-Abteilungen und Marken. Obwohl Ford Mitglied der ODX-Spezifikationsgruppe war, beschloss das Unternehmen, die Gruppe zu verlassen und sein eigenes Format zu entwickeln. Ein Hauptgrund für diese Entscheidung war die Komplexität des ODX-Datenmodells. ODX ist generisch und protokollunabhängig, während MDX ausschließlich für die Beschreibung von UDS auf CAN entwickelt wurde. Darüber hinaus spezifiziert MDX nur die Daten, nicht die Nachrichtenformate. Infolgedessen ist das MDX-Datenmodell weit weniger komplex als das ODX-Datenmodell. Ein weiterer Grund war die Notwendigkeit, spezielle Datengruppen (SDGs) zu generieren, die einen ODX-Erweiterungsmechanismus darstellen, um die spezifischen Anforderungen von FMC zu erfüllen. Schließlich schuf FMC ein Austauschformat namens GDX (GMRDB Diagnostic EXchange Format), wobei GMRDB die Abkürzung für Global Master Reference Database ist. Die ECU-Diagnosespezifikation (MDX) wird aus GDX-Dateien generiert[133].

Auch Fiat Chrysler Automobiles (FCA) verwendet ein eigenes Format und nennt es DDX.

Das oben sind nur ein paar ausgewählte Beispiele, die ein Problem verdeutlichen: Nahezu jeder OEM und Tier-1-Zulieferer hat seine eigenen (proprietären) nicht kompatiblen Datenformate entwickelt. Die Inkompatibilität OEM-spezifischer Datenformate wie EDF, CBF, MDX

[133] Referenz: Peter Geffers, Bill Waldeck, Jason Miller: Ford's Diagnostic Development Process, 6. Vector Congress, 28.11.2012

oder DDX und der dazu gehörigen Laufzeitsoftware verursacht unnötigen Aufwand und Kosten – nicht nur für die Zulieferer. Sie müssen für jeden OEM, den sie beliefern wollen, zum Freitesten ein OEM-Diagnosetool kaufen und pflegen.

In den USA ist es durchaus üblich, dass der Käufer eines LKW die Komponenten bestimmt, aus denen das Fahrzeug bestehen soll. So hat der Käufer z. B. die Wahl zwischen einem Dieselmotor von Detroit Diesel, Cummins oder Paccar und einem Getriebe von Allison Transmission, Eaton, Borg Warner oder ZF. Jeder dieser Hersteller liefert seinen eigenen Diagnosetester mit und zwingt die LKW-Werkstätten zur Anschaffung eines unwirtschaftlichen „Tool-Zoos". Noch unübersichtlicher wird es in den OEM-unabhängigen (multi-brand) LKW-Servicestationen, vor allem wenn sie eine Vielzahl unterschiedlicher OEMs unterstützen, z. B. Peterbilt, Kenworth, Mack Truck, Western Star und International.

7.4.5 ASAM MCD-System

Die Nachteile proprietärer Technologien führten 1998 zur Gründung der Arbeitsgemeinschaft für Standardisierung von Automatisierungs- und Messsystemen, kurz ASAM (Abschnitt 1.3.4) durch die deutsche Automobilindustrie. Seit mehr als 20 Jahren spezifiziert und standardisiert der ASAM e. V. Softwarekomponenten und Datenformate. Ein Ergebnis ist das in Bild 7.34 dargestellte ASAM-MCD-System. MCD ist die Abkürzung für Measurement, Calibration and Diagnostics.

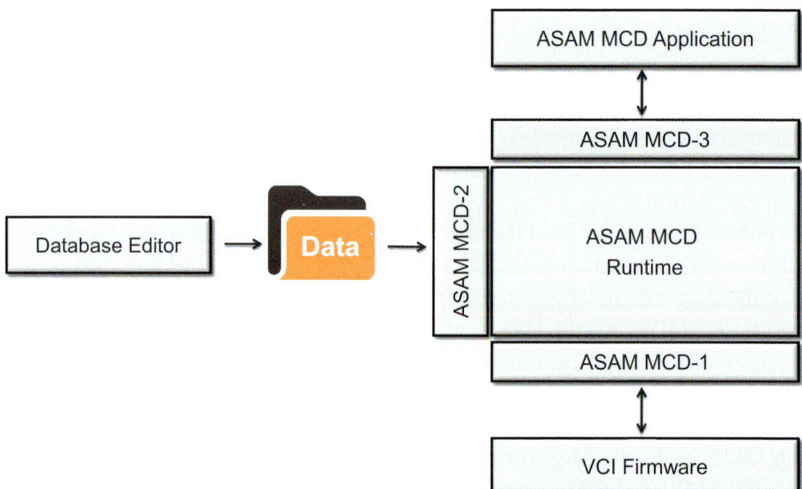

Bild 7.34 Architektur des ASAM MCD-Systems

Das MCD-System besteht aus dem ASAM-MCD-Laufzeitmodul mit den standardisierten Software-Schnittstellen (ASAM MCD-1, MCD-2 und MCD-3), der ASAM-MCD-Anwendung und einer Datenbank. Die Anwendung (ASAM MCD Application) ist nicht Teil der ASAM-Standards.

MCD-1 spezifiziert den Anschluss eines Steuergeräts an den Tester über ein standardisiertes Kommunikationsprotokoll wie CCP (CAN Calibration Protocol) bzw. XCP (Extended Calibration Protocol oder Universal Measurement and Calibration Protocol). MCD-2 besteht aus der Spezifikation der Datenformate ODX (Open Diagnostic Data Exchange), FIBEX (Field Bus Exchange Format) und A2L. MCD-3 definiert die Schnittstelle zwischen der Anwendung und dem MCD-Laufzeitmodul in Form einer objektorientierten API. Die Standardisierung der Softwareschnittstellen und des Datenaustauschformats ermöglicht die Integration von Modulen als Standardprodukte verschiedener (konkurrierender) Anbieter zu einem kompletten ASAM-MCD-System.

Heute sind die Komponenten des ASAM-MCD-Systems, die für die Diagnosekommunikation erforderlich sind, international als ISO 22900 (MVCI) und ISO 22901 (ODX) standardisiert. Tabelle 7.15 zeigt den Inhalt der ISO 22900. Der MVCI D-Server verfügt über die standardisierte D-Server-API (ISO 22900-3) für die Diagnoseanwendung und die D-PDU-API (ISO 22900-2) zur Anbindung der VCI-Firmware.

Tabelle 7.15 ISO 22900

ISO 22900	Road Vehicles – Modular vehicle communication interface (MVCI)
Teil 1 (2008)	Hardware design requirements
Teil 2 (2022)	Diagnostic protocol data unit (D-PDU API)
Teil 3 (2012)	Diagnostic server application programming interface (D-Server API)

Vereinfacht ausgedrückt, wurde die ASAM-MCD-Laufzeitumgebung zum D-Server, das Datenformat ASAM-MCD-2D zu ODX und ASAM-MCD-3D zur D-Server-API. Darüber hinaus hat die ISO (WG 1/TC 22/SC 3) die D-PDU-API als Ersatz für MCD-1 standardisiert.

Für die MC-Teile des ASAM MCD-Laufzeitsystems gibt es keine ISO-Standards, auch nicht für MCD-1, das Fieldbus Exchange Format (FIBEX) und das Datenformat A2L, die Teil von ASAM MCD-2D sind.

Bild 7.35 zeigt den Aufbau eines erweiterten Diagnosetesters. Die wichtigsten Teile sind der MVCI-D-Server, der ODX-Laufzeitdaten verarbeitet, und das OTX-Runtime-Modul, das als Interpreter von OTX-Sequenzen dient.

Wie in Bild 7.35 dargestellt, verarbeitet der MVCI D-Server nicht direkt die XML-basierten ODX-Daten, sondern ein binäres Laufzeitformat namens SRD.

SRD ist ein proprietäres, leistungsoptimiertes, komprimiertes Laufzeitformat von Softing[134]. Es wird als externe Datei aus den ODX-Daten generiert und verschlüsselt.

[134] https://automotive.softing.com

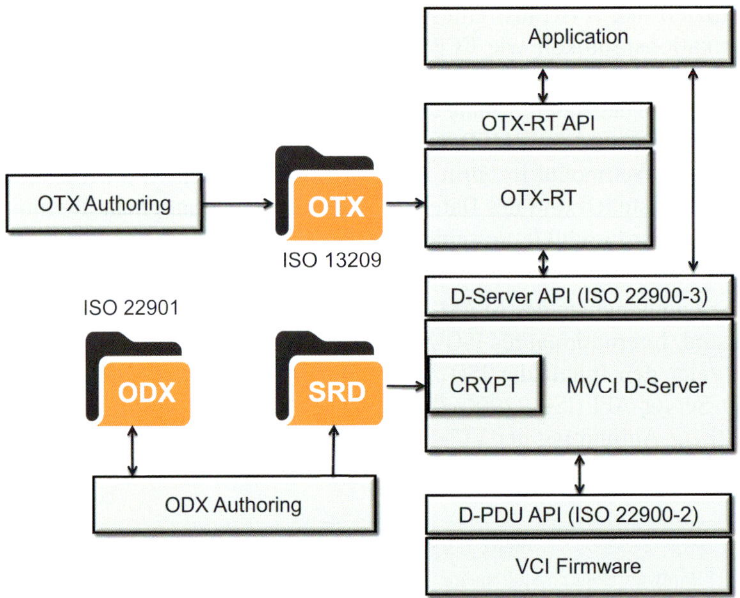

Bild 7.35 International genormte Komponenten eines Diagnosetesters

Ein anderes Verfahren zur Verarbeitung von ODX-Daten ist die Umwandlung in das binäre Laufzeitformat durch den D-Server *zur Laufzeit*. Die Daten werden im RAM oder auf der Festplatte des Testers gespeichert. Die Leistungsverbesserung durch die Up-Front-Konvertierung ist nicht signifikant, aber die Größe der binären SRD-Datei ist viel kleiner als die Größe der ursprünglichen ODX-Datei. Zum Beispiel ergibt die Konvertierung einer 500 MByte großen ODX-Datei eine 4,2 MByte große SRD-Datei. Darüber hinaus kann SRD verschlüsselt werden, wobei die Entschlüsselung zur Laufzeit durch eine CRYPT-Modulerweiterung des D-Servers erfolgt.

7.4.6 MVCI D-Server

Der D-Server ist eine Softwarekomponente, die für die Verarbeitung von Daten im ODX-Laufzeitformat konzipiert ist und im Wesentlichen aus vier Prozessoren besteht (Bild 7.36). Tabelle 7.16 erläutert die Funktionen der D-Server-Prozessoren.

In Bild 7.36 fordert die Testerapplikation den physikalischen Wert der Steuergeräteidentifikation an (Read ECU Identification). Zu diesem Zweck wandelt der D-Server die Dienst-Anforderung in einen Bytestrom um, der als Diagnoseprotokoll-Dateneinheit (D-PDU) bezeichnet wird. In diesem Beispiel enthält die D-PDU den UDS-Service-Request 0x22 = Read Data By Identifier mit dem Data Identifier 0xF192 = System Supplier ECU Hardware Number Data Identifier und wird vom MVCI-Protokollmodul an das Steuergerät gesendet. Das Steuergerät antwortet mit dem SID = Request SID + 0x40 = 0x62, spiegelt den Data Identifier und sendet als Ergebnis 0x41,42,43. Die Hex-Werte 0x41,42,43 stehen für die ASCII-Zeichen A, B und C, die vom D-Server aus den in der ODX-Datei gespeicherten Informationen übersetzt werden.

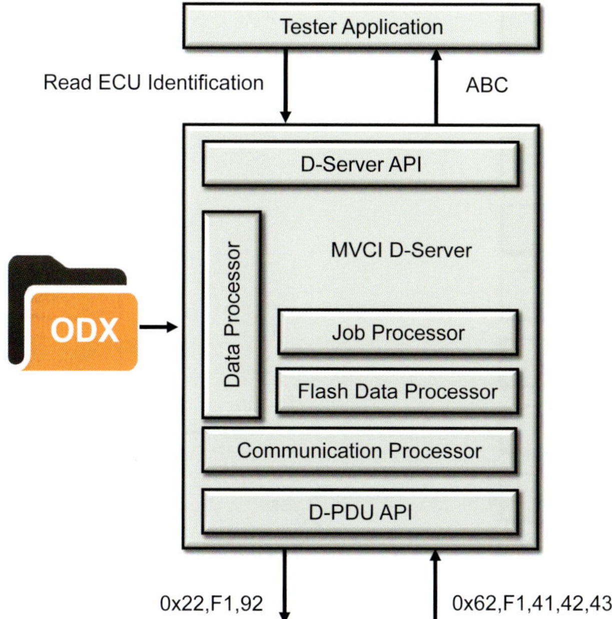

Bild 7.36 Prozessoren des D-Servers

Tabelle 7.16 Funktionen der D-Server-Prozessoren

D-Server-Prozessor	Funktion
Job Processor	Ausführung von Sequenzen und Routinen (z. B. Java-Jobs), die komplexe Diagnoseabläufe wie Flash-Jobs beschreiben
Flash Data Processor	Unterstützung der Flashprogrammierung von Steuergeräten
Communication Processor	Schnittstelle zum Steuergerät. Der Communication Processor wird durch Kommunikationsparameter in der ODX-Datenbasis parametriert.
Data Processor	Schnittstelle zur Datenbank, wandelt u. a. Diagnosedaten von Hexadezimal in Text oder physikalische Darstellung um und umgekehrt

7.4.7 D-Server und D-Server API (ISO 22900-3)

Die D-Server API (ISO 22900-3) ist eine objektorientierte Schnittstelle zur Programmierung von Anwendungen. Der Anwendungsprogrammierer kann Testeranwendungen unter Verwendung der Programmiersprachen C++, Java oder COM-IDL für Remote Procedure Calls erstellen. Das C++-API-Paket besteht aus Header-Dateien und der Object File Library cppApi.lib als Input Link Library. Für die Verarbeitung von Java-Bytecode benötigt der D-Server Zugriff auf eine Java Virtual Machine (JVM).

Bild 7.37 zeigt einen Auszug aus einer Sequenz für die Ausführung eines Diagnosedienstes unter Verwendung der D-Server API.

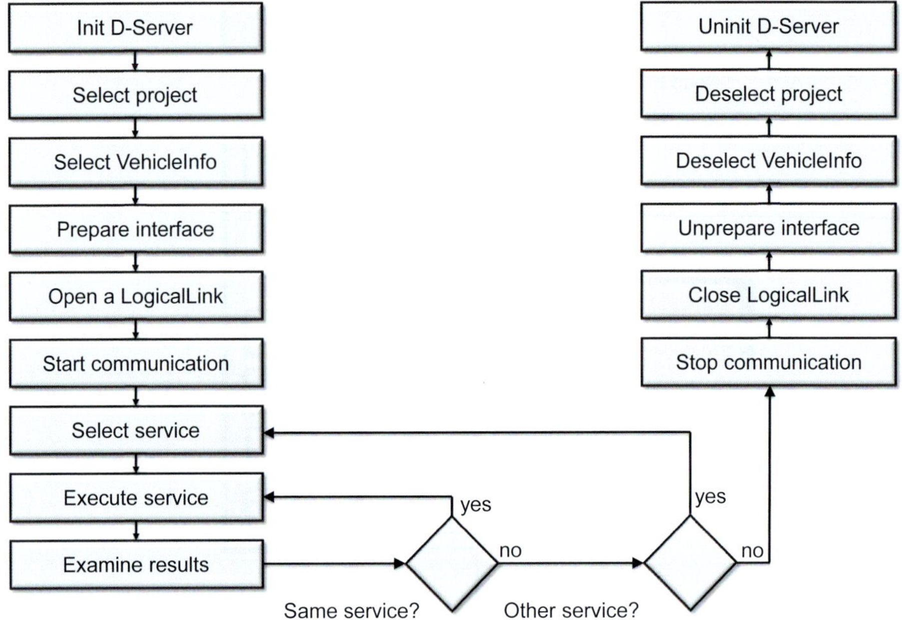

Bild 7.37 Ausschnitt aus einer Sequenz unter Verwendung der D-Server API

7.4.8 OTX-Runtime (OTX-RT) und OTX-RT API

Wie bereits in Abschnitt 6.6 beschrieben, dient das OTX-Runtimemodul (OTX-RT) als Interpreter für Sequenzen im OTX-Format. OTX-RT nutzt die Funktionen der D-Server API und verfügt über eine OTX-RT API.

Die OTX-RT API ermöglicht den Zugriff auf alle externen Ressourcen des OTX-RT, wie D-Server, HMI-Schnittstelle, generische Ein- und Ausgabe, Sprachübersetzungen, Dateisystem und externe Bibliotheken. Tabelle 7.17 gibt einen Überblick über die Funktionen der OTX-RT API.

ODX-Dateien sind binär codiert und werden vom D-Server verarbeitet. Wenn die Binärdatei verschlüsselt ist, kann sie zur Laufzeit durch das CRYPT-Modul (Bild 7.35) entschlüsselt werden. Der Prozess der binären Codierung, Ver- und Entschlüsselung ist auch für OTX-Skripte anwendbar, aber das OTX-RT verfügt nicht über ein CRYPT-Modul. Für OTX gibt es eine andere Sicherheitsmaßnahme zum Schutz des geistigen Eigentums und zur Verhinderung von Missbrauch: OTX-Skripte werden mit einem vom Benutzer erstellten Zertifikat signiert. Ein SIGCHECK-Modul, das eine Erweiterung des OTX-RT ist, prüft die Integrität der Signatur und des Inhalts und stoppt die Ausführung, wenn der Inhalt des Skripts nicht mit der Signatur übereinstimmt.

Tabelle 7.17 OTX-RT API-Funktionen (Übersicht)

General
Initialize/shut down the runtime
Get DLL version
Get project, script, and procedure specifications
Parse a script and enumerate screen variables/procedure parameters
Logging
Get information on last error
Create and free runtime instances
Check
Parse and check a script without execution
Execution
Set the main window handle
Set the MCDsystem object
Set a MCDLogicalLink to be used for GetComChannel
Set a callback for symbolic diag communication
Set default locale and dictionary
Set the file for context variables
Set in/out parameters of main before executing a script
Execute a script/abort execution
Retrieve the execution state of an OTX sequence
Debugging
Start an OTX sequernce in debug mode
Set/remove and enumerate breakpoints
Get variables, active lanes, callstack

7.4.9 Smart Diagnostic Engine (SDE) und SDE API (SDA)

Bild 7.38 zeigt die verschiedenen Anwendungs-Programmierschnittstellen für Diagnosetester. Da der MVCI D-Server und das OTX-RT über eine eigene API verfügen, muss eine Diagnosetester-Anwendung, die sowohl mit ODX als auch mit OTX arbeitet, beide APIs unterstützen.

Bild 7.39 zeigt die Zusammenfassung des D-Servers und des OTX-RT zu einem Laufzeitmodul namens Smart Diagnostic Engine (SDE)[135]. Die SDE verfügt über eine eigene API mit Befehlen, wie z. B.:

- ECU Programming
- ECU Variant Coding
- Vehicle Quicktest

[135] SDE ist ein Produkt von Softing Automotive.

- ECU Identification
- DTC Operations
- Diagnostic Measurement
- Actuator Test
- Diagnostic Services

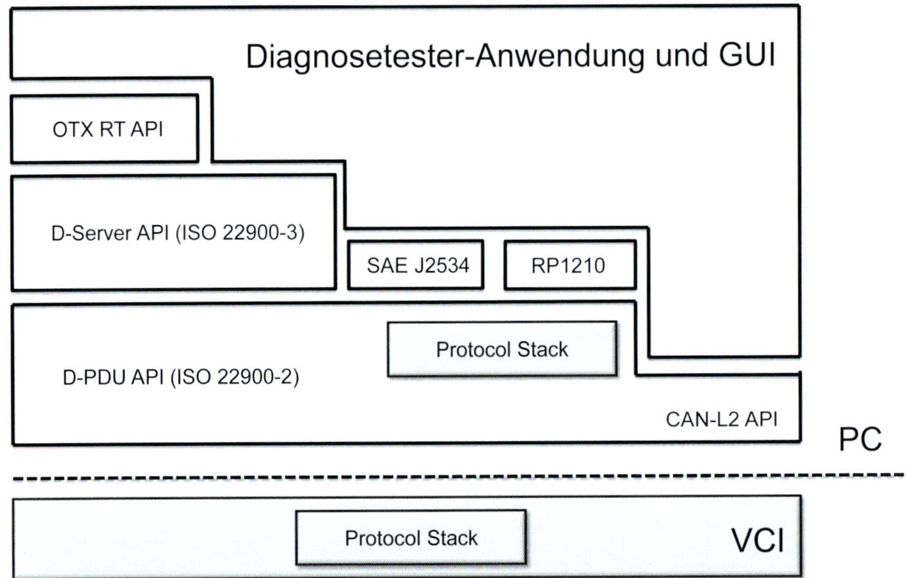

Bild 7.38 Zusammenfassung der Anwendungsprogrammierschnittstellen für Diagnosetester

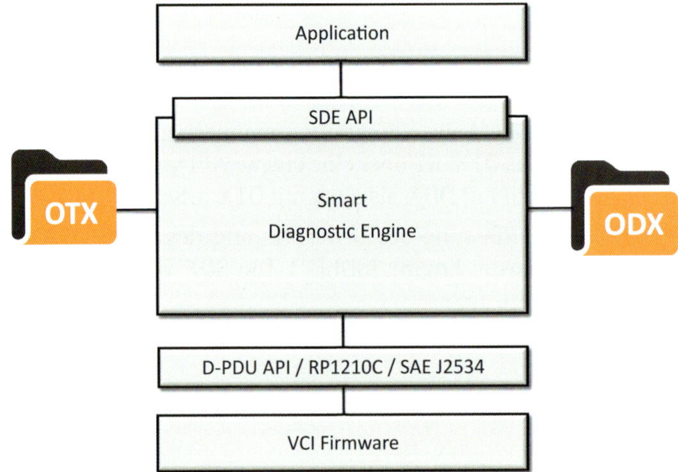

Bild 7.39 Smart Diagnostic Engine (SDE)

7.5 Übungsfragen

7-1	Wofür steht die Abkürzung VCI-to-DLC-Verbindung?
7-2	Benennen Sie die beiden drahtlosen TST-to-VCI-Verbindungen.
7-3	Nennen Sie die vier Protokolle, für die es auf dem SAE J1962 und ISO 13400-3 DLC eine standardisierte Pinbelegung gibt.
7-4	Wie viele Pins des ISO 13400-3 DLC werden für UDS on IP verwendet?
7-5	Wie lautet die Nummer der SAE Recommended Practice, die die Spezifikation des HD-OBD-Steckers enthält?
7-6	Nennen Sie neben der proprietären CAN-L2-API die drei standardisierten VCI-Firmware-APIs.
7-7	Wie lautet die übliche Bezeichnung für ein VCI mit SAE J2534 API?
7-8	Was ist die Hauptfunktion eines J2534-konformen VCI?
7-9	Wie lautet die nach ISO 22900 genormte Bezeichnung der Firmware, die mit einer D-PDU-API geliefert wird?
7-10	Wofür steht die Abkürzung MVCI?
7-11	Was ist der Inhalt des MVCI-Protokollmoduls ISO_14229_3_on_ISO_15765_2?
7-12	Vervollständigen Sie den Satz: Das PC-BIOS wurde ersetzt durch ...
7-13	Nennen Sie die fünf wichtigsten Betriebssysteme für Diagnosetester.
7-14	Wofür steht die Abkürzung USB?
7-15	Welcher IEEE-Standard enthält die Spezifikation von WLAN?
7-16	Was sind die beiden verschiedenen WLAN-Modi?
7-17	Wie heißen die Frames, die regelmäßig von einem WLAN Access Point gesendet werden?
7-18	Wie lautet der nach ISO 22900 genormte Name der Software, die das Laufzeitäquivalent von ODX verarbeitet?
7-19	Wie lautet der Name der API zwischen der Diagnosetester-Anwendung und dem D-Server?
7-20	Wie heißen die vier Prozessoren eines MVCI D-Servers?
7-21	Wofür steht die Abkürzung SDA?

8 Anwendungen

8.1 Diagnose im Service

Diagnosekommunikation wird in allen Bereichen der Wertschöpfungskette eingesetzt. Im Laufe der Jahre haben die Fahrzeughersteller und manche Zulieferer ihre eigenen, proprietären Servicetester-Technologien entwickelt. Hinzu kommen sogenannte Mehrmarkentester[136], die eine große Zahl verschiedener Fahrzeugtypen abdecken und die wesentlichen Diagnosefunktionen bereithalten. Heute sind die Komponenten eines Diagnosetesters weitgehend international standardisiert (ISO 22900) und datengetrieben (ODX, OTX), unterscheiden sich aber im Inhalt der Daten. Bild 8.1 verdeutlicht, dass die Technologie eines Servicetesters prinzipiell unabhängig ist vom DUT (Device Under Test).

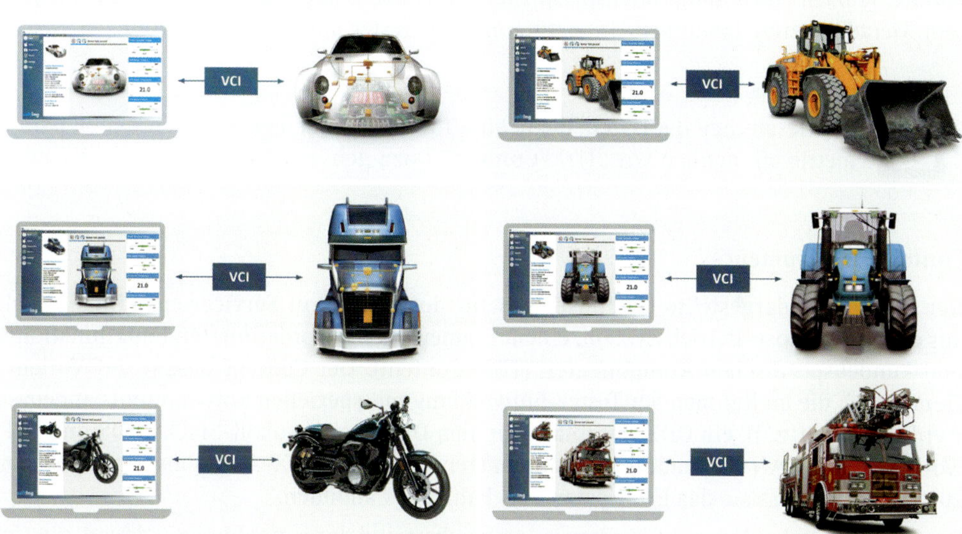

Bild 8.1 Diagnosetester im Service

Neben ODX zur Spezifikation der Diagnosekommunikation und OTX zur Beschreibung der Abläufe, braucht ein Servicetester weitere anwendungs- und fahrzeugspezifische Daten. Tabelle 8.1 listet die erforderlichen Dateien und ihre Funktionen.

Die Kombination aus MVCI-Server und OTX-RT kann als generisches, datengesteuertes Diagnose-Betriebssystem verstanden werden. Es wird begleitet von einer Anwendung mit grafischer Benutzeroberfläche (GUI = Graphical User Interface).

---

136 Z. B. das BOSCH ESI tronic

Tabelle 8.1 TDX-Content (Auszug)

	Inhalt der Daten
CFG	Daten zur Konfiguration
ODX	Diagnosespezifikation mit Diagnoseprotokoll-Stacks, Diagnosedaten, DTCs
OTX	Scripts und Abläufe (z. B. Security Access, FlashJob, geführte Fehlersuche)
QML	Grafische Elemente und Benutzeroberflächen
XLIFF	Unterstützung der Mehrsprachigkeit
REST/SOAP	Web-Services

Diagnosetester im Service unterscheiden sich je nach Fahrzeughersteller (Corporate-Design-Anforderungen, IT-Organisation, ...), den Fahrzeugen (Modell, Typ, Baujahr, Antrieb, Getriebeart, Zubehör, ...), Markenhändlern und Werkstätten (Anzahl, internationale Präsenz, Ausbildung des Personals, ...).

Kfz-Service- und Werkstatttester bieten sowohl einfache als auch komplexe Funktionen für eine heterogene Gruppe von Nutzern: Die Mitarbeiter von Service- und Reparaturwerkstätten können je nach Ausbildung hochspezialisierte Techniker, aber auch angelernte Hilfskräfte sein. Gerade letztere benötigen Unterstützung und Tester mit Benutzerführung.

Die Gesamtheit der Daten, die benötigt werden, um einen Servicetester zu parametrieren, nennen wir „TDX-Content". Dazu gehören auch die GUI-Elemente.

Content Development

Der im Bild 8.2 dargestellte Diagnosetester für den Einsatz in Servicewerkstätten besteht aus einem Diagnose-Betriebssystem, einem Framework mit vordefinierten Funktionalitäten und kundenspezifischen Komponenten (TDX Content). Der Content basiert auf Vorlagen (Templates), die im Rahmen der Tester-Entwicklung mit speziellen Softwaretools angepasst werden können, z. B. ein ODX-Template mit dem Diagnoseprotokoll-Stack „UDS on CAN", wobei u. a. die CAN-Kommunikationsparameter mit einem ODX-Autorenwerkzeug so einzustellen sind, dass sie das E/E-System des Fahrzeugs abbilden.

Der Content wird auf einem Cloudserver gespeichert und dann, unabhängig davon, wo sich der Tester geografisch befindet, via Internet auf den Tester geladen.

So können den Werkstätten neue Inhalte und Abläufe quasi jederzeit zur Verfügung gestellt werden.

Die Content-Download-Funktion dient in diesem Beispiel nur zur Pflege (Update) des Testers. Zur Ausführung seiner Funktionen muss der Tester nicht online sein.

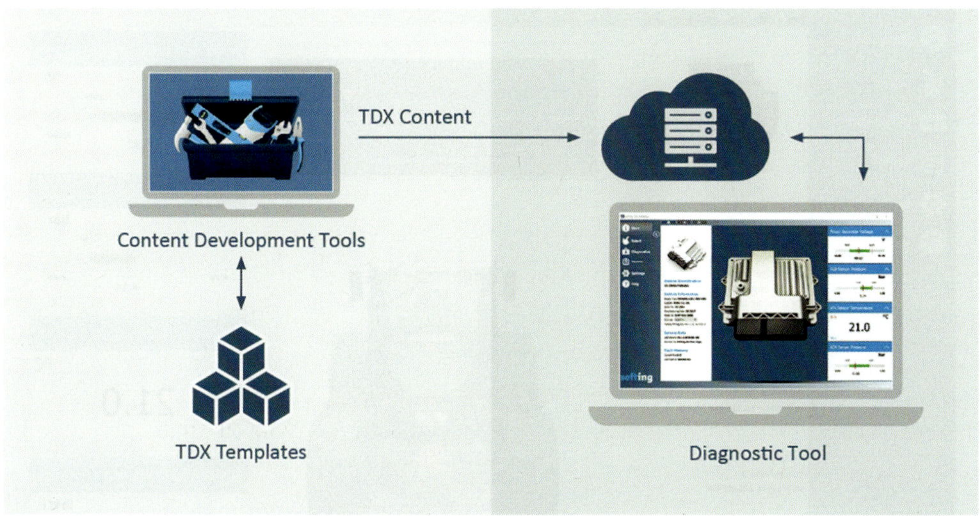

Bild 8.2 Content-basierter Diagnosetester

GUI-Elemente

Bild 8.3 zeigt die Benutzeroberfläche eines Servicetesters. Die grafischen Elemente wurden mit dem Qt Designer erstellt, einem Werkzeug zum Entwerfen und Erstellen grafischer Benutzeroberflächen aus Qt-Widgets. Es ist möglich, die Widgets oder Dialoge zusammenzustellen und anzupassen und sie mit verschiedenen Stilen und Auflösungen direkt im Editor zu testen. Qt Creator ist eine plattformunabhängige Entwicklungsumgebung für C++, JavaScript und QML (Qt Modeling Language).

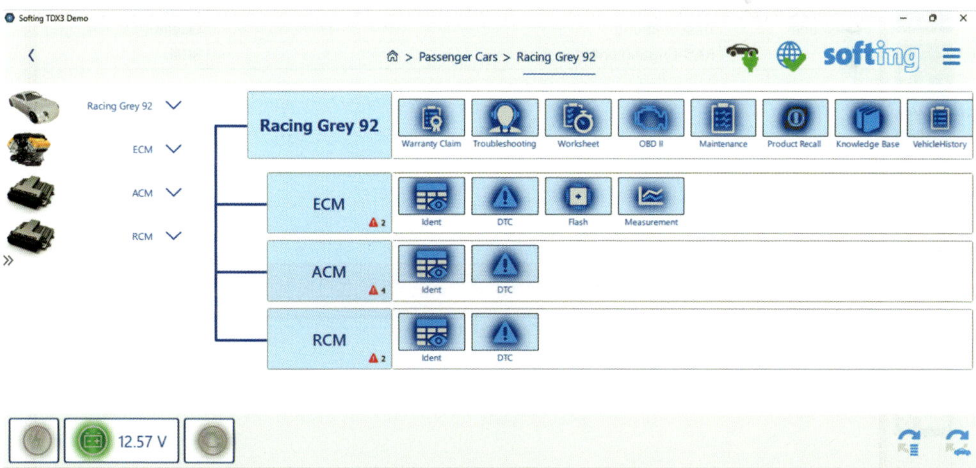

Bild 8.3 GUI eines Qt-/QML-basierten Servicetesters für Pkw

Bild 8.4 GUI eines Qt/QML-basierten Servicetesters für Traktoren

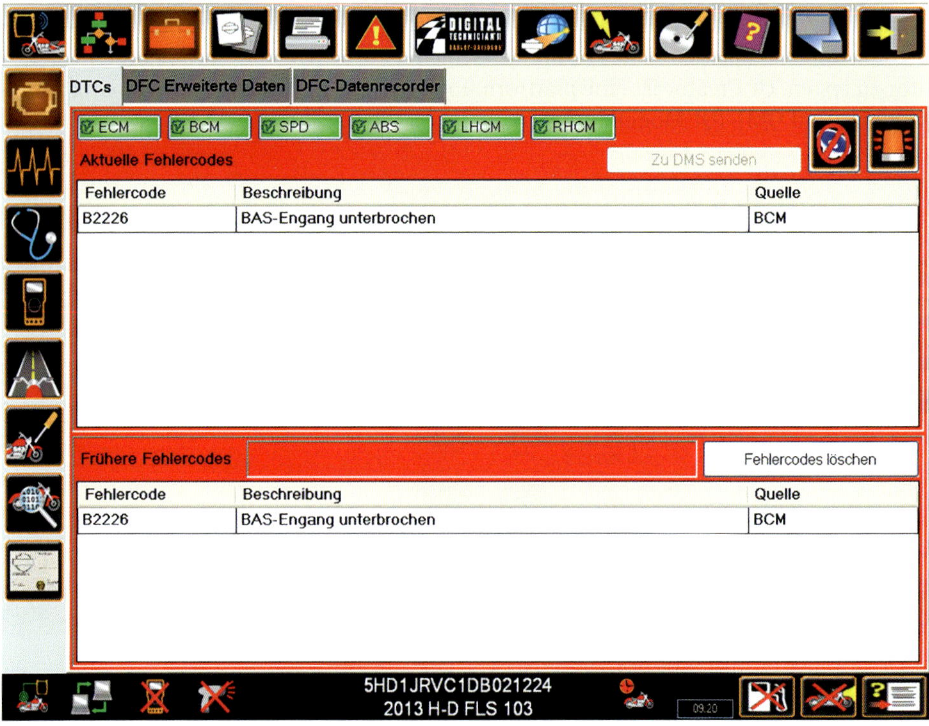

Bild 8.5 GUI des Harley-Davidson-Servicetesters „Digital Technician“

Bild 8.5 zeigt die GUI eines real existierenden Servicetesters in Werkstätten des Motorradherstellers Harley-Davidson. Der Tester zeigt die FIN des Motorrads 2013 H-D FLS 103 und den DTC B2226 vom Steuergerät BCM (Body Control Modul) an. In der Gruppe B befinden sich Fehler des Stromkreislaufs (Batterie, Zündung, Schalter, Lampen, Blinker und Anlasser). Der Tester liefert die Decodierung „BAS-Eingang unterbrochen". Dazu muss man wissen, dass es sich beim BAS (Bank Angle Sensor) um den Neigungssensor handelt. Der Neigungssensor liefert ein Signal an die Alarmanlage, die ausgelöst wird, wenn das Motorrad bei aktiver Alarmanlage vom Seitenständer gehoben und aufgestellt wird. Hier war der Neigungssensor tatsächlich abgeklemmt, weil das Motorrad mit einem Beiwagen ausgerüstet wurde und der Neigungssensor keine Funktion mehr hatte.

8.2 Fahrzeugidentifikation (Fahrzeugidentifikationsnummer FIN)

8.2.1 Einleitung

Die Fahrzeugidentifikationsnummer (FIN)[137] ist eine eindeutige Nummer zur Identifizierung von Fahrzeugen. Das Format wurde 1981 von der National Highway Traffic Safety Administration (NHTSA)[138] als VIN (Vehicle Identification Number) standardisiert und ist für alle Straßenfahrzeuge gesetzlich vorgeschrieben[139].

Die FIN steht in den Fahrzeugpapieren (Bild 8.6, dritte Zeile von oben), ist beim Kraftfahrtbundesamt (KBA) gespeichert und auf einem Typenschild von außen sichtbar am Fahrzeug angebracht (Bild 8.7).

B	19.08.2020	2.1 0588	2.2 BOG00221 0
J	M1	4	AB
E	WAUZZZF52LA022016	3	4
D.1	AUDI		
	B8		
	S2DCPEQ1		
D.2	QA8QA8D5009RT201E18S44BFAEM10		
D.3	A5 SPORTBACK		
2	AUDI		

Bild 8.6 Auszug einer Zulassungsbescheinigung (Fahrzeugschein)

Die FIN besteht aus 17 arabischen Zahlen und römischen Buchstaben, z. B.:

- WAUZZZF4XHA018049 (Personenkraftwagen, Audi A4, MY 2016)
- 5HD1GV4198K326225 (Motorrad, Harley-Davidson FXWG, MY 1981)
- WAUZZZF52LA022016 (Personenkraftwagen, Audi A5, MY 2020)

137 Früher: „Fahrgestellnummer"

138 https://vpic.nhtsa.dot.gov/}

139 EU-Verordnung 76/114/EWG 1981

Bild 8.7 Fahrzeugidentifikationsnummer FIN

Die Zeichen O und I werden nicht verwendet, weil sie mit einer 0 oder 1 verwechselt werden können.

Sie ist aber auch manipulationssicher im Motorsteuergerät gespeichert. Dazu wird die Folge aus Buchstaben und Zahlen binär codiert: Aus WAUZZZF52LA022016 wird der ASCII-String 0x [57,41,55,5A,5A,5A,46,35,32,4C,41,30,32,32,30,31,36] und daraus eine hexadezimale Zahlenfolge.

Die ersten drei Zeichen der FIN enthalten die World Manufacturer Identification (WMI) zur Identifizierung des Fahrzeugherstellers. Die WMI wird von SAE International vergeben. In den o. g. Beispielen steht W für Deutschland, AU für Audi, 5 für USA und HD für Harley Davidson.

Die nächsten fünf Zeichen (4 bis 8) der FIN werden als Fahrzeugbeschreibung (VDS = Vehicle Descriptor Section) bezeichnet, die je nach Fahrzeugtyp (z. B. Pkw, Lkw, Bus oder Motorrad) verschiedene Informationen enthält. Beispiele für Informationen, die im VDS codiert sind, sind das Fahrzeugmodell und der Motortyp, aber auch das zulässige Gesamtgewicht, der Kabinentyp und das Bremssystem bei Lastwagen. Da es in diesem Abschnitt um das *Lesen* der Fahrgestellnummer geht, verweisen wir auf den NHTSA Product Information Catalog and Vehicle Listing (vPIC)[140] der NHTSA für eine detaillierte Beschreibung zur Decodierung der FIN.

Die 17 Byte der VIN passen nicht in einen Classical-CAN-Frame.

[140] https://vpic.nhtsa.dot.gov

Da für die fahrzeuginterne Kommunikation (ECU-to-ECU) über CAN kein Transportprotokoll mit Datensegmentierung verwendet wird, ist die FIN nicht als Information auf dem CAN verfügbar. Sie muss über eine Diagnosedienst-Anforderung ausgelesen werden. In diesem Kapitel wird gezeigt, wie die Fahrgestellnummer mit den Diagnoseprotokollen SAE J1979 (OBD II), ISO 14229-2 (UDS), ISO 27145-3 (WWH-OBD) und SAE J1939-73 (HD-OBD) ausgelesen wird.

Alle OBD-Protokolle basieren auf Classical CAN, was bedeutet, dass je CAN-Frame maximal 8 Byte an Nutzdaten übertragen werden können. Mit einer Diagnosedienst-Antwort können höchstens sieben ASCII-Zeichen übertragen werden, aber auch nur, wenn die 7 Byte genügen würden, d. h. wenn keine Segmentierung erforderlich ist.

Die FIN kann mit einer funktional adressierten Diagnosedienst-Anfrage an das OBD-System oder einer physikalisch adressierten Anforderung (z. B. an das Motorsteuergerät) gelesen werden. Wenn das ECM die Antwort kennt, muss es in einer segmentierten positiven Response an den Tester antworten.

8.2.2 FIN lesen mit SAE J1979/ISO 15031

Bild 8.8 zeigt den Screenshot der Kommunikation zwischen einem OBD-Scantool und einem PKW. In der ersten Spalte steht der Zeitstempel, der in dieser Analyse keine Rolle spielt. In der zweiten Spalte steht entweder „ECU 1“ oder „FG OBD II“ (FG = Functional Group) und daneben in Klammern der CAN-ID. 0x7E8 ist der CAN-ID für Responses der ECU 1 an den Tester, 0x7DF ist der CAN-ID für Diagnosedienst-Anfragen des Testers an das OBD-System (functional request CAN-ID) (Tabelle 4.16).

```
   32.193          ECU 1 (7E8) 06 41 60 02 80 03 01 00
  153.775      FG OBD II (7DF) 02 01 80 00 00 00 00 00
   26.135          ECU 1 (7E8) 06 41 80 29 20 00 00 00
  147.908      FG OBD II (7DF) 02 01 A0 00 00 00 00 00
 9529.514      FG OBD II (7DF) 02 09 00 00 00 00 00 00
   27.564          ECU 1 (7E8) 06 49 00 54 60 00 00 00
24700.825      FG OBD II (7DF) 02 09 02 00 00 00 00 00
   34.326          ECU 1 (7E8) 10 14 49 02 01 57 41 55
   10.624          ECU 1 (7E0) 30 00 00 00 00 00 00 00
   14.316          ECU 1 (7E8) 21 5A 5A 5A 46 34 58 48
   10.005          ECU 1 (7E8) 22 41 30 31 38 30 34 39
19026.792      FG OBD II (7DF) 03 02 00 00 00 00 00 00
   33.302          ECU 1 (7E8) 07 42 00 00 58 3B 80 03
  149.744      FG OBD II (7DF) 03 02 20 00 00 00 00 00
   30.273          ECU 1 (7E8) 07 42 20 00 20 00 20 01
  147.695      FG OBD II (7DF) 03 02 40 00 00 00 00 00
   32.300          ECU 1 (7E8) 07 42 40 00 4C D0 00 01
  153.690      FG OBD II (7DF) 03 02 60 00 00 00 00 00
   31.297          ECU 1 (7E8) 07 42 60 00 02 80 03 01
  149.765      FG OBD II (7DF) 03 02 80 00 00 00 00 00
   30.251          ECU 1 (7E8) 07 42 80 00 08 20 00 00
```

Bild 8.8 Screenshot der Kommunikation zwischen einem OBD-Scantool und einem Fahrzeug

Das erste Byte einer Diagnosedienst-Anfrage oder -Antwort ist immer das PCI-Byte. Die erste Zeile des eingerahmten Bereichs in Bild 8.8 zeigt also eine Diagnosedienst-Anfrage des Testers an das OBD-System (0x7DF) mit dem PCI-Byte 0x02 (= Single Frame) und dem Inhalt 0x09 und 0x02. Der Rest des CAN-Datenfelds ist mit 0x00 befüllt.

Das Auffüllen nicht benötigter Bytes im CAN-Datenfeld durch 0x00 oder 0xFF wird als Padding bezeichnet. Dadurch sind alle Diagnosedienst-Anfragen und -Antworten auf dem CAN gleich lang. Es ist auch möglich, die Länge des CAN-Frames variabel an den CAN-DLC anzupassen.

Tabelle 8.2 hilft bei der Analyse der Kommunikation. Jede Zeile beginnt mit der Zeilennummer (1–5), und jede Spalte ist durch einen Buchstaben gekennzeichnet (A–I). Alle Einträge in den Feldern zwischen A1 und I5 sind Hex-Werte. So hat beispielsweise das Feld E4 den Inhalt 0x5A und H5 den Inhalt 0x34.

Tabelle 8.2 Hexdump einer Sequenz zum Lesen der VIN mit SAE J1979

	A	B	C	D	E	F	G	H	I
1	0x7DF	02	09	02	00	00	00	00	00
2	0x7E8	10	14	49	02	01	57	41	55
3	0x7E0	30	00	00	00	00	00	00	00
4	0x7E8	21	5A	5A	5A	46	34	58	48
5	0x7E8	22	41	30	31	38	30	34	39

Feld A1 = 0x7DF ist die funktional adressierte Anfrage-CAN-ID für die Kommunikation zwischen dem Tester und den emissionsrelevanten Steuergeräten. Feld B1 = 0x02 ist die PCI (Bild 5.4), die in diesem Fall einen einzelnen Frame mit 2 Byte Daten anzeigt. Diese 2 Bytes sind 0x09 (Feld C1) und 0x02 (Feld D1).

0x09 ist die SID der OBD-Dienstanforderung zum Lesen von Fahrzeuginformationen und enthält den Parameter 0x02 für die Fahrgestellnummer. Die anderen Felder werden mit 0x00 aufgefüllt.

Die Zeilen 2, 4 und 5 der Tabelle 8.2 enthalten die Antwort (CAN-ID 0x7E8). Gemäß Tabelle 5.2 ist 0x7E8 die physikalische Adresse der ECM-to-TST-Antwort, was bedeutet, dass das Motorsteuerungsmodul (ECM) die Anfrage beantwortet.

Die Antwort beginnt mit dem PCI-Feld (Feld B2). Das erste Nibble des PCI (0x1) zeigt an, dass es sich bei der Nachricht um den ersten Frame eines erweiterten Frames handelt. Auf das erste Nibble folgen also drei Nibbles, die die Gesamtlänge der Daten angeben. In diesem Fall lautet sie 0x1014, was bedeutet, dass 0x14 = dezimal 20 Bytes gesendet werden.

Die nächsten drei Bytes sind 0x49,02,01. 0x49 ist die Antwort-SID, die aus der Anfrage-SID (0x09) durch Addition von 0x40 berechnet wird. 0x02 ist die Wiederholung des Parameters (VIN). 0x01 gibt die Anzahl der Datenelemente an, die 1 ist.

Die ersten drei Zeichen der VIN sind 0x57 = „W“, 0x41 = „A“ und 0x55 = „U“. Sie sind als ASCII-Zeichen codiert.

Zeile 3 beginnt mit der CAN-ID 0x7E0, die die physikalische CAN-ID-Anforderung des Testers an das ECM darstellt. Mit der PCI 0x30 (Flow Control) und den Werten für Flow

Status (0), Block Size (0) und STmin (0) zeigt der Tester an, dass das ECM den Rest der Nachricht senden darf.

Die Zeilen 4 und 5 enthalten die restlichen 2 · 7 = 14 hex-codierten ASCII-Zeichen der VIN. Zeile 4 beginnt mit dem PCI-Byte 0x21, wobei 2 für den Consecutive Frame und 1 für die Sequenznummer steht. Zeile 5 enthält den zweiten Consecutive Frame.

Tabelle 8.3 zeigt die Reihenfolge von Tabelle 8.2 mit den fett gedruckten ASCII-Zeichen der Fahrgestellnummer: WAUZZZF4XHA018049.

Tabelle 8.3 Hexdump einer Sequenz zum Lesen der VIN mit SAE J1979

	Hex-Werte in ASCII-Zeichen umgewandelt								
	A	B	C	D	E	F	G	H	I
1	0x7DF	02	09	02	00	00	00	00	00
2	0x7E8	10	14	49	02	01	W	A	U
3	0x7E0	30	00	00	00	00	00	00	00
4	0x7E8	21	Z	Z	Z	F	4	X	H
5	0x7E8	22	A	0	1	8	0	4	9

8.2.3 FIN lesen mit UDS on CAN

Der UDS-Request zum Lesen der Fahrgestellnummer lautet 0x22 = readDataByIdentifier. Der Dienst wird mit dem DID = 0xF190 parametriert. Die Anforderung zum Lesen der Fahrgestellnummer lautet 0x22, 0xF1, 0x90 und ist in der Default Session verfügbar.

Wenn der Tester die Diagnosedienst-Anfrage an das ECM sendet, wird er eine positive Antwort mit der FIN als Antwort erhalten, vorausgesetzt, das ECM kennt die FIN. Die positive Antwort beginnt mit der Antwort-SID (0x62), gefolgt von der Wiederholung der Anfrageparameter: 0x62, 0xF1, 0x90, 0x... Die negative Antwort lautet 0x7F, 0x22, 0x11 (service_not_supported).

8.2.4 FIN lesen mit WWH-OBD (ISO 27145-3)

Auch bei WWH-OBD (ISO 27145-3) wird der Request 0x22 zum Lesen der FIN verwendet. In diesem Fall ist der DID jedoch nicht 0xF190, sondern 0xF802.

8.2.5 FIN lesen mit HD-OBD (SAE J1939-73)

In SAE J1939 wird die FIN durch die SPN 237 identifiziert und als Antwort auf eine Anfrage nach PGN 65260 (Fahrzeugidentifikation) bereitgestellt.

8.2.6 FIN lesen mit SAE J1979-2 und -3

Die OBD-Protokolle SAE J1979-2 (OBD on UDS) und SAE J1979-3 (ZEV-OBD) verwenden einen Subset der UDS-Diagnosedienste. Zum Lesen der FIN wird der UDS-Request 0x22 mit dem DID 0xF802 (wie WWH-OBD) verwendet.

Um herauszufinden, welches Protokoll das Fahrzeug unterstützt, sendet der Tester funktional die Diagnosedienst-Anfrage 0x22 mit DID 0xF810 zur Protokollidentifikation.

Falls DoCAN verwendet wird, kann der Tester die FIN mit einem funktional adressierten UDS-Request 0x22 an das OBD-System auslesen.

Falls DoIP (bei ZEV-OBD) verwendet wird, muss der Tester die FIN über einen physikalisch adressierten Request anfordern.

Um herauszufinden, welches Steuergerät die FIN kennt, sendet der Tester nach der Protokollidentifikation einen funktional adressierten UDS-Request 0x22 zum Lesen der unterstützten Parameter mit dem DID 0xF800 (supported InfoTypes). In der Regel kennt das Motorsteuergerät die FIN. Falls dem so ist, antwortet das ECM mit seiner physikalischen Adresse und der Information, dass es den InfoType 0xF802 unterstützt.

8.3 Programmierung von Steuergeräten mit UDS

8.3.1 Einführung

Steuergeräte sind mikrocontrollerbasierte Geräte, die aus Hardware und Firmware bestehen. Die Firmware enthält den Bootloader und die Anwendung, die aus ausführbarem Code und Daten besteht. Der Bootloader ist im nichtflüchtigen Speicher (ROM) des Mikrocontrollers programmiert und kann nicht gelöscht werden. Er ist der erste ausführbare Code nach dem Einschalten der Versorgungsspannung oder nach einem Reset.

Programmierbare Steuergeräte können heute als Stand der Technik angesehen werden. Sie verfügen über einen Flash-Speicher, der elektrisch gelöscht und mehrfach programmiert werden kann.

Unbestätigten Quellen zufolge waren es Ingenieure von Toshiba, die einen speziellen Typ von elektrisch löschbaren und reprogrammierbaren EEPROMs als „Flash-Speicher“ bezeichneten.

Die Programmierung des Flash-Speichers wird als Flash-Programmierung bezeichnet. Steuergeräte werden „geflasht“.

Der Flash-Speicher kann ein integrierter Bestandteil des Mikrocontrollers oder ein externer IC auf der Leiterplatte des Steuergeräts sein oder beides. Steuergeräte werden in allen Bereichen der Wertschöpfungskette (Entwicklung, Produktion, Service) programmiert.

Die Programmierung von Steuergeräten stellt neben der geführten Fehlersuche im Service die „Königsdisziplin“ der Diagnoseanwendungen dar.

Einige Fahrzeughersteller erhalten Steuergeräte von ihren Zulieferern ohne Anwendungsfirmware, aber mit einem Bootloader. Diese Steuergeräte werden von den Fahrzeugherstellern entweder in der Montagelinie oder parallel zur Montagelinie programmiert. Durch die Trennung von Hardware und Firmware kann eine Steuergeräte-Hardware für verschiedene Anwendungen verwendet werden. Ein Beispiel ist das Bosch EDC 17, das für viele verschiedene Dieselmotoren verwendet wird. Das EDC wird mit einer generischen Motorsteuerungs-Firmware ausgeliefert, die als Kern für herstellerspezifische Anpassungen und Erweiterungen dient. Wenn Hardware und Firmware getrennt entwickelt und geliefert werden, kann die Firmware wie ein Produkt behandelt werden, das mit einer Teilenummer, Versionsnummern und einem Preisschild versehen ist. Genau wie mechanische Komponenten braucht auch die Firmware Werkzeuge für die Installation, und sie muss gewartet werden.

Steuergeräte, die Teil des OBD-Systems sind, müssen laut Gesetz mit SAE-J2534- bzw. RP1210-konformen VCIs und herstellerspezifischen Flashtools programmiert werden können, auch von OEM-unabhängigen Werkstätten. Das Diagnoseprotokoll zum Programmieren haben die Gesetzgeber nicht vorgeschrieben.

In der *Entwicklung von Steuergeräten* wird das Flashtool direkt an die Pins des Steuergeräts angeschlossen, die den Diagnosezugang darstellen, in der Regel High-Speed CAN.

In der Entwicklung, Produktion und dem *Kundendienst von Fahrzeugen* wird das Flash-Tool an den DLC angeschlossen, vorausgesetzt, der DLC ist in der Produktion bereits mit dem bordeigenen Netzwerk verdrahtet und die Stromversorgung ist aktiviert.

Ein großer Vorteil der Flashtechnologie besteht darin, dass die Firmware eines Steuergeräts mehrmals komplett oder in Teilen aktualisiert werden kann, ohne das Steuergerät aus dem Fahrzeug oder der Maschine auszubauen. Zudem arbeitet die Automobilindustrie an Lösungen, neue Firmware über Datenfunk aufzuspielen. Diese neue Technologie wird als Software/Firmware Over The Air (SOTA/FOTA) bezeichnet.

OBD-Protokolle enthalten keine Dienste für die Flashprogrammierung.

Der Einsatz von UDS on CAN und UDS on IP zur Flashprogrammierung von Steuergeräten kann als Stand der Technik angesehen werden.

Mit der zunehmenden Größe der Flash-Dateien, stellt der classical CAN einen Engpass dar, selbst wenn die Datenrate vorübergehend auf 1 Mbit/s eingestellt wird. Das Flashen dauert zu lange und passt nicht mehr zur Taktzeit in der Produktion. Um dieses Problem zu lösen, setzen Fahrzeughersteller CAN FD oder Ethernet ein.

Basiert das Flashtool auf dem MVCI D-Server (ISO 22900), werden ODX-Dateien erzeugt, die die Programmierung unterstützen. Für die ODX-Beschreibung eines einzelnen Steuergeräts werden die Kommunikationsparameter (odx-c und odx-cs), eine Diagnoseschicht (odx-d,

z. B. eine Basisvariante) und die ODX-Kategorie FLASH (odx-f) benötigt. Die ODX-Kategorie *Flash* enthält einen Verweis auf die Flash-Dateien, die in den Steuergerätespeicher programmiert werden sollen. Diese Daten müssen in speziellen Formaten vorliegen. Das am häufigsten verwendete Format ist als Motorola S-Record bekannt.

8.3.2 Programmierbarer Speicher

Bild 8.9 zeigt einen Mikrocontroller mit zwei getrennt zugänglichen Speicherbereichen, und zwar einem nichtflüchtigen Speicher für die Befehle/Code (Flash) und einem flüchtigen Speicher für die Zwischenergebnisse und Variablen (RAM). Jeder Speicher verfügt über einen eigenen Daten- und Adressbus. Diese Architektur wird als Harvard-Architektur bezeichnet.

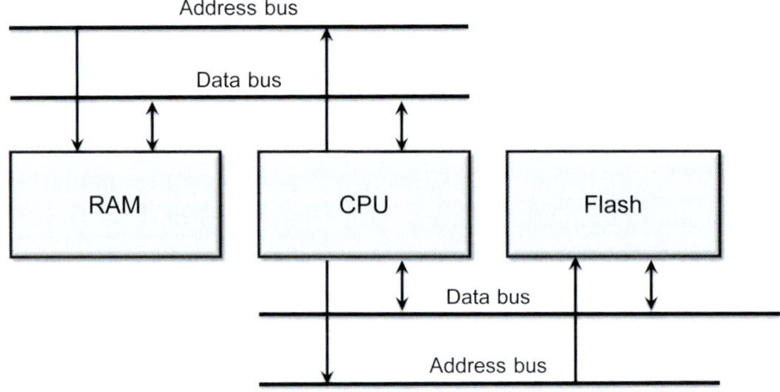

Bild 8.9 Microcontroller mit Harvard-Architektur

Jedes Byte im Flash-Speicher hat eine eigene Adresse. Um zum Beispiel 4 MByte Flash-Speicher zu adressieren, werden 32-Bit-Adressen zwischen 0x00 und 0xFFFFFFFF benötigt.

Ein „xy-Bit-Mikrocontroller" adressiert nicht automatisch 2^{xy} Byte Speicher. Es gibt z. B. 8-Bit-Mikrocontroller mit einem 16- oder 32-Bit-Adressbus.

Der nichtflüchtige Speicher eines Steuergeräts ist in Blöcke unterteilt, die BOOT, CODE und DATA heißen (Bild 8.10). Jeder Block hat eine eindeutig zugewiesene Größe und damit einen Adressbereich, d. h. es gibt eine Startadresse und eine Endadresse, oder es sind eine Startadresse und die Segmentlänge angegeben. Die Adresszuweisung könnte 0x000 bis 0x0FFF (4 KByte) für BOOT, 0x1000 bis 0x5FFF (20 KByte) für CODE und 0x6000 bis 0x7FFF (8 KByte) für DATA sein.

Flash-Speicher müssen vor der Neuprogrammierung gelöscht werden.

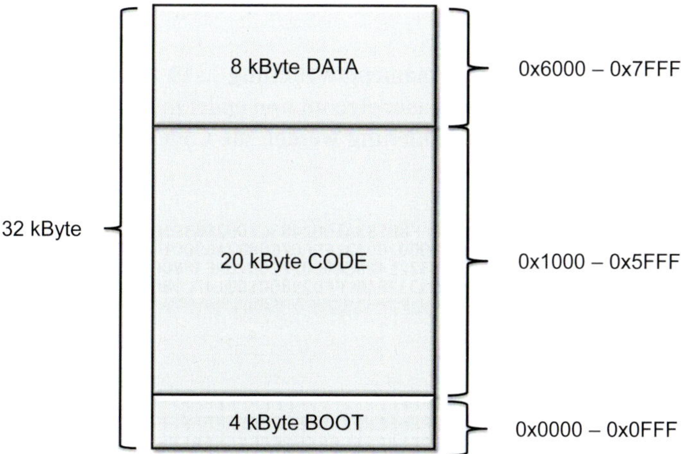

Bild 8.10 Beispiel für eine Speicher-Segmentierung

8.3.3 Bootloader und Flashloader

Die Boot-Firmware besteht aus dem Boot-Loader und dem Boot-Manager. Der Bootloader ist der erste ausführbare Code nach dem Einschalten oder einem Reset. Vergleichbar mit den BIOS-Funktionen eines PCs führt der eingebettete Bootloader zunächst einen Selbsttest beim Einschalten (POST) durch und initialisiert dann die Hardware. Nach dem Hochfahren der Hardware prüft der Bootmanager, ob eine gültige Applikation vorhanden ist oder nicht. Die Entscheidung hängt von dem Ergebnis einer CRC-Berechnung ab. Liegt keine gültige Applikationsfirmware vor, kopiert der Bootmanager den Flashloader in den Arbeitsspeicher. Der Flashloader enthält alle Komponenten, die zur Programmierung des Steuergeräts erforderlich sind. Dazu gehören u. a. das Diagnose-Kommunikationsmodul mit den Diagnosediensten, das Transportprotokoll (z. B. ISO TP) und der Flash-Treiber, d. h. das Firmware-Modul zum Lesen, Schreiben und Löschen des Flash-Speichers.

Bei einem anderen Bootvorgang wartet der Bootloader auf eine bestimmte CAN-Nachricht und verzweigt in den Programmiermodus, wenn die Nachricht empfangen wird. Es ist auch möglich, die Applikation zu starten und in den Flashloader zu verzweigen, indem man eine Flash-Prozedur mit dem Übergang in den Programmiermodus (UDS 0x1002) startet.

Je nach Hersteller des Mikrocontrollers und/oder des Flashspeichers gibt es unterschiedliche Methoden zur Flashprogrammierung. Ein wesentlicher Vorteil der Flash-Programmierung mit einem Diagnoseprotokoll besteht darin, dass der Programmierer die Details nicht kennen muss. Im Idealfall startet er einfach einen Flash-Prozess durch das Anklicken eines START-Buttons auf der GUI seines Flashtools.

8.3.4 Motorola S-Record

S-Record-Dateien sind an ihrer Dateinamenerweiterung *.s19 zu erkennen. Eine S-Record-Datei (Bild 8.11) beginnt mit einem Header-Record und endet mit einem Termination-Record. Zwischen dem Header und der Terminierung werden die Code-/Datensätze gespeichert.

❶

```
S325001087207FE3FB78388000014BFFFBB583A1002483C1002883E1002C800100348381002 07E
```

❷

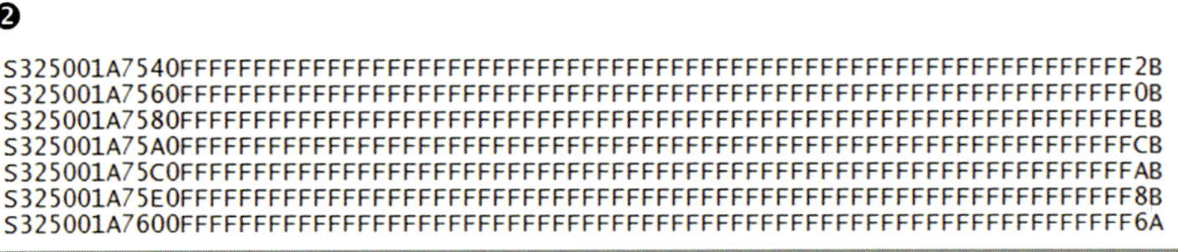

```
S325001A7540FFFFFFFFFFFFFFFFFFFFFFFFFFFFFFFFFFFFFFFFFFFFFFFFFFFFFFFFFFFFFFFF2B
S325001A7560FFFFFFFFFFFFFFFFFFFFFFFFFFFFFFFFFFFFFFFFFFFFFFFFFFFFFFFFFFFFFFFF0B
S325001A7580FFFFFFFFFFFFFFFFFFFFFFFFFFFFFFFFFFFFFFFFFFFFFFFFFFFFFFFFFFFFFFFFEB
S325001A75A0FFFFFFFFFFFFFFFFFFFFFFFFFFFFFFFFFFFFFFFFFFFFFFFFFFFFFFFFFFFFFFFFCB
S325001A75C0FFFFFFFFFFFFFFFFFFFFFFFFFFFFFFFFFFFFFFFFFFFFFFFFFFFFFFFFFFFFFFFFAB
S325001A75E0FFFFFFFFFFFFFFFFFFFFFFFFFFFFFFFFFFFFFFFFFFFFFFFFFFFFFFFFFFFFFFFF8B
S325001A7600FFFFFFFFFFFFFFFFFFFFFFFFFFFFFFFFFFFFFFFFFFFFFFFFFFFFFFFFFFFFFFFF6A
```

Bild 8.11 Ausschnitt aus einer S-Record-Datei

Bild 8.11 ❶ zeigt vier S-Records, die mit „S3" beginnen, was die Information enthält, dass dieser Record eine 4-Byte-Speicheradresse (32-Bit) hat und Code oder Daten enthält[141].

Bild 8.11 ❷ zeigt ein weiteres Beispiel für einen S-Record. Um die Struktur eines S-Records besser zu erklären, wurde der Datenbereich auf 0xFF gesetzt. Die beiden Zeichen nach S3 sind der hexadezimale Byte-Count „25". Der Byte-Count gibt die Anzahl der Bytes an, die auf den Byte-Count folgen. In diesem Beispiel lautet der Byte-Count 0x25 = dezimal 37, was für die 4-Byte-Speicheradresse steht, plus 32 Datenbytes und 1 Byte für die Prüfsumme. Im Bild 8.11 ❷ Zeile 1 ist die Adresse 0x00,1A,75,40 und die Prüfsumme 0x2B.

Nur die 32 Datenbytes pro S-Record werden in den Flash-Speicher programmiert.

8.3.5 Ablauf der Flash-Programmierung

Wie in Bild 8.12 dargestellt, besteht jeder Programmiervorgang aus den drei Phasen Pre-Processing, Programming und Post-Processing.

Jede Phase besteht aus einer Reihe von Diensten und Routinen, wobei die Kombination zur Spezifikation einer ausführbaren Flash-Prozedur führt. Wird die Flash-Prozedur in Java programmiert, spricht man von einem Java-Flashjob. Alternativ kann ein Flashjob auch mit OTX beschrieben werden.

---

141 S1 steht für 16-Bit- und S2 für 24-Bit-Adressen

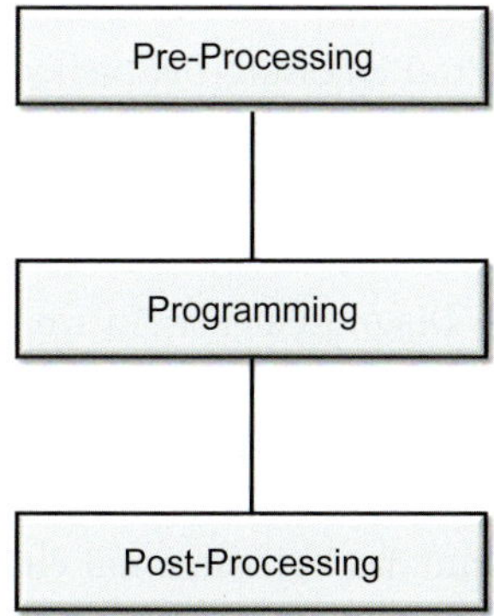

Bild 8.12 Die drei Phasen der Flash-Programmierung

Nicht nur die Normungsorganisationen (z. B. ISO, SAE und AUTOSAR), sondern auch Fahrzeughersteller, Steuergerätelieferanten und Werkzeuglieferanten spezifizieren ihre eigenen Flash-Abläufe.

Die SAE J2534 = Recommended Practices for Pass-Thru Vehicle Programming legen keine Programmierverfahren fest.

Es gibt zwar kein standardisiertes Flash-Verfahren, aber die Verwendung von UDS als Diagnoseprotokoll kann heute als Industriestandard für diesen Zweck angesehen werden. Ein Flash-Verfahren besteht aus mehreren Komponenten. Einige von ihnen sind erforderlich, andere optional. So ist z. B. die Prozedur zum Löschen des Flash-Speichers in der Regel erforderlich, während die Diagnosedienst-Anforderung, die fahrzeuginterne Kommunikation während des Flashvorgangs anzuhalten oder die Datenrate auf 1 Mbit/s einzustellen, um die Flash-Leistung zu erhöhen, optional ist. Tabelle 8.4 zeigt ein Beispiel für ein Pre-Processing mit UDS on CAN.

Tabelle 8.4 Flash-Programmierung Pre-Processing Beispiel

Schritt	REQ SID	Sub-Function	Kommentar
❶	0x10	0x03	Diagnostic Session Control: Wechsel in die Extended Session
❷	0x85	0x02	Control DTC-Setting: aus
❸	0x28	0x03	Deaktiviere On-Board-Kommunikation
❹	0x87	0x01	Prüfe, ob die Bitrate auf 1 Mbit/s gesetzt werden kann
❺	0x87	0x83	Setze die Bitrate auf 1 Mbit/s
❻	0x10	0x02	Diagnostic Session Control: Wechsel in die Programming Session
❼	0x27		Security Access
❽	0x31	0x01	Flash-Speicher löschen

Alle UDS-Requests des Pre-Processing-Beispiels werden mit einem Sub-Function-Byte parametriert.

In Tabelle 8.4 sind die Diagnosedienst-Antworten des Steuergeräts, die vom Flashtool gesendeten UDS-Requests 0x3E = Tester Present und die CAN-IDs nicht gelistet.

Im Schritt ❶ der Tabelle 8.4 beginnt das Verfahren mit einem Übergang zur Extended Diagnostic Session, die hier nicht durch einen Security Access geschützt ist. Der Übergang zur Extended Session ist erforderlich, weil die Dienste ❷ = 0x85 (Deaktivieren der DTC-Speicherung), ❸ = 0x28 (Deaktivieren der fahrzeuginternen Kommunikation) sowie ❹ und ❺ = 0x87 (Umschalten der Datenrate auf 1 Mbit/s) in der Default Session nicht verfügbar sind. Die Datenrate von 1 Mbit/s bleibt aktiv, solange kein Übergang zur Default Session erfolgt. Das gilt auch für Schritt ❻ mit dem UDS-Request 0x1002 = Wechsel in die Programming Session. Als wichtige Sicherheitsmaßnahme muss die Programmierung von emissions- und sicherheitsrelevanten Steuergeräten durch einen Security Access (❼) geschützt sein. Flash-Speicherzellen müssen gelöscht werden (❽), bevor sie neu programmiert werden können. Es wird davon ausgegangen, dass die Speicherlöschroutine im permanenten Speicher des Steuergeräts abgelegt ist. Ist dies nicht der Fall, muss die Speicherlöschroutine durch eine Sequenz aus den Diagnosediensten 0x34 = requestDownload, 0x35 = transferData und 0x37 = requestTransferExit in das RAM geschrieben werden.

In Tabelle 8.5 werden mehrere optionale Schritte des Pre-Processings nicht berücksichtigt. Beispiele sind in Tabelle 8.5 aufgeführt.

Tabelle 8.5 Pre-Processing Komponenten

Berechtigung (Authorization) des Flashtool-Benutzers sicherstellen
Authentifizierung des Flashtools
ECU-Identifikation lesen
Hochladen wichtiger Daten und/oder Inhalte der zu aktualisierenden Firmware und Speicherung auf einem Server zur Dokumentation
Voraussetzungen für die Programmierung prüfen, z. B. Flashware-Version
Fingerabdruck (wer hat geflasht?) und Datum schreiben
Dekomprimierung der Flashware
Entschlüsselung der Flashware

Bild 8.13 zeigt ein Beispiel für einen vereinfachten Flash-Vorgang, wobei das Pre-Processing nur aus dem UDS-Request 0x31 = Routine Control > Erase Flash Request und das Post-Processing aus dem UDS-Request 0x11 = ECUReset besteht.

Um das E/E-System oder Steuergerät nach einer Programmierung neu zu starten und zu den Standardparametern zurückzukehren, wird im Post-Processing ein funktional adressierter UDS-Request 0x1101 (Hard Reset) empfohlen.

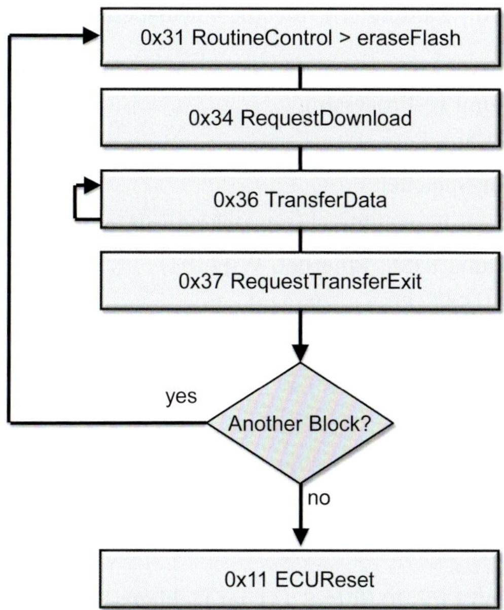

Bild 8.13 Beispiel für einen vereinfachten Flash-Prozess

8.3.6 Flash-Performance

Die Flash-Performance bestimmt die Zeit, die benötigt wird, um einen Programmierungsvorgang, der alle drei Phasen umfasst, erfolgreich durchzuführen. Je nach Anwendungsfall sind mehrere zusätzliche Schritte erforderlich, um den Prozess abzuschließen. Beispiele hierfür sind das physische Verbinden und Trennen des Steuergeräts sowie das Starten und Beenden der Diagnosekommunikation (z. B. Öffnen/Schließen der logischen Verbindung). Wenn Steuergeräte vor der Montage ins Fahrzeug programmiert werden, gehören auch Schritte wie das Drucken und Aufkleben eines Etiketts dazu.

Im Pre-Processing wird die Performance signifikant durch die zum Löschen des Speichers benötigte Zeit beeinflusst. Die wichtigsten Parameter, die die Performance der Programming-Phase bestimmen, sind die Nettodatenrate des IVN und die Größe des S-Records. Je größer der S-Record ist, desto weniger spielen die Zeiten der Pre- und Post-Processing-Phasen eine Rolle bei der Flash-Performance.

In der Entwicklungsphase mag die Flash-Performance nicht wirklich wichtig sein, aber in der Servicewerkstatt bestimmt sie die Dauer der Ausfallzeit des Fahrzeugs oder der Maschine und damit die Kosten. Noch wichtiger ist die Flash-Performance in der Fahrzeugproduktion, vor allem wenn die Steuergeräte-Programmierung die Montage-Taktzeit beeinflusst.

Als Faustregel gilt, dass die Nettodatenrate auf einem 500 Kbit/s High-Speed CAN 30 KByte/s beträgt, was bedeutet, dass die Programmierung von 10 MByte ohne Pre- und Post-Processing mindestens 5,5 Minuten in Anspruch nimmt.

Es gibt eine Vielzahl von Parametern, die die Flash-Performance beinflussen. Beispiele hierfür sind u. a.:

- Anzahl der Dienste im Pre-Processing
- Nettodatenrate des IVN
- Blockgröße der Flash-Speicher
- Sicherheitsmaßnahmen (Entschlüsselung, Dekomprimierung)
- TST-zu-VCI-Verbindung (USB, Ethernet, WiFi, BT)
- VCI API (D-PDU API, SAE J2534, RP1210)
- Flash-Speicher-Technologie
- Anzahl der Dienste im Post-Processing

8.3.7 Beispiele

8.3.7.1 Liebherr CCU 70

Die Compact Control Unit CCU 70 (Bild 8.14) der Liebherr-Electronics and Drives GmbH ist eine vielseitig einsetzbare, programmierbare Steuereinheit, die speziell für Anwendungen in mobilen Arbeitsmaschinen, z. B. Bau- und Landmaschinen, entwickelt wurde. Die CCU ist mit drei CAN- und einer Ethernet-Schnittstelle, bis zu 70 Ein- und Ausgängen und einem 4 MByte großen Flash-Speicher ausgestattet.

Bild 8.14 Steuergerät CCU 70 (© Liebherr-Electronics and Drives GmbH)

Das Steuergerät unterstützt sowohl SAE J1939 für die fahrzeuginterne Kommunikation mit anderen Steuergeräten (z. B. dem Motorsteuergerät) als auch UDS on CAN (ISO 14229-3) für die Diagnosekommunikation.

Der Mikrocontroller der CCU ist ein 32-Bit NXP/Freescale SPC 5644A mit 192 KByte SRAM und 4 MByte On-Chip-Flash-Speicher.

Der Mikrocontroller der CCU ist mit einem Boot-Assist-Modul (BAM) ausgestattet, das vom Hersteller programmiert wird und nicht gelöscht werden kann. Die BAM-Firmware ist der erste Code, der nach dem Einschalten oder einem Hard-Reset ausgeführt wird. Das BAM unterstützt das Booten aus dem Flash-Speicher. Wenn der Flash-Speicher leer ist oder einen ungültigen Inhalt hat, unterstützt das BAM das Booten durch Anweisungen, die über CAN in das RAM geladen und dann ausgeführt werden.

8.3.7.1.1 Pre-Processing

Im ersten Schritt fordert das Flashtool den Benutzer auf, die Stromversorgung des Steuergeräts aus- und wieder einzuschalten. Das Steuergerät bootet und der Bootloader wartet auf einen CAN-Frame mit dem CAN-ID 0x002 und den ersten beiden Bytes, die auf 0x30,01 gesetzt sind (die anderen sechs Bytes sind auf 0x00 gesetzt). Der CAN-Frame muss vom Flashtool mit einer Wiederholrate von 10 ms und einer CAN-Datenrate von 250 Kbit/s gesendet werden. Nach dem Empfang des korrekten CAN-Frames setzt der Bootloader die 29-Bit CAN-IDs für die Diagnosekommunikation, schaltet eine LED in den Blinkmodus und wartet auf den UDS-Request 0x10 zum Übergang in die Extended Session.

Im nächsten Schritt erwartet die CCU einen Security Access. Zu diesem Zweck sendet das Flashtool den UDS-Request 0x2701 = securityAccess > requestSeed. Die CCU antwortet mit einer positiven Response und sendet den Seed als 64-Bit-Datenparameter in der Antwort. Das Flashtool nimmt den Seed und berechnet den Schlüssel mit Hilfe einer DLL, die die mathematische Berechnungsformel enthält.

Nach der Berechnung des Schlüssels sendet das Flashtool den Schlüssel an die CCU (securityAccess > sendKey) und die CCU vergleicht den Schlüssel mit ihrem eigenen Wert. Ist der Schlüssel korrekt, entriegelt die CCU und wartet auf die nächste Diagnosedienst-Anforderung, jetzt die zum Übergang in die Programming Session.

8.3.7.1.2 Programmierung

Die Programmierphase beginnt mit der Anforderung (0x31), den Flash-Speicher zu löschen. Nachdem der Speicherblock gelöscht wurde, ist die CCU bereit, die S-Records zu empfangen und zu programmieren. Um die Datenübertragung einzuleiten, sendet das Flashtool eine Download-Anforderung (0x34 = request) mit folgenden Datenparametern:

- dataFormatIdentifier,
- addressAndLenghtFormatIdentifier,
- memoryAdress, und
- memorySize.

Der dataFormatIdentifier ist auf 0x00 gesetzt, was bedeutet, dass die Daten weder komprimiert noch verschlüsselt sind. Die anderen Parameter enthalten Informationen über die Flash-Speicherarchitektur der CCU.

Die positive Antwort auf den Dienst 0x74 = request download enthält den Datenparameter maxNumberOfBlockLength, der das Flash-Tool über die Anzahl der Datenbytes informiert, die mit jedem 0x36 = transfer data request gesendet werden können. Für die CCU beträgt die Blocklänge 4 080 Bytes.

Vor dem Einsatz „auf dem Parkplatz" werden der individuelle Flashjob und die Flashdaten in den nichtflüchtigen Speicher des V2K geladen.

Nach dem Einstecken des V2K in den DLC des Fahrzeugs und dem Einschalten der Zündung und damit der Versorgungsspannung des V2K (DLC Pin 4 und 16) kann der Flashvorgang durch Drücken der Funktionstaste F1 gestartet werden. Das V2K zeigt durch verschiedene Lichtsignale den Status der Programmierung und schließlich den erfolgreichen Abschluss an.

8.4 Übungsfragen

8-1	Wofür stehen die Abkürzungen FIN und VIN?
8-2	Aus wie vielen ASCII-Zeichen besteht die FIN?
8-3	Warum ist die Fahrgestellnummer nicht als On-Board-Datum auf dem klassischen CAN-Bus verfügbar?
8-4	Wie lautet der UDS-Request incl. DID zum Lesen der Fahrzeugidentifikation?
8-5	Wofür steht die Abkürzung FOTA?
8-6	Wie viele Bytes können mit einem 16-Bit-Adressbus adressiert werden?
8-7	Was sind die drei Phasen eines Flash-Programmiervorgangs?
8-8	Was muss mit Flash-Speicherzellen geschehen, bevor sie umprogrammiert werden können?
8-9	Was ist der letzte Diagnosedienst eines Flash-Verfahrens?
8-10	Wie lange dauert es ungefähr (in Sekunden), um 10 MByte über einen 500 Kbit/s HSC in einen Flash-Speicher zu schreiben? Wie hoch ist die Flash-Performance in KByte/s?

9 Diagnose 4.0

9.1 Fahrzeugindustrie im Wandel der Zeit

Die erste industrielle Revolution ist gekennzeichnet durch den Einsatz von Dampfmaschinen und der Erfindung des Verbrennungsmotors Ende des 19. Jahrhunderts. Die zweite industrielle Revolution begann mit der Elektrifizierung und führte in der dritten industriellen Revolution zum Einsatz digitaler elektronischer Systeme und schließlich zum Internet. Das sogenannte „Internet der Dinge" (IoT = Internet of Things), der Einsatz künstlicher Intelligenz und die als *Industrie 4.0* bezeichnete Automatisierung und Digitalisierung der Industrie gehören zur vierten industriellen Revolution. Im 21. Jahrhundert revolutionieren viele neue, innovative und intelligente Technologien die Art und Weise, wie wir arbeiten, leben und reisen. Die gesamte Fahrzeugindustrie ist in Bewegung, und die Revolution ist nicht mehr aufzuhalten. In naher Zukunft werden rein elektrisch angetriebene Fahrzeuge autonom unterwegs sein und mit ihrer Umgebung kommunizieren. Bild 9.1 zeigt den autonomen Concept Tractor von CASE IH als Beispiel dafür, dass die nächste Stufe der industriellen Revolution auch bei den mobilen Arbeitsmaschinen eingeleitet wurde. Diese nächste Stufe ist gekennzeichnet durch die Schlagworte

- Konnektivität
- Autonome Fahrzeuge und Maschinen
- Elektrische Antriebstechnik

Bild 9.1 Autonome selbstfahrende Landmaschine (© Case IH)

Autonome Fahrzeuge und Maschinen reduzieren die Unfallzahlen um 90 %.

So viel zu den „good news“, denn vor allem das autonome Fahren und die Konnektivität öffnet neue Türen für kriminelle Aktivitäten. Im englischsprachigen Raum wird zwischen „Safety“ und „Security“ unterschieden, im Deutschen lautet die Übersetzung in beiden Fällen „Sicherheit“.

Hier meint der Begriff Safety die Sicherheit der Passagiere eines Fahrzeugs und seiner Umgebung. Die ist nicht mehr gegeben, wenn es ein Problem mit der Security gibt.

Schon vor Jahren wurde durch Sicherheitsexperten (White Hat Hacker) nachgewiesen, dass es möglich ist, mit Hilfe des CAN die Kontrolle des Fahrzeugs zu übernehmen. Das wird besonders dann zum Sicherheitsproblem, wenn die Passagiere aufgrund der Automatisierung kaum oder gar nicht mehr in der Lage sind, das Verhalten des Fahrzeugs zu steuern. Mit oder ohne Passagiere: Es ist auf jeden Fall zu verhindern, dass autonome Fahrzeuge durch Verbrecher als Waffen verwendet werden können. Wer jetzt einwendet, Fahrzeuge als Waffen zu benutzen, sei ja wohl kaum die Motivation eines Hackers, der sei an die Terroranschläge 2016 in Nizza und Berlin mit vielen Toten und Verletzten erinnert.

Etwas weniger blutrünstig ist die Hacker-Motivation „Geld zu machen“. Ist es möglich, Passagiere in einem Auto einzusperren und nur gegen Zahlung eines Lösegelds wieder freizulassen? Wie kann ich eine Mietwagenflotte lahmlegen und nur gegen Zahlung eines Lösegelds wieder aktivieren? Jedes autonome Fahrzeug erzeugt pro Minute mehrere GByte an Daten: Was kann ich damit anfangen? Das Thema „Automotive Cybersecurity“ ist eng mit der 4. industriellen Revolution in der Fahrzeugtechnik verknüpft.

Das autonomen Fahren, die elektrische Antriebstechnik, die Konnektivität und die Cybersecurity lassen sich ohne zielgerichtete Weiterentwicklung der Diagnose nicht umsetzen.

Wir fassen die neuen Diagnosetechnologien unter der Überschrift „Diagnose 4.0“ zusammen.

9.2 Autonome Fahrzeuge und Maschinen

Im Mai 2021 haben Bundestag und Bundesrat der Bundesrepublik Deutschland ein neues Gesetz[143] zum autonomen Fahren verabschiedet. Demnach können (auch) vollständig autonome Fahrzeuge grundsätzlich für den öffentlichen Straßenverkehr in Deutschland zugelassen werden. Nach diesem Gesetz ist ein „Kraftfahrzeug mit autonomer Fahrfunktion [...] ein Kraftfahrzeug, das die Fahraufgabe ohne eine fahrzeugführende Person selbstständig in einem festgelegten Betriebsbereich erfüllen kann [...].“

Der Weg zum autonomen Fahren führt über Fahrerassistenzsysteme, Teilautomatisierung, Hochautomatisierung und Vollautomatisierung. Bereits 2014 veröffentlichte SAE International die Recommended Practice SAE J3016 über „Taxonomy and Definitions for Terms related to Driving Automation Systems for On-Road Motor Vehicles“, die nach Abstimmung

[143] Gesetz zur Änderung des Straßenverkehrsgesetzes und des Pflichtversicherungsgesetzes – Gesetz zum autonomen Fahren vom 12. Juli 2021

mit der ISO auch hierzulande als die „Six Level of Driving Automation“ anerkannt sind (Tabelle 9.1)[144].

Tabelle 9.1 Die sechs Stufen des autonomen Fahrens

Level	SAE J3061	Fahrzeug-Funktionen	Aufgabe des Fahrers
0	Keine Automatisierung (No Driving Automation)	Keine Automatisierung	Der Fahrer muss die vollständige Kontrolle über das Fahrzeug haben.
1	Assistiert (Driver Assistance)	Tempomat, Adaptive Cruise Control (ACC), Lane Departure Warning, Notbrems-Assistant	Der Fahrer muss die vollständige Kontrolle über das Fahrzeug haben.
2	Teilautomatisiert (Partial Driving Automation)	Das Fahrzeug hält die Spur, bremst und beschleunigt selbstständig; Überholassistent, automatisches Einparken.	Der Fahrer muss das Fahrzeug überwachen und Fehlfunktionen korrigieren können.
3	Hochautomatisiert (Conditional Driving Automation)	Das Fahrzeug fährt weitgehend selbst.	Der Fahrer darf seine Aufmerksamkeit vom Straßenverkehr abwenden (z. B. Zeitung lesen), muss aber jederzeit in der Lage sein, die Kontrolle über das Fahrzeug zu übernehmen.
4	Vollautomatisiert (High Driving Automation)	Das Fahrzeug agiert unter bestimmten Bedingungen (z. B. Autobahn, definierte Strecke, Parkhaus) vollständig selbst und ist in der Lage, ohne Eingriff des Fahrers einen sicheren Zustand zu erreichen. Level-4-Fahrzeuge dürfen auch ohne Passagiere unterwegs sein.	Der Fahrer wird zum Passagier.
5	Autonom (Full Driving Automation)	Das Fahrzeug hat kein Lenkrad, keine Bremse und kein Gaspedal. Es agiert vollständig selbst und darf auch ohne Passagiere unterwegs sein.	Der Fahrer wird zum Passagier.

Bereits heute fahren autonome Taxis in den US-Metropolen Phoenix (WAYMO/Google) und San Francisco (CRUISE/General Motors). Was jedoch passieren kann, wenn ein selbstfahrendes E-Fahrzeug, das über Solarzellen aufgeladen wird, die Orientierung verliert, hat *Marc-Uwe Kling* in seinem Zukunftsroman Qualityland[145] eindrucksvoll beschrieben: Das Auto heißt David und ist frustriert: „Ich habe mich seit zwei Jahren, acht Monaten und vierundsechzig Tagen verfahren“, sagt David. „Ich lasse mir von niemandem sagen, dass ich keine schlechte Laune haben darf.“

Ein grundlegendes Problem des orientierungslosen David besteht darin, dass man ihn nicht zu einer Adresse rufen kann, wenn er nicht weiß, wo er ist.

Technologisch sind autonome Fahrzeuge nur noch eine Frage der Zeit. Um sie in den Verkehr bringen zu können, müssen auch die juristischen Randbedingungen (z. B. Haftung bei Unfällen) geklärt sein. Daran wird bereits heute gearbeitet.

[144] SAE J3061 ist kostenlos im SAE Store (https://www.sae.org) als PDF verfügbar.

[145] Marc-Uwe Kling: Qualityland, Ullstein Verlag Berlin, ISBN 978-3-548-29187-1

Stellt sich nur noch die Frage, ob die Menschen fahrerlose Autos akzeptieren und die Kontrolle abgeben. Haben wir genug Vertrauen in die Technik? Diese Frage wird letztendlich (neben der Kostenfrage) darüber entscheiden, ob wir in absehbarer Zeit autonom fahren oder nicht. Höchstwahrscheinlich kommt es zu einem jahrzehntelangem Übergangszeitraum, in dem Fahrzeuge aller SAE-Level am Straßenverkehr teilnehmen. Auf Juristen und Gerichte kommen spannende Zeiten zu: Wer hat Schuld, wenn ein Fahrzeug Level 0 mit einem Fahrzeug Level 5 kollidiert?

Wie kann sichergestellt werden, dass alle Komponenten eines Level-5-Fahrzeugs unter allen Umständen einwandfrei funktionieren? Ist es möglich, drohendes Unheil durch fehlerhafte Komponenten oder Funktionen vorherzusagen? Die Antwort auf diese Fragen ist naheliegend: Durch Überwachung.

Durch kontinuierliche Diagnose aller (sicherheitsrelevanten) Komponenten und Funktionen eines Fahrzeugs soll sichergestellt werden, dass alles so funktioniert wie vorgesehen. Durch zielgerichtete Auswertung von Diagnosedaten können mögliche Fehlfunktionen vorhergesagt werden.

Der Austausch (oder die Reparatur) einer Fahrzeugkomponente bevor sie ausfällt, wird als „Preventive Maintenance“ bezeichnet.

Im Grunde handelt es sich nur um einen Paradigmenwechsel: Das OBD-System, dass durch kontinuierliche Diagnose aller (abgasrelevanten) Komponenten und Funktionen sicherstellt, dass das Abgasverhalten des Fahrzeugs den gesetzlichen Vorgaben entspricht, wird erweitert um die Überwachung von sicherheitsrelevanten Komponenten und Funktionen und bei elektrisch angetriebenen Fahrzeugen vollständig ersetzt. Das gilt vor allem für die DTCs. Ein Problem besteht aber darin, dass es nicht genügt, im autonomen Fahrzeug eine „Sicherheits-MIL“ einzuschalten, wenn es ein Problem mit der Sicherheit gibt.

OBD gibt es seit 1996 und hat sich weiterentwickelt, steht aber für die Einhaltung von Emissionsvorschriften und für Reparaturen abgasrelevanter Bauteile. Mit der Einführung von Fahrerassistenzsystemen[146] reicht die klassische OBD nicht mehr aus, wenn die Sicherheit in Echtzeit gewährleistet werden muss. Daher sind On-Board-Monitoring (OBM) und Prognosen unabdingbar.

Autonome Fahrzeuge müssen das Verkehrsgeschehen für etwas zehn Sekunden vorausberechnen können. Als Entscheidungsgrundlage für die Fahrfunktionen fallen [...] pro Minute fünf Gigabyte Daten zur Verarbeitung an.

Für die Speicherung von im realen Straßenverkehr erhobenen Daten hat BMW zwei Datencenter mit einer Kapazität von 500 Petabyte (PB) errichtet – eine Speichergröße, in der alle jemals in der Menschheitsgeschichte geschriebenen und gedruckten Wörter fünfmal Platz hätten[147].

[146] ADAS = Advanced Driver Assistance Systems

[147] Quelle: https://www.adac.de/rund-ums-fahrzeug/ausstattung-technik-zubehoer/autonomes-fahren/technik-vernetzung/aktuelle-technik/

9.3 Konnektivität (V2X)

V2X ist der Oberbegriff für Konnektivitäts-Technologien, z. B. die Kommunikation von Fahrzeug zu Fahrzeug (V2V = Vehicle-to-Vehicle), von Fahrzeug zu Infrastruktur (V2I = Vehicle-to-Infrastructure) oder zwischen einem Fahrzeug und einem Server in der Cloud (V2C = Vehicle-to-Cloud).

Der Begriff *Diagnose 4.0* ist Teil der Konnektivität und steht hier für intelligente Diagnosetechnologien wie Ferndiagnose, FOTA (Firmware Over The Air)[148], Flottendatenerfassung, Zustandsüberwachung und vorausschauende Wartung.

Im Bild 9.2 tauschen Fahrzeuge Daten mit anderen Fahrzeugen (V2V) und mit Komponenten der Infrastruktur (V2I) aus, die als Road-Side-Units (RSU) bezeichnet werden, z. B. Ampeln oder Mautstationen. Sowohl V2V- als auch V2I-Kommunikationstechnologien sind für das automatisierte Fahren unabdingbar.

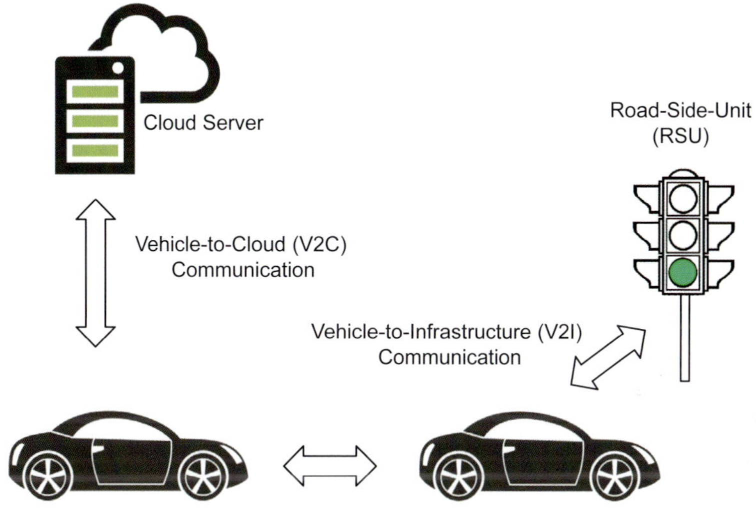

Bild 9.2 V2X-Kommunikation und -Konnektivität

Ein wesentliches Merkmal automatisierter Fahrzeuge besteht darin, dass die Insassen (fast) keine Interaktions- und Eingriffsmöglichkeiten mehr haben. Aus Sicherheitsgründen ist deshalb die zuverlässige und fehlerfreie Funktion des gesamten Systems wichtiger denn je.

Zur Überwachung und Steuerung von Funktionen kommunizieren automatisierte Fahrzeuge auch mit cloudbasierten Servern (V2C).

eCALL ist eine von der EU seit April 2018 gesetzlich vorgeschriebene Notruffunktion. Wenn Sensoren im Fahrzeug (z. B. im Airbag) einen schweren Unfall erkennen, wählt das eCall-System die europaweit gültige Notrufnummer 112 und sendet die GPS-Daten des Fahrzeugs an die nächstgelegene Rettungsleitstelle.

[148] Auch SOTA = Software Over The Air

Die eCall-Funktion kann auch manuell durch Betätigen der SOS-Taste im Fahrzeug ausgelöst werden.

Der sichere Betrieb eines autonomen Fahrzeugs oder einer automatisierten Maschine ist auch dann zu gewährleisten, wenn die Verbindung zum Cloudserver unterbrochen ist.

Eine weitere wichtige Funktion von cloudbasierten Diensten ist die Ferndiagnose, die zur Erfassung von Diagnosedaten dient und nach Analyse und Zusammenführung mit Daten aus anderen Quellen zur vorausschauenden Wartung (Preventive Maintenance) eingesetzt wird.

Jedes Fahrzeug wird Teil eines Systems, in dem jede Komponente einschließlich der Kommunikationskanäle die Sicherheit der Insassen, aber auch der Fußgänger, Fahrradfahrer und derjenigen, die sich nicht an die Regeln halten, wie spielende Kinder, abgelenkte „Smombies" (Smartphone-Zombies) und Fußgänger, die bei roter Ampel über die Straße gehen, gewährleisten muss.

Systeme, die Fehlfunktionen erkennen und dann in einen passiven (sicheren) Zustand gehen, werden als „fehlersicher" (fail-safe) bezeichnet.

9.4 Drahtlose Kommunikation

Neben dem gesetzlich vorgeschriebenen kabelgebundenen J1962 DLC sind heute mehrere drahtlose Datenverbindungen für die V2X-Kommunikation verfügbar, z. B. Bluetooth, Wi-Fi oder 4G/LTE und 5G (Tabelle 9.2).

Tabelle 9.2 Drahtlose Verbindungen

Drahtlose Verbindung	Kommentar
Mobilfunk 3G (UMTS), 4G (LTE), 5G	Mobilfunknetz (z. B. für Telefonate), SMS, soziale Netzwerke, Internet Verbindung der Fahrzeug-TCU mit dem Cloud-Server
Bluetooth/BLE	Anschluss von Smart Devices (z. B. iPhone) an das Fahrzeug, z. B. MP3-Audio-Player Bluetooth Low Energy (BLE), Sensoren
WLAN (Wi-Fi)	Wireless LAN/Zugang zum Internet, z. B. Apple CarPlay
DSRC	Dedizierte Kurzstrecken-Kommunikation (5,9 GHz) für V2V- und V2X-Kommunikation, IEEE 802.11p SAE J2945 Europa: Erhebung von Straßennutzungsgebühren
Telematik	Telematik-Steuergerät (TCU) für Fuhrparkmanagement (FMS) Präzisionslandwirtschaft TCU inkl. GPS und Anbindung an eine Datenfunkverbindung (z. B. LTE)

Tabelle 9.2 (*Fortsetzung*) Drahtlose Verbindungen

Drahtlose Verbindung	Kommentar
FM/AM	87,9–107,9 MHz FM-Rundfunk
XM	Sirius, Satelliten-Digital-Audio-Radio-Dienste (SDARS)
DAB	Digitaler Audio-Rundfunk
TMC	(Digitaler) Verkehrsmeldungskanal, der vom Navigationssystem verwendet wird
GPS	Global Positioning System zur Bestimmung der Position und der Geschwindigkeit
PATS	Passives Anti-Diebstahl-System (Ford: SecuriLock)
Keyless Entry and Go/RKE	Schlüsselanhänger mit RFID-Transponder (Radio Frequency Identification)
dTPMS	Reifendruckkontrollsystem

9.5 Fern-Datenerfassung

Die Gesamtheit der elektrischen und elektronischen Komponenten wird als das E/E-System des Fahrzeugs bezeichnet. Das E/E-System verarbeitet binär codierte Informationen, d. h. es arbeitet mit Daten und erzeugt sie. Somit dient das E/E-System auch als Datenquelle. Bild 9.3 zeigt ein vereinfachtes Cloud-basiertes Kommunikationssystem für die Ferndatenerfassung. Das Fahrzeug ist mit einem Funkmodul (TCU = Telematic Control Unit) ausgestattet und kann über Mobilfunk (z. B. 4G oder 5G) Daten an den Cloud-Server liefern. Diese Daten werden mit anderen Daten aggregiert und analysiert. Ein Ziel dieser Analyse ist die Vorhersage, wann eine Komponente nicht mehr zuverlässig funktioniert, um sie im Rahmen einer vorausschauenden Wartung (Preventive Maintenance) auszutauschen, bevor es zu teuren Stillständen kommt – oder noch schlimmer bei autonomen Fahrzeugen zu einem Sicherheitsproblem.

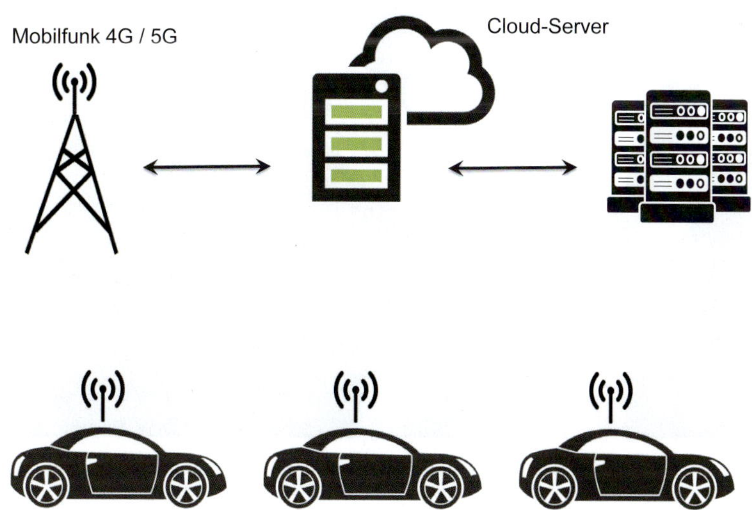

Bild 9.3 Cloudbasiertes Kommunikationssystem für die Ferndatenerfassung

Der Cloud-Server befindet sich nicht wirklich im Himmel, sondern irgendwo auf diesem Planeten. Der Begriff *„Cloud“* bedeutet, dass es keine Rolle spielt, wo sich der Server befindet.

Der Cloud-Server ist ein Datenspeicher- und Datenverarbeitungszentrum, das in der Regel unter der Kontrolle eines Fahrzeugherstellers oder Flottenbesitzers steht. Zahlreiche Unternehmen bieten Cloud-Hosting-Dienste an, die gemietet werden können[149]. Wenn sich der Cloud-Server und der/die Datennutzer nicht am gleichen Ort befinden, können sie über ein Intranet oder das Internet auf den Cloud-Server zugreifen. Im Vergleich zum Internet ist ein Intranet ein firmeneigenes, proprietäres, in sich geschlossenes Computernetz, das keinen öffentlichen Zugang hat. Die Überwachung der fahrzeuginternen Kommunikation, die Extraktion der fahrzeuginternen E/E-Systemdaten und die Übermittlung der Daten als Datensätze an den Cloud-Server sind ein wesentlicher Bestandteil der Datenerfassung. Beispiele für fahrzeuginterne E/E-Systemdaten sind Fahrzeuggeschwindigkeit, Motordrehzahl, Kraftstoffstand, DEF-Qualität, Temperaturen und vieles mehr.

Bild 9.4 und Bild 9.5 zeigen das Telematik-Modul (xTCU = extended Telematic Control Unit) von Globalmatix[150]. Die xTCU wird ins Fahrzeug eingebaut und mit dem Powertrain- und dem Diagnose-CAN verbunden. Sie liest kontinuierlich Daten vom CAN-Bus und unterstützt Diagnosekommunikation zur Erfassung von Diagnosedaten. Sie verbindet das Fahrzeug mit einer Cloud-Infrastruktur über eine Datenfunkverbindung (4G/LTE). Die xTCU verfügt über ein eingebettetes Subscriber Identity Module (eSIM) zur eindeutigen Identifikation und ein Modem mit Antenne als 4G/LTE-Datenfunk-Anbindung an das Cloud-Speichersystem, wie Microsoft Azure oder Amazon Web Services (AWS).

Bild 9.4 Extended Telematic Control Unit von Globalmatix (© Globalmatix AG)

149 Z. B. Microsoft Azure, Amazon AWS oder Google Cloud Platform (GCP)

150 Globalmatix AG, Vaduz, Liechtenstein, https://www.globalmatix.com

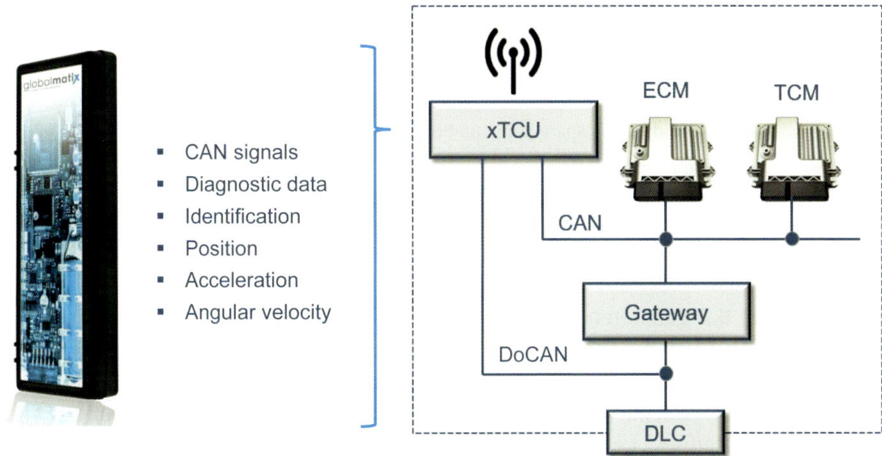

Bild 9.5 xTCU zur Erfassung von Flottendaten (Quelle: Globalmatix AG)

Für die genaue Bestimmung der Position des Fahrzeugs enthält die xTCU ein globales Navigationssatellitensystem (GNSS). Außerdem misst sie in Echtzeit mit einem Gyroskop die Beschleunigung und die Winkelgeschwindigkeit des Fahrzeugs. Die TCU komprimiert die Daten und sendet sie als MQTT-Pakete über Mobilfunk an den Cloud-Server (Bild 9.6).

Anders als in der Werkstatt, wenn das Fahrzeug nicht bewegt wird und nur für wenige Minuten mit dem Tester verbunden ist, sammelt die xTCU periodisch und in Echtzeit Daten unter realen Fahrbedingungen.

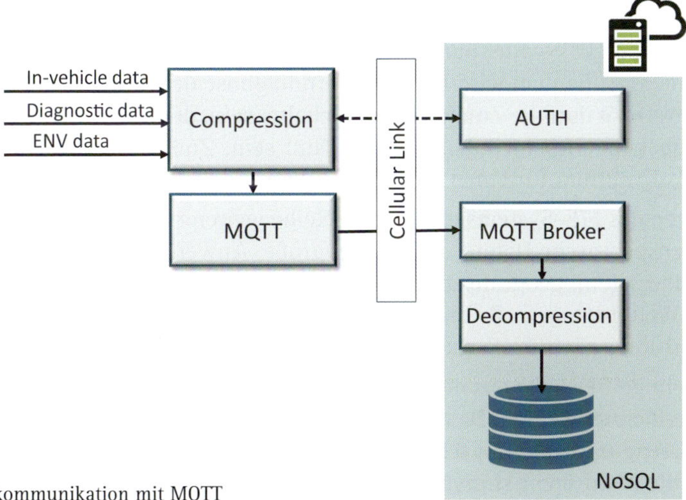

Bild 9.6 Datenkommunikation mit MQTT

Zusätzlich zu den Daten des E/E-Systems gibt es eine große Menge an Daten, die nicht im Rahmen der On-Board-Kommunikation verfügbar sind und deshalb über die Diagnosekommunikation, z. B. mit den UDS-Requests 0x22 = readDataByIdentifier und 0x19 = readDTCInformation erfasst werden müssen. Tabelle 9.3 zeigt Beispiele für die Datenparameter des UDS-Request 0x22.

Tabelle 9.3 Beispiele für standardisierte DID des UDS-Request 0x22 = readDataByIdentifier

DID (hex)	Beschreibung
0xF180	Boot software identification
0xF187	Vehicle manufacturer spare part number
0xF18A	System supplier identifier
0xF18C	ECU serial number
0xF190	Vehicle Identification Number (VIN)

Mit den in Tabelle 9.3 gelisteten standardisierten DIDs können nur statische Daten, die die Architektur des E/E-Systems spezifizieren, gelesen werden. Zusätzlich zu statischen Daten gibt es variable Daten, wie Messwerte oder Informationen über den Zustand von Schaltern und Lampen oder den Ladezustand der Antriebsbataterie bei EV (SoC = Statement of Charge), die mit demselben Request gelesen werden.

Ein großer Vorteil eines Ferndiagnosesystems besteht darin, gleichzeitig auf mehr als ein Fahrzeug zugreifen zu können, um Flottendaten zu erfassen und die Informationen z. B. für das Flottenmanagement (FMS = Fleet Management System) zu nutzen.

Grundsätzlich bietet ein Ferndiagnosesystem die gleichen Funktionen wie ein Diagnosetester vor Ort, z. B. das Auslesen von Fehlerspeichern und Diagnosedaten, das Starten von Diagnosefunktionen oder das Aktualisieren von Firmware. Bei der Ferndiagnose werden Fahrzeuge, die sich auf der Straße befinden, ausschließlich als Datenquellen benutzt, d. h. Diagnosedienst-Anfragen, die Routinen starten oder Steuergeräte programmieren, werden nicht gesendet bzw. vom Fahrzeug zurückgewiesen.

Um festzustellen, ob sich ein Fahrzeug auf einer öffentlichen Straße oder in einer Fachwerkstatt befindet, können GPS- oder Funkzellen-Standortdaten für das sogenannte Geofencing verwendet werden. Außerdem wird bei einer Ferndiagnose der „sichere Zustand" des Fahrzeugs abgefragt. Dazu darf die Zündung eingeschaltet sein, der Motor darf laufen (Drehzahl größer Null), aber die Geschwindigkeit muss Null sein. Zudem kann auch die geöffnete Motorhaube als Kriterium für einen sicheren Zustand verwendet werden.

Neben den Daten des E/E-Systems gibt es eine Reihe weiterer Datentypen. Beispiele hierfür sind u. a. flottenspezifische Daten (z. B. Flottengröße, Anwendungsfälle), fahrerspezifische Daten (z. B. Ruhezeiten), geografische Daten (z. B. GPS-Position in Breite und Länge, Straßenneigung), Wetterdaten (z. B. Luftdruck, Umgebungstemperatur) und Wartungsdaten (z. B. letzte Wartung, nächste Wartung, Ausfallzeit, Betriebszeit, durchgeführte Arbeiten).

Dies sind nur einige Beispiele aus der großen Menge an verfügbaren Daten, die gemeinhin als Big Data bezeichnet werden. Da die ungefilterte Datensammelwut in mehreren Terabyte Daten pro Fahrzeug und Tag und schließlich in einer unüberschaubaren Menge von Daten enden würde, die nicht mehr sinnvoll ausgewertet werden können, muss der Datennutzer zunächst die für seine spezifische Aufgabe benötigten Daten spezifizieren und dann die Quellen bestimmen und abrufen.

Die Datenquellen des E/E-Systems können in fahrzeuginterne Daten und Diagnosedaten unterteilt werden, wobei die Diagnosedaten aus OBD-Daten und erweiterten Diagnosedaten bestehen. Um fahrzeuginterne Daten auszulesen, benötigt der Datenlogger Zugang zum Fahrzeug-Netzwerk, z. B. zum CAN. Zum Auslesen von Daten aus dem CAN-Bus müssen die

Parameter der CAN-Matrix (die CAN-ID und der zugehörige Inhalt des Datenfelds) bekannt sein. Wenn das E/E-System SAE J1939 unterstützt, was bei fahrenden Arbeitsmaschinen und LKW meist der Fall ist, liegen die Informationen als Excel-Tabelle SAE J1939-DA vor. In jedem Fall ist die Teilmenge der tatsächlich verfügbaren Daten in einem J1939-Netzwerk Teil der E/E-System-Spezifikation und muss dem Benutzer bekannt sein. Wenn das E/E-System J1939 nicht unterstützt, muss die CAN-Matrix, die normalerweise in einer dbc-Datei gespeichert ist, verfügbar sein.

Mit der Einführung von SAE J1979-2 und SAE J1979-3 wurde die SAE J1979DA erheblich erweitert, vor allem zum Auslesen und Bewerten von Parametern der Antriebsbatterie elektrischer Fahrzeuge. Ein wichtiger Parameter ist der Gesundheitszustand der Antriebsbatterie (SoH = State-of-Health) da er beim Kauf eines gebrauchten EV die noch verfügbare Reichweite und den Kaufpreis mitbestimmt. Der SoH wird in Prozent angegeben, beschreibt den Unterschied zwischen einer gebrauchten und einer neuen Batterie und wird aus mehreren physikalischen Größen (u. a. Kapazität, Nennspannung, Selbst-Entladung, Alter, Zellalterung, Anzahl der Lade- und Entladezyklen, Temperaturen) ermittelt.

9.6 Remote Assistance

Mit Zunahme der Komplexität der E/E-Systeme steigen die Anforderungen an die Aus- und Weiterbildung des Servicepersonals. Stundenlange Fehlersuche wird durch intelligente Tester mit geführter Fehlersuche vermieden. Doch was ist zu tun, wenn auch der Meister nicht mehr weiterweiß? Für diese Fälle betreiben viele Fahrzeughersteller rund um die Uhr besetzte Supportcenter mit ausgebildeten Spezialisten. Im einfachsten Fall genügt ein Telefonat, doch manchmal wäre es hilfreich, wenn der Spezialist Zugriff auf den Servicetester hätte. Er oder sie übernimmt dann die Steuerung des Diagnosetesters und kann z. B. Testroutinen starten oder Daten auslesen, auf die die Werkstatt keinen Zugriff hat. Wir nennen diesen Service Remote Assistance.

Gesetzte in den USA[151] aber auch in Europa sorgen dafür, dass die so genannten „freien Werkstätten" arbeiten können, auch ohne teures OEM-spezifisches Diagnose-Equipment anschaffen zu müssen. Ein Beispiel für die Unterstützung dieser Werkstätten sind die in den USA vorgeschriebenen VCIs mit Pass-Thru (SAE J2534) API.

Werkstätten, die sich auf die Beseitigung von Unfallschäden (z. B. Karosserie- und Lackierarbeiten) spezialisiert haben, sind selbstständig nicht in der Lage, die Sensoren der Fahrerassistenzsysteme (ADAS) zu kalibrieren. Schon aus Kostengründen ist es wenig sinnvoll, ein repariertes Fahrzeug nach einem Unfallschaden auf einen Hänger zur nächsten OEM-Werkstatt zu fahren, um die Sensoren des Parkassistenten einzustellen.

Bild 9.7 zeigt ein System, mit dem ein Service-Anbieter die Kalibrierung der Sensoren per Fernzugriff auf das Fahrzeug vornehmen kann.

[151] Right to Repair Act

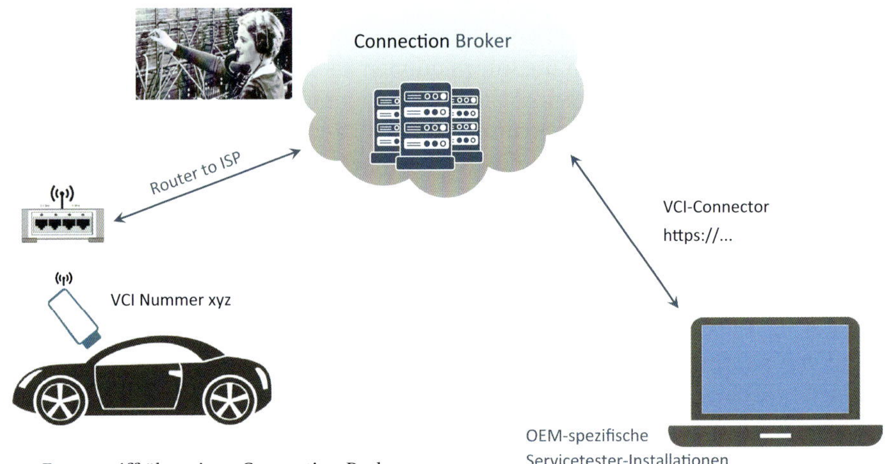

Bild 9.7 Fernzugriff über einen Connection Broker

Dazu wird das VCI mit einer erweiterten Version der SAE J2534 API ausgestattet. Sobald der Werkstatt-Mitarbeiter das VCI in den DLC des Fahrzeugs steckt und die Zündung einschaltet, verbindet sich das VCI über den Connection Broker mit dem Service-Anbieter. Der startet den zum Fahrzeug gehörenden OEM-Servicetester und führt die Kalibrierung durch.

9.7 Integrierte Diagnosesysteme

Grundsätzlich stellt sich die Frage, wie viel Eigendiagnose in ein Fahrzeug integriert werden soll und welche Diagnosefunktionen einen Zugang von außen erfordern. Die Programmierung von Steuergeräten benötigt auf jeden Fall einen Zugang zum Fahrzeug, sei es über DLC (wired) oder Antenne (wireless, SOTA).

Für die Diagnose aus der Ferne muss das Fahrzeug nicht einmal in eine Werkstatt gefahren werden, wohl aber, wenn eine Reparatur ansteht, es sei denn, der Fehler kann durch ein Software-Update behoben werden.

Bei Tesla funktioniert der SOTA auch dann, wenn das Fahrzeug bei seinem Eigentümer zu Hause steht und ohnehin nicht gefahren werden kann, weil es an eine Ladestation angeschlossen ist.

Je größer der Anteil der Software am Fahrzeug wird, desto wahrscheinlicher ist es auch, dass Fehler nicht in einer mechanischen Komponente auftreten, sondern in der Software. Auf der anderen Seite hat Software den Vorteil, nicht auszuleiern, undicht zu werden oder altersbedingt auszufallen. Aber genauso wie bei mechanischen Komponenten gibt es konstruktionsbedingte Fehler, die von Anfang an vorhanden sind, sich aber erst später bemerkbar machen. Sie werden in der Produktion eingebaut und fahren dann in allen Fahrzeugen derselben Baureihe mit.

Unabhängig von der Möglichkeit, Softwarefehler durch eine SOTA-Aktion zu beheben, können Funktionsverbesserungen oder sogar neue Funktionen ins Fahrzeug geladen werden. In softwarebasierten Systemen endet die Entwicklung nicht mit dem Produktionsstart (SOP).

Ein Fahrzeug, dessen Funktionen hauptsächlich durch Software bestimmt wird, bezeichnen wir als softwaredefiniertes Fahrzeug (SVD = Software-Defined Vehicle).

Der Aufwand, alle Steuergeräte auf aktuellem Softwarestand zu halten und gleichzeitig sicherzustellen, dass sich eine neue Software fehlerfrei in das ansonsten unveränderte System einfügt, steigt mit der Anzahl der Steuergeräte.

Die heutigen E/E-Systeme bestehen aus einer Vielzahl an Steuergeräten (je nach Fahrzeugtyp über 100) und Bussystemen. Bild 9.8 zeigt ein stark vereinfachtes Beispiel.

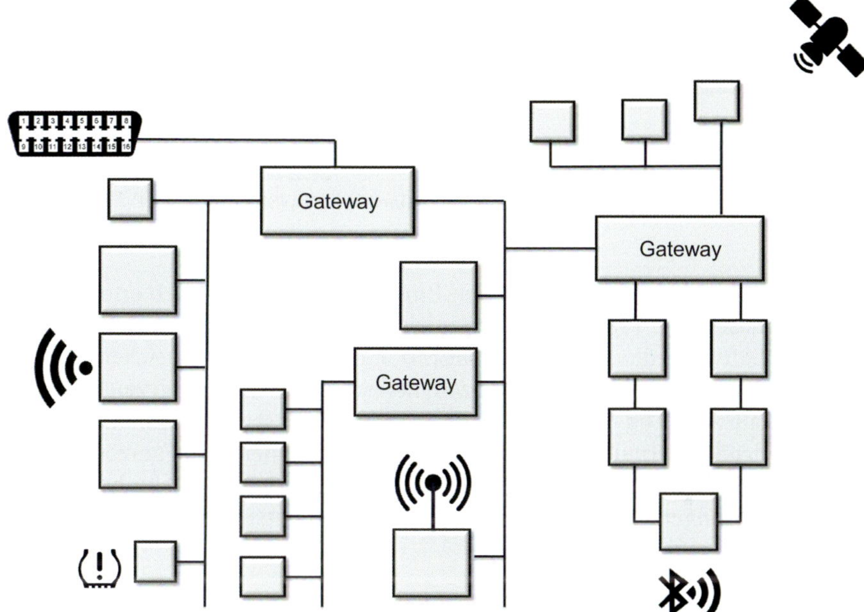

Bild 9.8 Klassisches E/E-System

Am einfachsten wäre es, wenn die Software nicht auf viele voneinander getrennte Steuergeräte verteilt wäre, sondern zentral auf einer einzigen hochperformanten Hardware. Das SDV setzt eine neue zentralisierte E/E-Architektur voraus. Aus diesem Grund entwickeln Fahrzeughersteller ein E/E-System mit HPC (High-Performance Computing) Architecture (Bild 9.9).

Die HPC-Architektur ermöglicht die Integration eines Diagnosetesters, oder Teilen davon, ins Fahrzeug. Eine besondere Herausforderung, die sich aus der HPC-Architektur ergibt, besteht darin, geeignete Betriebssysteme zu entwickeln.

Außerdem stellt sich die Frage, ob und wie ein weitgehend zentral gesteuertes System mit dezentral verteilten Funktionen überwacht und diagnostiziert werden kann.

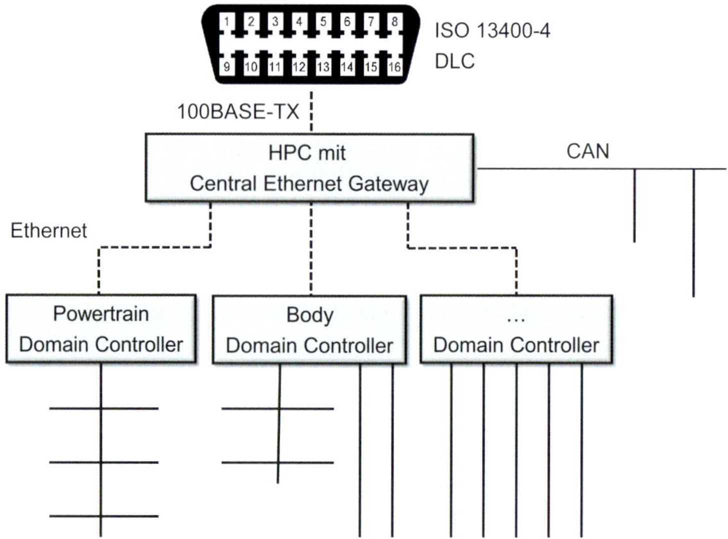

Bild 9.9 E/E-System mit HPC-Architektur für Software Defined Vehicles (SDV)

Es ist eine Analyse der laufenden Programme im Echtbetrieb erforderlich. Die Diagnose dieser Programme ist vergleichbar mit der Fehler- und Laufzeitanalyse von Software, die auf Servern läuft. D. h., es müssen die Speichernutzung, die Prozessorauslastung und die Anzahl der aktiven Dienste aufgezeichnet werden, weshalb auch Log- und Trace-Dateien erforderlich sein können. Damit verlagert sich der Schwerpunkt der Steuergerätediagnose in heutigen Fahrzeugen von der Überprüfung der Hardware auf die Überprüfung der Softwarefunktionalität von Anwendungen, was einem Paradigmenwechsel entspricht[152].

So ist es z. B. denkbar, die Smart Diagnostic Engine (Bild 7.39) auf einem HPC zu installieren und die Diagnoseanwendungen in die Cloud zu verlagern. Dadurch wäre das Fahrzeug direkt über die API des SDE ansprechbar.

9.8 Service Oriented Vehicle Diagnostics (SOVD)

Um das Problem der Diagnose HPC-basierter Systeme zu lösen, starteten der ASAM e. V. und die deutsche Automobilindustrie im Jahr 2021 mit der Spezifikation der Service Oriented Vehicle Diagnostic (SOVD) API zum Zugriff auf die Diagnosefunktionen des Fahrzeugs. Dabei soll SOVD die „klassische“ Diagnose einzelner Steuergeräte mit UDS nicht ersetzen, d. h. über die SOVD API können sowohl HPCs als auch Steuergeräte angesprochen werden.

[152] Quelle: ASAM e. V. – SOVD

Die API folgt dem REST-Paradigma[153] für die Softwarearchitektur von verteilten Systemen und verwendet das Datenaustauschformat JSON zur Codierung der übertragenen Daten über http/1.1.

Zur Beschreibung der REST-konformen SOVD-API wird die OpenAPI-Spezifikation verwendet, die eigentlich der Beschreibung von HTTP-Programmierschnittstellen dient.

Ob sich der SOVD-Ansatz in der Fahrzeugindustrie durchsetzt, wird auch davon abhängen, wie schnell die SAE-Level der Automatisierung in die Praxis umgesetzt werden. Zudem ist es sicher sinnvoll, die internationale Standardisierung voranzutreiben und die europäischen, amerikanischen, japanischen (und chinesischen) Fahrzeughersteller davon zu überzeugen, auf diese Technologie zu setzen.

Deshalb wurde die ASAM-Spezifikation bei der ISO zur Standardisierung eingereicht (Tabelle 9.4).

Tabelle 9.4 ISO 17978

ISO 17978	Road vehicles – Service-oriented vehicle diagnostics (SOVD)
Teil 1	General information, definitions, rules and basic principles
Teil 2	Use case definition
Teil 3	Application Programming Interface

SOVD kommt bei Mercedes-Benz in naher Zukunft zum Serieneinsatz[154].

9.9 Automotive Cybersecurity

Im Englischen wird zwischen Security und Safety unterschieden. Im Deutschen lautet die Übersetzung beider Begriffe „Sicherheit“. Safety ist das Ergebnis von Maßnahmen gegen schädliche Fehlfunktionen und Security das Ergebnis von Maßnahmen gegen Angriffe, die die Sicherheit von Personen (Fahrer, Maschinenbediener, Fahrgäste, Servicepersonal, Fußgänger usw.) beeinträchtigen.

Seit die Automobilindustrie vor einigen Jahren auf das Thema Cybersicherheit aufmerksam wurde, sind zahlreiche Papiere, Studien und Richtlinien, ja sogar Normen wie SAE J3138, SAE J3005, SAE J3061 und ISO/SAE 21434 veröffentlicht worden. Seitdem ist es ein bewegliches Ziel.

Für einen Cyberangriff ist ein kabelgebundener Zugang zu einem Fahrzeug nicht mehr erforderlich. Autohacks wie die von *Charlie Miller* und *Chris Valasek* haben bewiesen, dass es möglich ist, aus der Ferne auf das E/E-System zuzugreifen.

153 REST = Representational State Transfer

154 Bekanntgabe auf dem Kongress „Diagnose in mechatronischen Fahrzeugsystemen“ 2023 Dresden

Audiosysteme werden über CDs, DVDs, SD-Karten, USB-Sticks oder Smartphones, die über Bluetooth verbunden sind, gespeist und haben so Zugang zum Internet. Weitere Beispiele für Sicherheitslücken sind das gesetzlich vorgeschriebene Reifendruckkontrollsystem (TPMS), das drahtlos mit dem E/E-System des Fahrzeugs verbunden ist, die fernbedienbaren schlüssellosen Zugangssysteme und nicht zuletzt die V2X-Kommunikationskanäle.

Mit Kenntnis der Parameter für die On-Board-Kommunikation ist ein Angreifer in der Lage, Fahrzeugfunktionen zu übernehmen oder die Kommunikation zu deaktivieren. Er könnte die gesamte CAN-Kommunikation lahmlegen, indem er einen „Babbling Idiot" (plappernden Idioten) erzeugt, der Nachrichten ohne Inhalt, aber mit hoher Priorität auf dem CAN sendet. Alternativ könnte er ein einzelnes Bit einer gültigen Nachricht überschreiben und damit den Fehlerzähler des CAN-Steuergeräts so lange erhöhen, bis das Steuergerät selbst die Verbindung zum Bus unterbricht.

Der Sicherheitsdienstleister ARGUS Cyber Security Ltd. aus Israel fasst die aktuelle Situation wie folgt zusammen: „Einmal im Fahrzeug, können Hacker von einem entfernten Standort aus in das Fahrzeug eindringen, um Daten zu stehlen, einzelne Fahrzeuge oder ganze Flotten zu tracken und nicht sicherheitsrelevante und sicherheitskritische Funktionen zu kapern – stellen Sie sich vor, Sie verlieren die Fähigkeit zu lenken oder zu bremsen, während Sie auf der Autobahn rasen!"[155]

Es ist eine unbestrittene Tatsache, dass es keine 100%-ige Sicherheit gibt. Aufgrund der begrenzten Rechenressourcen, die das E/E-System zur Verfügung stellt, und aufgrund der Echtzeitanforderungen vieler Prozesse innerhalb eines Fahrzeugs oder einer mobilen Maschine ist es nicht möglich, alle aus der IT-Branche bekannten Maßnahmen zu implementieren. Und es ist auch nicht notwendig, denn Cybersecurity-Maßnahmen sind dann wirksam, wenn sich der Aufwand, sie zu hacken, nicht lohnt, weil entweder die notwendige Rechenleistung zu teuer ist oder es einfach zu lange dauert.

Es ist Teil des Entwicklungsprozesses, ein neues Fahrzeug zu analysieren, um Sicherheitslücken aufzudecken. Um die Sicherheit zu verbessern, agiert dieser Hacker als sogenannter ethischer oder White-Hat-Hacker und meldet seine Erkenntnisse dem Fahrzeughersteller oder Systemlieferanten, der sie beheben und die Lücke so schnell wie möglich schließen soll.

Wenn ein Hacker seine Erkenntnisse der Öffentlichkeit mitteilt, um zu zeigen, wie schlau er/sie ist, sollte er/sie bedenken, dass eine solche Veröffentlichung, z. B. als Youtube-Video, das Vertrauen der Kunden in die Zuverlässigkeit und Sicherheit des Fahrzeugs beeinträchtigt. Infolgedessen verliert der Fahrzeughersteller an Ansehen und Geld.

Wenn ein Krimineller ein Fahrzeug außer Betrieb setzt, um Geld zu erpressen (Bild 9.10), muss ein solches Eindringen als Straftat behandelt und der Hacker ins Gefängnis gesteckt werden. Das digitale Hijacking eines Fahrzeugs oder einer mobilen Maschine ist kein Kavaliersdelikt. Jeder unbefugte Zugriff auf das E/E-System eines Fahrzeugs kann die Sicherheit schwer beeinträchtigen und schließlich Schäden am Fahrzeug oder – noch schlimmer – an Leben und Gesundheit von Menschen verursachen.

[155] https://argus-sec.com/car-hacking

Bild 9.10 Black-Hat-Hacker

Für einen Angriff über die Diagnosekommunikation muss der Hacker die Kommunikationsparameter, z. B. die Adressen der Steuergeräte kennen, sowie die unterstützten Dienste und deren Parameter (z. B. die DIDs und Sub-Function-Bytes). Ohne solche OEM-spezifischen Informationen hilft nur „Reverse Engineering", bei dem Hacker versuchen, die Diagnosespezifikation durch „Trial and Error" (Versuch und Irrtum) „rückwärts" zu erstellen. Das Verfahren ist so zeitraubend und aufwändig, dass sich mitunter der Kauf der benötigten Informationen im Darknet rechnet.

Wenn die Diagnosefunktionen des E/E-Systems in ODX/OTX-Dateien gespeichert sind, kann ein Hacker die gesuchten Informationen mit einem ASCII-Editor oder XML Notepad extrahieren. ODX- und OTX-Dateien unterstützen den Hacker beim Auffinden von Sicherheitslücken. Es ist eine wesentliche Maßnahme gegen Cyberangriffe, DBC-, ODX- und OTX-Dateien vertraulich zu halten und wirksam zu verschlüsseln.

Millionen Software-Codezeilen je Fahrzeug öffnen Kriminellen immer wieder Backdoors, die es schnellstens zu schließen gilt. Das geht natürlich nur, wenn die Software-Entwicklung mit Auslieferung des Fahrzeugs nicht abgeschlossen ist. Damit sind wir wieder beim Software-Defined Vehicle (SDV) und der Notwendigkeit von Updates, ohne dass die Fahrzeuge dazu immer wieder in die Werkstatt müssen.

Dass jede Kette nur so stark ist, wie ihr schwächstes Glied ist, trifft auch für Cybersecurity-Maßnahmen der Automobilindustrie zu. Wirksame Maßnahmen müssen in allen Bereichen von der Forschung über die Entwicklung und die Produktion bis hin zum Service und schließlich sogar bei der Entsorgung getroffen werden. Jede Hard- und Firmware-Komponente, jedes Modul, jedes einzelne Fahrzeug und jede Baureihe müssen auf den Security-Prüfstand. Nicht zu vergessen die Menschen, die in der Entwicklung, Produktion oder im Service arbeiten und beliebte Ziele für Hackerangriffe (Social Engineering Attacke) sind.

Der Abwehr böswilliger Hacker ist aufwändig und teuer. Gäbe es diese Kriminellen nicht, könnten hunderte von Millionen Euro in soziale Projekte fließen.

2-1	Nennen Sie mindestens zwei Beispiele für taktile Rückmeldungen bei der Maschine-Mensch-Kommunikation.	Pulsieren des Bremspedals (ABS) Widerstand im Lenkrad (Spurhalteassistenz)
2-2	Welche Information steckt in der Morsecode-Tonfolge „...---...“?	Notsignal SOS
2-3	Nennen Sie die sieben SI-Basisgrößen des Internationalen Einheitensystems.	Sekunde (s), Meter (m), Kilogramm (kg), Ampere (A), Kelvin (K), Mol (Mmol), Candela (Cd)
2-4	Wofür steht die Abkürzung „Bit“?	Bit = Binary Digit
2-5	Wie viele verschiedene Informationen können mit zwei Bit codiert werden?	Mit zwei Bit können vier verschiedene Informationen codiert werden: 00, 01, 10, 11
2-6	Wie viele verschiedene Informationen können mit x Bit codiert werden?	Mit x Bit können 2^x verschiedene Informationen codiert werden.
2-7	Wofür stehen die Abkürzungen LSB und MSB?	LSB = least Significant Bit MSB = Most Significant Bit
2-8	Welchen Stellenwert hat das MSB der Binärzahl 101?	Das MSB der Binärzahl 101 hat den Stellenwert 4
2-9	Welchen Stellenwert hat das LSB in der Binärzahl 11001011101000101111?	Das LSB dieser (einer beliebig langen) Binärzahl hat immer den Stellenwert $2^0 = 1$.
2-10	Welchen Stellenwert hat das MSB in der Binärzahl 1010 1010?	Das MSB einer beliebigen x-stelligen Binärzahl hat den Stellenwert $2^{8-1} = 128$.
2-11	Wie viele verschiedene Werte kann man mit einer x-stelligen Binärzahl darstellen?	Mit einer x-stelligen Binärzahl können 2^x verschiedene Werte dargestellt werden.
2-12	Wie wird ein 4-bit string bezeichnet?	Ein 4-bit string wird als „Nibble“ bezeichnet.
2-13	Wie wird ein 8-bit string bezeichnet?	Ein 8-bit string wird als „Byte“ bezeichnet.
2-14	Wie wird ein 16-bit string bezeichnet?	Ein 16-bit string wird als „Word“ bezeichnet.
2-15	Wie lauten die Dezimalzahlen 10 und 15 in hexadezimaler Notation?	Dezimal 10 = 0xA Dezimal 15 = 0xF
2-16	Konvertiere 0xFF in eine Binärzahl.	
2-17	Konvertiere die Dezimalzahl 133 in eine binäre und eine hexadezimale Zahl.	Dezimal 133 = 10000101_2 = 0x85
2-18	Was ist der Unterschied zwischen On-Board-Kommunikation und Diagnosekommunikation?	On-Board-Kommunikation findet zwischen Steuergeräten statt (ECU-to-ECU). Bei der Diagnosekommunikation kommuniziert ein (Diagnose-)Tester mit einem Steuergerät (TST-to-ECU).
2-19	Wofür steht die Abkürzung OSI?	OSI = Open Systems Interconnection
2-20	Wie lauten die englischen Namen der ISO/OSI Layer 7, 4, 2 und 1?	Layer 7 = Application Layer Layer 4 = Transport Layer Layer 2 = Data Link Layer Layer 1 = Physical Layer
3-01	Nenne mindestens ein proprietäres Bussystem.	ABUS (Volkswagen), Byteflight (BMW)
3-02	Was bedeutet die Abkürzung CAN?	CAN = Controller Area Network
3-03	In welchem Jahr stellte Bosch auf dem SAE Congress in den USA das CAN vor?	1986
3-04	In welchem Jahr erfolgte der erste Serieneinsatz des CAN?	1991

3-05	Nenne drei Beispiele für physikalische Netzwerktopologien.	Bus, Stern, Ring, Baum
3-06	Was bedeutet die Abkürzung P2P?	P2P = Peer-to-Peer
3-07	Erkläre den Begriff „payload“.	Payload steht für den Inhalt/die Nutzdaten einer Nachricht.
3-08	Was ist der Unterschied zwischen Bitrate und Baudrate?	Bitrate = Bit pro Sekunde Baudrate = Symbole pro Sekunde
3-09	Erkläre „Latenz“.	Latenz ist die Zeit vom Beginn einer Datenübertragung bis zum Beginn des Eintreffens beim Empfänger.
3-10	Wie viel Mal schneller werden die Daten bei 100BASE-TX im Vergleich zu CAN übertragen?	375-mal
3-11	Was bedeutet die Abkürzung CSMA/CR?	CSMA/CR = Carrier Sense Multiple Access/ Collision Resolution
3-12	In welchem ISO-Standard ist die K-Line spezifiziert?	ISO 9141
3-13	Was bedeutet die Abkürzung VCI?	VCI = Vehicle Communication Interface
3-14	In welcher ISO ist CAN spezifiziert?	ISO 11898
3-15	Was bedeutet die Abkürzung CAN FD?	CAN FD = CAN Flexible Datarate
3-16	Für welche maximale Bitrate ist CAN FD spezifiziert?	Max. 5 Mbit/s
3-17	Wie viele Byte an Nutzdaten passen in einen CAN-Frame höchstens?	8 Byte
3-18	Wie viele Byte an Nutzdaten passen in einen CAN-FD-Frame höchstens?	64 Byte
3-19	Was bedeuten die Abkürzungen HSC, LSC und SWC?	HSC = High-Speed CAN LSC = Low-Speed CAN SWC = Single-Wire CAN
3-20	Für welche maximale Bitrate ist HSC spezifiziert?	1 Mbit/s
3-21	Wie wird der HSC terminiert?	120 Ohm zwischen CAN_H und CAN_L an den beiden Busenden
3-22	Wie wird der LSC terminiert?	120 Ohm zwischen CAN_H und CAN_L an jedem CAN-Transceiver
3-23	Was bedeutet die Abkürzung CAN-ID?	CAN-ID = CAN-Identifier
3-24	Wie lang (in Bit) ist der CAN-ID eines CBFF-Frames?	Der CAN-ID eines CBFF (CAN Base Frame Format)-Frames besteht aus 11 bit.
3-25	Wie lang (in Bit) ist der CAN-ID eines CEFF-Frames?	Der CAN-ID eines CEFF (CAN Extended Frame Format)-Frames besteht aus 29 bit.
3-26	Wie viele verschiedene Nachrichten gibt es (theoretisch) in einem CAN mit CBFF-Frames?	Mit den 11 bit CAN-IDs können 2^{11} = 2048 verschiedene Nachrichten adressiert werden.
3-27	Was ist der höchste CAN-ID in einem CAN mit CBFF-Frames in hexadezimaler Notation?	0 bis 2047 = 0x000 ... 0x7FF
3-28	Welche Arbitrierungsmethode verwendet CAN?	CSMA/CR
3-29	ECM and TCM starten zeitgleich mit dem Senden eines Frames. Der Frame des ECM hat den CAN-ID 0x550, der Frame des TCM die CAN-ID 0x6B0. Wer gewinnt die Arbitrierung?	ECM: 0x550 = $(0101\ 0101\ 0000)_2$ TCM: 0x6B0 = $(0110\ 1011\ 0000)_2$ Das ECM gewinnt die Arbitrierung.

3-30	Eine Excel-Tabelle erkennt man an der Dateiendung *.xlsx, eine ausführbare Datei an der Dateiendung *.exe. Woran erkennt man eine CAN-Matrix-Datei?	*.dbc
3-31	Wie werden die Bits eines CAN-Frames bezeichnet, die einen Code für die Anzahl der Bytes im Datenfeld enthalten?	DLC = Data Length Code
3-32	Welche Nummer haben die SAE Recommended Practices, die eine Vielzahl an Protokollen auf CAN für den Einsatz in Lastkraftwagen und mobilen Maschinen spezifizieren?	SAE J1939
	Welche Länge haben die CAN-IDs der Frames in diesem Netzwerk?	29 Bit
3-33	Welche Bitrate und Länge des Datenfelds kennzeichnen CAN XL?	In das Datenfeld eines CAN-XL Franes passen 2 048 Byte. Es kann mit bis zu 10 Mbit/s übertragen werden.
3-34	Wofür stehen die Abkürzungen PGN und SPN?	PGN = Parameter Group Number SPN = Suspect Parameter Number
3-35	Wie wird die in der ISO 11783 standardisierte CAN-Variante für Land- und Forstmaschinen genannt?	ISOBUS
3-36	Was bedeutet LIN?	LIN = Local Interconnect Network
3-37	Nenne drei Attribute, in denen sich LIN und CAN unterscheiden.	LIN kostet weniger als CAN. LIN besteht aus einer Eindraht-Leitung mit Spannungssignal gegen Masse. Es gibt einen LIN-Commander und (mindestens einen) LIN-Responder. LIN ist zeitgesteuert.
3-38	Ist FlexRay ein Ein- oder Zweikanal-Netzwerk?	FlexRay kann ein- oder zweikanalig sein.
3-39	Wie heißen die beiden Segmente des FlexRay Kommunikationszyklus? Welche Buszugriffsmethoden werden in diesen Segmenten verwendet?	Statisches Segment mit TDMA Dynamisches Segment mit FTDMA
3-40	Wie viele Nutzdaten-Bytes passen in einen FlexRay-Frame?	Max. 254 Byte
3-41	Wofür steht die Abkürzung MOST?	MOST = Media Oriented Systems Transport
3-42	Welche physikalische Topologie hat ein MOST-Netzwerk?	Ring
3-43	Welche Netto-Bitrate hat 100BASE-TX?	100 Mbit/s
3-44	Worin unterscheiden sich 100BASE-TX und 100BASE-T1?	100BASE-TX = zwei verdrillte Aderpaare (Cat-x-Kabel) 100BASE-T1 = eine ungeschirmte Zweidrahtleitung
3-45	Wie lautet der von Broadcom als Marke geschützte Name von Automotive Ethernet?	BroadR-Reach
3-46	Wie lang ist eine MAC-Adresse?	Eine MAC-Adresse besteht aus 48 Bit (6 Byte).
3-47	Mit welchen Steuergeräten werden verschiedene Bussysteme im Fahrzeug miteinander verbunden?	Gateway-Steuergeräte

4-1	Was sind die Spezifikationen der fünf derzeit zugelassenen OBD-Protokolle ISO-OBD, SAE-OBD, WWH-OBD, HD OBD und OBD on UDS?	ISO-OBD = ISO 15031
4-2	In welchem SAE-Standard ist der OBD-Stecker standardisiert?	SAE J1962
4-3	Wie viele Kontakte hat der OBD-II-Stecker?	Der OBD-II-Stecker hat 16 Kontakte.
4-4	Wofür steht die ODX-Kurzbezeichnung DWCAN?	DWCAN = Dual-Wire CAN
4-5	Wie heißt die Diagnosedienst-Anfrage eines Testers an ein Steuergerät auf Englisch?	Diagnostic service request
4-6	Wofür steht die Abkürzung DID?	DID = Data Identifier
4-7	Wofür steht die Abkürzung SID?	SID = Service Identifier
4-8	Berechnen Sie die positive Response-SIDs für die Request-SIDs 0x22 und 0x87.	Response SID = Request SID + 0x40: 0x22 + 0x40 = 0x62 0x87 + 0x40 = 0xC7
4-9	Wie lautet die negative Response-SID, wenn der Request mit der SID 0x10 nicht unterstützt wird?	Der negative Response SID lautet immer 0x7F
4-10	Wofür steht die Abkürzung NRC?	NRC = Negative Response Code
4-11	Was bedeutet die Antwort 0x [7F,22,11]?	0x7F = Negative Response 0x22 = Request-SID 0x11 = NRC = service 0x22 not supported
4-12	Was ist der Unterschied zwischen einer physikalisch und einer funktional adressierten Anfrage?	Bei einer physikalisch adressierten Anfrage sendet der Tester einen Diagnoseservice-Request an ein einzelnes Steuergerät, bei einer funktional adressierten Anfrage an eine Gruppe von Steuergeräten, z. B. dem „OBD-System".
4-13	Wofür steht die Abkürzung DTC?	DTC = Diagnostic Trouble Code
4-14	Wie lang (in Nibbles) ist ein Basis-DTC?	Ein Basis-DTC besteht aus 2 Byte = 4 Nibbles
4-15	Wie lautet der CAN-ID für eine physikalisch adressierte Anfrage eines OBD-Scantools an das ECM?	Request TST-to-ECM CAN-ID = 7E0
4-16	Wie lautet die funktionale Adresse einer vom TST an das HD-OBD-System gesendeten Anfrage?	0x[18,DB,33,F1]
4-17	Wie viele OBD-Dienste sind für die CAN-basierte SAE-OBD und ISO-OBD gesetzlich vorgeschrieben?	Neun. 0x01 bis 0x0A, bei CAN ohne 0x05
4-18	Wofür stehen die Abkürzungen PID, TID und MID?	PID = Parameter Identifier TID = Test Identifier MID = Monitor Identifier
4-19	Wofür steht die Abkürzung UDS?	UDS = Unified Diagnostic Services
4-20	Wie lautet die ISO-Nummer der UDS-Spezifikationen?	ISO 14229
4-21	Welches sind die beiden Vorläufer der UDS?	KWP 2000 und GMLAN
4-22	Wie viele Application-Layer-Services sind in der ISO 14229-1 spezifiziert?	26
4-23	Was spezifiziert ISO 14229-3 und ISO 14229-5?	Teil 3: UDS on CAN Teil 5: UDS on IP

4-24	Wie kann ein UDS-Request parametriert werden?	Ein UDS-Request kann entweder durch ein Sub-Function-Byte und/oder durch einen Data-Identifier (DID) parametriert werden.
4-25	Was ist die Funktion des MSB des Sub-Function-Bytes?	Das MSB des Sub-Function-Bytes bestimmt, ob der Tester eine positive Response vom Steuergerät erwartet oder nicht.
4-26	Warum setzt der Tester das suppressPosRspMsgIndicationBit auf 1?	Der Tester setzt das suppressPosRspMsgIndicationBit auf 1, wenn er vom Steuergerät keine positive Antwort möchte.
4-27	Wie lang (in Bytes) ist der DID einer UDS-Anfrage?	Ein Data-Identifier (DID) besteht aus 2 Byte.
4-28	Welche Bezeichnung hat die Sub-Function der UDS-Anfrage 0x10?	UDS-Request 0x10 = Diagnostic Session Control mit Sub-Function „Diagnostic Session Type"
4-29	Was passiert, wenn der Tester den UDS-Request 0x10 02 an ein Steuergerät sendet, das diesen Dienst unterstützt?	Das Steuergerät wechselt in die 0x10 02 = Diagnostic Session Control > Programming Session
4-30	Was ist erforderlich, um ein Steuergerät in einer Non-Default-Session zu halten?	Der Tester muss periodisch den UDS-Request 0x3E = Tester Present senden.
4-31	Wie lauten die Namen der beiden 0x27 = Security Access Request Parameter?	Seed und Key
4-32	Ist es möglich, die On-Board-Kommunikation mit einem Diagnoseservice-Request zu deaktivieren? Wenn ja, wie lautet der Request?	Ja. Mit dem UDS-Request 0x28 = Communication Control
4-33	Was ist der Inhalt von ISO 27145 (Abkürzung)?	WWH-OBD
4-34	Was ist der Inhalt von SAE J1939-73 (Abkürzung)	HD OBD
4-35	Wie hoch ist die gesetzlich vorgeschriebene Übertragungsrate der SAE J1939-73 Diagnosemeldung DM 1?	DM 1 wird 1/s gesendet.
4-36	Aus welchen Feldern besteht die DTC-Information der DM 1?	SPN = Suspect Parameter Number FMI = Failure Mode Indicator CM = SPN Conversion Method OC = Occurrence Count
4-37	Wofür steht die Abkürzung FMI im 4-Byte SAE J1939 DTC?	FMI = Failure Mode Indicator
4-38	Wie lautet der DID für die VIN in ISO 14229 und SAE J1979-2?	ISO 14229 (UDS) VIN DID = 0x F802 SAE J1979-2 (OBD on UDS) VIN ID = 0xF190
4-39	Welche Merkmale hat Mixed-Fixed-Notation?	Mehrere Wörter werden ohne Leerzeichen (oder Bindestriche) hintereinander geschrieben. derErsteBuchstabeWirdKleinGeschrieben. dieAnderenWörterFangenMitEinemGroßbuchstabenAn.
5-1	Welches Transportprotokoll wird bei UDS on CAN verwendet?	ISO 15765 (DoCAN)
5-2	Aus wie vielen ASCII-Zeichen besteht die VIN? Wie lang ist die VIN in Bytes?	Die VIN aka FIN besteht aus 17 arabischen Zahlen und römischen Buchstaben zu je 1 Byte im ASCII Code = 17 Byte
5-3	Welches Transportprotokoll wird für UDS on IP verwendet?	ISO 13400 (DoIP)
5-4	Wofür steht die Abkürzung PCI?	Protocol Control Information

5-5	Welche vier Frame-Typen werden durch das erste Nibble des PCI-Felds bestimmt?	Single Frame First Frame Consecutive Frame Flow Control Frame
5-6	Wofür steht die Abkürzung DoIP?	Diagnostics Over Internet Protocol
5-7	Welcher Physical Layer wird für Diagnostics over IP verwendet?	100 BASE-TX = Ethernet auf 4-Drahtleitung
5-8	Welches sind die beiden Layer-3-Protokolle für UDS on IP?	IPv4 und IPv6
5-9	Welches sind die beiden Layer-4-Protokolle für UDS on IP?	TCP und UDP
5-10	Wofür stehen die Abkürzungen TCP und UDP?	TCP = Transmission Control Protocol UDP = User Datagram Protocol
5-11	Wie lautet die TCP-Portnummer von doip-data?	13400
5-11	Was sind die drei Komponenten eines Ethernet-Headers?	Destination MAC Address Source MAC Address Type Field
5-13	Wie lautet die maximale Quell- und Ziel-IPv4-Adresse in „dottet decimal notation"?	255.255.255.255
5-14	Wie lang sind die IPv4- und IPv6-Header in Bits?	Ein IPv4-Header besteht aus 20 Byte, ein IPv6-Header aus 40 Byte.
5-15	Welchen Inhalt hat ein DoIP-Datenfeld?	Source Address, Target Address, SID, Service-Parameter
5-16	Wozu wird der von der IANA dem UDP-Port 13400 zugewiesene Dienst *doip-disc* verwendet?	Senden des Vehicle Information Request als Broadcast
5-17	Wozu wird der von der IANA dem TCP-Port 13400 zugewiesene Dienst *doip-data* verwendet?	Bidirektionale Weiterleitung von Diensten zwischen dem DoIP-Gateway und Steuergeräten
6-1	Was ist die Funktion eines Compilers?	Ein Compiler übersetzt Source Code (Quellcode) in Object Code.
6-2	Wie lautet der Dateiname einer Datei, die ausführbaren Code enthält?	*.exe
6-3	Was ist der Inhalt einer Datei mit dem Dateinamen *.cpp?	C++ Quellcode
6-4	Wofür stehen die Abkürzungen UML, XML und XSD?	UML = Unified Modelling Language XML = Extensible Markup Language XSD = XML Schema definition
6-5	Wofür steht die Abkürzung ODX?	Open Diagnostic Data Exchange (Format)
6-6	Wie lautet der Dateiname eines ODX-Kommunikationsparameter-Subsets?	COMPARAM-SUBSET: *.odx-cs
6-7	Was sind die fünf Komponenten eines ODX-DLC?	Protocol, Functional Group, Base-Variant, ECU-Variant, ECU-Shared-Data
6-8	Wofür stehen in einer ODX-Bedatung die Präfixe CP_, PR_ und NRC_?	CP = Communication Parameter PR = Protocol NRC = Negative Response Code
6-9	Was ist der Inhalt der Datei DLC_PR_UDSOnIP. odx-d?	Die Datei beinhaltet die Spezifikation des Diagnoseprotokoll-Stacks UDS on IP
6-10	Wofür steht die Abkürzung OTX?	Open Test Sequence Exchange Format

7-1	Wofür steht die Abkürzung VCI-to-DLC-Verbindung?	Verbindung zwischen dem Vehicle Communication Interface (VCI) und dem Data Link Connector (DLC). i. d. R. High-Speed CAN oder Ethernet
7-2	Benennen Sie die beiden drahtlosen TST-to-VCI-Verbindungen.	Bluetooth und WLAN
7-3	Nennen Sie die vier Protokolle, für die es auf dem SAE J1962 und ISO 13400-3 DLC eine standardisierte Pinbelegung gibt.	CAN, Ethernet, SAE J1850, K-Line
7-4	Wie viele Pins des ISO 13400-3 DLC werden für UDS on IP verwendet?	Fünf: vier für Ethernet Rx und Tx und einer für die Ethernet-Activation-Line
7-5	Wie lautet die Nummer der SAE Recommended Practice, die die Spezifikation des HD-OBD-Steckers enthält?	SAE J1939-13
7-6	Nennen Sie neben der proprietären CAN-L2-API die drei standardisierten VCI-Firmware-APIs.	SAE J2534 TMC RP1210 D-PDU API
7-7	Wie lautet die übliche Bezeichnung für ein VCI mit SAE J2534 API?	Pass-Thru Device
7-8	Was ist die Hauptfunktion eines J2534-konformen VCI?	Unterstützung der Programmierung abgasrelevanter Steuergeräte
7-9	Wie lautet die nach ISO 22900 genormte Bezeichnung der Firmware, die mit einer D-PDU-API geliefert wird?	MVCI Protocol Module Firmware
7-10	Wofür steht die Abkürzung MVCI?	Modular Vehicle Communication Interface
7-11	Was ist der Inhalt des MVCI-Protokollmoduls ISO_14229_3_on_ISO_15765_2?	ISO UDS on CAN
7-12	Vervollständigen Sie den Satz: Das PC-BIOS wurde ersetzt durch ...	UEFI = Unified Extensible Firmware Interface
7-13	Nennen Sie die fünf wichtigsten Betriebssysteme für Diagnosetester.	Microsoft Windows, Android, iOS, MAC-OS, Linux
7-14	Wofür steht die Abkürzung USB?	Universal Serial Bus
7-15	Welcher IEEE-Standard enthält die Spezifikation von WLAN?	IEEE 802.11
7-16	Was sind die beiden verschiedenen WLAN-Modi?	Ad-Hoc-Mode und Infrastructure-Mode
7-17	Wie heißen die Frames, die regelmäßig von einem WLAN Access Point gesendet werden?	Beacon-Frames
7-18	Wie lautet der nach ISO 22900 genormte Name der Software, die das Laufzeitäquivalent von ODX verarbeitet?	MVCI D-Server
7-19	Wie lautet der Name der API zwischen der Diagnosetester-Anwendung und dem D-Server?	D-Server API
7-20	Wie heißen die vier Prozessoren eines MVCI D-Servers?	Job Processor Flash Data Processor Communication Processor Data Processor
7-21	Wofür steht die Abkürzung SDA?	Smart Diagnostic Engine API (mit API = Application Programming Interface)

8-1	Wofür stehen die Abkürzungen FIN und VIN?	FIN = Fahrzeugidentifikationsnummer VIN = Vehicle Identification Number
8-2	Aus wie vielen ASCII-Zeichen besteht die FIN?	17
8-3	Warum ist die Fahrgestellnummer nicht als On-Board-Datum auf dem klassischen CAN-Bus verfügbar?	Die Fahrgestellnummer (FIN) passt nicht in einen CAN Single Frame, und in der On-Board-Kommunikation wird ein Transportprotokoll wie ISO TP nicht verwendet.
8-4	Wie lautet der UDS-Request incl. DID zum Lesen der Fahrzeugidentifikation?	0x22 = Read Data By Identifier mit DID 0xF190
8-5	Wofür steht die Abkürzung FOTA?	Firmware (-Update) Over The Air
8-6	Wie viele Bytes können mit einem 16-Bit-Adressbus adressiert werden?	2 MByte
8-7	Was sind die drei Phasen eines Flash-Programmiervorgangs?	Pre-Processing Programming Post-Processing
8-8	Was muss mit Flash-Speicherzellen geschehen, bevor sie umprogrammiert werden können?	Flash-Speicher müssen vor einer (Um-) Programmierung gelöscht werden.
8-9	Was ist der letzte Diagnosedienst eines Flash-Verfahrens?	0x11 = ECUReset
8-10	Wie lange dauert es ungefähr (in Sekunden), um 10 MByte über einen 500 Kbit/s HSC in einen Flash-Speicher zu schreiben? Wie hoch ist die Flash-Performance in KByte/s?	Etwa sechs Minuten = 360 s Flash-Performance mit HSC = 30 KByte/s
9-1	Wofür steht die Abkürzung „IoT" in der deutschen Übersetzung?	IoT = Internet of Things = Internet der Dinge
9-2	Welche drei Schlagworte charakterisieren die vierte industrielle Revolution in der Fahrzeugindustrie?	Konnektivität Elektrifizierung Automatisierung
9-3	Wie viele Stufen (Level) hat SAE International für das autonome Fahren definiert?	Sechs (0 bis 5)
9-4	Erkläre „Preventive Maintenance".	Bei der vorbeugenden Wartung werden Komponenten ausgetauscht, bevor sie kaputt gehen.
9-5	Wofür stehen die Abkürzungen „V2V", „V2I" und „V2C"?	V2V = Vehicle-to-Vehicle V2I = Vehicle-to-Infrastructure V2C = Vehicle-to-Cloud
9-6	Was bedeutet „RSU" und nenne mindestens zwei Beispiele.	RSU = Road-Side Unit, z. B. Ampel oder Mautstation
9-7	Was ist „eCall"?	eCALL ist ein gesetzlich in der EU vorgeschriebenes Notrufsystem, das bei einem (schweren) Unfall 112 anruft und die GPS-Daten des Fahrzeugs an die Rettungsleitstelle übermittelt.
9-8	Wofür steht die Abkürzung „TCU"?	TCU = Telematic Control Unit
9-9	Wofür steht die Abkürzung „SoC"?	SoC = State of Charge (Ladezustand einer Batterie)
9-10	Wofür steht die Abkürzung „FMS"?	FMS = Fleet Management System
9-11	Erkläre den Begriff „Geofencing".	Beim Geofencing werden Fahrzeugfunktionen vom Standort des Fahrzeugs abhängig gemacht.

9-12	Wofür steht die Abkürzung „SDV“?	SDV = Software Defined Vehicle
9-13	Wofür steht die Abkürzung „HPC“?	HPC = High Performance Computer
9-14	Wofür steht die Abkürzung „SOVD“?	SOVD = Service Oriented Vehicle Diagnostics

11 Anhang

11.1 Literaturverzeichnis

11.1.1 Bücher

Marscholik, C., Subke, P.: Road vehicles – Diagnostic communication. Hüthig-Jehle-Rehm, ISBN 978-3-7785-4048-0

Marscholik, C., Subke, P.: Datenkommunikation im Automobil – Grundlagen, Bussysteme, Protokolle und Anwendungen. 2. Auflage 2008, VDE Verlag, ISBN 978-3-8007-3275-3

Subke, P.: Diagnostic Communication with Road-Vehicles and Non-Road Mobile Machinery. SAE International, R-474, ISBN 978-0-7680-9367-4

Lupini, C.: Vehicle Multiplex Communication. SAE International, R-340, ISBN 0-7680-1218-X, 2004

Matheus, K., Königseder, T.: Automotive Ethernet. Cambridge University Press, ISBN 978-1-107-05728-9

Walter, R. P., Walter, E.: Data Acquisition from HD Vehicles Using J1939 CAN Bus. SAE International, ISBN 978-0-7680-8172-5

Voss, W.: A Comprehensible Guide to Controller Area Network. Copperhill Technologies Corporation, Greenfield, MA, USA, ISBN 0-9765116-0-6

Voss, W.: A Comprehensible Guide to J1939. Copperhill Technologies Corporation, Greenfield, MA, USA, ISBN 987-0-9765116-3-2, 2008

Grzemba, A.: MOST – The automotive network. 2008, Franzis Verlag GmbH, ISBN 978-3-7723-5316-1

Metcalfe, B., Correa, C., et al: Automotive Ethernet – The Next Big Thing. 2014, Intrepid Control Systems Inc., ISBN 978-0- 9905-3880-6

Kozierok, C. M., Correa, et al: Automotive Ethernet – The Definitive Guide. ISBN 978-0-9905388-2-0, 2014

Dykes, L., Tittel, E.: XML for Dummies. 4th edition, 2005, Wiley Publishing Inc., ISBN 978-0-7645-8845-7

11.1.2 SAE Technical Papers

Quelle: http://profiles.sae.org/79697328210

Subke, P.: Internationally Standardized Technology for the Diagnostic Communication of External test equipment with Vehicle ECUs, doi: 10.4271/2014-01-0281

Subke, P., Eberl, M.: SAE meets ISO: Description of SAE J1939-73 on SAE J1939-21 in ODX 2.2.0 Format (ISO 22901), doi: 10.4271/2015-01-2878

Subke, P., Moshref, M.: APP-based Diagnostics of E/E Systems with ISO Standardized Technology (MVCI, ODX, OTX, and UDS on DoIP), doi: 10.4271/2016-01-0073

Subke, P., Moshref, M., Vach, A., Steffelbauer, M.: Measures to Prevent Unauthorized Access to the In-Vehicle E/E System, Due to Security Vulnerability of a Remote Diagnostic Tester, doi: 10.4271/2017-01-1689

Hanc, M., Subke, P.: Qt and QML Based HMI Widgets and OTX Scripts for Diagnostic Test Equipment, doi: 10.41271/018-01-1358

Subke, P., Moshref, M.: Improvement of the Resilience of a Cyber-Physical remote Diagnostic Communication System against Cyber Attacks, doi: 10.4271/2019-01-0112

Subke, P., Moshref, M., Erber, J.: In-Vehicle Diagnostic System for Prognostics and OTA Updates of Automated/Autonomous Vehicles, doi: 10.4271/2020-01-1373

Subke, P., Moshref, M.: Right First Time: Cloud-Based Cyber-Physical System for Data Acquisition and remote Diagnostics to Optimize the Service Quality, doi: 10.4271/2021-01-0158

Subke, P.: The Future of OBD: Enhanced On-Board Diagnostic System with Remote Access, doi: 10.4271/2022-01-0114

Subke, P., Heineman, L.: Diagnostic Communication with Zero Emission Verhicles (ZEV) using ISO 14229-5 (UDS on IP) and SAE J1979-3 (ZEV on UDS), 2024-01-xxxx

11.1.3 ISO Standards

Quelle: https://www.iso.org

ISO 9141	**Road vehicles – Diagnostic systems**
Part 1	Requirements for interchange of digital information
Part 2	CARB requirements for interchange of digital information
Part 3	Verification of the communication between vehicle and OBD II scan tool

ISO 10681	**Road vehicles – Communication on FlexRay**
Part 1	General information and use case definition
Part 2	Communication layer services

ISO 11783	**Tractors and machinery for agriculture and forestry – Serial control and communications data network**
Part 1	General standard for mobile data communication
Part 2	Physical layer
Part 3	Data link layer
Part 4	Network layer
Part 5	Network Management
Part 6	Virtual terminal
Part 7	Implement messages application layer
Part 8	Power train messages
Part 9	Tractor ECU
Part 10	Task controller and management information system data interchange
Part 11	Mobile data element dictionary
Part 12	Diagnostic services
Part 13	File server
Part 14	Sequence control

ISO 11898	Road vehicles – Controller area network
Part 1	Data link layer and physical signaling
Part 2	High-speed medium access unit
Part 3	Low-speed, fault-tolerant, medium dependent interface
Part 4	Time-triggered communication

ISO 11992	Road vehicles – Interchange of digital information on electrical connections between towing and towed vehicles
Part 1	Physical and data-link layers
Part 2	Application layer for brakes and running gear
Part 3	Application layer for equipment other than brakes and running gear
Part 4	Diagnostic communication

ISO 13209	Road vehicles – Open Test sequence eXchange format (OTX)
Part 1	General information and use cases
Part 2	Core data model specification and requirement
Part 3	Standard extensions and requirements

ISO 13372	Condition monitoring and diagnostics of machines
	Vocabulary

ISO 13374	Condition monitoring and diagnostics of machines – Data processing, communication and presentation
Part 1	General guidelines
Part 2	Data processing
Part 3	Communication
Part 4	Presentation

ISO 13379	Condition monitoring and diagnostics of machines – Data interpretation and diagnostic techniques
Part 1	General guidelines
Part 2	Data-driven applications
Part 3	Knowledge-based applications

ISO 13400	Road vehicles – Diagnostic communication over Internet Protocol (DoIP)
Part 1	General information and use case definition
Part 2	Transport protocol and network layer services
Part 3	Wired vehicle interface based on IEEE 802.3
Part 4	Ethernet-based high-speed data link connector

ISO 14229	Road vehicles – Unified Diagnostic Services (UDS)
Part 1	Specification and requirements
Part 2	Session layer services
Part 3	Unified diagnostic services on CAN implementation (UDSonCAN)
Part 4	Unified diagnostic services on FlexRay implementation (UDSonFR)
Part 5	Unified diagnostic services on Internet Protocol implementation (UDSonIP)
Part 6	Unified diagnostic services on K-Line implementation (UDSonK-Line)
Part 7	Unified diagnostic services on Local Interconnect Network implementation (UDSonLIN)
Part 8	Unified diagnostic services on Clock extension peripheral interface (UDSonCXPI)

ISO 14230	Road vehicles – Diagnostic communication over K-Line (DoK-Line)
Part 1	Physical layer
Part 2	Data link layer
ISO 14230	Road vehicles – Diagnostic systems – Keyword Protocol 2000
Part 3	Application layer
Part 4	Requirements for emission-related systems

ISO 15031	Road vehicles – Communication between vehicle and external equipent for emissions-related diagnostics
Part 1	General information and use case definition
Part 2	Guidance on terms, definitions, abbreviations and acronyms
Part 3	Diagnostic connector and related electrical circuits, specification and use
Part 4	External test equipment
Part 5	Emissions-related diagnostic services
Part 6	Diagnostic trouble code definitions
Part 7	Data link security

ISO 15765	Road vehicles – Diagnostic communication over Controller Area Network (DoCAN)
Part 1	General information and use case definition
Part 2	Transport protocol and network layer services
Part 3	Withdrawn and replaced by ISO 14229-3 (2012)
Part 4	Requirements for emissions-related system

ISO 17458	Road vehicles – FlexRay communications system
Part 1	General information and use case definition
Part 2	Data link layer specification
Part 3	Data link lyer conformance test specification
Part 4	Electrical physical layer specification
Part 5	Electrical physical layer conformance test specification

ISO 17978	**Road Vehicles – Service-oriented vehicle diagnostics (SOVD)**
Part 1	General information, definitions, rules and basic principles
Part 2	Use case definition
Part 3	Application Programming Interface

ISO 17987	**Road vehicles – Local Interconnect Network (LIN)**
Part 1	General information and use case definition
Part 2	Transport protocol and network layer services
Part 3	Protocol specification
Part 4	Electrical physical layer (EPL) specification 12 V/24 V
Part 5	Application programmers interface (API)
Part 6	Protocol conformance test specification
Part 7	EPL conformance test specification
Part 8	Electrical physical layer (EPL) specification: LIN over DC powerline

ISO 18541	**Road vehicles – Standardized access to automotive repair and maintenance information (RMI)**
Part 1	General information and use case definition
Part 2	Technical requirements
Part 3	Functional user interface requirements
Part 4	Conformance test

ISO 18542	**Road vehicles – Standardized access to automotive repair and maintenance information (RMI) terminology**
Part 1	General information and use case definition
Part 2	Standardized process implementation requirements, Registration Authority

ISO/IEC 19501	**Information Technology**
	Open Distributed Processing – Unified Modeling Language (UML) Version 1.4.2

ISO 20077	**Road vehicles – Extended vehicle (ExVe) methodology**
Part 1	General information
Part 2	Methodology for designing the extended vehicle

ISO 20078	**Road vehicles – Extended vehicle (ExVe) web services**
Part 1	ExVe content
Part 2	ExVe access
Part 3	ExVe security
Part 4	ExVe control

ISO 20794	Road vehicles – Clock extension peripheral interface (CXPI)
Part 1	General information and use case definition
Part 2	Application layer
Part 3	Transport and network layer
Part 4	Data link and physical layer
Part 5	Application layer conformance test plan
Part 6	Transport and network layer conformance test plan
Part 7	Data link and physical layer conformance test plan

ISO 21111	Road vehicles – In-vehicle Ethernet
Part 1	General information and definitions
Part 2	Common physical entity requirements
Part 3	Optical 1-Gbit/s physical entity requirements and conformance test plan
Part 4	General requirements and test methods of optical gigabit Ethernet components
Part 5	Optical 1-Gbit/s physical layer system requirements and test plans
Part 6	Electical 100-Mbit/s physical entity requirements and conformance test plan
Part 7	Electrical 100-Mbit/s physical layer system requirements and test plan
Part 8	Electrical 100-Mbit/s Ethernet transmission, media, components and tests
Part 9	Data link layer requirements and conformance test plan
Part 10	Application to network layer requirements and test plan

ISO 21806	Road vehicles – Media Oriented Systems Transport (MOST)
Part 1	General information and definitions
Part 2	Application layer
Part 3	Application layer conformance test plan
Part 4	Transport layer and network layer
Part 5	Transport layer and network layer conformance test plan
Part 6	Data link layer
Part 7	Data link layer conformance test plan
Part 8	150-Mbit/s optical physical layer
Part 9	150-Mbit/s optical physical layer conformance test plan
Part 10	150-Mbit/s coaxial physical layer
Part 11	150-Mbit/s coaxial physical layer conformance test plan
Part 12	50-Mbit/s balanced media physical layer
Part 13	50-Mbit/s balanced media physical layer conformance test plan
Part 14	Lean application layer
Part 15	Lean application layer conformance test plan

ISO 21434	Road vehicles – Cybersecurity Engineering

ISO 22900	Road vehicles – Modular vehicle communication interface (MVCI)
Part 1	Hardware design requirements
Part 2	Diagnostic protocol data unit application programming interface (D-PDU API)
Part 3	Diagnostic server application programming interface (D-Server API)

ISO 22901	Road vehicles – Open diagnostic data exchange (ODX)
Part 1	Data model specification
Part 2	Emissions-related diagnostic data

ISO 22902	Road vehicles – Automotive multimedia interface
Part 1	General technical overview
Part 2	Use cases
Part 3	System requirements
Part 4	Networkprotocol requirements for vehicle interface access
Part 5	Common message set
Part 6	Vehicle interface requirements
Part 7	Physical specification

ISO 26262	Road vehicles – Functional safety
Part 1	Vocabulary
Part 2	Management of functional safety
Part 3	Concept phase
Part 4	Product development at the system level
Part 5	Product development at the hardware level
Part 6	Product development at the software level
Part 7	Production and operation
Part 8	Supporing processes
Part 9	Automotive Safety Integrity Level (ASIL)-oriented and safety-oriented analysis
Part 10	Guideline on ISO 26262

ISO/IEC 27032	Information technology – security techniques
	Guidelines for cybersecurity

11.1.4 SAE Recommended Practices

Quelle: http://www.sae.org/search/

SAE	Titel
J1213B	Glossary of Automotive Electronic Terms
J1213-1	Glossary of Vehicle Networks for Multiplexing and Data Communications
J1587	Electronic Data Interchange Between Microcomputer Systems in Heavy-Duty Vehicle Applications
J1699-1	SAE J1850 Verification Test Procedures
J1699-2	OBD II Related SAE Specification Verification Test Procedures
J1699-3	Vehicle OBD II Compliance Test Cases
J1699-4	OBD II Communications Anomaly List
J1708	Serial Data Communications Between Microcomputer Systems in Heavy-Duty Vehicle Applications
J1850	Class B Data Communication Network Interface
J1930	Electrical/Electronic Systems Diagnostic Terms, definitions, Abbreviations, and Acronyms (equivalent to ISO 15031-2)
J1962	Diagnostic connector (equivalent to ISO 15031-3)
J1978	OBD II Scan Tool (equivalent to ISO 15031-4)
J1979	E/E Diagnostic Test Modes (equivalent to ISO 15031-5)
J2012	Diagnostic Trouble Code Definitions (technically equivalent to ISO 15031-6)
J2030	Heavy-Duty Electrical Connector Performance Standard
J2178-1	Class B Data Communication Network Messages – Data Parameter Definitions
J2178-2	Class B Data Communication Network Messages – Detailed Header Formats and Physical Address Assignments
J2178-3	Class B Data Communication Network Messages – Frame IDs for Single-Byte Forms of Headers
J2178-4	Class B Data Communication Network Messages – Message definitions of Three Byte Headers
J2284	High Speed CAN (HSC) for Passenger Vehicle Applications
J2292	Heavy-Duty Wiring Systems for On-Highway Trucks
J2411	Single Wire CAN Network for vehicle Applications
J2534-1	Recommended Practice for Pass-Thru Vehicle Programming
J2534-2	Optional Pass-Thru Features
J2534-3	Conformance Test Cases
J2534-4	Guidelines for Implementing OEM Diagnostic Applications using J2534 API
J2602-1	LIN Network for Vehicle Applications
J2602-2	LIN Network for Vehicle Applications Conformance Test
J2602-3	File Structures for a Node Capability File (NCF
J2740	General Motors UART Serial Data Communications
J2818	Keyword Protocol 1281
J2819	TP 2.0 Vehicle Diagnostic Protocol

SAE	Titel
J3005	Permanently of Semi-Permanently Installed Diagnostic Communication Devices
J3061	Cybersecurity Guidebook for Cyber-Physical Vehicle Systems
J1939	Recommend Practice for a serial Control and Communications Vehicle Network
J1939 DA	Digital Annex
J1939-01	Recommended Practice for Control and Communications Network for On-Highway Equipment
J1939-02	Agricultural and Forestry Off-Road Machinery Control and Communication Network
J1939-03	On-Board Diagnostics Implementation Guide
J1939-05	Marine Stern Drive and Inboard Spark-Ignition Engine On-Board Diagnostics Implementation Guide
J1939-11	Physical Layer, 250 Kbit/s, Twisted Shieled Pair
J1939-13	Off-Board Diagnostic Connector
J1939-15	Reduced Physical Layer, 250 Kbit/s, Unshielded Twisted Pair (UTP)
J1939-16	Automatic Baud Rate Detection Process
J1939-21	Data Link Layer
J1939-31	Network Layer
J1939-71	Vehicle Application Layer
J1939-73	Application Layer – Diagnostics
J1939-74	Application – Configurable Messaging
J1939-75	Application Layer – Generator Sets and Industrial
J1939-81	Network Management
J1939-82	Compliance – Truck & Bus
J1939-84	OBD Communications Compliance Test cases for Heavy-Duty Components and Vehicles

11.2 Abkürzungen

Abkürzung	Bedeutung
ABS	Antilock Braking System
A/C	Air conditioning
ACC	Adaptive Cruise Control
ACEA	European Automobile Manufacturers Association
ACK	Acknowledgement (SAE J1939)
ACL	Address Claiming (SAE J1939)
ADC	Analog-Digital-Converter
ADAS	Advanced Driving Assistance System
AE	Automotive Electronics (ASAM)
AES	Advanced Encryption Standard
A/D	Analog/Digital
ALDL	Assembly Line Diagnostic Link
AMD	Amendment (ISO) (Änderung)
AMI-C	Automotive Multimedia Interface Collaboration (https://www.ami-c.org)
API	Application Programming Interface (Schnittstelle für die Programmierung von Applikationen (Anwendungen))
AR	Authorized Repairers (ISO 22900-2)
ARB	1: Arbitration Field (ISO 11898) 2: Air Resources Board (of the US State California)
ASAM	Association for the Standardisation of Automation and Measuring Systems
ASAP	Arbeitskreis zur Standardisierung von Applikationssystemen
ASCII	American Standard for Character Information Interchange
ASR	Antriebs-Schlupfregelung
AUI	Attachment Unit Interface (ISO 11898)
AUTOSAR	AUTomotive Open System ARchitecture
A_PCI	Application layer Protocol Control Information
A_PDU	Application layer Protocol Data Unit
A_SDU	Application layer Service Data Unit
AWI	Approved Work Item (ISO.org)
BAM	Broadcast Announce Message (SAE J1939)
BDM	Background Debug Mode
BG	Bus Guardian (FlexRay)
BRS	Bit Rate switch (ISO 11898)
C2C (C)	Car-to-Car (Communication)
CA	Controller Application (SAE J1939)
CAESAR	Common Access to Electronic Systems of Automotive Requirements (Daimler)
CAFE	Clean Air for Europe (Programm der Europäischen Kommission)

Abkürzung	Bedeutung
CAL	CAN Application Layer
CALID	Calibration Identification
CAN	Controller Area Network (Bosch)
CANdela	CAN diagnostic environment for lean applications (Vector Informatik)
CANdesc	CAN diagnostic embedded software component (Vector Informatik)
CARB	California Air Resources Board
CBF	File name extension of a Caesar Binary File (Daimler)
CBFF	Classical Base Frame Format (ISO 11898)
CC	Communication Controller (FlexRay)
CCM	1: Cruise Control Module 2: Comprehensive Component Monitoring (SAE J1939-84)
CCP	1: CAN Calibration Protocol 2: Consumer Convenience Port (IDB 1349)
CCR	California Code Regulation (CARB)
CD	Committee Draft (ISO.org)
CDD	CANdela Document *.cdd (Vector Informatik)
CDDT	CANdela Template *.cddt (Vector Infiormatik)
CDF	1: Cable Description File (ISO 22900-2) 2: Calibration Data Format (ASAM)
CEFF	Classical Extended Frame Format (ISO 11898)
CF	Consecutive Frame (ISO 15765)
CFF	File name extension of a Caesar Flash File (Daimler)
CiA	CAN in Automation
CID	Component ID (SAE J1699)
CLL	ComLogicalLink (ISO 22900)
CM	1: SPN Conversion Mode (SAE J1939-73) 2: Connection Management
CMDT	Connection Mode Data Transfer (SAE J1939)
COM	Component Object Model
ComParam	Communication Parameter (ISO 22900)
COP	Communication Primitive (ISO 22900)
COS	Communication Server (Softing)
CP	Communication Parameter
CPS	Cyber Physical System
CPU	Central Processing Unit
CRC	Cyclic Redundancy Check
CSL	Calibration Sequence Description Language (ASAM)
CSMA	Carrier Sense Multiple Access (ISO 11898)
CSMA/CA	Carrier Sense Multiple Access/Collision Avoidance

Abkürzung	Bedeutung
CSMA/CD	Carrier Sense Multiple Access/Collision Detection
CSMA/CR	Carrier Sense Multiple Access/Collision Resolution
CTRL	Control Field (CAN)
CTS	Clear to Send (SAE J1939)
CVN	Calibration Verification Number (SAE J1939-73)
D2B	Domestic Digital Bus
DA	Destination Address (SAE J1939 und ISO 15765-3)
DAC	Digital-Analog-Converter
DBC	Data Base for CAN (Vector Informatik)
DCDI	DaimlerChrysler Diagnostic Interface (Daimler)
DCOM	Distributed Component Object Model
DDLID	Dynamically Defined Local ID
DDS	Deflation Detection System (Reifendruck-Kontroll-System)
DEF	Diesel Exhaust Fluid
DF	Data Frame (ISO 11898)
DHCP	Dynamic Host Configuration Protocol
DLC	1: Data Length Code (ISO 11898) 2: Data Link Connector (SAE J1962) 3: Diagnostic-Layer-Container (ISO 22901)
DID	1: Data Identifier (ISO 14229) 2: Device Identifier (ISO 11783)
DIS	Draft International Standard (ISO.org)
DLL	1: Dynamic Link Library 2: Data Link Layer
DM	Diagnostic Message (SAE J1939)
DoFR	Diagnostic communication over FlexRay (ISO 14229-4)
DOIP	Diagnostic communication over Internet Protocol (ISO 13400)
DOP	Data Object Property
DOT	U.S. Department of Transportation
DP	Data Page (SAE J1939)
DPF	Diesel Particulate Filter
DTC	Diagnostic Trouble Code (SAE J2012)
DTD	Document Type Definition
DTS	Diagnostic Tool Set (Softing)
D-PDU	Diagnostic Protocol Data Unit
DUT	Device Under Test
EBCDIC	Extended Binary Coded Decimal Interchange Code
EBM	Elektronisches Batteriemanagement
EBS	Electronic Braking System

Abkürzung	Bedeutung
EBP	Electro mechanical park brake (elektro-mechanische Parkbremse)
ECE	Economic Commission for Europe (Wirtschaftskommission der Vereinten Nationen für Europa)
ECM	Engine Control Module
ECU	Electronic Control Unit
ECU MEM	Electronic Control Unit Memory
ECOS	Electronic Checkout System
EDC	1: Electronic Diesel Control (Bosch) 2: Error Detection and/or Correction (SAE J1939-73)
EDCP	Error Detection and/or Correction Parameter (SAE J1939-73)
EDIC	Electronic Diagnostic Interface Computer (Softing)
EDIS	Elektronik Diagnose Interface System (Softing)
EEPROM	Electrically Erasable Programmable Read Only Memory
EDP	Extended Data Page (SAE J1939)
EGR	Exhaust Gas Recirculation
EMC	Electro-magnetic Compatibility
EOBD	European OBD
EOF	End of Frame (ISO 11898)
EOL	End of Line
EPA	Environmental Protection Agency
EPROM	Erasable Programmable Read Only Memory
ESP	Electronic Stability Program (Bosch)
ETI	Equipment and Tool Institute
ETP	Extended Transport Protocol (SAE J1939-2)
FAM	(Selbst-) fahrende Arbeitsmaschine (z. B. Fahrzeugkran)
FBFF	FD Base Frame Format (ISO 11898)
FBX	Field Bus Exchange Format
FC	Flow Control (ISO 15765)
FCA	FIAT Chrylser Automobiles
FDIS	Final Draft International Standard (ISO.org)
FF	First Frame (ISO 15765)
FIBEX	Field Bus Exchange Format
FIFO	First In First Out
FMC	Ford Motor Company
FMI	1: Failure Mode Indicator (SAE J1939-73) 2: Failure Mode Identifier (SAE J2012)
FMS	Fleet Management System
FOT	Fiber Optical Transmitter (MOST)
FOTA	Firmware Over The Air
FR	FlexRay

Abkürzung	Bedeutung
FTB	Failure Type Byte (SAE J2012)
FTP	Federal Test Procedure (SAE J1939-73)
FSX	Functional Specification Exchange Format (ASAM)
FTDMA	Flexible Time Division Multiple Access
GDI	Generic Device Interface (ASAM)
GMLAN	General Motors Local Area Network
GPS	Global Positioning System (ISO 11783)
GRPE	UNECE WP.29 Working Party on Pollution and Energy
GTR	Global Technical Regulation (UNECE)
GUI	Graphical User Interface
GVWR	Gross vehicle weight rating
GW	Gateway (ISO 15765-3)
HDD	1: Heavy-Duty Diesel 2: Hard Disc Drive
HD OBD	Heavy-Duty On-Board Diagnostics (SAE J1939)
HDV	Heavy Duty Vehicle, over 33 000 lbs (14,98 to)
HDVIP	Heavy-Duty Vehicle Inspection Program
HEV	Hybrid Electric Vehicle
HMI	Human Machine Interface
HIL	Hardware-in-the-loop
HIS	Hersteller Initiative Software
HPC	High-Performance PC
HS-PMA	High-speed physical media attachment (ISO 11898)
HSM	Hardware Security Module (FIPS 140-2)
HTML	Hyper Text Markup Language
HTTP	Hyper Text Transport Protocol
I18N	Internationalization (ISO 13209)
IDE	Identifier Extension Bit (CAN-Frame)
IDL	Interface Definition Language
IEC	International Electrotechnical Commission
IEEE	Institute of Electrical and Electronic Engineers
IFD	Interface Definition (ISO 13209 OTX)
IFR	In-frame Response (ISO 22900 MVCI)
IFS	Interframe Space (CAN)
IGN	Ignition
I/M	Inspection and Maintenance
INCA	INtegrated Calibration and Acquisition System (ETAS)
IOCTL	Input/Output Control (ISO 22900

Abkürzung	Bedeutung
IoT	Internet of Things
IR	Independent Repairers (ISO 13209)
IRTE	Institute of Road Transport Engines
ISO	International Organization for Standardization
ISO/AWI	Approved Work Item (ISO.org)
ISO/CD	Committee Draft (ISO.org)
ISO/DIS	Draft International Standard (ISO.org)
ISO/FDIS	Final Draft International Standard (ISO.org)
ISO/PAS	Publicly Available Specification (ISO.org)
ISO/PRF	Proof of New International Standard (ISO.org)
ISO/WD	Working Draft (ISO.org)
IT	Information Technology
ITID	Info Type Identifier (SAE J1979)
ITS	Intelligent Transportation System
IUPR	In-Use Performance Ratio
JASPAR	Japan Automotive Software Platform and Architecture
JAVA RMI	JAVA Remote Method Invocation
JDK	Java Development Kit
JRE	Java Runtime Environment
JTAG	Joint Test Action Group
KBA	Kraftfahrt-Bundesamt
KOEO	Key On Engine Off (SAE J1939-84)
KOER	Key On Engine Running (SAE J1939-94)
KWP	Keyword Protocol
KWP 2000	Keyword Protocol 2000
LDF	LIN Description File (SAE J2602 und ISO 17987)
LDV	Light Duty Vehicle, bis 14 000 lbs (6,35 to)
LDWS	Lane Departure Warning
LEV	Low Emission Vehicle
LIN	Local Interconnect Network (SAE J2602 und ISO 17987)
LLC	Logical Link Control (ISO 11898)
LKW	Lastkraftwagen (Kraftfahrzeug zum Transport von Gütern)
LOLI	Logical link (ISO 22901)
LOLIMOT	Local Linear Model Tree (IAT, Isermann)
LPG	Liquefied Petroleum Gas
LSB	Least Significant Bit/Byte
M2M	Machine-to-Machine (Communication)
MA	Memory Access (SAE J1939-73)

Abkürzung	Bedeutung
MAC	Media Access Control (ISO 11898)
MAU	Medium Attachment Unit (ISO 11898)
MCD	Measurement Calibration Diagnostic (ASAM)
MDF	1: Module Description File (ISO 22900-2) 2: Measurement Data Format (ASAM)
MDI	Medium Dependent Interface (ISO 11898)
MDV	Medium-Duty Vehicle, 14 000 lbs (6,35 to) bis 33 000 lbs (14,98 to)
MI	Malfunction Indicator (SAE J1939-73 und ISO 27145)
MID	1: Message Identifier (SAE J1939) 2: Monitor Identifier (SAE J1979)
MIL	Malfunction Indicator Lamp
MONACO	Modular Analyzer for Diagnostic Communication (Softing)
MOST	Media Oriented Systems Transport (ISO 22900-2)
MSB	Most Significant Bit/Byte
MSL	Monaco Sequence Language (Softing)
MSR	Manufacturer Supplier Relationship
MUX	Multiplexer
MVCI	Modular Vehicle Communication Interface (ISO 22900)
NA	Network Address (ISO 15765-3)
NACK	Negative Acknowledgement (SAE J1939)
NAD	Node Address for Diagnostic (LIN)
NAMUX	North American Multiplexed Electrical System
NAT	Network Address Translation
NCF	Node Capability File (SAE J2602 und ISO 17987)
NegRsp	Negative Response (ISO 14229)
NHTSA	U.S. National Highway Traffic Safety Administration
NIC	Network Interface Controller
NIECU	Network Interconnection ECU (SAE J1939-3)
NIST	National Institute of Standards and Technology
NIT	Network Idle Time (FlexRay)
NLEV	National Low Emission Vehicle
NOP	No Operation Performed (ISO 13209)
NO_x	Stickoxide im Abgas
NRC	Negative Response Code
NR_SI	Negative Response Service Identifier
NR-SID	Negative Response Service Identifier
NRZ	Non-Return-To-Zero
NVRAM	Non-Volatile Random Access Memory
OBD	On-Board Diagnose (SAE J1978)

Abkürzung	Bedeutung
OBD4HDD	On-Board Diagnose for Heavy-Duty Diesel
OC	Occurrence Count (SAE J1939-73)
ODIS	Off-Board Diagnostic Information System (Volkswagen)
ODX	Open Diagnostic Data Exchange
ODX-RT	Open Diagnostic Data Exchange Runtime Format
OEM	Original Equipment Manufacturer
OLE	Object Linking and Embedding
OPC	OLE for Process Control
OSEK	Offene Systeme und deren Schnittstellen für die Elektronik im Kraftfahrzeug
OSI	Open System Interconnect
OSS	Online Service System
OTG	On-The-Go
OUI	Organizationally Unique Identifier
PC	Personal Computer
PCI	Protocol Control Information
PCM	Powertrain Control Module
PCS	Plastic Cladded Silica
PDF	Portable Document Format
PDU	Protocol Data Unit (SAE J1939) oder Packet Data Unit (LIN)
PDX	Packed ODX
PEC	Protocol Expansion Connector (ISO 22900-1)
PEM	Protocol Expansion Module ISO 22900-1)
PES	Protocol Expansion Slot (ISO 22900-1)
PG	Parameter Group (SAE J1939)
PGN	Parameter Group Number (SAE J1939)
PID	1: Parameter Identifier (SAE J1939) 2: Protected Identifier (LIN)
PMA	Physical media attachment (ISO 11898)
POF	Plastic Optical Fibre
PosRsp	Positive Response Message (UDS)
PROGV	Programmable Voltage (ISO 22900 und SAE J2534)
PSIP	Periodic Smoke Inspection Program
PSK	WiFi Preshared Key
PTO	Power take-Off
PWM	Pulse Width Modulation
QoS	Quality of Service
R2R	Right-to-Repair
RA	Remote Address (ISO 14229)

Abkürzung	Bedeutung
RAM	Random Access Memory
RC	Response Code
RCP	Rapid Control Prototyping
RDF	Root Description File (ISO 22900)
RDS	Radio Data System (MOST)
REC	Receive Error Counter (CAN)
RFC	Request for Comment (TCP/IP)
RMI	Repair & Maintenance Information
RoE	Response on Event
ROM	Read Only Memory
RSS	Remote Request Substitution (ISO 11898)
RSU	Road Side Unit
RTF	Rich Text Format
RTOS	Real-time Operating Systems
RTR	Remote Transmission Request (ISO 11898)
RxD	Receive Data
SA	Source Address (SE J1939 und ISO 14229)
SAE	SAE International (früher Society of Automotive Engineers) https://www.sae.org
SC	1: Subcommittee of a an ISO Technical Commitee (TC) (ISO.org) 2: Software Compliance (ISO 22900-1)
SCI	Serial Communication Interface
SCP	Standard Corporate Protocol (FORD und ISO 22900-2)
SCR	Selective Catalytic Reduction
SD	Shared Data (ISO 22901)
SDG	Special Data Groups (ASAM)
SDU	Service Data Unit (ISO 11898)
SF	Single Frame (ISO 15765)
SGML	Standard Generalized Markup Language
SI	Service-Identifier
SID	Service-Identifier
SIL	Software-in-the-Loop oder Safety Integrity Level
SM	Subnet Mask (ISO 15765-3)
SMR	Softing Modular Runtime Database file (Softing)
SOA	Service Oriented Architecture
SOD	Softing ODX Database binary file (Softing)
SOF	Start Of Frame (ISO 11898)
SOHE	Society of Operations Engineers

Abkürzung	Bedeutung
SOTA	Software Over The Air
SOVD	Service Oriented Vehicle Diagnostics (ASAM)
SSL	Secure Socket Layer
SRD	File name extension of Softing runtime database files
SRR	Substitute Remote Request (SAE J1939, ISO 11898)
SPN	Suspect Parameter Number (SAE J1939)
STP	Shielded Twisted Pair (abgeschirmte Zweidrahtleitung)
SULEV	Super-Ultra Low Emission Vehicle
SWC	Single Wire CAN
SYNC	Synchronisation Field (LIN)
TA	Target Address (ISO 14229)
TA_type	Target Address Type (ISO 14229)
TC	Technical Committee (ISO.org)
TCM	Transmission Control Module
TCP/IP	Transmission Control Protocol/Internet Protocol
TCU	Telematic Control Unit
TDMA	Time Division Multiple Access
TEC	Transmit Error Counter (CAN)
TECU	Tractor ECU (ISO 17893, ISOBUS)
TID	Test Identifier (SAE J1979 und SAE J1939-73, DM7)
TLS	Transport Layer Security
TMC	Technology and Maintenance Council
TOR	The Onion Router
ToS	Type of Service
TP	Transport Protocol
TPMS	Tire Pressure Monitoring System
TST	Tester, external test equipment
TTA	Time Triggered Architecture
TTP	Time Triggered Protocol
TxD	Transmit Data
UART	Universal Asynchronous Receiver/Transmitter
UDP	User Datagram Protocol
UDS	Unified Diagnostic Services
UDSonFR	Unified Diagnostic Services on FlexRay
UI	User Interface
ULEV	Ultra-Low Emission Vehicle
UML	Unified Modelling Language
UN	United Nations

Abkürzung	Bedeutung
UNECE	United Nations Economic Commission for Europe
USB	Universal Serial Bus
USDoT	US Department of Transportation
USDT	Unacknowledged Segmented Data Transfer
UUDT	Unacknowledged Un-segmented Data Transfer
UUT	Unit Under Test
USB	Universal Serial Bus
USB OTG	USB On-The-Go
UTC	Coordinated Universal Time
UTP	Unshielded Twisted Pair
V2C	Vehicle-to-Cloud (communication)
V2I	Vehicle-to-Infrastructure (communication)
V2V	Vehicle-to-Vehicle (communication)
VAN	Vehicle Area Network
VCI	Vehicle Communication Interface
VCPI	Vehicle Communication and Programming Interface
VCS	Vehicle Stability Control
VDA	Verband der Automobilindustrie e. V.
VENICE	Vehicle Communication Database Editor (Softing)
VI	Variant Identification
VIN	Vehicle Identification Number
VOBD	Vehicle On-Board Diagnostics (SAE J1939-3 und ISO 27145)
VPN	Virtual Private Network
VPW	Variable Pulse Width Modulation
VT	Virtual Terminal (SAE J1939-2)
Wi-Fi	Wireless Fidelity (WiFi-Alliance)
WLAN	Wireless Local Area Network (IEEE 802.11)
WLTP	Worldwide Harmonized Light Vehicles Test Procedure
WP.29	World Forum for Harmonization of Vehicle Regulations
WPA 2	Wifi Protected Access II
WUF	Wake-Up Frame (ISO 11898)
WUP	Wake-Up Pattern (ISO 11898)
WVTA	Whole Vehicle Type Approval
WWH-OBD	World-Wide Harmonized On-Board Diagnostics (ISO 27145)
XCP	Extended Calibration Protocol (ASAM) Universal Measurement and Calibration Protocol
XML	Extensible Markup Language
XSD	XML-Schema

Stichwortverzeichnis